中核集团“十三五”规划专项资金资助出版
黑龙江省精品工程专项资金资助出版

核工程材料腐蚀与防护

沙仁礼　编著

哈尔滨工程大学出版社
Harbin Engineering University Press

内容简介

本书主要介绍了重大核工程概况及其特点和腐蚀环境等内容。本书具体阐述了核工程材料，包括化学腐蚀、电化学腐蚀、辐照腐蚀等在内的腐蚀及其防护的基础理论、腐蚀过程的热力学和动力学特性，材料腐蚀的自发性、普遍性和严重性，核燃料生产前处理、后处理和放射性废物处理过程中的腐蚀与防护；详细介绍了各类核反应堆特殊的腐蚀环境、关键部件及重要配套材料的腐蚀类型与防护措施；概括了核工程中普遍采用的防蚀技术；最后介绍了核工程材料腐蚀试验方法。

本书是针对核工程材料腐蚀与防护问题为核工业研究生部学生编写的教材，内容全面、系统、精练，也可供核工业系统设计、研究和现场工作人员及相关院校师生参考。

图书在版编目(CIP)数据

核工程材料腐蚀与防护/沙仁礼编著. —哈尔滨：哈尔滨工程大学出版社，2021.8

ISBN 978-7-5661-2151-6

Ⅰ.①核… Ⅱ.①沙… Ⅲ.①核工程-工程材料-腐蚀 ②核工程-工程材料-防腐 Ⅳ.①TL34

中国版本图书馆CIP数据核字(2018)第278630号

选题策划 石 岭
责任编辑 石 岭 马佳佳
封面设计 张 骏

出版发行 哈尔滨工程大学出版社
社　　址 哈尔滨市南岗区南通大街145号
邮政编码 150001
发行电话 0451-82519328
传　　真 0451-82519699
经　　销 新华书店
印　　刷 哈尔滨市石桥印务有限公司
开　　本 787 mm×1 092 mm 1/16
印　　张 15.25
字　　数 400千字
版　　次 2021年8月第1版
印　　次 2021年8月第1次印刷
定　　价 49.80元

http://www.hrbeupress.com
E-mail:heupress@hrbeu.edu.cn

前　言

在工业发展进程中，特别是在新兴工业部门创建过程中，耐蚀适用材料的研制、选用是首当其冲的、必须妥善解决的难题。同样，在核工业发展的过程中，材料腐蚀问题也一直困扰着各类核工程，例如，从地下矿井中探寻稀有的铀矿，到腐蚀极强的酸、碱、氟化物介质中核燃料的处理；从核燃料元件和包壳材料的研制，到核燃料生产核反应堆的设计建造；核反应堆系统腐蚀泄漏引发的生产堆停堆、停产；核动力堆设备应力腐蚀破裂造成舰艇的趴窝，不能出海，等等，因此新型耐蚀材料和防蚀技术的应用对核能安全、经济性和人类生存环境改善至关重要。本书是编著者在数十年的材料腐蚀与防护试验研究及20余年核工业研究生部教学工作的基础上，搜集资料，整理而成的。本书以综述为主，着重介绍了重大核工程中重要的腐蚀问题、防蚀技术和腐蚀试验研究方法，希望对核工程科研和运行人员及相关专业院校师生有所裨益。

本书主要介绍了重大核工程概况及其特点和腐蚀环境等内容。本书具体阐述了核工程材料，包括化学腐蚀、电化学腐蚀、辐照腐蚀等在内的腐蚀及其防护的基础理论、腐蚀过程的热力学和动力学特性，材料腐蚀的自发性、普遍性和严重性，核燃料生产前处理、后处理和放射性废物处理过程中的腐蚀与防护；详细介绍了各类核反应堆特殊的腐蚀环境、关键部件及重要配套材料的腐蚀类型与防护措施；概述了核工程中普遍采用的防蚀技术；最后介绍了核工程材料腐蚀试验方法。

本书在编撰和审核过程中，得到了中国原子能科学研究院及核工业研究生部的专家、领导的指导与支持，在此深表谢意。

由于本人水平有限，书中内容涉及范围广等因素，疏漏和不足之处在所难免，恳请读者批评指正。

编著者

2021年5月

目　录

第1章　总论 …… 1
1.1　概述 …… 1
1.2　化学腐蚀 …… 5
1.3　电化学腐蚀过程热力学 …… 14
1.4　电化学腐蚀过程动力学 …… 24
参考文献 …… 41
第2章　材料的核化学与辐射化学 …… 42
2.1　材料的核化学 …… 42
2.2　材料的辐射化学 …… 45
2.3　辐射对电化学过程的影响 …… 62
2.4　辐射对液态金属腐蚀性的影响 …… 69
2.5　辐照对气体冷却剂的影响 …… 69
参考文献 …… 69
第3章　核燃料化工过程中的腐蚀与防护 …… 71
3.1　核燃料化工过程概述 …… 71
3.2　核燃料铀的前处理工艺 …… 73
3.3　前处理过程中的腐蚀 …… 78
3.4　核燃料后处理过程中的腐蚀 …… 82
3.5　放射性废物处理和贮存中的腐蚀 …… 87
参考文献 …… 89
第4章　水冷反应堆材料的腐蚀 …… 91
4.1　核反应堆冷却剂分类 …… 91
4.2　实验研究堆材料的腐蚀 …… 98
4.3　生产堆材料的腐蚀 …… 103
4.4　核电站动力堆主要材料的腐蚀问题 …… 114
参考文献 …… 134
第5章　液态金属冷却核反应堆材料的腐蚀 …… 135
5.1　液态金属在核反应堆中的应用概况 …… 135
5.2　国外钠冷快堆发展状况和我国快堆开发计划 …… 138
5.3　铅及铅铋冷快堆 …… 157

参考文献 …… 160
第6章 特种类型核反应堆中的腐蚀 …… 161
6.1 概述 …… 161
6.2 气冷式核反应堆中的腐蚀 …… 163
6.3 有机物冷却与慢化核反应堆 …… 167
6.4 水溶液核燃料均匀反应堆中的腐蚀 …… 170
6.5 熔盐堆中材料的腐蚀 …… 171
6.6 核聚变堆用材料的腐蚀 …… 172
参考文献 …… 174
第7章 核工程中的防蚀技术 …… 175
7.1 概述 …… 175
7.2 耐蚀合金的选择与研制 …… 176
7.3 正确的结构设计 …… 178
7.4 金属氧化物保护膜 …… 183
7.5 有机涂层 …… 192
7.6 缓蚀剂 …… 202
7.7 电化学保护 …… 208
参考文献 …… 218
第8章 核工程材料腐蚀试验方法 …… 220
8.1 材料的辐照腐蚀试验 …… 220
8.2 材料液态介质中的腐蚀试验 …… 224
8.3 高温、高压水介质材料电化学测量 …… 227
8.4 核工程材料应力腐蚀破裂试验 …… 229
8.5 核工程材料腐蚀疲劳试验 …… 232
8.6 液态金属中材料腐蚀试验 …… 232
8.7 钠-水型蒸汽发生器传热管小泄漏管材腐蚀试验 …… 235
参考文献 …… 236

第1章 总　　论

1.1 概　　述

核工程材料腐蚀与防护学科内容涵盖重大核工程及其系统，包括各类核工程系统选用的主要的关键的材料及其要求；相关材料腐蚀的概念、定义及其分类；发生腐蚀的过程和机理、材料腐蚀与防护研究现状。该学科重点研究核燃料及核工程材料在各种环境中的腐蚀行为及防护技术。

材料腐蚀与防护是20世纪30年代发展起来的综合性技术科学，目前已成为一门独立的学科，并不断发展。腐蚀学科的概念也在不断发展和变化。20世纪五六十年代以前，腐蚀是指金属材料由化学、电化学作用引起的损坏。这里显然不包括非金属材料的损坏，也不包括物理因素的作用。上述腐蚀的概念是比较狭义的。

现在将腐蚀定义为材料在各种环境作用下发生的破坏和变质，其含义更广泛，内容更丰富，反映了人们对材料腐蚀普遍性和严重性的关注，得到了腐蚀研究工作者的广泛认可。但是，关于材料腐蚀的这一定义或许有概念延伸过广之嫌。因为关于环境这一概念，其含义很广，材料所处的固体、液体、气体甚至真空介质都是一种环境，材料所受的日晒雨淋、温度和压力以及应力变化、流体冲刷、冲击、辐射作用等也属于各种环境作用，将它们的作用所引起的破坏和变质都说成腐蚀并不恰当。将有些环境作用引起的破坏和变质归为其他学科的研究对象更为合适，比如真空或惰性气体环境中，应将单纯由温度升高导致的材料强度下降、破坏甚至融化等归结为材料物理机械性能损坏。类似地，还有应力或冲击力过大引起材料破坏的现象。故将材料腐蚀定义为材料在各种环境作用下引起的化学破坏和变质或许更准确一些。化学作用多种多样，可以是单独的化学作用，比如燃煤锅炉外壁铁合金的高温氧化；也可以是物理化学、电化学、核化学、光化学或辐射化学、生物化学的化学作用，比如核反应堆中铝合金、锆合金和不锈钢等材料的电化学腐蚀及辐照腐蚀；还包括物理因素加速化学、电化学作用等现象，比如应力腐蚀破裂、疲劳、磨损或流速加速化学腐蚀作用等。

材料腐蚀的自发性和普遍性的特点决定了腐蚀过程的巨大危害性。在自然界中自由能处于最低的、稳定的金属和非金属元素很少，只有铂、金等贵金属。由这些金属制成的器件在日常生活环境中可长期稳定地使用。绝大多数元素都是以自由能较低的氧化物、碳化物等化合物形式存在，比如氧化铁、氧化硅等，但是它们的应用范围受限，只能用作涂料的填料、着色剂等。而将它们还原成铁、硅或制成合金，其应用范围将极为广泛。但还原之后，其自由能大大提高，处于不稳定状态，有向自由能低的氧化态转化的趋向，即被腐蚀的趋向。就像水向低处流一样，高自由能状态向低自由能状态转化是不以人的意志为转移的客观规律。

人们为发展经济而开发出铁、铜、铝、镍、铬、硅等一系列金属和非金属材料。这是一种逆自发过程，是靠外力作用，施加以能量，提高自由能，使之转化。例如，通过冶金或电镀方法，或获得某种目的的应用，或获得某种金属或用其制成的设备。其后这些金属、非金属材料在自然环境或人工环境作用下又开始向稳定的低自由能的化合物状态转化的腐蚀过程。从某种意义上讲，腐蚀过程可看作是环境和人的智慧、意志之间的较量。一方面，人们施以各种手段，包括改变环境条件，使腐蚀过程减缓，达到减少损失、获取最大效益的目的；另一方面提高有效利用系数和工艺参数使环境恶化，这又加速了材料向低自由能状态转化的腐蚀过程。

由于环境条件（天然的或人工的）的多样性和工农业生产、交通运输、日常生活对材料需求的多样性，腐蚀过程的普遍性是不言而喻的，无腐蚀的行业很难找。在核工业中更伴随着复杂、多样的腐蚀问题，既有恶劣的介质（高温，高压，高浓度酸、碱和盐等），又有恶劣的条件（机构复杂、振动、冲刷、应力及疲劳作用或各类强辐射作用等）。核工程材料的腐蚀既有普遍性，又有特殊性。

1957 年 9 月 29 日南乌拉尔化学后处理厂发生爆炸事故，由于装有强放射性硝酸盐和醋酸盐的钢筋－混凝土容器冷却系统失灵，温度升高，该厂发生化学爆炸，导致放射性裂变产物向大气抛洒，最终飘落，沉积地表的总放射性强度达 7.4×10^{16} Bq。主要放射性物质有 $^{90}Sr+^{90}Y$、$^{90}Zr+^{90}Nb$、$^{106}Ru+^{106}Rh$、^{137}Cs 等，放射性强度达 3.7×10^{9} Bq/km^2 的占地面积为 300 km^2，7.4×10^{10} Bq/km^2 的占地面积为 105 km^2，处理措施是挖取污染的表层土，并予以深埋（0.5 m 深的土层之下）。

美、苏两国重大核事故后，国际原子能机构加强了对环境核污染的监管。但是还要警惕海底的核威胁。1989 年苏联 6 400 t 的核潜艇沉没于挪威附近深 1 650 m 的海底。2000 年 8 月俄罗斯“库尔斯克”号核潜艇在挪威附近海域沉没。

1956 年美国载有两枚氢弹的 B－47 轰炸机失踪。次年美国一架运输机发动机故障后将两枚氢弹扔进大西洋。1958 年美国 B－47 轰炸机与一架战斗机相撞前将一枚原子弹丢入大海。

……

有关资料表明，全球海洋中有近百个核装置。

“哥伦比亚”号航天飞机的爆炸事故，其原因也很简单，由于油箱外航天飞机壳体上的防护绝热层有损伤，在大气层中发生烧蚀破坏，油箱外航天飞机壳体温度急剧升高，导致油箱爆炸。

生产发展的多样性及高新技术创造的工艺条件远比自然环境恶劣得多，这就带来愈来愈严重的腐蚀问题。

1. 腐蚀的危害

腐蚀破坏事故会造成人员伤亡和重大的财产损失。

（1）直接损失。如物件和系统的报废。

（2）间接损失。如停产、停水、停电、停气造成的生产损失。

（3）事故和污染。由腐蚀造成的水和其他流体的跑、冒、滴、漏造成的损失、引起房屋、设施、主系统和辅助系统的损坏，甚至造成火灾、爆炸、化学污染和核污染等次生灾害。

（4）阻碍新技术的发展。美国早期登月飞船 N_2O_4 高压容器发生应力腐蚀破裂，含硫输油管严重腐蚀，某些核工程的高侵蚀介质都严重制约了相关领域的科学进步。

腐蚀现象遍及国民经济各部门,给国民经济和人民生命财产带来了巨大损失。根据工业发达国家的调查,每年因腐蚀造成的经济损失占国民生产总值的2% ~4%。我国亦是如此,2006年我国因腐蚀造成的损失约为6 000亿元,占当年国民生产总值的3%。

一些国家对各种灾害,如火灾、水灾、风灾、地震和交通事故等所造成的损失进行了对比,结果表明这些灾害中腐蚀造成的损失名列前茅。但是除恶性的腐蚀破坏情况外,腐蚀绝大多数是日积月累的过程,往往被人们所忽略。

搞好腐蚀研究与防护工作已不是单纯的技术问题,而是关系到保护资源、节约能源、节省材料、保护环境、保证正常生产和人身安全、发展新技术、确保经济可持续发展的重大社会和经济问题。

材料的腐蚀与防护在核工业领域也是十分重要的问题。数十年来国内外核工业发展过程中,与工程有关的腐蚀问题长期存在,并且至今还在不断发生。早期的国外核动力装置几乎都发生过腐蚀故障,甚至严重的腐蚀事故。20世纪80年代的腐蚀与防护研究报告中,核工程中的腐蚀与防护问题占有一定的比例。新型耐蚀材料的成功研制对更可靠地保证核能装置,例如核电站的安全运行极为重要。核废料长期或永久储存设备所用材料的腐蚀性能研究更与人类社会生态环境密切相关,因此一直是材料腐蚀与防护领域的前沿研究课题。此外核工业的某些主要过程,如核燃料的前处理和后处理过程,也需要接触和使用腐蚀性的介质(毒性极大的化学物质)和环境,如硫酸、硝酸、盐酸、氢氟酸、六氟化铀等。近四十年来,由核反应和放射性物质产生的辐射场对材料的辐照腐蚀问题已成为各国普遍重视的科研课题。

为满足企业追求更大效益的需求,核装置也尽量追求更高的功率、功率密度、温度、压力、高辐射能量,追求更高的中子注量和辐射剂量,这对材料耐蚀性提出了更加苛刻的要求。这方面的要求可能是永无止境的。由于材料问题解决不了,有的工艺选择的优化只能停顿下来,留下的只能是一个梦想。

当然对于核工程,核反应堆主工艺、反应堆物理学和热工水力学是主角,材料只是配角,材料腐蚀是配角的配角。但当材料腐蚀成为关卡问题时,该配角的作用却又是决定性的。

核工业中的腐蚀都伴有辐射场对腐蚀过程的影响。根据核燃料循环、放射性物质和辐照装置工艺过程环境特点,核工程材料腐蚀分为以下几类:

①核燃料前处理过程中的腐蚀;

②核燃料后处理过程中的腐蚀和放射性废物处置及储存中的腐蚀;

③核反应堆环境中的腐蚀。

腐蚀问题可以说无处不在,时时发生。美国1979年发生了三哩岛核事故,苏联1986年发生了切尔诺贝利核电站爆炸事故。这两起核事故虽然都是由反应堆操作控制人员违反运行规程引起,而不是直接由材料腐蚀造成的,但也暴露了非正常运行工况下材料稳定性研究方面的缺失等问题。这两起灾难性的严重恶性事故之后,各国对核反应堆材料的质量、设备及构件的安全性提出了更高的要求。有些腐蚀形式具有一定的潜伏期,极易使人们忽视其危害性。这两起灾难性的核事故也起到了反面教材的作用,引起了各国政府和有关机构的重视,这对开展材料腐蚀与防护科学技术的研究很有利。2011年3月11日日本福岛9级地震及其后引发的海啸对福岛核电站4个机组造成了极大破坏。根据后来检查发现,强烈地震致使常规电源和应急电源故障十多个小时,堆芯得不到冷却而造成堆芯熔化,致使压力容器底部烧穿，产生直径数厘米大小的漏孔，进而使高放射性水外泄。该工程安全性设计缺失和安全管理以及应急预案方面存在的大量隐患使核灾难持续扩大，灾情得不到有效控制，教训深刻。

2. 腐蚀的类型

腐蚀问题在核工业中的危害是巨大的，腐蚀类型也是多种多样的。按环境介质分，气态有自然大气、工业大气、海洋大气、二氧化碳、氦气、氩气、氟化氢、六氟化铀等气体中的腐蚀等；液体有水、酸、碱或盐的水溶液，有机溶液中的腐蚀，高温条件下运行的液态金属（钠、钠-钾、铅、铅-铋等）和熔盐中的腐蚀。按作用条件有辐射作用、应力作用、高温作用、冲蚀、磨蚀、气蚀等腐蚀。按腐蚀形貌有全面腐蚀、孔蚀、晶间腐蚀、应力腐蚀、溃疡腐蚀、疲劳腐蚀、高温氧化和选择性溶解等腐蚀。核工程类型不同，工艺系统复杂，环境条件各异，将会发生相应类型的腐蚀现象。因此，腐蚀应按腐蚀过程分类，并对其进行系统、深入的研究。

（1）化学腐蚀

化学腐蚀即材料表面与非电解质直接发生的纯化学作用而引起的破坏。如气冷堆中高温腐蚀、有机冷却剂中有机介质对材料的作用、锅炉加热一侧的腐蚀等。

（2）电化学腐蚀

电化学腐蚀是指金属表面与离子导电电解质之间发生电化学作用而产生的破坏。其特征如下：

①至少有一对分别作用的阴极和阳极；

②金属中有电子流，即电子由阳极通过金属导体传到阴极；

③介质中有离子流，即金属离子进入溶液，形成阳离子，并通过溶液向阴极区迁移。

④阴离子通过溶液向阳极区迁移，形成闭合电路，使阳极不断遭受腐蚀。例如，潮湿大气、海水、土壤以及酸、碱、盐溶液中材料的腐蚀。

核反应堆金属结构材料在水冷却剂中的腐蚀属于电化学腐蚀。

与其他类型腐蚀相比，电化学腐蚀是腐蚀量最大、腐蚀领域最广的一种腐蚀，因此对其应给予特别的关注。其有关理论的研究也比较深入，是核工程材料腐蚀与防护课程的主要内容，水冷堆和燃料后处理中的很多腐蚀问题都属于电化学腐蚀。

（3）物理协力腐蚀

物理协力腐蚀是指金属和非金属材料由于物理过程（溶解、扩散、热膨胀和疲劳等）而促进化学、电化学腐蚀破坏。例如，金属在液态金属中的溶解、岩石的侵蚀开裂，以及液态金属回路中高温区域设备材料的溶解、选择性溶解和低温区域的沉积而产生的质量迁移现象等；碳元素的迁移引起的高温区材料表面的脱碳、低温区的渗碳。

金属材料在拉应力和特定腐蚀环境同时作用下发生的脆性断裂-应力腐蚀开裂；材料在环境介质中的溶解、互相扩散、渗透引起材料变质、破坏，比如金属材料在液态金属中的溶解及化学侵蚀作用；在核燃料生产过程中，铀的水冶系统设备遭受的磨蚀，特别是在酸性介质中非常严重；流速加速腐蚀和泵的叶片上由于某些部位形成负压，产生空泡及其后破裂所引起的空泡腐蚀；在氧化腐蚀的环境中，承载且相互接触的表面由相对振动或往复滑动而造成的一种表面破坏形式，出现麻点、沟纹和氧化物附着；材料在交变载荷和腐蚀介质共同作用下发生的脆性开裂，这时疲劳裂纹萌生时间及循环周期数大大缩短。这些现象都与人们所关注的核反应堆容器低周疲劳特性密切相关。

(4)核辐射协力腐蚀

核辐射环境下核化学和辐射化学变化及对材料的腐蚀作用属于核辐射协力腐蚀。

(5)生物化学协力腐蚀

潮湿条件下燃料元件表面容易产生霉菌腐蚀,这属于生物化学协力腐蚀。

1.2　化学腐蚀

自然界中除黄金外,所有的金属都以位能最低、最为稳定的氧化物形式存在。人们为了达到制件的强度、硬度等工艺要求,将金属氧化物还原成位能较高、不稳定的金属和合金,它们都具有发生氧化的倾向,可用下式表示:

$$\underset{(s)}{Me} + \underset{(g)}{O_2} \rightleftharpoons \underset{(s)}{MeO_2} \tag{1-1}$$

假定氧化过程是在恒温恒压条件下进行的,可按范特霍夫(Vant Hoff)等温方程式判断,有

$$\Delta G_T = -RT\ln K + RT\ln Q \tag{1-2}$$

$$\Delta G_T = -RT\ln\left(\frac{\alpha_{MeO_2}}{\alpha_{Me}}P_{O_2}\right) + RT\ln\left(\frac{\alpha'_{MeO_2}}{\alpha'_{Me}}P'_{O_2}\right) \tag{1-3}$$

式中　ΔG_T——吉布斯自由能的变化值,J;

R——摩尔气体常数,8.314 J·(mol·K)$^{-1}$;

T——绝对温度,K;

K——热力学平衡常数;

Q——非标准状态下的熵值;

α_{MeO_2}——氧化物的平衡活度;

α_{Me}——金属的平衡活度;

P_{O_2}——给定温度下 MeO_2的分解压,标准大气压①;

α'_{MeO_2}——氧化物的初始活度;

α'_{Me}——金属的初始活度;

P'_{O_2}——气相中氧分压,标准大气压。

设固态 MeO_2和 Me 的活度为1,则式(1-2)可写为

$$\Delta G_T = -RT\ln\frac{1}{P_{O_2}} + RT\ln\frac{1}{P'_{O_2}} \tag{1-4}$$

$$\Delta G_T = 19.144T\lg P_{O_2} - 19.144T\lg P'_{O_2} \tag{1-5}$$

由式(1-4)可见:

若 $P'_{O_2} > P_{O_2}$,则 $\Delta G < 0$,反应向生成 MeO_2的方向进行;

若 $P'_{O_2} < P_{O_2}$,则 $\Delta G > 0$,反应向分解 MeO_2的方向进行;

若 $P'_{O_2} = P_{O_2}$,金属氧化的化学反应达到平衡。

P'_{O_2}等于1个标准大气压时的吉布斯自由能变化值为标准吉布斯自由能变化值(ΔG_T^0),

① 1标准大气压=101.325 kPa。

单位为 J,即

$$RT\ln\left(\frac{1}{P'_{O_2}}\right)=0$$

$$\lg P_{O_2}=\frac{\Delta G_T^0}{19.144}T \qquad (1-6)$$

可求给定温度下的分解压。该分解压和气相氧实际分压比较可判断氧化反应的方向,判断氧化物的稳定性。

各种金属氧化反应自由能变化值与温度的关系用图示法表示,即为爱琳赫姆 - 雷恰莍(Ellingham - Richardson)图,参见图 1 - 1。由图可直接读出金属氧化反应的 ΔG^0 值。据此可判断金属氧化物在标准状态下的稳定性及其还原另一种金属氧化物的可能性。为了便于比较,规定图中各种物质的 ΔG^0 值都是对 1 mol 氧气而言的,涉及的凝聚相都为各自独立存在的纯物质。各直线发生明显的转折,这和温度变化引起的相变相关联,这是因为相变时,熵变发生了变化。

$\Delta G^0 = -RT\ln K$ 可写成 $\Delta G_T = A + BT$,将它和吉布斯焓变 $\Delta G^0 = \Delta H^0 - T\Delta S$ 进行比较,可以看出,A 和 B 分别代表各温度下焓变 ΔH^0 的平均值和熵变 ΔS^0 的平均值,直线斜率改变表明熵变发生了变化。对吉布斯焓变求导得到直线的斜率为 $-\Delta S^0$。因氧气是气体,其熵值比凝聚相的金属及其氧化物大得多,故处于图的上部位置。因此,氧化物的 ΔS^0 一般为负值,直线斜率 $-\Delta S$ 就为正值,直线向上倾斜。温度越高,ΔG^0 值越大,$-\Delta G^0$ 值越小,亦即氧化物的稳定性越小。

图中有两条直线比较特殊:CO_2 的直线几乎与横坐标平行,这表明 CO_2 的稳定性几乎不依赖于温度;CO 的直线斜率为负值,这表明 CO 的稳定性随温度升高而增大,和其他氧化物相反。因此,CO 的直线总是与其他氧化物的图线相交,交点处 CO 的 ΔG^0 和相应氧化物的 ΔG^0 相等,即稳定性一样。高于交点相应温度条件下,CO 的稳定性高于相应氧化物的稳定性,后者则可被碳还原,交点相应温度可当作相应氧化物被碳还原的起始温度。因此,碳可用作多种氧化物矿石熔炼成金属或合金的还原剂。

CO_2 和 H_2O 类似于氧,也能使金属氧化,生成金属氧化物,发生腐蚀,而自身被还原成 H_2 和 CO。

在 $\Delta G^0 - T$ 图(即爱琳赫姆 - 雷恰莍图)的左边直线上所标注的 O 点、H 点和 C 点,分别为采用图解法求平衡状态下的 P_{O_2}、P_{H_2}/P_{H_2O}、P_{CO}/P_{CO_2} 相应的原点。在图的最下边和最右边的直线上,可以从此坐标上直接读出任意给定温度下氧的平衡分压(氧化物的分解压)。在图的上边、右边和下边,最里边的一条直线为 P_{CO}/P_{CO_2} 的辅助坐标,中间的一条直线为 P_{H_2}/P_{H_2O} 的辅助坐标。从这两个辅助坐标可以直接读出任意给定温度下某些反应的平衡相组分。作为金属氧化的腐蚀产物 CO 和 H_2,由其分压与相应氧化剂 CO_2 和 H_2O 的分压比值可以判断这些腐蚀气体氧化性的强弱,若比值比平衡相比值小,即氧化剂的分压比其平衡相时的氧化剂分压大,则其氧化性将更强,金属有被进一步腐蚀的倾向。

【例 1 - 1】 由 $\Delta G^0 - T$ 图比较铁和铬在 600 ℃时的氧化性。

$$2Fe + O_2 \longrightarrow 2FeO \qquad (1-7)$$

$$\Delta G^0_{600\ ℃} = -417\ \text{kJ} < 0 \qquad (1-8)$$

$$4/3Cr + O_2 \longrightarrow 2/3Cr_2O_3 \qquad (1-9)$$

$$\Delta G^0_{600\ ℃} = -610\ \text{kJ} < 0 \qquad (1-10)$$

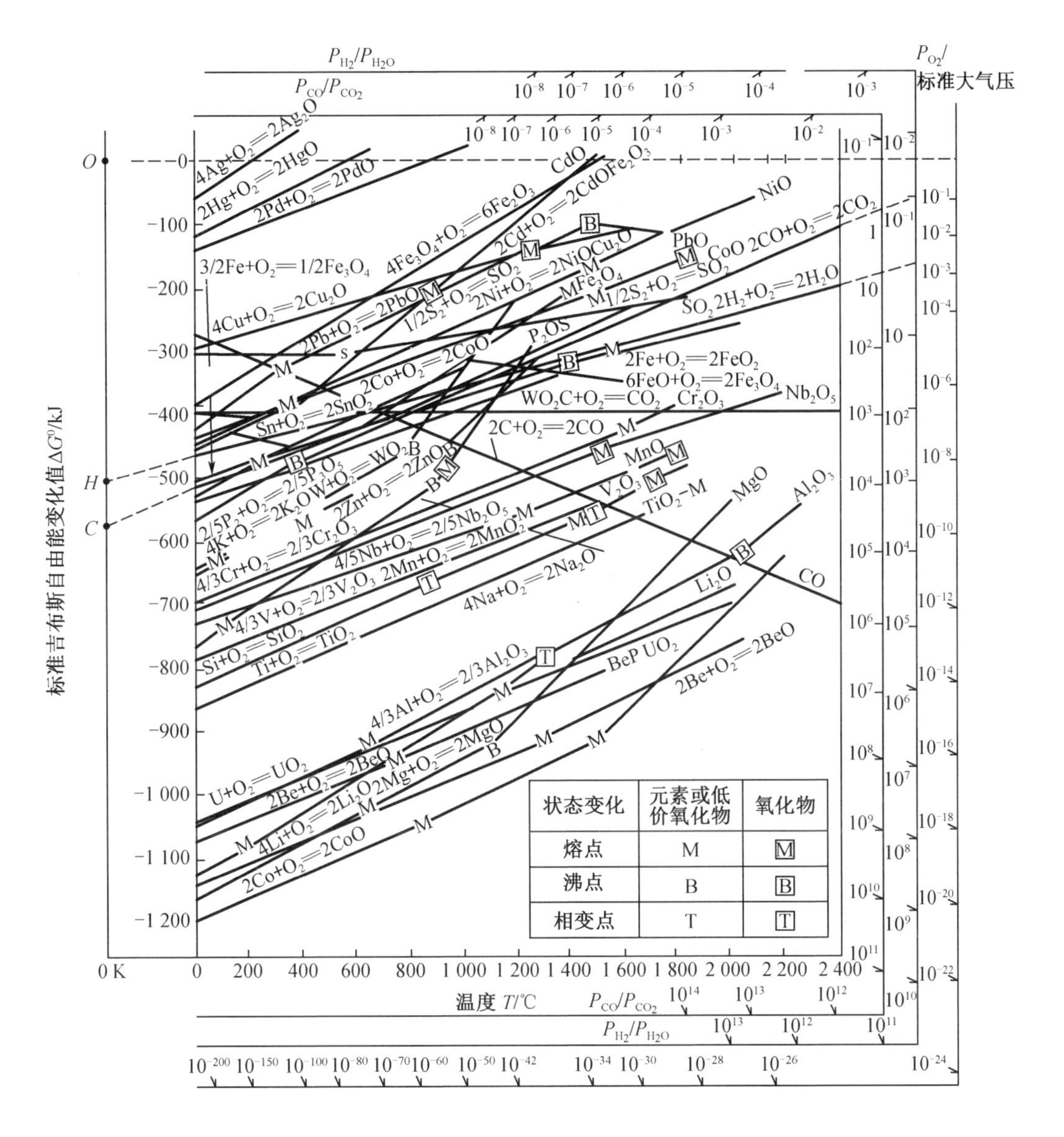

状态变化	元素或低价氧化物	氧化物
熔点	M	[M]
沸点	B	[B]
相变点	T	[T]

图 1－1　金属氧化反应自由能变化值与温度的关系(爱琳赫姆－雷恰荪)图

图 1－1 上的这些数据表明,600 ℃时铬和铁在标准状态下均可被氧化,且铬比铁的氧化倾向更大。将式(1－7)与式(1－9)综合可得

$$2FeO + 4/3Cr \longrightarrow 2/3Cr_2O_3 + 2Fe \tag{1-11}$$

$$\Delta G^0_{600\ ℃} = -193\ \text{kJ} < 0 \tag{1-12}$$

这表明氧化膜中的 FeO 会被还原,图 1－1 中下部的金属均可使上部的金属氧化物还原。正是不锈钢合金中氧化性更强的铬、硅、铝等元素保护了其主要成分铁。

金属表面产生的氧化膜对基材能否起到保护作用,首要条件是生成的氧化膜的比容积与基体金属的比容积之比 V_{MeO}/V_{Me} 要大于 1,表面氧化膜才能完整。通常认为,在 $1 < V_{MeO}/V_{Me} < 3$ 时,氧化膜具有较好的保护性能。该比容积之比大于 3,氧化膜和基体金属之间的应力加大,容易遭受破坏。氧化膜成长时产生的内应力、温度的骤变、氧化膜组织与

金属组织之间的定向适应性，都影响氧化膜的保护性能。

1.2.1 金属氧化膜的成长规律

金属氧化膜的生成不仅受金属表面化学反应所控制，而且还可能受金属或介质通过膜的物理过程控制。通过固体氧化膜的主要过程是扩散，这与氧化膜的厚度及其晶格缺陷有关。

金属氧化物属离子结构，其晶体点阵通常偏离理想晶体，特别是在较高温度下的氧化膜，即存在空位和间隙原子的点缺陷，由足够高热能引起原子迁移的热缺陷，由滑移、位错、裂纹、辐照、化学组分变化等引起的结构缺陷。

化学计量离子缺陷有4类：有阳离子空位和等量间隙阳离子的弗伦克尔缺陷（AgCl），只有阳离子可移动；间隙阴离子和等量阴离子空位的反弗伦克尔缺陷（$PbCl_2$），只有阴离子可移动；阳离子空位和等量阴离子空位的肖脱基缺陷（NaCl），阴、阳离子均可移动；间隙阳离子和等量间隙阴离子的反肖脱基缺陷，阴、阳离子均可移动。几种化学计量离子缺陷模型示于图1－2。

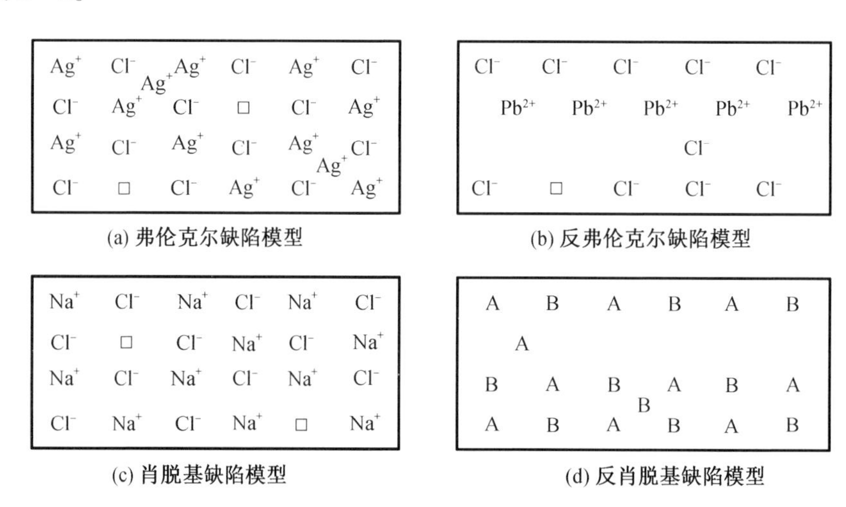

图1－2 几种化学计量离子缺陷模型

非化学计量离子晶体缺陷对绝大多数金属氧化物而言，为金属过剩型和金属不足型氧化物，参见图1－3，这是一种电导率介于导体和绝缘体之间的半导体。依据电流的传导是依靠自由电子还是依靠电子、空穴，分为电子过剩导体和电子不足导体。

电子过剩导体可分为阳离子过剩和阴离子不足两类，属于n型半导体（氧化锌为阳离子过剩，有间隙阳离子——锌离子和间隙电子；氧化钛为阴离子不足，有阴离子空位$\square O^{2-}$和自由电子），由于在还原性介质中加热，其电导率会增大，故又称为还原型半导体。作为阳离子过剩的ZnO，过剩的Zn成为间隙原子，并离解为Zn_i^+或Zn_i^{2+}。

$$Zn_i^+ + e_i^- + 1/2O_2(g) \rightleftharpoons ZnO \quad (1-13)$$

$$Zn_i^{2+} + 2e_i^- + 1/2O_2(g) \rightleftharpoons ZnO \quad (1-14)$$

因为电子的迁移率比离子高几个数量级，其传导电流的贡献比离子大1 000倍。

离子缺陷和电子缺陷的浓度由质量作用定律决定：

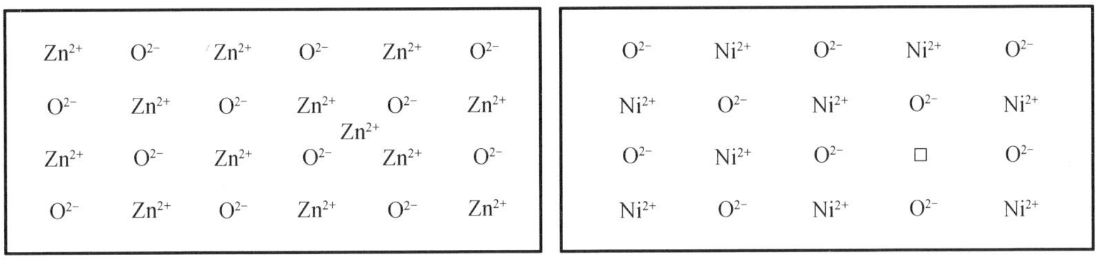

Zn^{2+} O^{2-} Zn^{2+} O^{2-} Zn^{2+} O^{2-}

O^{2-} Zn^{2+} O^{2-} Zn^{2+} O^{2-} Zn^{2+}

Zn^{2+}

Zn^{2+} O^{2-} Zn^{2+} O^{2-} Zn^{2+} O^{2-}

O^{2-} Zn^{2+} O^{2-} Zn^{2+} O^{2-} Zn^{2+}

(a) 金属过剩型氧化锌模型（n 型半导体）

O^{2-} Ni^{2+} O^{2-} Ni^{2+} O^{2-}

Ni^{2+} O^{2-} Ni^{2+} O^{2-} Ni^{2+}

O^{2-} Ni^{2+} O^{2-} □ O^{2-}

Ni^{2+} O^{2-} Ni^{2+} O^{2-} Ni^{2+}

(b) 金属不足型氧化镍模型（p 型半导体）

图1-3 非化学计量离子缺陷晶体图

$$K = C_{Zn_i^+} C_{e_i^-} P_{O_2}^{1/2} \tag{1-15}$$

由于保持电中性，$C_{Zn_i^+} = C_{e_i^-}$，因此

$$K = C_{Zn_i^+}^2 P_{O_2}^{1/2} \tag{1-16}$$

$$C_{Zn_i^+}^2 = C_{e_i^-}^2 = K/P_{O_2}^{1/2} = KP_{O_2}^{-1/2} \tag{1-17}$$

$$C_{Zn_i^+} = C_{e_i^-} = K^{1/2} P_{O_2}^{-1/4} \tag{1-18}$$

由于电导率 λ 与 $C_{e_i^-}$ 成正比，因此

$$\lambda = A_1 P_{O_2}^{-1/4} \tag{1-19}$$

这里 A_1 为常数。若间隙离子是 Zn_i^{2+}，按质量作用定律，有

$$K' = C_{Zn_i^+}^2 C_{e_i^-}^2 P_{O_2}^{1/2}$$

由于保持电中性

$$C_{Zn_i^+}^2 = 1/2 C_{e_i^-} \tag{1-20}$$

$$C_{e_i^-} = 2C_{Zn_i^+}^2 = K' P_{O_2}^{-1/6} \tag{1-21}$$

因此

$$\lambda = A_1 P_{O_2}^{-1/6} \tag{1-22}$$

多数情况下以形成 Zn^+ 为主，但在高温下生成 Zn^{2+} 的过程也不可忽略。

阴离子不足的氧化物有

$$\frac{1}{2}Ti \rightleftharpoons \frac{1}{2}TiO_2 + \square O^{2-} + 2e^- \tag{1-23}$$

式中，$\square O^{2-}$ 和 e^- 属电子导电。

属于 n 型半导体的化合物除 ZnO、TiO 以外，还有 MnO_2 冷却时形成的 UO_{2-x}、Fe_2O_3、Al_2O_3、ZrO_2 等。在还原性介质中加热，其电导率会增大，故又称作还原性半导体。电子不足导体有阳离子不足和阴离子过剩两类。

阳离子不足即存在阳离子空位，如 $\square Ni^{2+}$。为了保持电中性，Ni^{2+} 必然要失去数量相等的负电荷形成 Ni^{3+}，后者不稳定，它要从别处的 Ni^{2+} 夺取电子。因此，Ni^{3+} 被称为电子空位，又被称为正孔。因为阴离子直径太大难以进入间隙，所以没有间隙阴离子存在，也就没有阴离子过剩氧化物的存在，这类半导体称作 p 型半导体。属于 p 型半导体的化合物除了 NiO 外，还有 Cu_2O、Cr_2O_3、UO_2、MoO_2、FeO 等。

电子不足导体的电导率和电子过剩导体的电导率类似，正比于电子空位浓度，即

$$1/2O_2 \longrightarrow NiO + \square Ni^{2+} + 2\square e^-$$

$$K'' = C_{\square Ni^{2+}} C_{\square e^-}^2 P_{O_2}^{1/2}$$

$$\lambda = AP_{O_2}^{1/6} \tag{1-24}$$

阴离子过剩的氧化物,阴离子处于间隙位置,但尚未发现这种形式的氧化物。

1. 膜成长的直线关系

对于氧化时不能生成保护膜的金属,氧化过程主要受金属和氧化物界面上的化学反应所控制,氧化膜的成长速率(即氧化速率)为常数,有

$$dy/dt = K \tag{1-25}$$

式中 y——氧化膜厚度;

t——氧化时间;

K——氧化速率常数。

将式(1-25)积分得

$$y = Kt + A \tag{1-26}$$

式中,A 为积分常数,表示 $t=0$ 时氧化膜的厚度。如果氧化作用一开始是在纯净的金属表面上进行的,则 $A=0$,直线通过坐标原点,氧化膜成长与氧化时间的关系参见图1-4。

由图1-4可见,氧化膜的厚度与氧化时间成正比。金属氧化物挥发性强,或发生升华,或生成液体氧化物,氧化膜的成长均遵循直线规律。比如纯镁在氧气中的氧化增重与氧化时间呈线性增长关系,参见图1-5。

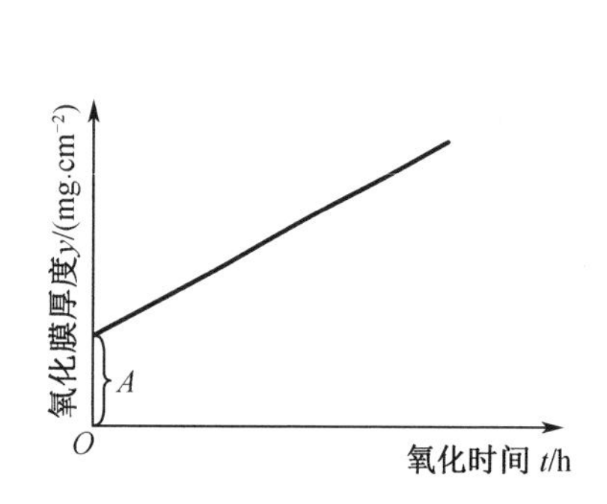

图1-4 氧化膜成长与氧化时间的关系

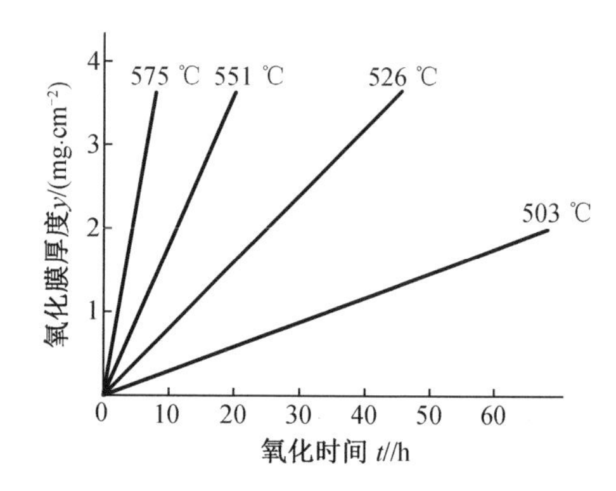

图1-5 纯镁在氧气中的氧化增重与氧化时间的关系

在某些情况下,纯净的金属表面发生氧化,这时氧化反应不受阻碍,$y=f(t)$ 曲线起始部分上升较陡,继而生成极薄的、完整的、可看成金属结晶延续的假晶态氧化膜,当达到一定的临界厚度后,该膜的厚度不再增加,而转变为具有固定晶格参数和密度的、不完整的、对氧的迁移无显著阻碍的普通氧化物,氧化速率不随时间改变。而内层较薄的假晶态氧化膜对氧化膜的成长起到一定的阻碍作用,使氧化曲线偏离了起始阶段的直线。

2. 膜成长的抛物线规律

对于生成完整氧化膜的金属来讲,其腐蚀过程受氧化剂在膜中的扩散过程控制,随着膜的厚度增加,膜的成长愈来愈慢,膜的成长速率与膜的厚度成反比,即

$$dy/dt = K'/y \tag{1-27}$$

将式(1-27)积分得

$$y^2 = 2K't + A \tag{1-28}$$

即氧化膜的厚度和氧化时间关系曲线为抛物线。大多数金属(锆、银、铝、铁等)在较高的特定温度范围内氧化时都遵循抛物线规律。

3. 膜成长的立方规律

与膜成长的抛物线规律相比,氧化膜的扩散阻力更大,即

$$dy/dt = K/y^2 \tag{1-29}$$

或

$$y^3 = K_3 t + C \tag{1-30}$$

式中,C 为常数。

这种规律在实际工作中较少见。它可出现在中温范围内和氧化膜较薄(50~200 Å①)的情况下,例如,镍在 400 ℃左右,钛在 350~600 ℃氧化时都符合膜成长的立方规律。

4. 膜成长的对数及逆对数规律

有些金属在某一条件下氧化时,氧化膜的成长速率要比立方规律更加缓慢,符合膜成长的对数及逆对数规律,即

$$y = K_4 \lg t + K'_4 \tag{1-31}$$

$$1/y = K_5 \lg t + K'_5 \tag{1-32}$$

这两个规律在氧化膜很薄的情况下均可能出现,例如,室温下的铜、铁、铝、银的氧化符合逆对数规律,铜、铁、锌、镍、铝等的初始氧化符合对数规律。而且短时间内所得薄膜数据往往既符合对数规律,又符合逆对数规律。

当时间、温度和气体组成等条件发生变化时,金属的氧化膜成长的规律也会改变。例如,铜自 300~1 000 ℃按抛物线规律氧化,而在 100 ℃以下则按对数规律氧化;铁从 500~1 100 ℃ 按抛物线规律氧化,在 400 ℃以下则按对数规律氧化。

上述金属氧化膜随时间成长的不同规律归纳于图 1-6。

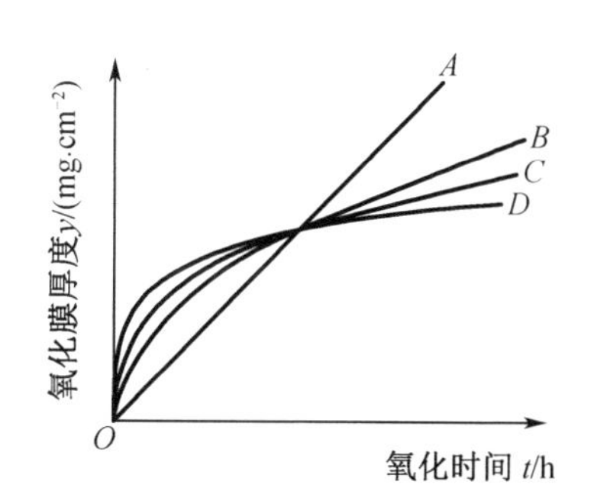

A—直线形;B—抛物线形;C—立方形;D—对数形。

图 1-6 金属氧化膜成长速率示意图

5. 金属高温氧化理论

20 世纪 30 年代,卡尔·瓦格纳从离子缺陷理论出发,根据离子晶体中离子和电子迁移机构的研究提出了氧化膜增长的离子、电子迁移理论。其中假设:氧化层离子晶体中只有离子和电子迁移,而没有中性原子移动;氧化膜内保持电中性;氧化膜内离子、电子、离子空位的迁移都由浓度梯度和电位梯度提供推动力,而且点阵缺陷扩散速率是整个氧化反应

① 1 Å = 10^{-10} m。

速率的控制因素;离子和电子分别沿点阵缺陷和电子缺陷独立迁移;平衡常数 K 值与氧气压力无关。卡尔·瓦格纳从理论上解释和推导了金属在高温下氧化的抛物线规律:

$$y^2 = Kt + C$$

式中 K、C——常数;

y——氧化物膜厚度;

t——氧化时间。

得出了纯金属氧化速率 K 值的表达式。这一结论得到了许多实验的验证。

根据欧姆定理:

$$I = E/R = EAKn_e(n_a + n_c)/y \tag{1-33}$$

式中 E——金属氧化时的电动势,V;

R——总电阻(串联的离子电阻和电子电阻),Ω;

A——常数,1 mol 金属的质量,g;

n_e、n_a、n_c——电子、阳离子和阴离子的电导率。

假设在时间 t 内形成的物质的量为 y,膜长大的速率以通过膜的电流 I 表示,根据 Farady 定律:

$$dy/dt = [J/(FAD) \cdot I] \tag{1-34}$$

得

$$dy/dt = JEkn_e(n_a + n_c)/(DFy) \tag{1-35}$$

式中 F——Farady 常数,96 500 C/mol;

J——氧化物物质的量,mol;

k——电导率,S/cm;

D——氧化膜的密度,g/cm^3。

将式(1-35)积分得

$$y^2 = [2JEkn_e(n_a + n_c)/(DF)]t + C \tag{1-36}$$

$$y^2 = Kt + C \tag{1-37}$$

$$K = 2JEkn_e(n_a + n_c)/(DF) \tag{1-38}$$

当金属氧化反应的 $\Delta G = 0$,即 $K = 0$ 时为平衡态,金属不氧化。当 $\Delta G < 0$,则 K 值随 E 值增大而增大,则氧化速率有增大的趋势。氧化膜的 K 值愈大,金属的氧化速率愈大;K 值愈小,膜成长速率愈小。当生成的氧化物接近绝缘时,氧化过程几乎终止。说明通过加入其氧化物具有高电阻的金属,特别是添加的合金元素及基体金属的氧化物能够互相溶解形成复合氧化物(尖晶石型氧化物),比如 $NiCr_2O_4$、$FeAl_2O_4$,离子在其中的扩散速率比在正常氧化物中低,氧化速率减慢,可提高钢的抗高温氧化性能。通常半导体型氧化膜中,电子导电性能比离子高 1 000 倍,离子迁移率是金属氧化的控制步骤。

瓦格纳理论是针对厚而致密的氧化膜存在浓度梯度和电位梯度时,电子和离子迁移过程导出的,对于极薄的,包括低温下形成的氧化膜并不适用。

6. 金属低温氧化理论

几乎所有的金属在室温或极低温条件下,起始氧化速率都很快,但形成薄的氧化层后氧化速率急剧降低,并接近于常数,比如铝在常温下氧化的情况。瓦格纳理论不能解释这种现象。20 世纪 40 年代末,莫特从半导体阻挡层理论出发用空间电荷区来解释低温氧化成膜机理。空间电荷区是这样形成的:在低温条件下离子不能靠低的热能扩散,而电子则可以通过热发射或者隧道效应迁移，并吸附于氧化膜表面氧原子上，形成氧离子（O^{2-}），这样金属氧化物气体界面形成了阴离子区，金属/氧化物界面形成了阳离子区，这就在氧化膜中形成空间电荷区。膜很薄时，即使氧化物内外电位差为 1 V，电场强度也可达 10^7 V/cm，在这样强的电场作用下，也能使低热能的金属离子向外，或氧离子向内迁移，而对电子进一步向外迁移起抑制作用，这点与厚膜中电子和离子迁移情况相反。莫特从理论上导出了薄膜成长对数规律：

$$1/x = C - (1/K)\ln t \tag{1-39}$$

式中　x——薄膜厚度；

C、K——常数；

t——时间。

对于很薄的氧化膜，如果膜的成长过程受阳离子跃迁控制，则膜的成长符合逆对数规律；如果起始时膜的成长过程受电子跃迁控制，则膜的成长符合对数规律。

7. 温度和压力对氧化过程热力学效应的影响

不论是自由能公式 $G = H - TS$，还是定温、定压下标准自由能变公式，或是 $\Delta G^{\ominus} = \Delta H^{\ominus} - T\Delta S^{\ominus}$，非标准状态下的自由能变 $\Delta G_T = \Delta G_T^{\ominus} + RT\ln Q$（$Q$ 为生成物对反应物的起始分压熵）均表明，温度和压力条件都是氧化过程热力学的决定因素。

用反应物与生成物均为气体的通用反应式计算非标准状态下的自由能变（ΔG_T）：

$$a\mathrm{A(g)} + b\mathrm{B(g)} \rightleftharpoons g\mathrm{C(g)} + d\mathrm{D(g)} \tag{1-40}$$

$$\Delta G_T = \Delta G_T^{\ominus} + RT\ln([P(\mathrm{C})/P^{\ominus}]^c \cdot [P(\mathrm{D})/P^{\ominus}]^d)/([P(\mathrm{A})/P^{\ominus}]^a \cdot [P(\mathrm{B})/P^{\ominus}]^b) \tag{1-41}$$

简化为

$$\Delta G_T = \Delta G_T^{\ominus} + RT\ln Q \tag{1-42}$$

对于 $CaCO_3 \rightleftharpoons CaO + CO_2$，热力学计算可得出 CO_2 分压为 0.010 kPa 时，$\Delta G_T = (178.3 - 0.2371T)$ kJ · mol^{-1}，所以只有 $T > 752$ K 时，ΔG_T 才能为负值，即该分解反应才能自发进行。不断移走 CO_2，使 CO_2 分压尽量降低，反应能自发进行的温度也可以降低。

除此之外，压力的增加使系统内设备管道材料的应力增加，在特定条件下会使材料腐蚀加剧，比如应力腐蚀破裂等。

由于自由能变由既可为正值又可为负值的焓变和熵变二因素决定，只有焓变为负值，而熵变为正值，或焓变虽为正值，但小于熵变正值与温度的乘积（包括提高温度条件）时，可使 ΔG 为负值，反应自发进行。当焓变正值量和熵变正值与温度乘积值相当，可通过降温，使自由能变（ΔG）为负值。只有焓变为正值，熵变为负值时，自由能变总是为正值，相应反应为非自发反应，参见表 1－1。

表 1－1　定压下一般反应自发性倾向实例

反应	$\Delta_r H$	$\Delta_r S$	$\Delta_r G = \Delta_r H - T\Delta_r S$	（正）反应的自发性
$2O_3 \rightleftharpoons 3O_2$	－	＋	－	自发
$CO \rightleftharpoons C + 1/2O_2$	＋	－	＋	非自发
$CaCO_3 \rightleftharpoons CaO + CO_2$	＋	＋	升温利于变负	升温利于反应自发进行
$N_2 + 3H_2 \rightleftharpoons 2NH_3$	－	－	降温利于变负	降温利于反应自发进行

注：$\Delta_r H$、$\Delta_r S$、$\Delta_r G$ 分别表示焓变、熵变、自由能变。

1.3 电化学腐蚀过程热力学

电化学腐蚀是金属与电解质体系由不稳定状态过渡到稳定状态,生成各种状态的产物及化合物,并伴随金属表面及其结构的破坏的过程。对腐蚀过程发生趋势的研究及发生腐蚀的动力的研究就是该腐蚀过程热力学研究的内容。

1.3.1 金属电极电位

电化学腐蚀过程为什么能自发进行?这是因为大多数金属与介质间产生一系列的电化学反应。其基础是金属与介质之间双电层的形成,双电层电位差的测量值即为该金属在给定介质中的电极电位值。

1.金属电极电位

金属表现为电中性,因为其原子核中的正电荷和原子核外围电子的负电荷量相等。金属原子中的部分电子(最外层的一些电子)能在金属中自由移动,称为自由电子(价电子)。溶液在大多数情况下是指电解质溶液(即由极性分子组成)。当金属与电解质(包括水)接触时,若金属离子水合能大于正电荷的原子核对电子的吸引力,则溶液中的极性分子将金属离子由金属表面拉入溶液中,此过程称作水合,所形成的离子团称为水合离子。

在水合过程中,由于金属表层金属离子离去而形成电子过剩,这就使金属与溶液界面的金属一侧荷负电,这种金属称为电负性金属。而同时溶液一侧荷正电,这样形成了双电层。此双电层的建立使溶液与金属间产生电位差,该电位差称作金属在该电解质中的电极电位,参见图1-7。

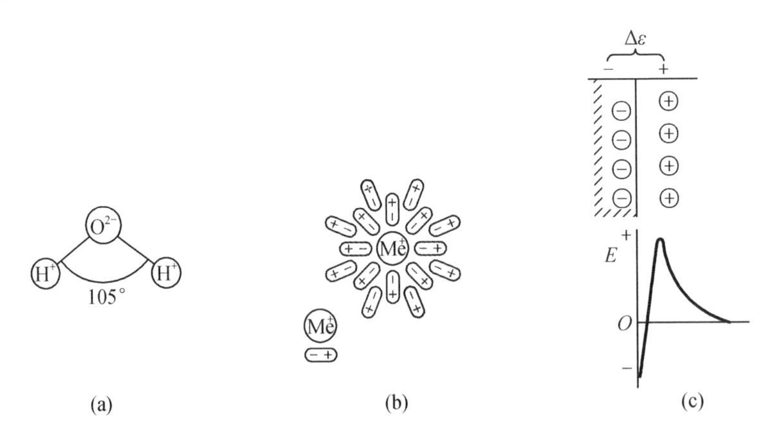

图1-7 极性水分子、水合金属离子及电负性金属电极电位示意图

此双电层和下列可逆过程相关联:

$$Me^+ \cdot e^- + mH_2O \rightleftharpoons Me^+ \cdot mH_2O + e^- \tag{1-43}$$

许多电负性金属浸入水中或浸入酸、碱、盐的水溶液中就会形成双电层。

在相反的情况下,当金属离子的水合能不足以克服金属晶格中金属离子与电子之间的吸引力或受到溶液中正离子的排斥时,金属表面反而吸收一些正离子,进而沉积,并成为金属晶体中的正离子,此时金属表面荷正电,这种金属称作电正性金属。而与金属表面相接触的溶液层,由于负离子过剩而荷负电,则这种双电层与上述双电层的结构相反。将电正性金属浸入含有浓度较大的电正性金属离子的溶液中时就产生此类双电层,参见图1-8。

例如,铜浸入铜盐溶液,可逆过程反应式如下:

$$Me^{+} \cdot mH_2O + e^{-} \rightleftharpoons Me^{+} \cdot e^{-} + mH_2O$$

将图1-7和图1-8结合在一起,即构成电解质中电负性和电正性金属间的电动势,参见图1-9。

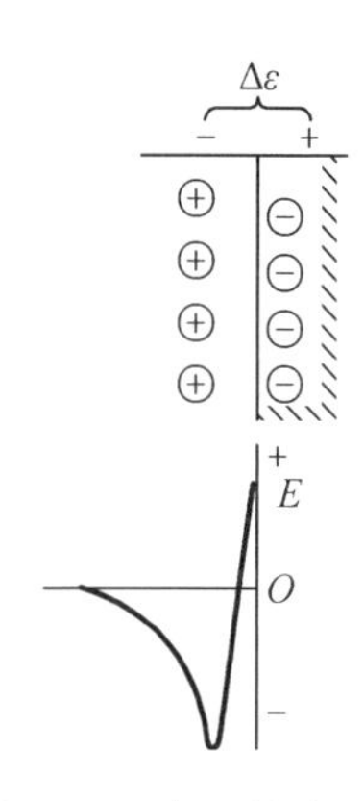

图1-8 电正性金属的电极电位示意图

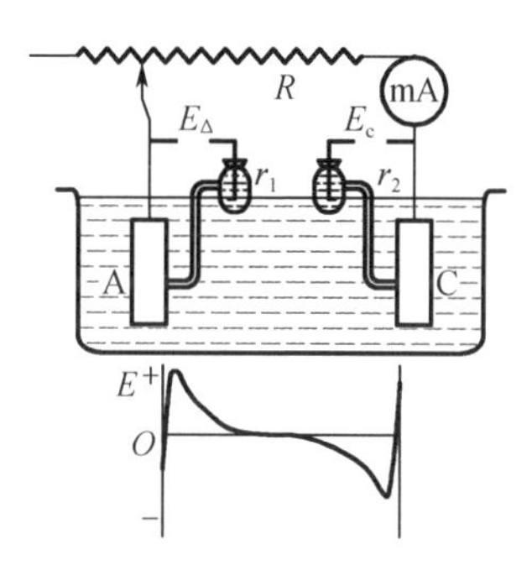

图1-9 电解质中电负性和电正性金属间的电动势示意图

2. 平衡可逆电极电位

当正反两个方向的反应速率相等,即达到平衡时:

$$Me^{n+} \cdot mH_2O + ne^{-} \rightleftharpoons Me^{n+} \cdot ne^{-} + mH_2O \tag{1-44}$$

此时的电极电位称为平衡电极电位,或平衡可逆电极电位,其数学表达式为能斯特方程式:

$$\begin{aligned}\varepsilon &= \varepsilon^0 + RT/(nF) \cdot \lg \alpha_{Me^{n+}} \\ &= \varepsilon^0 + RT \cdot [2.303/(n \cdot 96\ 500)] \cdot \lg \alpha_{Me^{n+}}\end{aligned} \tag{1-45}$$

当温度 $T=(273+25)$℃时,有

$$\varepsilon = \varepsilon^0 + (0.059/n) \cdot \lg \alpha_{Me^{n+}} \tag{1-46}$$

式中 ε——平衡电极电位;

ε^0——标准电极电位;

R——摩尔气体常数,8.314 J·(mol·K)$^{-1}$;

T——绝对温度;

n——金属离子价数(失去电子个数);

F——法拉第常数,96 500 C/mol;

$\alpha_{Me^{n+}}$——金属离子活度。

随着环境条件的变化,反应平衡会遭到破坏,例如溶液中各种离子浓度的变化,包括自身金属离子浓度的增减,或能与之反应的其他离子浓度的增减、溶液温度的变化、流动状态的变化等均会影响该反应的平衡,因而也就会影响平衡电极电位值。

3. 不平衡不可逆电极电位

当电极上同时存在两种或更多的物质参与电化学反应时,放出电子的物质与吸收电子的物质就会不同,这种条件下的电极电位称作不平衡电位或不平衡不可逆电位。

(1)稳定

不平衡不可逆电位可以是稳定的(固定的)。电荷从金属移到溶液和从溶液移到金属的速率相等,即建立起电荷平衡时,非平衡电极电位就能稳定,在产生稳定的非平衡电极电位时,由于物质的平衡不再保持,可以发生同质电极的电化学溶解。

(2)不稳定

不平衡不可逆电位也可以是不稳定的(比如,在溶液流动的情况下),这时电位值随时间而变化。

因为电位值是该金属离子化倾向大小的一个标志,所以电极电位就成了与腐蚀相关联的一种量。研究电极电位对研究材料的腐蚀及腐蚀现象很有意义。

4. 标准电极电位与电动序

当参与反应的为一种纯金属和一个标准大气压的气体时,溶液中的离子活度为 1 mol/L。温度为 25 ℃,电极表面未钝化时,此时的电极电位就是标准电极电位。简言之,标准电极电位就是标准状况下浸于自身离子活度为 1 mol/L 的溶液中的平衡电极电位。

标准电极电位标志着该金属在该条件下由金属离子化转入溶液的趋势和能力。所以人们为了比较金属离子化能力的大小,往往把金属标准电极电位按其大小顺序排列,即为金属的电动序。比如电动序从低到高,$Li \rightleftharpoons Li^{+}$, −3.045 V;$Mg \rightleftharpoons Mg^{2+}$, −2.37 V;$Al \rightleftharpoons Al^{3+}$, −1.70 V;$Zr \rightleftharpoons Zr^{4+}$, −1.53 V;$Fe \rightleftharpoons Fe^{2+}$, −0.44 V;$Au \rightleftharpoons Au^{+}$,1.68 V。

在金属电动序中,氢的标准电极电位为零,其标准电极电位比氢电极电位负的金属为负电性金属,其值越负,则它转入溶液成为离子状态的趋势越大;相反,比氢电极电位正的金属为正电性金属,其值越正,则越不容易离子化。

从热力学观点看,金属电位越正,则越稳定;电位越负,则越不稳定。

5. 电偶序

正如上节所指出的,电动序是电极在 25 ℃下,必须在含有 1 mol/L 自身离子浓度的溶液中,且不含能参与反应的其他离子,而金属表面又处于活化态等条件下的电位顺序。这在实际工程腐蚀条件下是不多见的,而金属材料的稳定性通常是针对实际条件下测量的电位值加以评价。例如,多种材料组成的容器处于同一介质中电位值的测量;舰、船和海港设施在海水中的电位测量;地下管道和构件在土壤中的电位测量,等等。测量的电位值作为评价其稳定性的标准。

将各种金属材料在同一个实际使用的介质中所测得的电位值,按其大小排列成序就是各种金属在该溶液中的电偶序,它可作为同一介质中相接触金属稳定性的指标。下面给出海水中金属的电偶序(由低到高):镁、锌、铝、镉、杜拉铝、软钢、铸铁、Cr18Ni8 不锈钢、304 不锈钢、316 不锈钢、铅、锡、锰青铜、镍、铜、Cu70Ni30、33Cu−67Ni(蒙乃尔)、钛、银、石墨、金、铂。以上是大致顺序,电偶序随合金表面状态、海水成分及海水充气程度不同而有所差异。

1.3.2 电极电位举例

1. 平衡可逆电极电位举例

(1)金属在含有该金属离子的溶液中的电位,如铜在硫酸铜溶液中:

$$Cu \mid CuSO_4 \qquad Cu^{2+} + 2e^{-} \rightleftharpoons Cu$$

(2)金属在溶解度很小的该金属离子的溶液中的电位,如汞在氯化亚汞中:

$$Hg|Hg_2Cl_2 \qquad Hg_2Cl_2 + 2e^- \rightleftharpoons 2Hg + 2Cl^-$$

(3)惰性(不活泼)金属电极在含有氧化剂及还原剂溶液中,如铂电极浸入含 Fe^{2+},Fe^{3+} 的 $FeCl_3$溶液中。Fe^{3+} 从 Pt 上取走电子,而形成 Fe^{2+};Pt 吸收 Sn 释放的电子而荷负电,附近的溶液荷正电。

$$Pt|\longleftarrow Fe^{3+}$$

$$e^-|\longrightarrow Fe^{2+}$$

$$Pt|FeCl_3 \qquad Fe^{3+} + e^- \rightleftharpoons Fe^{2+}$$

$$Pt|SnCl_2 \qquad Sn^{2+} \rightleftharpoons Sn^{4+} + 2e^-$$

(4)惰性电极浸入氧化还原剂中,但其中一种为气相,例如 Pt 浸入通以氢气的酸溶液中,此时 Pt 吸附氢,并在金属 - 溶液界面进行电化学过程:$H_2 \rightleftharpoons 2H^+ + 2e^-$。当达到平衡时的电极电位标志着氢的平衡电极电位,故此电极称作氢电极。同样地,如果 Pt 浸在通以氧气的溶液中建立起 $O_2 + 4e^- + 2H_2O \rightleftharpoons 4OH^-$平衡,即为氧的平衡电极电位,此电极称为氧电极。

这类电极如果浸入稳定的、一定浓度的单一金属离子溶液中,其电位值可以是一个稳定的电位值,所以它们常用作测量其他金属系统电位值的标准电极或称作参比电极。

2. 不可逆电极电位举例

(1)金属在别种金属离子溶液中的电极电位,如 Zn 在 NaCl 溶液中、Pb 在 HCl 溶液中的电位。

(2)某些正电性金属在产生难溶性产物的腐蚀情况下的电位,例如 Cu 在 NaOH 溶液中,Cu、Ag 在 NaCl 溶液中($CuCl_2$、Ag_2Cl_2),Ag 在 HCl 溶液中(AgCl)等。

(3)金属在氧化剂中产生钝化时的电位,如不锈钢和铁等在浓硝酸中,不锈钢和铬在充氧中性盐溶液中等。

(4)当活泼金属溶于酸中,并放出氢气时的电位,当金属上氢的过电位较低时经常发生,如 Fe、Ni、Zn 在 HCl 中。

(5)多组分合金的电位,如固溶体合金的电位(黄铜在 NaCl 中)。

(6)接触电偶,如多金属构件在溶液中的电位(金属构件在土壤或海洋中等)。

(7)合金中的电蚀电位,如铝合金在 NaCl 中。

以上电极电位都属于不平衡不可逆电位,是自然界中大多数实际工程条件下金属材料的电位,其电位值的测量与研究具有实际意义。

1.3.3 电极电位的测量系统及参比电极

平衡电极电位可通过热力学计算获得。非平衡电极电位不能用计算的方法获得,只能通过实际测量获得。直接测量单个电极的电位绝对值是很难的,只能借助于与另一个已知电位的电极(参比电极)组成电偶对,而求此电偶对之间电位差的方法。换言之,电极电位的测量实际上是两个电极(即待测电极与参比电极)间电动势(即无电流时的电位差)的测量。如果某个标准电极电位为零,那么使用操作会更为简便。例如氢的标准电极电位为零,测量时与之配偶的金属电极电位数量上即为电位差值。

$$(-)Me|Me^+\|H^+|H_2(1\text{标准大气压})Pt(+)$$

$$E=\varepsilon_{H_2}-\varepsilon_{Me},\varepsilon_{H_2}=\varepsilon_{Me}+E$$

$$\varepsilon=\varepsilon_{H_2}-\varepsilon_{Zn},\varepsilon_{Zn}=\varepsilon_{H_2}-\varepsilon=-E$$

测量方法：将待测电位的电极浸入所选择的溶液中，另外将参比电极和电位差计或电子毫伏计用导线串联起来，两个电极所处的溶液之间通过溶胶质的盐桥相连。两个电极间的电位差值借助于电子毫伏计直接读出，图 1－10 为用氢电极测量待测金属的电极电位装置示意图。目前多以腐蚀测量仪（如美国产 350A 型腐蚀测量仪）进行测量。

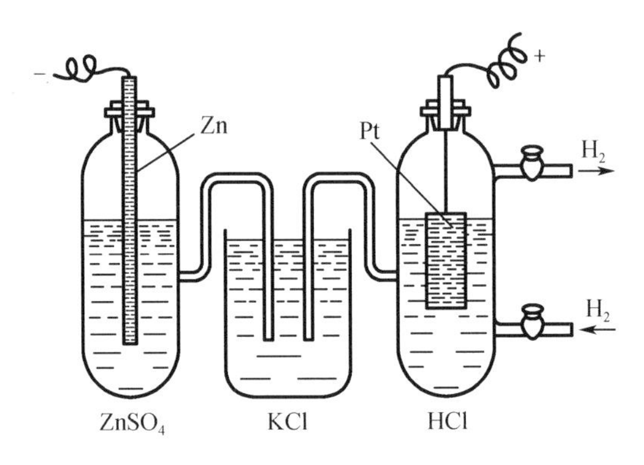

图 1－10　用氢电极测量待测金属的电极电位装置示意图

对参比电极的要求如下：

（1）可逆，稳定；

（2）测量精确度高；

（3）结构简单；

（4）方便携带；

（5）与被测介质成分相近；

（6）价格低廉。

参比电极种类很多，各参比电极参数见表 1－2。

表 1－2　各参比电极参数

序号	电极名称	组成	电极反应	电位/V
1	饱和甘汞电极	$Hg\mid Hg_2Cl_2/KCl$（饱和）	$Hg_2Cl_2+2e^-\longrightarrow 2Hg+2Cl^-$	0.241
2	0.1 mol/L 甘汞电极	$Hg\mid Hg_2Cl_2/KCl$（0.1 mol/L）	$Hg_2Cl_2+2e^-\longrightarrow 2Hg+2Cl^-$	0.333
3	0.1 mol/L 氯化银电极	$Ag\mid AgCl/KCl$（0.1 mol/L）	$AgCl+e^-\longrightarrow Ag+Cl^-$	0.288
4	1 mol/L 硫酸汞电极	$Hg\mid Hg_2SO_4/K_2SO_4$（1 mol/L）	$Hg_2SO_4+2e^-\longrightarrow 2Hg+SO_4^{2-}$	0.66
5	饱和硫酸铜电极	$Cu\mid CuSO_4$固体/$CuSO_4$（饱和液）	$Cu^{2+}+2e^-\longrightarrow Cu$	0.3
6	氢电极	$H\mid Pt/HCl$（1 mol/L）	$2H^++2e^-\longrightarrow H_2$	0

表 1－2 所列为主要的几种市售电极，其可逆性均佳，其中精确度最高的是氢电极，并且其标准电极电位为零，使用方便。但氢电极电位仪设备复杂，不宜于在工程试验条件下使用。实际工程试验条件下，如海水条件下使用的是便携式氯化银电极；土壤条件下使用的

是硫酸铜电极;实验室多用氢电极和甘汞电极(后者由 Hg_2Cl_2 白色粉末(甘汞)制成,它有别于升汞 $HgCl_2$)。

【例1-2】 硫酸铜电极在土壤条件下的应用,参见图1-11。

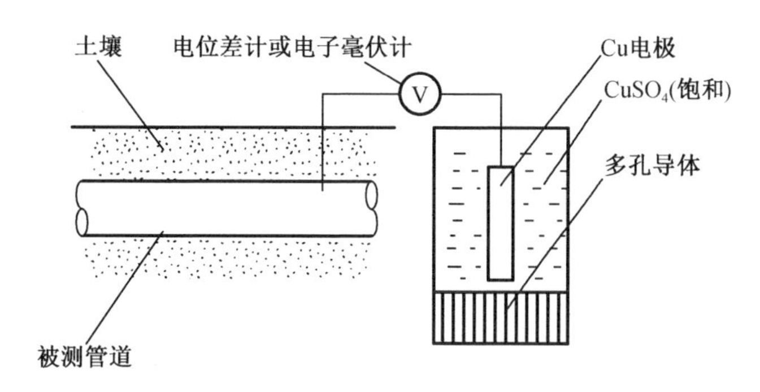

图1-11 用饱和硫酸铜电极测量地下管道材料的电极电位

【例1-3】 应用于高压釜的参比电极,参见图1-12。

1.3.4 电位-pH图

在实际工程环境中,酸碱度呈现多样性。它在腐蚀过程中扮演什么样的角色,它和电极电位之间的关系如何是人们关心的问题。在研究受多因素控制的过程时,将主要影响因素绘制于图上,可使过程的变化变得简单易懂,比如温度-压力关系图、应力-时间关系图,等等。pH和电位之间的关系也可用图示来表示。

电极电位是金属在给定介质中进行氧化-还原反应能力大小和发生电化学反应可能性的标志。而溶液的pH变化对大多数条件下电化学反应的影响也是很明显的,特别是在实际工程环境下相当多溶液中的电化学反应受pH的控制。所以,进行电位测量是电化学研究的重要手段,也是腐蚀研究工作的重要组成部分。比如,微型反应堆元件本体与堵头之间电位差的测量。

人们在研究一个腐蚀过程时常常需要同时考虑两种或两种以上的因素。因此,把金属的氧化-还原电位作为纵坐标,用水溶液的pH作为横坐标绘制关系图,该图称作 ε-pH图。它是从热力学角度研究金属体系腐蚀的条件和防腐蚀的可能性的有力工具。

由于早期波贝首先收集和计算了90多种金属与水体系的热力学数据,绘制成电化学平衡电位与pH图谱,所以此图亦称为波贝图。

1. 水体系的 ε-pH图

在大多数实际工程条件下,伴随构件的腐蚀常常发生氢离子和氧的还原反应。例如,金属进行氧化、溶解的同时,伴随着同量电子的还原反应,如氢离子吸收电子而还原,析出氢气或氧的离子($2H^+ + 2e^- \longrightarrow H_2$,$1/2O_2 + H_2O + 2e^- \longrightarrow 2OH^-$),这样才能完成腐蚀的全过程。所以水体系的 ε-pH图研究氢与氧的氧化还原反应的 ε 与pH的关系图,是很有价值的。在多种金属水溶液系统的 ε-pH图中也常常标出氢与氧的 ε-pH图(图1-13)。

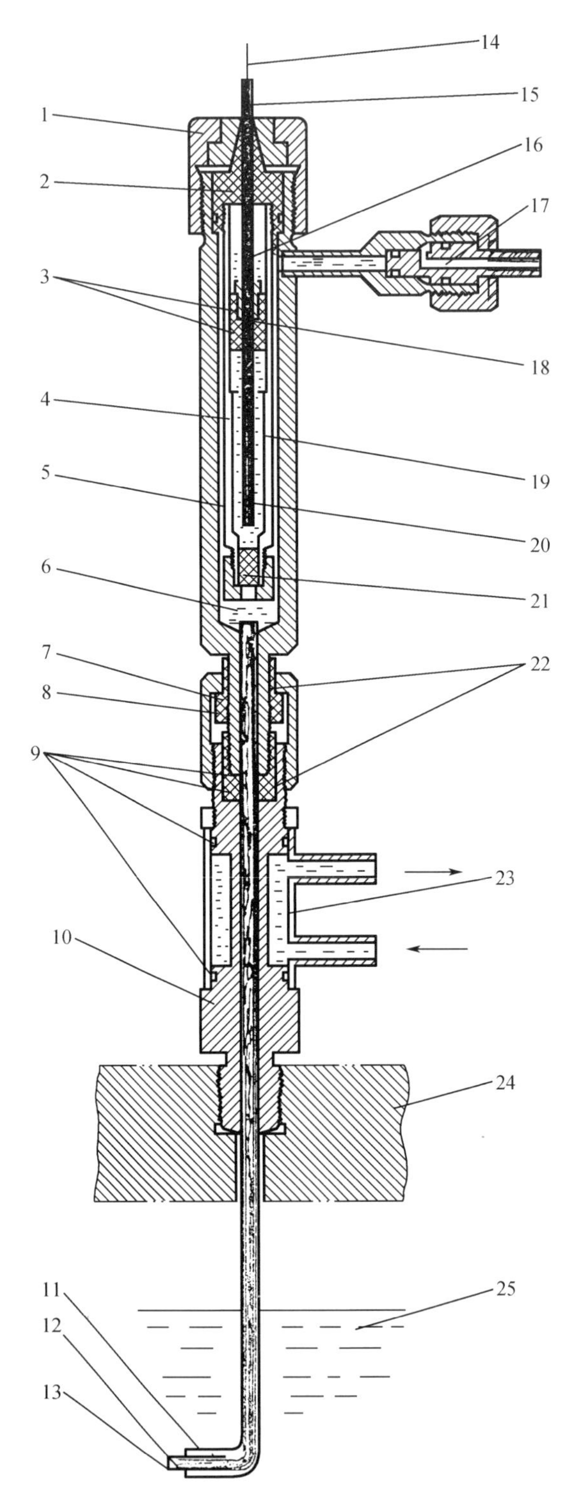

1,7—螺帽;2—聚四氟乙烯密封件;3,9—O 形环;4—氧化锆管;5—电极外套管;6—试验溶液;8—套环;
10—不锈钢水套管;11—不锈钢管;12—聚四氟乙烯管;13—聚四氟乙烯芯线;14—银线;
15—聚四氟乙烯管;16—小孔;17—排气孔;18,22—聚四氟乙烯套管;19—聚四氟乙烯活塞;20—0.1 mol/L KCl;
21—氧化锆塞;23—冷却水外套管;24—高压釜盖;25—试验溶液。

图 1-12　用 0.1 mol/L AgCl 参比电极测量(内)高压釜中材料的电极电位

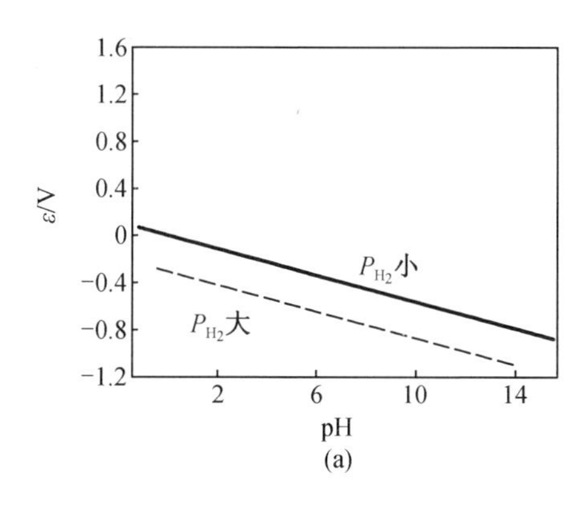

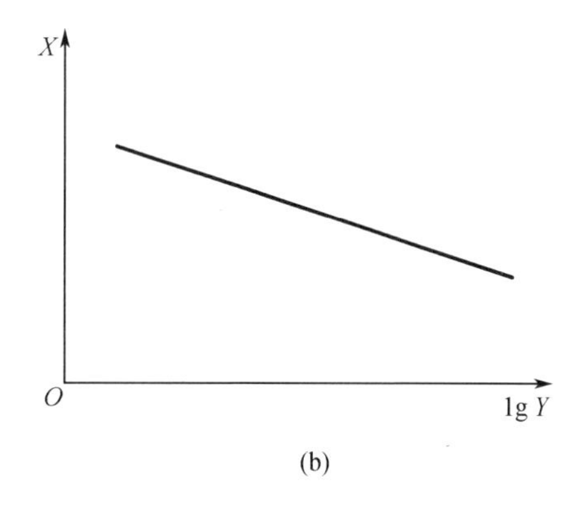

图1－13 氢与氧的氧化还原反应ε－pH图

下面对氢的ε－pH图的线进行绘制和计算，参见图1－13(a)，图中，P_{H_2}为氢气的分压，且有

$$2H^+ + 2e^- \longrightarrow H_2$$

$$\varepsilon_{H^+/H_2} = \varepsilon + RT/(2F)\lg \alpha_{H^+}^2 / P_{H_2} \tag{1-47}$$

在标准状况下

$$\varepsilon_{H^+/H_2} = 0 + 0.059/2\lg \alpha_{H^+}^2 - 0.059/2\lg P_{H_2}, \mathrm{pH} = -\lg \alpha_{H^+}$$

$$\varepsilon_{H^+/H_2} = -0.059\mathrm{pH} - 0.029\ 5\lg P_{H_2}(X = b/\lg Y - C) \tag{1-48}$$

由以上可知，ε－pH图实际是反映ε和pH之间的相应关系，平衡线确定的ε对应的pH，此平衡线分割反应区为两个区，参见图1－13(b)。

由图1－13可知，当P_{H_2}一定时，ε决定于pH，随着pH的增加ε下移。当系统P_{H_2}增加时，ε值减小(如虚线)。

氧、氧和水的ε－pH图参见图1－14，可知

$$O_2 + 4H^+ + 4e^- \longrightarrow 2H_2O$$

$$\varepsilon_{O_2/H_2O} = \varepsilon_{O_2/H_2O} + \frac{RT}{4F}\lg \frac{\alpha_{O_2} \cdot \alpha_{H^+}^4}{\alpha_{H_2O}^2} \tag{1-49}$$

其中，$\alpha_{H_2O} = 1$。

$$\varepsilon_{O_2/H_2O} = 1.23 + 0.014\ 8\lg P_{O_2} - 0.059\mathrm{pH} \tag{1-50}$$

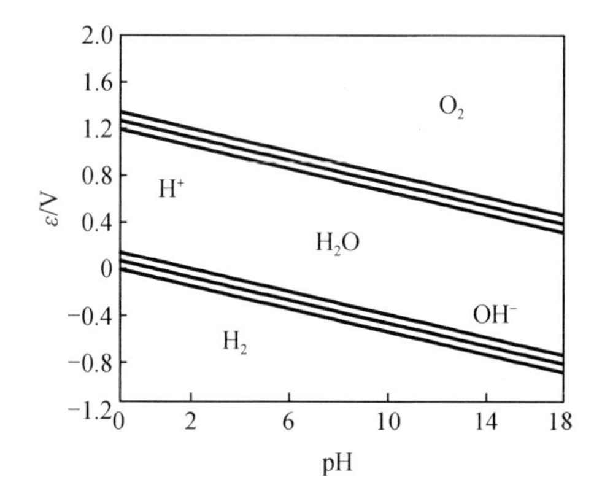

图1－14 氧、氢和水的ε－pH图

当 pH 一定时，ε_{O_2/H_2O}取决于 P_{O_2}，随其值增加上移（虚线）。式（1－48）和式（1－50）相比可看出此二线是间距可变、相互平行的。

水系统 ε_{H^+/H_2} － pH 图的应用如下。

固定 pH 时随 ε 变化而引起系统的变化，或固定 ε 时随 pH 变化而引起系统的变化。在一定的分压下电位与 pH 的关系参见表 1－3。

表 1－3　电位与 pH 的关系

系统	pH	ε/V
$2H^+ + 2e^- \longrightarrow H_2$（$P_{O_2}=1$ 标准大气压）	0 7 14	0 －0.414 －0.828
$O_2 + 4H^+ + 4e^- \longrightarrow 2H_2O \longrightarrow 2H + 2OH^-$（$P_{O_2}=1$ 标准大气压）	0 7 14	1.229 0.815 0.401

2. $Fe-H_2O$ 系统的 ε－pH 图

各种金属都可绘制 ε－pH 图。这里举出 $Fe-H_2O$ 系统的 ε－pH 图。

$Fe-H_2O$ 系统的电化学反应很多，共 16 个，每个反应都有其对应的 ε－pH 关系曲线。下面列出其中的反应①、⑨、⑩、⑪、⑫、⑬、⑭、⑮和⑯。这些关系曲线归纳起来可分为三类，参见图 1－15。

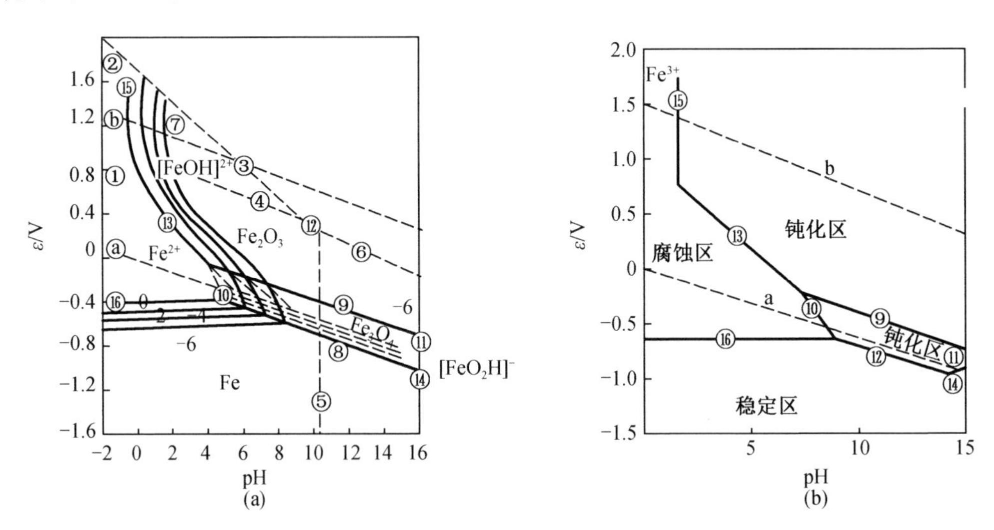

图 1－15　$Fe-H_2O$ 系统电化学腐蚀 ε－pH 图

（直线上的数学表示可溶性离子活度的对数）

①$Fe^{3+} + e^- \rightleftharpoons Fe^{2+}$

⑨$3Fe_2O_3 + 2e^- + 2H^+ \rightleftharpoons 2Fe_3O_4 + H_2O$

⑩$Fe_3O_4 + 8H^+ + 2e^- \rightleftharpoons 3Fe^{2+} + 4H_2O$

⑪$Fe_3O_4 + 2H_2O + 2e^- \rightleftharpoons 3FeO_2H^- + H^+$

⑫$2FeO_4^{2-} + 10H^+ + 6e^- \rightleftharpoons Fe_2O_3 + 5H_2O$

⑬$Fe_2O_3 + 6H^+ + 2e^- \rightleftharpoons 2Fe^{2+} + 3H_2O$

⑭$FeO_2H^+ + 3H^+ + 2e^- \rightleftharpoons Fe^{2+} + 2H_2O$

⑮$Fe_2O_3 + 6H^+ \rightleftharpoons 2Fe^{3+} + 3H_2O$

⑯$Fe^{2+} + 2e^- \rightleftharpoons Fe$

(1)在 ε - pH 图上呈水平线,例如:

$$Fe^{2+} + 2e^- \longrightarrow Fe$$

$$\varepsilon_{Fe^{2+}/Fe} = \varepsilon^0_{Fe^{2+}/Fe} + \frac{RT}{2F}\lg\frac{\alpha_{Fe^{2+}}}{\alpha_{Fe}}$$

其中, $\alpha_{Fe} = 1$。

$$\varepsilon_{Fe^{2+}/Fe} = -0.44 + 0.029\ 5\lg\alpha_{Fe^{2+}} \tag{1-51}$$

这就是说,此反应的电极电位只与 ε 有关,而与 pH 无关。

在一定温度下,ε 与 $\alpha_{Fe^{2+}}$ 相互对应,而与 pH 无关,因此在 ε - pH 图上为一条与 pH 坐标相平行的直线。此线表示式(1-51)的平衡条件。

(2)ε - pH 图呈垂直线,在反应体系中只有氢离子出现,是离子之间的转换,而无电子参与反应,无电子的得失。例如:

$$Fe^{2+} + 2H_2O \longrightarrow Fe(OH)_2 + 2H^+$$

由于无电子得失,不构成电极反应,因此不能用能斯特公式计算出 ε 与 pH 的关系,但可从反应的平衡常数得到浓度与 pH 的关系方程式:

$$K = \frac{\alpha^2_{H^+} \cdot \alpha_{Fe(OH)_2}}{\alpha_{Fe^{2+}} \cdot \alpha^2_{H_2O^+}} = \frac{\alpha^2_{H^+}}{\alpha_{Fe^{2+}}} \tag{1-52}$$

$$\lg K = 2\lg\alpha_{H^+} - \lg\alpha_{Fe^{2+}}$$

$$-\lg\alpha_{H^+} = -\frac{1}{2}\lg K - \frac{1}{2}\lg\alpha_{Fe^{2+}}$$

$$pH = 6.65 - \frac{1}{2}\lg\alpha_{Fe^{2+}}$$

又如:

$$Fe^{3+} + H_2O \longrightarrow [FeOH]^{2+} + H^+$$

$$K = \frac{\alpha_{[FeOH]^{2+}} \cdot \alpha_{H^+}}{\alpha_{Fe^{3+}} \cdot \alpha_{H_2O}} \tag{1-53}$$

$$\lg K = \lg\frac{\alpha_{[FeOH]^{2+}}}{\alpha_{Fe^{3+}} + 3\alpha_{H^+}}$$

$$-\lg\alpha_{H^+} = pH = \lg\frac{\alpha_{[FeOH]^{2+}}}{\alpha_{Fe^{3+}}} - \lg K$$

$$Fe_2O_3 + 6H^+ \longrightarrow 2Fe^{3+} + 3H_2O$$

$$K = \frac{\alpha^2_{Fe^{3+}} \cdot \alpha^3_{H_2O}}{\alpha_{Fe_2O_3} \cdot \alpha^6_{H^+}}$$

$$\lg\alpha_{Fe^{3+}} = \frac{1}{2}\lg K - 3pH$$

当温度一定时(K 为一定值)可得到 $\alpha_{Fe^{3+}}$ 和 pH 的关系式,此时 $\alpha_{Fe^{3+}}$ 和 pH 为直线关系,而与 ε 无关。故在 ε - pH 图上出现一条与 ε 轴平行的垂线。

(3)在 ε - pH 图上呈斜线的,除氢电极和氧电极外还可以举出以下几个例子:

$$[FeO_2H]^- + 3H^+ + 2e^- \rightleftharpoons Fe + 2H_2O$$

$$Fe(OH)_2 \rightleftharpoons [FeO_2H]^- + H^+$$

$$\varepsilon = \varepsilon_0 + \frac{RT}{2F}\ln\frac{\alpha_{[FeO_2H]^-} \cdot \alpha_{H^+}^3}{\alpha_{Fe} \cdot \alpha_{H_2O}^2}$$

$$= \varepsilon_0 - 0.089pH + 0.029\ 5\lg \alpha_{FeO_2H^-} \quad (1-54)$$

3. Fe - H_2O 系统的 ε - pH 图的应用

(1)应用1:根据热力学计算在 Fe - H_2O 系统 ε - pH 图上形成若干个区,包括腐蚀区、钝化区和稳定区等。

根据 ε 和 pH 即可确定该系统的腐蚀情况(金属离子浓度大于 10^{-6} mol/L 时称为腐蚀状态)。

①腐蚀区:热力学不稳定区,可进行明显的氧化还原反应的区域。

②稳定区:热力学稳定区,不进行明显的氧化还原反应的区域。

③钝化区:处于有条件的稳定状态,由于存在沉积膜,因此抑制了腐蚀。

(2)应用2:根据各区的特点,可人为地根据意愿使系统中的酸碱度升高或降低使之进入钝化区。

(3)应用3:人为地升高铁的电位,使之进入钝化区。例如,对易钝化金属进行阳极极化或加足够的氧化剂使之进入钝化区。

(4)应用4:降低电位可由腐蚀区进入稳定区,即进行阴极极化。

以上所述为25 ℃时的数据,如果用高温条件下各反应的 ε 与 pH 关系亦可绘制高温 ε - pH 图。

4. ε - pH 图应用的局限性

(1)仅用于判断腐蚀倾向,而不能得到腐蚀速率。

(2)电极表面和溶液的 pH 是有差别的,如在阴极表面,当有 H_2 析出时,H^+ 浓度降低,会碱性化。

(3)对于实际工程环境,由于离子种类多,系统处于不平衡状态。

(4)钝化区是指各种沉积膜形成区,实际上其中某些沉积膜形成区并无保护作用。

1.4 电化学腐蚀过程动力学

本节主要介绍电化学反应实际速率及影响因素,即从动力学角度研究实际问题。单从热力学观点判断工程腐蚀问题有时是不符合实际情况的,参见图1-16。例如,Mg 远比 Al 和 Zn 电负性更强,但在碱性溶液中 Mg 很稳定;Al 的电位比 Fe 负得多,但在大气中 Al 总是很光亮的,而 Fe 则易生锈;Cu 的电位很正,但在 NH_3 中(溶液中有 NH_3 存在)Cu 会发生严重腐蚀;Fe 在稀硝酸中腐蚀速率很大,但当硝酸浓度升高到一定值时,铁的腐蚀速率突然降低,等等,具体参见电化学腐蚀动力学差异示意图(图1-16)。总之,单从热力学观点看问题,解释不了实际腐蚀速率存在很大差异的问题。

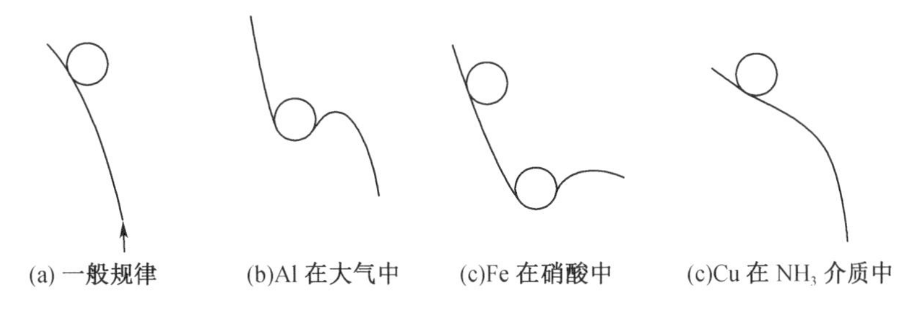

图 1－16　电化学腐蚀动力学差异示意图

金属腐蚀过程往往是自发进行的。腐蚀过程一旦开始，往往会出现不同的情况，有些保持一定的腐蚀速率，有的出现加速腐蚀现象，但在很多情况下则出现阻碍这一腐蚀过程进行的反作用力，例如下面介绍的极化现象和钝化现象等都是这种反作用力。这些也决定了腐蚀过程的实际速率。本章主要介绍极化、钝化等有关问题。

1.4.1　电化学腐蚀现象与腐蚀电池

1. 伏特电池

Zn 和 Cu 浸入 H_2SO_4 中的电化学腐蚀（宏观电池）参见图 1－17。

$$Zn \rightleftharpoons Zn^{2+} + 2e^-$$

$$2H^+ + 2e^- \rightleftharpoons H_2$$

有电子流动，形成封闭回路，随着 H^+ 浓度下降，OH^- 浓度上升。

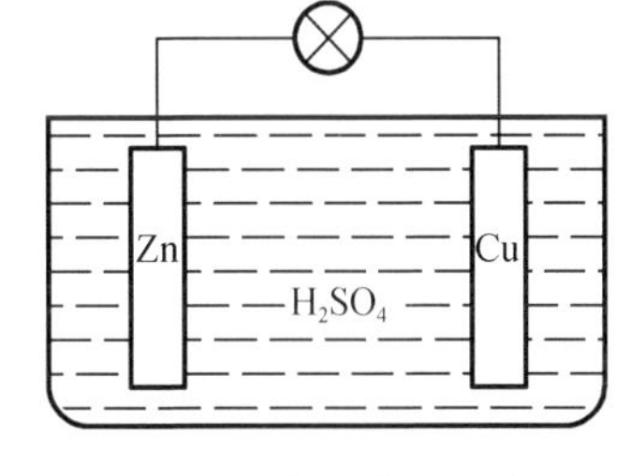

图 1－17　伏特电池示意图

2. 接触腐蚀

例如，钢－Al－Zn－Mg（船体阴极保护器），铝－铜（铝构件用铜铆钉）都存在接触腐蚀。

3. 全面腐蚀（微观电池）

例如，锌板含有铜杂质，碳钢含有 Fe_3C，就存在全面腐蚀。

杂质为阴极，基体为阳极，会产生微电池，造成全面腐蚀。全面腐蚀是腐蚀分布于整个金属表面的一种腐蚀类型。宏观上腐蚀状况是均匀的，但在微观上则可能是不均匀的。

4. 浓差电池腐蚀

例如，沙土－黏土－钢管在充气不均匀土壤中的腐蚀阳极（溶解）氧化反应，即阴极还原反应，就是浓差电池腐蚀。

沙土氧含量高的部位 ε 值大，则成为阴极，黏土贫氧区成为阳极，参见图 1－18。

$$O_2 + 2H_2O + 4e^- \rightleftharpoons 4OH^-$$

$$\varepsilon = \varepsilon^0 + RT/(4F)\ln(\rho_{O_2} \cdot \alpha_{H_2O}^2/\alpha_{OH^-}^4)$$

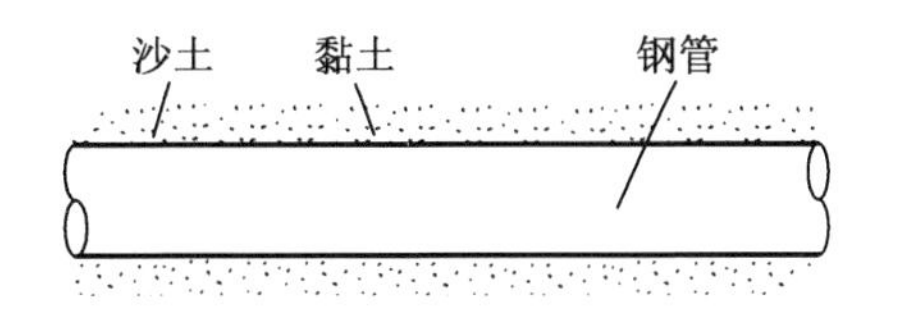

图 1－18　充气不均匀土壤中浓差电池腐蚀

801 反应堆屏蔽水箱沙廊沙层，由于穿墙冷却水管泄漏、渗水，原漆膜老化脱落，其上部富氧，附近壁面成阴极，造成其下部壁面、管道缺氧成阳极,水管产生大的穿孔,水箱壁发生严重腐蚀。

5. 水线腐蚀

水线上部的水薄,氧充足,电位偏正,形成阴极区。水线下部水层厚,氧扩散慢,贫氧,电位偏负,形成阳极区,而容易发生溶解腐蚀。实际工程环境条件下的影响因素很多,具体如下:

(1)由于干湿交替,侵蚀性离子浓集,加速了阳极区的破坏作用。如 101 反应堆铝壳体内表面水线区点腐蚀严重。

(2)对于打号样品,由于晶格机械变形,字号处于水线部位时水线腐蚀将更为严重(含氯离子的水对铝材的侵蚀)。

6. 孔蚀与缝隙腐蚀

孔蚀腐蚀集中于针孔状局部点上,通常孔深大于孔径。

保护膜的不均匀性使钝化膜局部破坏而产生一种局部腐蚀,它经历孔蚀产生和孔蚀深化两步,参见图 1-19。例如,铝合金壳体、铝板及镀膜工艺管的孔蚀。

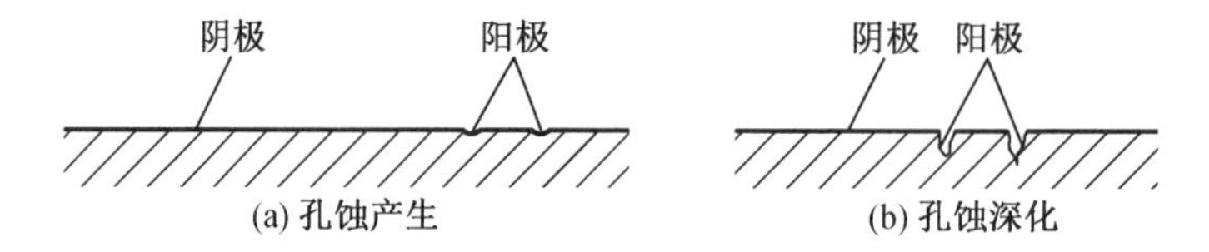

图 1-19　孔蚀产生和蚀坑深化

缝隙腐蚀为缝隙处易于产生的一种电化学腐蚀。异种金属接触、同种金属接触、非金属与金属接触均可能产生这类腐蚀,参见图 1-20。隙缝腐蚀产生的原因如下:

(1)充氧不均匀,缝隙外部富氧为阴极,缝隙内部贫氧为阳极。

(2)有害杂质的浓集。

例如,801 反应堆元件端面的腐蚀,蚀孔深为 0.03~0.05 mm。引起隙缝腐蚀的最佳隙缝随质量交换条件的变化而变化。

7. 晶间腐蚀

晶间发生某元素的增加或减少而造成与周围金属间产生电位差,进而引起的腐蚀称为晶间腐蚀。晶间区原子排列疏松杂乱,易浓集杂质,而与母材产生电位差。对镍铬不锈钢在 550~850 ℃敏化处理后,焊接热影响区或相应温度下长期使用后,晶界中的 C 与 Cr 形成 $Cr_{23}C_6$ 的碳化物。使晶界合金中的 Cr 含量低于钝化所需的 12.5%,形成阳极,产生晶界溶解,从而形成晶间腐蚀,参见图 1-21。

晶间腐蚀是一种危害性极大的腐蚀,它使设备结构在外观可能还很完好的情况下发生瞬间破坏,事发前不易察觉。

8. 选择性浸出腐蚀

一种多元合金的固溶体中较活泼的组分在介质中优先溶解,从而使合金失去一些固有特性,这一过程称为选择性浸出腐蚀。例如,铜与锌组成的黄铜脱锌——在特定条件下黄铜中的锌优先溶解(晶格极不均匀),留下多孔状的富铜区,而使黄铜失去应有的机械性能(黄铜强度高于铜)。又如铸铁脱铁后,石墨浓集,呈网状多孔体,其硬度显著降低。

选择性腐蚀发生过程缓慢,而且常被锈层所覆盖,从表面上不易被发现,常发生突然脆裂。

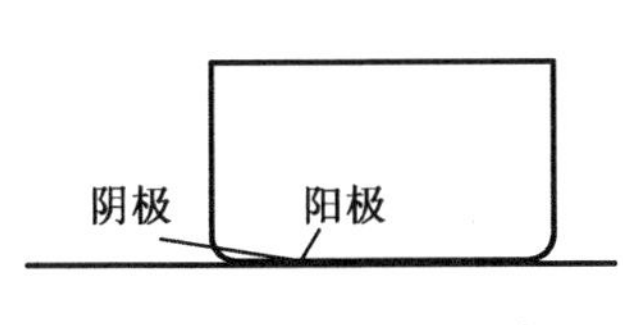

图1-20 缝隙腐蚀示意图

图1-21 晶间腐蚀示意图

9. 应力腐蚀

应力腐蚀是指金属和合金在拉应力与腐蚀介质的共同作用下所引起的破坏,其破坏速率远大于二者单独作用时所引起的破坏的和。

应力腐蚀产生的三个必要条件如下:

①拉应力;

②特定的介质;

③对应力腐蚀敏感的材料。

(1)应力来源

应力是外部和内部静态拉应力,其来源如下:

①冷加工应力(冷拔、冷轧等);

②装配残余应力(U 形弯管和管板组装);

③焊接热影响区拉应力;

④工作载荷及工作时热膨胀拉应力;

⑤腐蚀产物(如裂纹处)堆积引起的应力集中;

⑥其他(磨痕等)。

(2)特定的腐蚀介质

①黄铜在氨蒸气中的氢脆;

②低碳钢在硝酸盐中的硝脆;

③碳钢在碱溶液中的碱脆;

④奥氏体不锈钢在氯化物中的氯脆。

(3)对应力腐蚀敏感的材料

纯金属很少有应力腐蚀倾向,二元或三元合金更容易产生应力腐蚀。金属中若存在第二相时(如不锈钢中存在的铁素体相),可减缓应力腐蚀倾向(SCC)。材料的应力腐蚀破裂敏感性是由溶液种类相配伍而产生的,即与特定的介质有关。

总之,应力腐蚀是电化学腐蚀作用与机械破坏相互促进的结果,而不是两种作用引起的破坏的简单相加。

10. 金属磨损——磨蚀

由于腐蚀流体和金属表面之间的相对运动引起金属的加速破坏,称为磨蚀。浸泡在腐蚀介质中的相互摩擦的表面间的加速腐蚀亦属于此类腐蚀。

磨蚀过程中的主要作用力有液体在高流速下对金属表面的摩擦力;流体中固体颗粒(腐蚀产物、破脆树脂、金属等)对表面的摩擦力;结构、流道直径变化和流道流向变化处所受的冲击力,具体参见图1-22。

磨蚀过程的影响因素包括以下两方面。

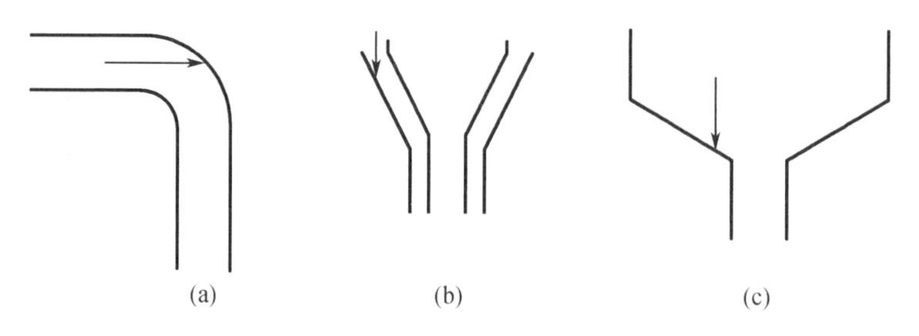

图 1-22 局部液流加速引起的磨蚀示意图

(1)流速

流速往往有一个产生腐蚀的临界值,铝合金约为 10 m/s,铝青铜为 1.22 ~ 8.23 m/s。

(2)流态

湍流比层流严重。

磨蚀的实例包括:316 不锈钢受硫酸-硫酸亚铁泥浆冲击;泵的叶轮片的磨损腐蚀;101 反应堆下部杯形部件磨蚀,流道截面增加,影响堆芯组件间流量的稳定;821 反应堆元件端面的磨蚀;试验样品夹具局部流速过大的部位的磨蚀。

11. 空泡腐蚀——空蚀或气蚀

这是磨蚀的一种特殊形态,常发生在有高速液体流,并且有液体压力变化的设备上。它产生的原因是表面同时受到腐蚀和锤击力作用而引起破坏。

在液体流过金属表面时,由于流态变化引起局部压力下降而形成空泡,瞬态即破灭,并产生强大的冲击波(400 标准大气压),使金属保护膜破坏,产生塑性变形,甚至可使金属局部撕裂,膜破口处发生腐蚀,随即重新生成保护膜。同一点上又形成新的空泡,并瞬间破灭。反复进行,使表面变得粗糙。越粗糙越易形成空泡核,从而产生恶性循环。

防止空蚀的方法有:改善流道,以减小动力差;材质合金化和改善内部均匀性;精磨表面以减少空泡成核概率;提高、改善和调节表面硬度、弹性和耐磨性等。

空泡腐蚀的例子包括:北京自来水厂泵叶片空蚀产生蜂窝状表面,寿命仅数月,试用了橡胶覆面、玻璃钢覆面、尼龙覆面,但都未能成功;101 反应堆主泵叶轮片的空泡腐蚀。

12. 腐蚀疲劳

腐蚀疲劳指腐蚀与循环交变应力(拉力和压力交变或拉力大小交变)联合作用引起的破坏。腐蚀疲劳发生的过程是构件表面受到不足以引起立即断裂的交变应力的作用,在某些晶粒内可能发生滑移,但当位错到达晶界时受到阻碍,当压力反过来(反向)时位错沿滑移面折回。如此多次反复,滑移面变粗糙,晶系紊乱,在有腐蚀介质存在时,此损伤区被溶液破坏,此时所需的活化能大大降低,产生选择性腐蚀,并且在多次反复应力作用下引起两个运动表面相互分离。先是产生间隙,这些间隙逐渐连起来构成裂纹。介质在裂纹区不断作用,使破坏程度成倍增加,最后断裂,此断裂发生在外加应力成 45°角或垂直的一些平面上,参见图 1-23。

腐蚀疲劳的特点如下:

①应力低于屈服点,接近或超过疲劳极限;

②应力为拉拉交变或拉压交变;

③构件表面损伤及应力集中处都会促使疲劳断裂(切口、缩颈、深刻(伤)痕、微裂纹);

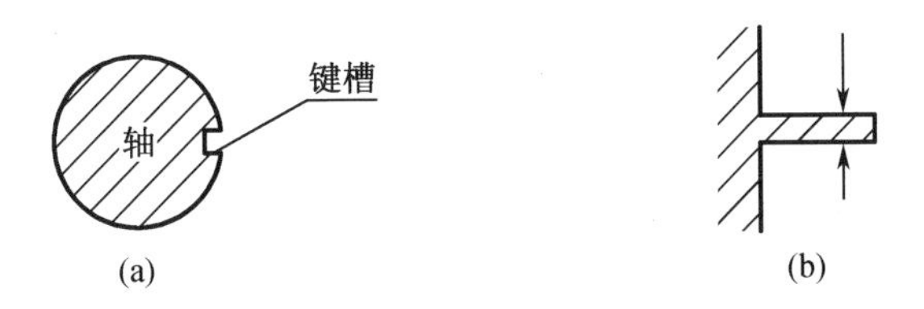

图1-23 交变应力下腐蚀疲劳示意图

④主要破坏形式为一组裂纹,也有断裂,其断口大部分平滑,小部分粗糙(终端)。

13. 气氛腐蚀

封闭系统中的有害气体对该系统中某些金属材料的腐蚀;封闭电气箱中镀锌层的腐蚀,如串列加速器密封包装长时间海运时,镀锌部件的腐蚀;湿木材箱对铝制部件的腐蚀,如计算机铝制盘的腐蚀,都属于气氛腐蚀。可以通过改进包装,增强机件相容性,保持密封与干燥环境等方法改善气氛腐蚀。

14. 细菌腐蚀

细菌腐蚀将在生产堆的腐蚀章节中介绍。

上述仅列举了少量电化学腐蚀的例子,但已足够说明,电化学腐蚀种类繁多,条件各异,但其都符合电化学的共同准则:

(1)存在阴极(还原反应区)和阳极(氧化反应区);

(2)阴极和阳极之间存在电位差;

(3)腐蚀介质必须是离子导体;

(4)电化学腐蚀系统成闭合回路。

1.4.2 电极过程极化现象及极化图

1. 电极过程极化现象

电化学过程的动力是电位差。电化学反应一旦进行就有阻力,该阻力大体有三个方面,即阳极过程阻力、阴极过程阻力和传导过程阻力(电子在导体中的电阻)。这种阻力就是电极过程的极化,即腐蚀电流随时间延长而减小,如图1-24所示。

将铜和锌板放入稀硫酸内(非平衡态),铜在该溶液中的电极电位为0.05 V,锌的电极电位为-0.83 V。两电极间电子导体的电阻约为110 Ω,溶液内阻为120 Ω,当铜-锌刚接通时,有

$$I=(\varepsilon_k-\varepsilon_a)/R=[0.05-(-0.83)]/(110+120)=0.0038\ (A) \tag{1-55}$$

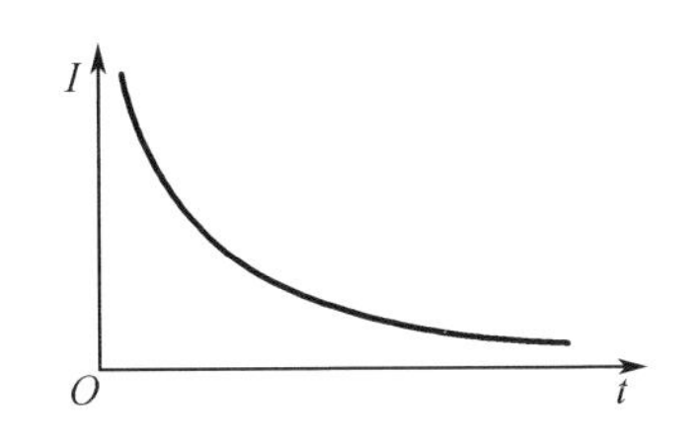

图1-24 腐蚀电流随时间变化曲线

该值比稳定时的200 μA大18倍。

如果考虑的是接通时的瞬时电流,在类似的系统中阴极电位为+1 V,阳极电位为-0.1 V,连接导线电阻为0.1 Ω,两电极电位差和连接电阻产生的瞬间电流(不考虑溶液中的离子导电)可达到11 A。电极接通后电流迅速减小不是因为导线电阻的变化(导线温度无显著的升高,不足以引起电阻发生明显变化),而只是$\varepsilon_k-\varepsilon_a$之值减小,这就是极化现象(k为阴极,a为阳极)。

定义:这种由于通过电流而减小电池电极间初始电位差,因而减小电流的现象,称为电极过程的极化,参见图 1-25。当通过电流时,阳极电位向正向移动的现象称为阳极极化(Ч_a);当通过电流时,阴极电位向负向移动的现象称为阴极极化(Ч_k)。在极化条件下电极电位与电流密度的关系可绘成图,称为极化图。

2. 极化图

消耗于阴极极化的电位差:

$$\varepsilon_k^0 - \varepsilon_k = \text{Ч}_k$$

消耗于阳极极化的电位差:

$$\varepsilon_a^0 - \varepsilon_a = \text{Ч}_a$$

$$\text{Ч}_k - \text{Ч}_a = \text{Ч}$$

Ч 是系统在接通电路后电极电位逐渐偏离初始的电极电位值的大小,也就是说 Ч 是该电极有电流流动与无电流流动时电位的差。

Ч_k、Ч_a分别表示阴极和阳极的极化程度,称之为超电压(过电压),一般取正值,其值越大,极化程度越大,表明在接通电流后阻力越大,腐蚀过程越难进行。

Ч 值随电流值的变化而变化。取电位变化对电流的导数 $\mathrm{d}\varepsilon/\mathrm{d}i$,并称之为极化率(真实极化率),即极化曲线在该点的斜率。$\Delta\varepsilon/\Delta i$ 为平均极化率,即曲线愈陡,反映阻力愈大。其意义为单位电流的过电位值,参见图 1-26。

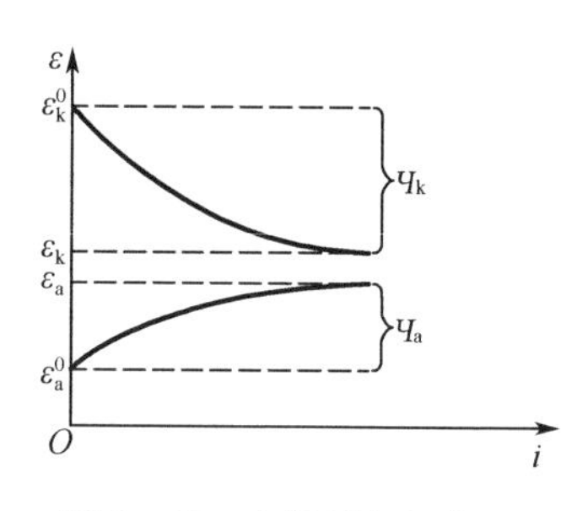

图 1-25　电极过程极化图

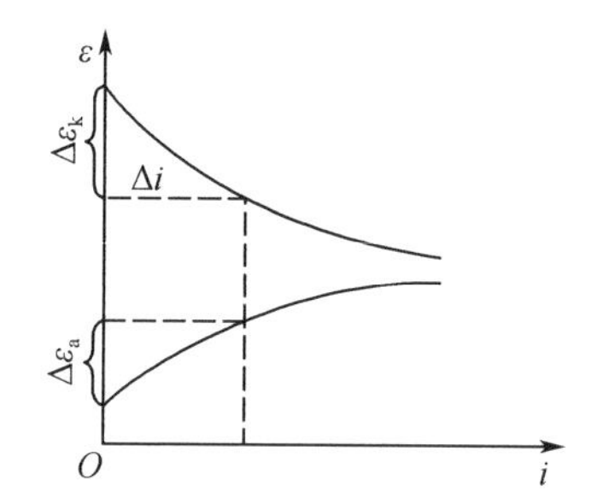

图 1-26　阴极和阳极极化率

3. 伊文思腐蚀极化图

横坐标表示电流强度时,极化曲线为直线所代替,此时极化图大大简化,称之为伊文思腐蚀极化图,在定性分析腐蚀过程时使用它很方便。

在电流流动时消耗于极化的电位与消耗于电阻的电位相似,所以极化与电阻相似,因而具有相同的量纲,可以将 $\varepsilon_k^0 - \varepsilon_a^0$的值(动力之和)认为是被 P_a(阳极极化阻力)、P_k(阴极极化阻力)及 R(金属电阻的阻力)所消耗,参见图 1-27,有

$$i = (\varepsilon_k^0 - \varepsilon_a^0)/(P_a + P_k + R)$$

电化学腐蚀速率由极化阻力(电阻)大的过程控制:

(1)当 $P_k \gg P_a + R$ 时,称为阴极控制过程[图 1-27(a)];

(2)当 $P_a \gg P_k + R$ 时,称为阳极控制过程[图 1-27(b)];

(3)当 $P_a \approx P_k$ 时,称为阴极和阳极混合控制过程[图 1-27(c)];

(4)当 $R \gg P_a + P_k$ 时,称为电阻控制过程[图 1-27(d)]。

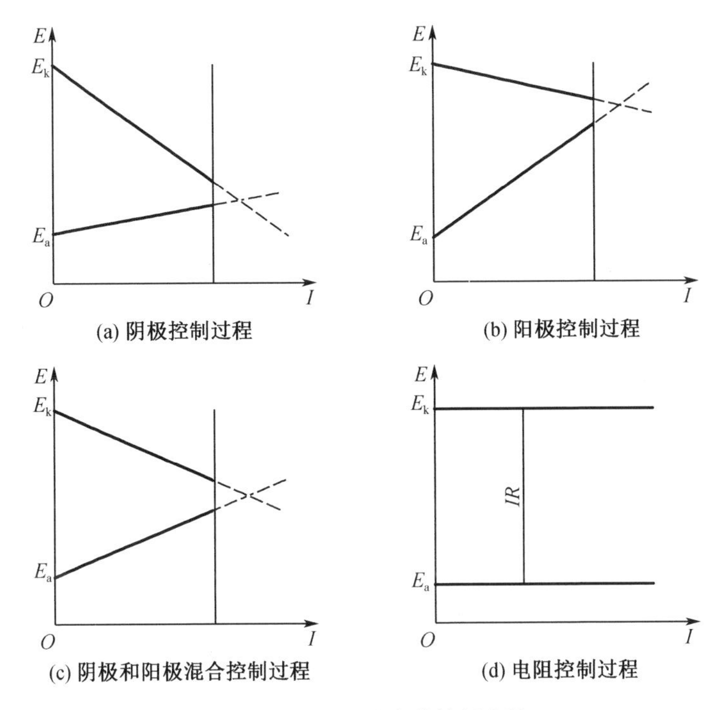

图1-27 腐蚀速率的控制步骤

1.4.3 阴极极化现象及阴极极化曲线

阴极极化可以是电化学极化,也可以是浓差极化。

1. 阴极极化

由于阴极反应受到阻碍减缓了腐蚀过程,该现象称为阴极极化。阴极反应包括以下几种:

(1)去极化剂由溶液以扩散或对流的方式进入电极附近的溶液层;

(2)去极化剂与电子结合,进行还原反应($2H^+ + 2e^- \longrightarrow H_2$;$Me^+ + e^- \longrightarrow Me$;$O_2 + 2H_2O + 4e^- \longrightarrow 4OH^-$);

(3)去极化剂还原后,或沉积,或从电极表面离去,或停留在阴极上;

(4)脱附,H^+形成H_2逸出。

由于(1)、(3)、(4)的阻力使反应减缓的称为浓差极化。由于(2)的阻力使反应减缓的称为电化学极化,又称活化极化。

2. 电化学极化

多数酸液引起的腐蚀都伴有氢的还原。一般来说,(1)、(3)、(4)过程都进行得较快(化学、物理化学过程),(2)还原反应过程起较大的阻碍作用(电化学反应),以H^+的还原为例,$H^+ + H_2O + e^- \longrightarrow H_{吸附} + H_2O$的阻力大于$H^+$扩散及排除掉氢原子的速率。由于电子消耗慢而积累起来,电极的电位负移,当达到一定数值时反应才加快(电子积累促使反应$2H^+ + nH_2O + 2e^- \longrightarrow H_2 + nH_2O$右移,由于$e^-$多,双电层对$H^+$吸引力更大)。$\eta_H$与$i$的关系如下(图1-28):

$$Ч_{\mathrm{H}}=\Delta\varepsilon_{\mathrm{c}}=wi \quad (当\ i<10^{-6}\ \mathrm{A/cm^2}时)$$

$$Ч_{\mathrm{H}}=\Delta\varepsilon_{\mathrm{c}}=a+b\lg i \quad (当\ i>10^{-6}\ \mathrm{A/cm^2}时)$$

该方程式为表示离子化超电压数值的塔菲尔方程。式中，i 为电极电流密度；a 为常数，与材质、表面状态和温度有关；b 为常数，值为 0.10 ~ 0.12，与温度有关，与材质无关。

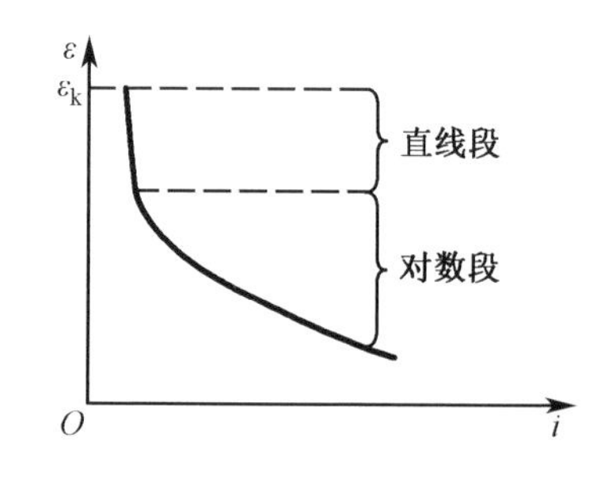

图 1-28　阴极极化与电流密度的关系

$Ч_{\mathrm{H}}$的影响因素如下：

①材料。就材料而言，Hg、Pb、Cd、Zn、Sn 的 $Ч_{\mathrm{H}}$大，为0.95 ~ 1.56 V；Cu、Fe、Ni、Pt、W 次之，为 0.1 ~ 0.8 V。

②温度。温度上升 $Ч_{\mathrm{H}}$下降，一般为 2 ~ 3 mV/ ℃。

③表面状态。表面粗糙度增加，$Ч_{\mathrm{H}}$下降，比如喷砂、镀铂黑时 $Ч_{\mathrm{H}}$值减小。

④介质酸碱度。在酸性介质中 H^+ 被水分子包围，水化氢离子在析氢过程中起着重要作用。随着 H^+浓度的下降，e^- 和 H^+ 结合阻力增大，超电压增大。在碱性介质中 OH^-有利于驱使 e^- 与水结合生成 $H_{吸附}$和 OH^-。因此，在碱性溶液的电极过程中水分子占有重要的地位。

$Ч_{\mathrm{H}}$是 H_2、H^+ 氧化还原反应难易程度的标志。

①为了减少电池放电，延长其寿命，减少副反应 H_2的产生应加入 $Ч_{\mathrm{H}}$高的材料制作的添加剂使 $Ч_{\mathrm{H}}$增高。

②在标准氢电极中，Pt 表面镀铂黑，使表面变粗糙，以减小 $Ч_{\mathrm{H}}$，增加氢参比电极过程的可逆性。

③生产氢的车间的电解槽析氢电极应具有小的 $Ч_{\mathrm{H}}$，以减少电能消耗（$Ч$ = 0.3 V 时，每生产 1 t H_2，需额外耗电 830 kW）。

④铝合金在高温时因有氢的存在而产生氢泡腐蚀。合金元素中添加镍，使氢在 Ni 上极易析出（Ni 上 $Ч_{\mathrm{H_2}}$很小），从而有效地防止了氢泡腐蚀。

⑤溶液中加胺、醛有机物，使之吸附于金属表面，增加 $Ч_{\mathrm{H_2}}$，减小金属的腐蚀速率，它们被称为缓蚀剂。

3. 浓差极化

浓差极化是指由去极化剂向电极表面的迁移速率或反应后的去极化剂的脱离电极表层的速率慢而引起的极化效应，例如：

（1）H^+ 在铂上的还原反应很迅速，而 H^+ 向 Pt 表面扩散和 H_2脱离 Pt 表面速率相对较慢而引起的极化效应；

（2）在阴极上进行的 O_2的还原反应，$O_2 + 2H_2O + 4e^- \longrightarrow 4OH^-$，由 O_2的扩散慢而引起的阴极极化。

4. O_2极化过程

（1）O_2向阴极迁移：O_2通过空气/溶液界面层（通过蒸发对流等）；O_2通过溶液层向阴极表面靠近；O_2通过电极表面液层（扩散层）。

（2）O_2被阴极吸附。

（3）吸附的 O_2在阴极进行还原反应。

（4）OH^- 离开电极表面扩散层。

当电流密度小，供氧充分时，主要为过程(3)的电化学极化；当电流增大，供氧不充分时，过程(1)是主要的阻碍因素，则此时为浓差极化，参见图1-29。

上述各步由(1)、(4)过程缓慢引起的阴极反应的阻力称为浓差极化。

而由(3)过程引起的阴极反应阻力称为电化学极化。凡是能改善上述各步的措施都会对电化学反应起加速作用，特别是影响扩散迁移的措施，会明显地加速氧的电化学反应。比如，增加 O_2 的压力、溶液搅拌、溶液加热等。

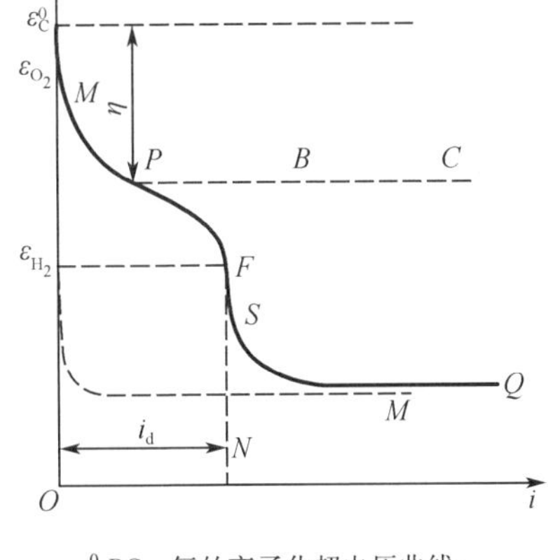

ε_C^0BC—氧的离子化超电压曲线；

$\varepsilon_{H_2}M$—氢的阴极析出曲线。

图1-29 氧去极化剂的阴极极化曲线

费克定律描述了氧去极化剂的扩散行为：

$$M = -D(C_1 - C_0)/\delta \qquad (1-56)$$

式中 M——含氧量；

D——扩散系数；

δ——扩散层厚度；

C_1——扩散层电极侧氧浓度；

C_0——扩散溶液侧氧浓度。

由电化学极化与浓差极化混合的极化程度可用塔菲尔方程式表示：

$$Ч_{O_2} = wi_C + (a' + b'\lg i_C) - b'\lg(1 - i_C/i_D) \qquad (1-57)$$

ε_{O_2} 比 ε_{H_2} 的平衡电极电位更正，发生吸氧的可能性比析氢腐蚀的可能性大得多(在有氧存在的溶液中首先发生的是吸氧腐蚀)。

5. 阴极极化曲线(氢、氧共存时混合极化曲线)

在大多数的腐蚀条件下，溶液中既有 H^+ 的存在也有氧的存在，即同时存在着两种去极化剂，此时的阴极极化曲线一般由三段曲线组成。

(1) *MPC* 线段表示氧的阴极极化曲线

与 H^+ 共存时，由于 $\varepsilon_{O_2} > \varepsilon_{H^+}$，所以 H^+ 不可能还原，此时以氧的电化学极化为主。

当阴极电流达到 i_d 时(由最大扩散氧量保证的电流 i)，由于电流上升，而氧供应不足，而产生浓差极化：

$$i_d = DC_0nF/\delta(\text{由费克定律计算得出})$$

式中 δ——扩散层厚度；

D——扩散系数；

C_0——溶液中氧的浓度。

电流增加困难，致使电位负移(阴极上电子积累之故)，此时电流最大值称为扩散电流。

当电位达到 H^+ 的还原电位时，发生 H^+ 的还原反应，电流由 I_d 继续增加，曲线趋势沿氢阴极极化曲线(还原反应曲线)方向延伸。

阴极还原反应种类很多，具体如下。

(1) 金属离子还原为0价

$$Me^{n+} + ne^- \longrightarrow Me, Cu^{2+} + 2e^- \longrightarrow Cu$$

(2)金属离子变价

$$Me^{n+} + e^- \longrightarrow Me^{n-1}, Fe^{3+} + e^- \longrightarrow Fe^{2+}$$

(3)分子离子化

$$M + ne^- \longrightarrow M^{n-}, Cl_2 + 2e^- \longrightarrow 2Cl^-$$

(4)氧化物还原

$$Fe_3O_4 + H_2O + 2e^- \longrightarrow 3FeO + 2OH^-$$

(5)氢氧化物还原

$$Me(OH)_3 + e^- \longrightarrow Me(OH)_2 + OH^-$$

(6)其他

以上阴极还原反应,使与之相接触的金属失去电子形成阳极,从而发生氧化反应,遭受腐蚀。

1.4.4 阳极极化与钝化现象

1. 阳极极化(氧化反应)

(1)电化学极化

氧化反应的电化学步骤起主要阻碍作用时的极化称为电化学极化。

(2)浓差极化

去极化剂的输送迁移起阻碍作用时的极化称为浓差极化。以上两项与阴极同类极化相似。

(3)阳极钝化产生的电阻极化

金属进入钝态时的钝化膜阻力起主要阻碍作用时的极化称为薄膜电阻极化。

(1)、(2)项极化其原理也与阴极极化相似(从略),下面重点介绍第(3)项阳极钝化产生的电阻极化。

2. 钝化现象

1936 年便有科研人员发现在浓硝酸溶液中铁特别耐腐蚀的现象。

1938 年罗蒙诺索夫指出了钝化现象,即低碳钢浸入不同浓度的硝酸中时,硝酸质量分数在 30% ~40% 时出现腐蚀速率突然降低,并伴有电位变正的现象,此时若将此金属移入稀硝酸中则腐蚀速率保持不变。当硝酸质量分数超过 80% 时腐蚀又加快,参见图 1-30。

1944 年法拉第提出钝化必须是阳极反应速率减慢引起的,而不计那些阴极反应受阻因素。比如,锌汞齐在硫酸中产生腐蚀减缓现象是因为在 ZnHg 上 η_{H_2} 大。

金属由活化态转入钝化态时,腐蚀速率一般将降低,并发生电极电位的正移,电位为 0.5 ~2.0 V,而使之接近贵金属的电极电位。比如,纯铁电极电位由 -0.5 ~ -0.2 V升高到 0.5 ~1.0 V。铬钝化时电极电位由 -0.6 ~ +0.4 V 升高到 0.8 ~1.0 V。这是由于钝化过程改变了金属表面双电层的结构。

3. 钝化分类

(1)按难易程度分类

①自钝化金属。自钝化金属是指那些在空气中或多种含氧溶液中能自发钝化的金属。比如铝,在进行氧化反应时能生成氧化膜,使电位变正。当铝在 3% 氯化钠中电位为 -0.75 V,而刚擦伤的表面,活化表面无氧化膜时表面电位为 -1.5 V,若在氧化性更强的介

质中,其电位更正。除铝之外,能自钝化的金属还有铬、钛、钽和不锈钢等。

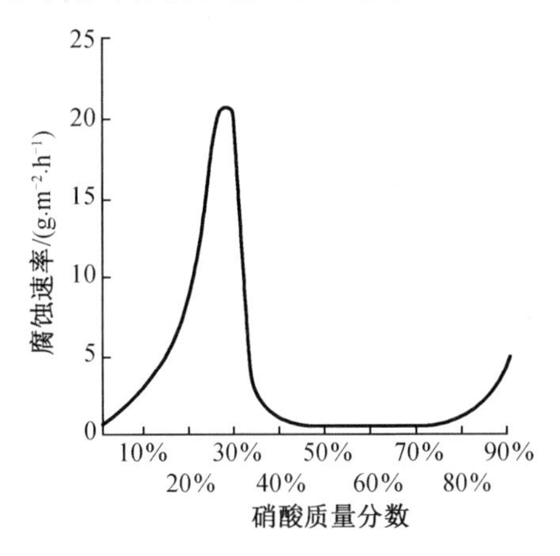

图1-30 低碳钢的腐蚀速率与硝酸质量分数的关系(试验温度:35 ℃)

②非自钝化金属。非自钝化金属必须在强氧化性介质作用下才能钝化。例如,镍、铁和钴等。

(2)按钝化原因分类

①化学钝化。这是由金属与钝化剂(包括空气、某些含氧溶液以及某些特定的非含氧溶液)的化学作用而产生的钝化。钝化剂除了浓硝酸外,还有硝酸钾、重铬酸钾、高锰酸钾、硝酸银、氯化钾等。金属镁在氢氟酸中、钼和铌在盐酸中皆可钝化。

钝化需要氧化剂,但不是所有的氧化剂都能引起钝化,只有那些能与金属配成阴极的氧化剂,其初始还原电位高于金属的阳极致钝和其阴极极化率较小的氧化剂才能使金属进入自钝化状态,即

$$H^+ + NO_3^- \longrightarrow HNO_3$$

$$\varepsilon = \varepsilon^0 + \frac{RT}{F}\ln \alpha_{H^+} \cdot \frac{\alpha_{NO_3^-}}{\alpha_{HNO_3}} \qquad (1-58)$$

$$\varepsilon = \varepsilon^0 + 0.059\lg \alpha_{H^+}$$

如果钝化是由溶于介质中的氧引起的,那么影响钝化的因素还应该有氧的浓度和搅拌,参见图1-31和图1-32。

作为钝化剂的硝酸,由于H^+和NO_3^-的浓度或氧化能力不够高,其阴极极化曲线与阳极极化曲线分别相交于点1和点2处,因而铁处于活化区,剧烈地溶解。当铁处于浓硝酸中,NO_3^-的初始电位向正方向移动,阴、阳极的极化曲线相交于点3。此时铁进入钝化状态,参见图1-33和图1-34。

②阳极极化钝化。采用外加阳极极化电流进行钝化的方法称为阳极极化钝化。这是因为外加阳极极化电流促进氧化膜形成,产生电位正移,使金属由活性态变为钝态。例如18-8不锈钢在30%(质量分数)的硫酸中进行阳极极化,形成四个区:活化区、过渡区、钝化区和过钝化区。当电位$\varepsilon = -0.1 \sim 1.2$ V时,不锈钢的腐蚀速率降至原腐蚀速率的数万分之一,并一直处于稳定状态。这种降低金属材料腐蚀速率的方法称为阳极保护,具有实际的工程意义。

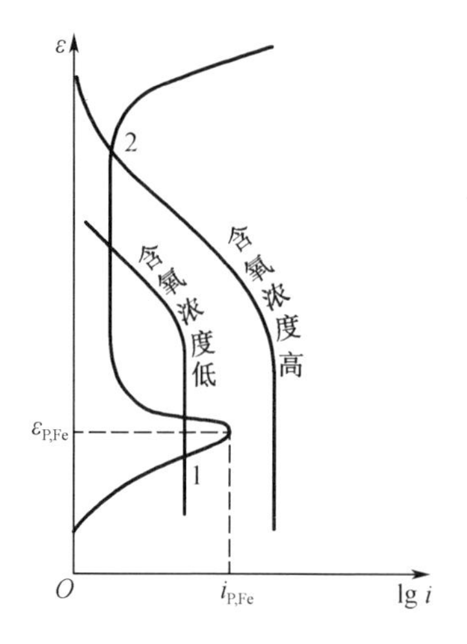

图 1－31　铁在含氧量不同溶液中阴极极化曲线与阳极极化曲线交点示意图

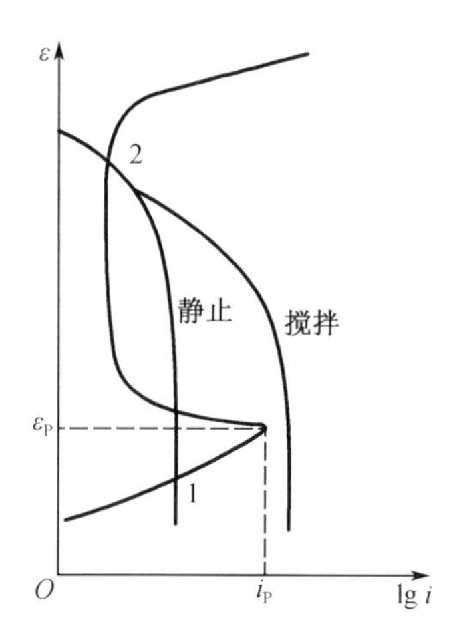

图 1－32　金属在静止和搅拌的溶液中阴极极化曲线与阳极极化曲线交点示意图

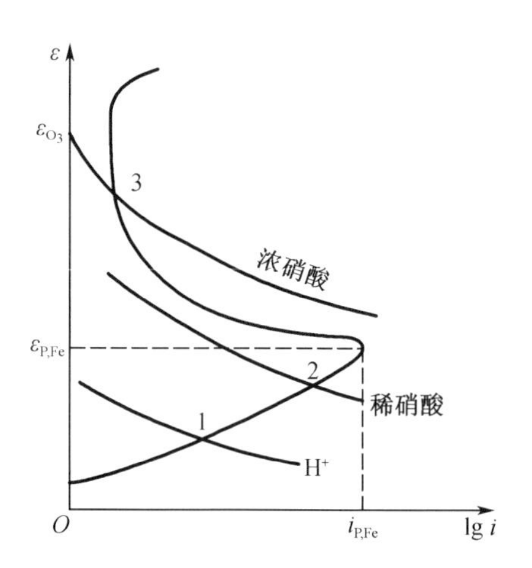

图 1－33　铁在不同质量分数硝酸中阴、阳极极化曲线的交点示意图

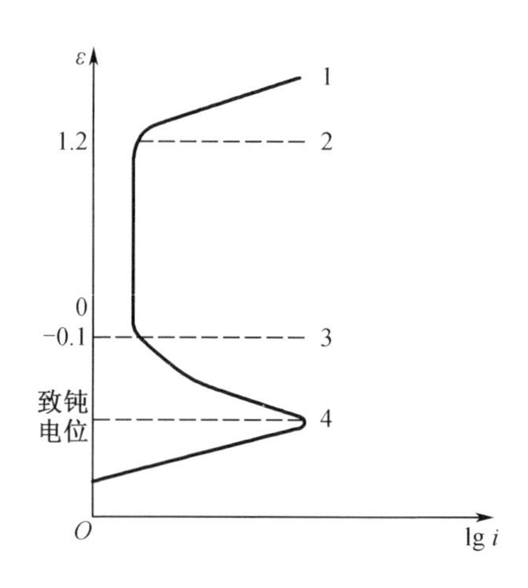

图 1－34　铁在 10%(质量分数)硫酸中的阳极钝化曲线

当不锈钢中铬(易钝化合金成分)的含量改变,则钝化曲线的维钝电流亦改变。随着铬含量的增加(由 2.8% 升到 18%),合金的耐蚀性也随之增高。当合金中的铬含量为 2.8% ~ 6.7%(曲线 1 及曲线 2)时,阳极极化曲线在一定的电位范围内仍出现电流振荡。由此可见,用钝化曲线可以评定一定条件下材料的钝化能力。

铬在活化状态下的电极电位为 −0.6 ~0.4 V;而在钝化状态下,则为 0.8 ~1.0 V。几乎接近贵金属的电极电位。

铁、钛、不锈钢在硝酸中的钝化能力参见图 1－35。

(1)$4OH^- \longrightarrow O_2 + 2H_2O + 4e^-$。由于$Fe_2O/O_2$的超电压高,该反应在 $\varepsilon > 1.6$ V 时才进行,大大超过 O_2/H_2O 平衡电位,放出 O_2使电流密度增加。

(2)对某些金属也可能产生易溶高价氧化物,从而破坏了钝化膜,使 K 增加。如 $Fe_2O_3 + 5H_2O \longrightarrow 2FeO_4^{2-} + 10H^+ + 6e^-$。

(3) $2Fe+3H_2O \longrightarrow Fe_2O_3+6H^++6e^-$，这时钝化膜溶解速率极小，所以 K 很小。$3Fe+4H_2O \longrightarrow Fe_3O_4+8H^++8e^-$。

(4)铁溶解 $Fe \longrightarrow Fe^{2+}+2e^-$。

4. 钝化的定义

在一定条件下，由外加阳极电流或由氧化剂的还原引起的阳极电流使金属电位向正方向移动，此时原来活泼的金属表面溶解速率急剧下降，金属表面的这种突变过程称为钝化，金属钝化后的各种性能称为钝性，金属钝化后所处的状态称为钝态。

在正电位下，由于起钝化作用的钝化膜（氧化膜或吸附膜）发生破坏或由于发生新的阳极反应，阳极溶解速率再一次发生质变，此时的溶解速率比钝态时加快了，这一现象称作过钝化。

5. 钝化机理

科研人员就钝化机理已进行了一百多年的研究，至今尚无统一解释。得到较多认同的有成膜理论和吸附理论。

(1)成膜理论

该理论认为金属钝化是由于金属与介质作用时金属表面生成一种薄而致密、覆盖性与黏结性良好的、不溶解的膜。此膜是在阳极极化或介质对表面进行氧化过程中直接形成的(10～100 Å)，而不是腐蚀后产生的疏松的厚膜。

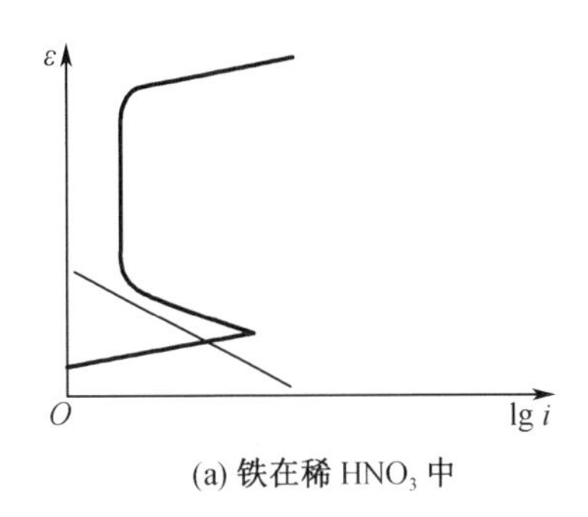

(a) 铁在稀 HNO_3 中

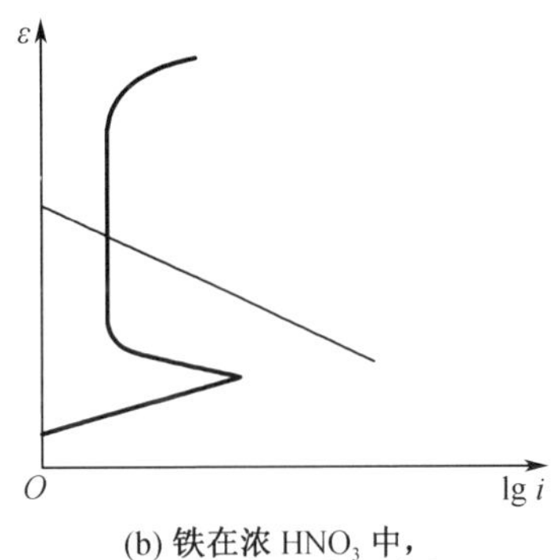

(b) 铁在浓 HNO_3 中，不锈钢、钛在含氧酸中

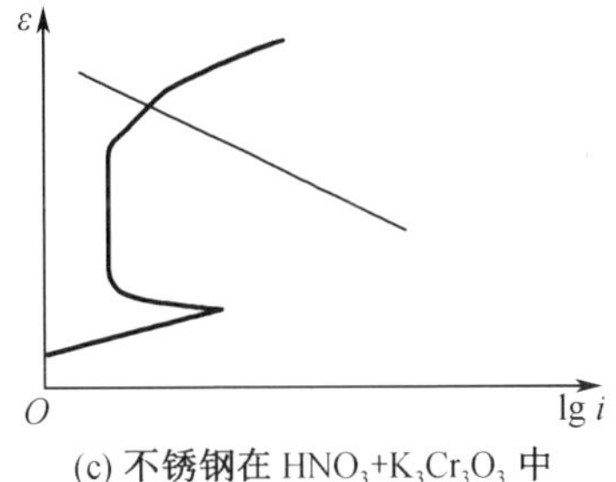

(c) 不锈钢在 $HNO_3+K_3Cr_3O_3$ 中

图1-35 铁、钛、不锈钢在 HNO_3 中的钝化能力

钝化膜从成分讲一般（多数情况下）为金属的氧化物。但在一定条件下铬酸盐、磷酸盐、硅酸盐及难溶的硫酸盐和氯化物也可构成钝化膜。钝化膜的厚度往往与金属材料有关。例如，在相同浓度的硝酸中处理后，碳钢、铁和不锈钢的钝化膜厚度不同，分别为100 Å、30 Å 和 10 Å。不锈钢上的膜最薄、最致密，保护性能最佳。

(2)吸附理论

该理论认为金属的钝化是由于金属表面的局部或全部存在一个吸附层（只有单分子层厚），它可以是原子氧或分子氧，也可以是 OH^-。它们的吸附饱和了整个表面或最具活性的表面区域，如晶格顶角或边缘处原子价链的活性价链，使表面失去活性。

还有人认为，钝化不是由于化学活性的减少，而是由于金属阳极溶解过程受到阻碍，这种阻碍是由于金属表面个别地方吸附了氧的电偶极（氧原子与电子形成）而改变了表面双电层结构。此时由于正离子端朝向电极，因此金属总的电极电位向正方向移动，使金属离子进入溶液的倾向减少。这些都归结为电化学吸附理论。

1.4.5 腐蚀极化图解法的应用

(1)阴极极化

①电化学反应慢引起的极化:

$$2H^{+}+2e^{-}\longrightarrow H_{2}$$

$$O_{2}+2H_{2}O+4e^{-}\longrightarrow 4OH^{-}$$

②浓差扩散慢引起的极化。

(2)阳极极化

①电化学反应慢引起的极化。

②浓差扩散慢引起的极化。

③自钝化,在溶液中形成表面溶解阻力;外加电压钝化,在电位正移时产生的溶解阻力。

阳极极化+阴极极化即为腐蚀极化图,它用于研究极化与电流的关系,特别是可求出腐蚀电流和电极极性。

1. 用腐蚀极化图求腐蚀电流及其影响因素

(1)阴极不变,阴极极化不变,则阳极电位越正,电流越小,$\varepsilon_1>\varepsilon_2>\varepsilon_3$,则电流 $\kappa_1<\kappa_2<\kappa_3$,参见图 1-36。

(2)阳极不变,阳极极化不变,则阴极电位越正,电流越大,$\varepsilon_1<\varepsilon_2<\varepsilon_3$,则电流 $\kappa_1>\kappa_2>\kappa_3$。电位差越大,电流越大,参见图 1-37。

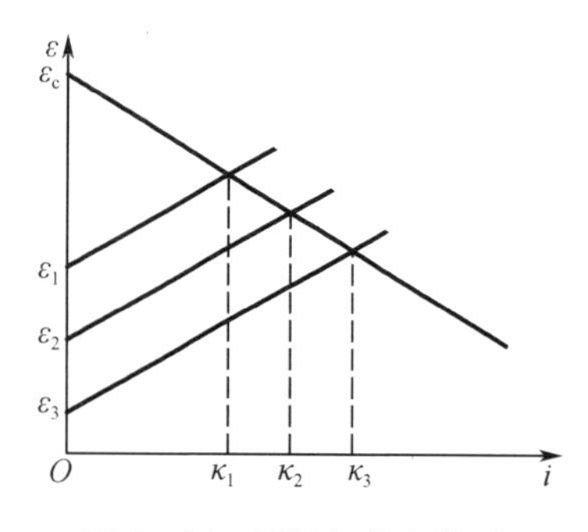

图 1-36 阳极极化变化对腐蚀电流的影响

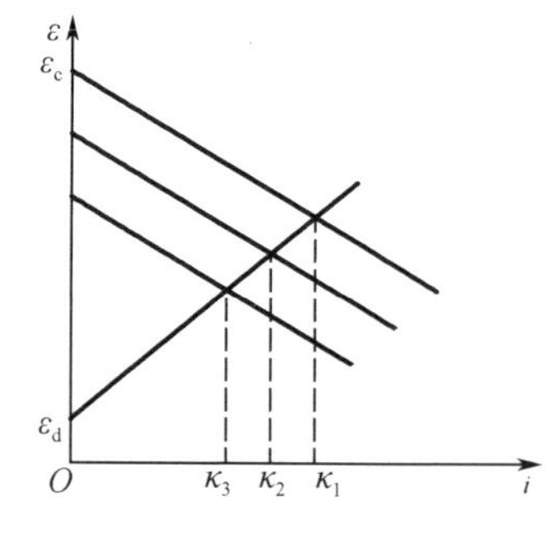

图 1-37 阴极极化变化对腐蚀电流的影响

某极化减少,电流增加,反之亦然(例如,开口瓶与磨口瓶中试验结果的差别),参见图 1-38。

阴、阳极极化增加,电流减少,反之亦然,参见图 1-39。

某电极极化增加,另一极极化减少,有可能出现以下三种情况:电流增加、电流减少及电流不变,参见图 1-40。

不锈钢在盐酸中的腐蚀溶解参见图 1-41。不锈钢中含有硫化锰或硫化铁产生硫化氢,后者降低阳极产物的浓度,阳极极化减少,κ(电流)增加。阴极铁中含碳化铁,也能使阴极极化减少。

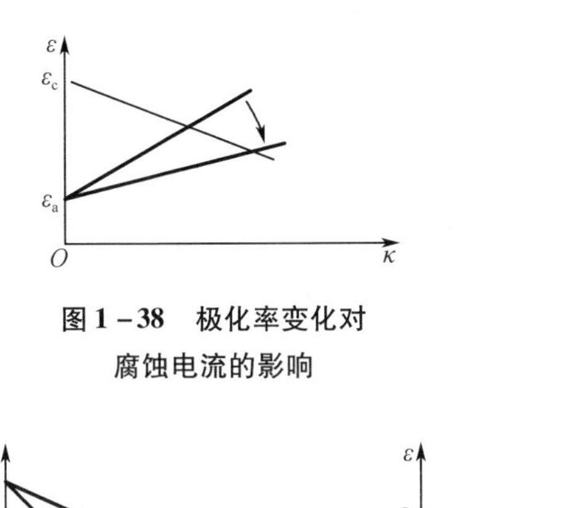

图1-38 极化率变化对腐蚀电流的影响

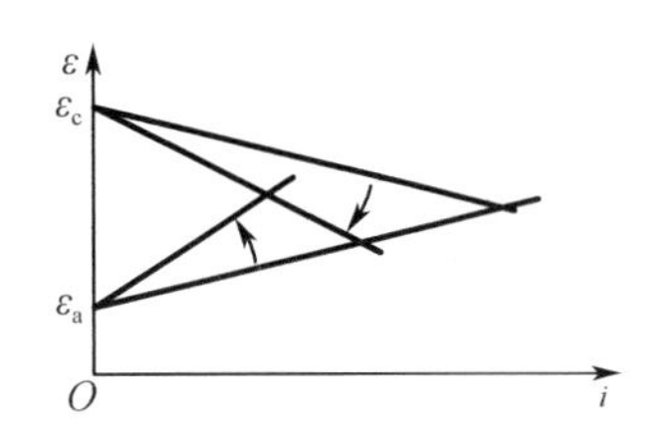

图1-39 阴阳极极化增加对腐蚀电流的影响

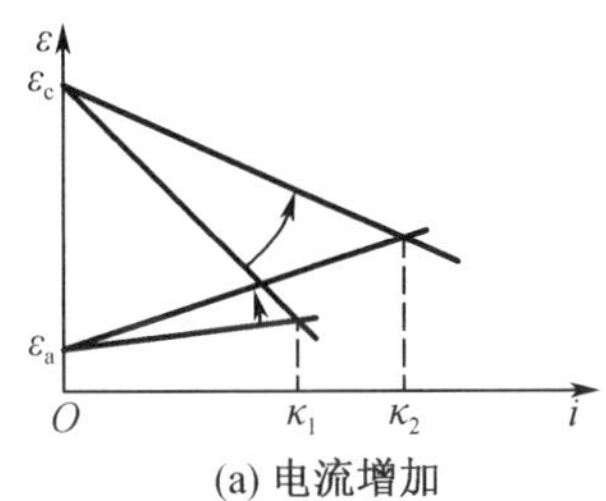

(a) 电流增加

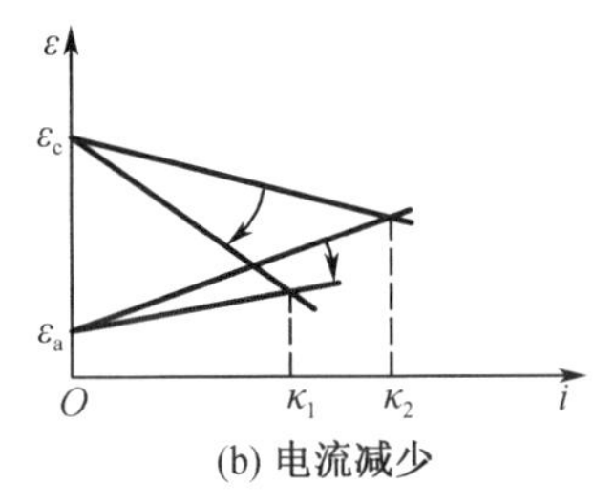

(b) 电流减少

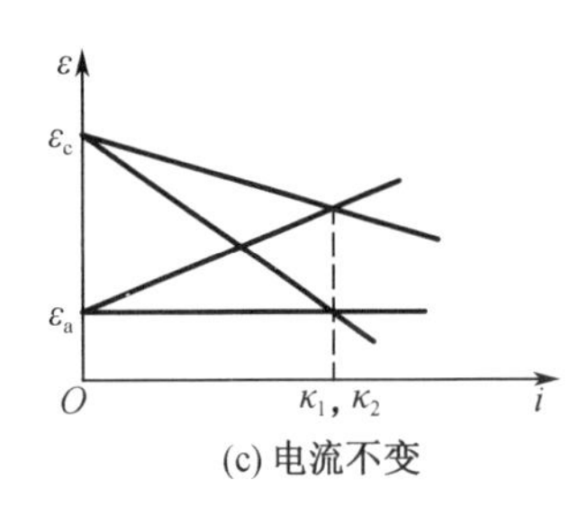

(c) 电流不变

图1-40 阴、阳极极化增减对腐蚀电流的影响

2. 氢超电压的影响

(1)金属锌负于铁,但在还原性酸溶液中 $\eta_{Zn} > \eta_{Fe}$,结果锌的电极电流小于铁的电极电流。

(2)在还原性酸介质中腐蚀电流与阴极超电压的关系:氢在锌、铁和铂(加铂盐)上的超电压依次减少,参见图1-42。

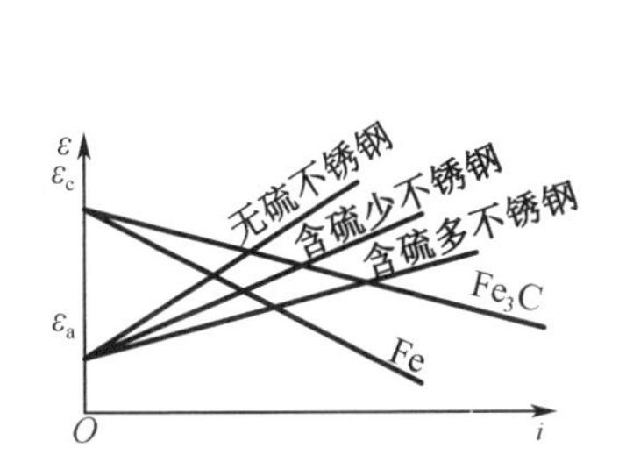

图1-41 杂质硫对不锈钢极化率的影响

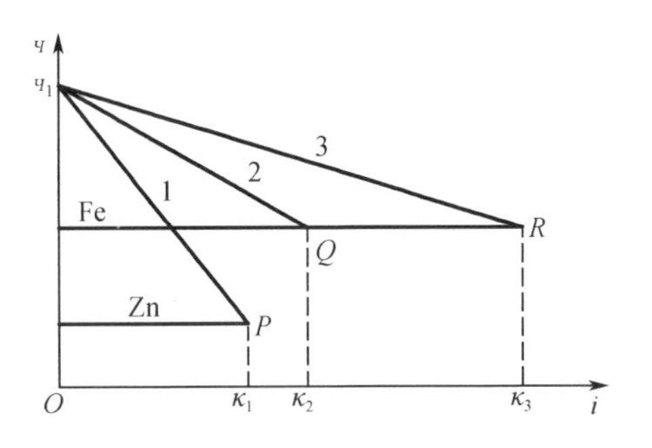

图1-42 腐蚀电流与氢超电压的关系

氢在铁上的 η_{Fe} 大,阴极极化大,阴极铁电流小。氢在碳化铁(Fe_3C)上的 η_{Fe} 小,阴极极化小,阴极碳化铁电流大,参见图1-43。

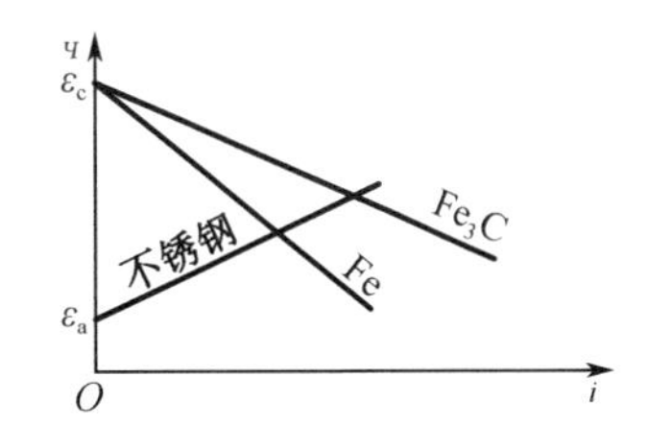

图1-43 杂质碳对铁阴极极化的影响

3. 多电极系统腐蚀极化图的应用

实际工程中多电极系统是最常见的。除确定电流外,特别是单个组分的电流及极性的判断是很重要的,例如晶体系统,参见图1-44。

完全极化系统求电极电流和极化步骤(实际很多小电阻的多电极系统,可求合理分配和组成),参见图1-45。

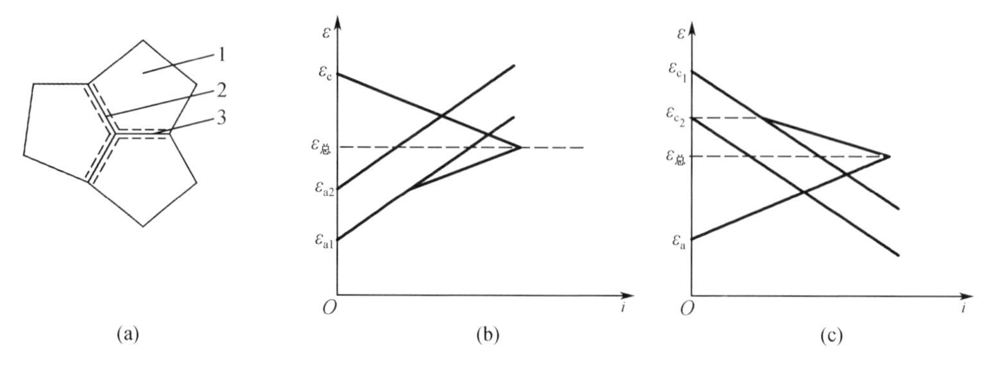

(a) (b) (c)

1—晶粒内部;2—晶粒边界;3—晶粒边界区域。

图 1－44　晶体系统的腐蚀极化图

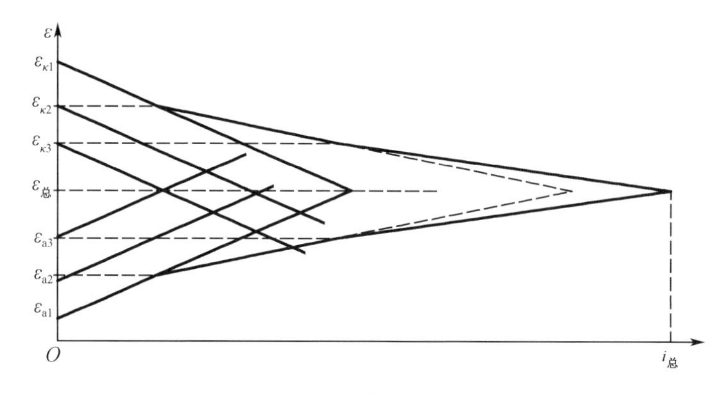

图 1－45　多电极系统图解法求腐蚀速率

(1)在相近于实际的情况下测量各电极的电位及各电极的面积。

(2)根据电位和电流(由面积求得)绘出单个电极的阴、阳极极化曲线。

(3)加合得出主极化曲线,求出完全极化电位。

(4)根据完全极化电位决定各电极的极性。

(5)单电极极化曲线与完全极化电位的交点的横坐标,即为该电极的电流值。若电流再除以面积,可得出电流密度,即可得腐蚀速率。

电极的极化越大(越陡),则电流越小,在总电流中所占份额越小,对系统的腐蚀控制、阻碍作用越大。电极极化越小(越平坦),总曲线越平坦。例如阳极极化越小,直线越平坦,则总的阳极极化曲线越平坦,可导致总电位的负移,使某些中间电极由阳极变为阴极(阴极保护),就像增加牺牲阳极使阳极极化曲线负移一样。反之,凡减少阴极极化的因素都会使总阴极极化曲线平坦化,使总电位正移,导致中间电极转为阳极,使该中间电极为非完全保护。

总之,多电极系统图解分析法能使我们了解总电阻不大的多电极系统极性分配和电流分配,从而可以按需要去掌握和改变这些分配。

参考文献

[1] 陈鹤鸣,马春来,白新德. 核反应堆材料腐蚀及其防护[M]. 北京:原子能出版社,1984.

[2] 白新德. 核材料化学[M]. 北京:化学工业出版社,2007.

[3] 许维钧,马春来,沙仁礼. 核工业中的腐蚀与防护[M]. 北京:化学工业出版社,1993.

[4] 贝里. 核工程中的腐蚀[M]. 丛一,译. 北京:原子能出版社,1977.

[5] 火时中. 电化学保护[M]. 北京:化学工业出版社,1988.

[6] 许维钧,白新德. 核电材料老化与延寿[M]. 北京:化学工业出版社,2015.

[7] 王泽云,范文秀,娄天军. 无机及分析化学[M]. 北京:化学工业出版社,2005.

[8] 李聚源,张耀君. 化学基本原理[M]. 西安:西北工业大学出版社,2002.

[9] 朱日彰,何业东,齐慧滨. 高温腐蚀及耐高温腐蚀材料[M]. 上海:上海科学技术出版社,1995.

[10] 杨熙珍,杨武. 金属腐蚀电化学热力学:电位 - pH 图及其应用[M]. 北京:化学工业出版社,1991.

[11] 白新德. 材料腐蚀与控制[M]. 北京:清华大学出版社,2005.

[12] 杜爱玲,杨熙珍. 应用电位 - pH 图研究 55% Al - Zn - 1.6% Si 合金镀层的腐蚀行为[J]. 中国腐蚀与防护学报,1986,6(2):81 - 90.

第2章　材料的核化学与辐射化学

化学这门学科是以元素为基础的。同一种元素是由具有一定数量质子的原子核和相同数量的核外电子所组成的。它一般只考虑各种元素原子外电子的相互作用，形成种类多样，几乎是无限数量的化合物，而很少考虑同一元素原子核中中子数的不同（同位素）对元素性能的影响，尽管它也会影响化学作用的动力学过程。

19世纪末20世纪初居里夫妇研究发现了放射性物质，使化学这门学科扩展了新的领域——核化学与辐射化学。

2.1　材料的核化学

原子核中质子数的增加和减少必然会引起原子核外层电子数目的增加和减少，使原来的元素变成具有不同化学性质的另一种化学元素。在自然界中，具有短半衰期的单独的放射性同位素均已衰变掉，只有半衰期和地球迄今年龄相仿的铀-238（$T_{1/2}=4.5\times10^{9}$ a）、铀-235（$T_{1/2}=8.9\times10^{8}$ a）、钍-232（$T_{1/2}=1.4\times10^{10}$ a）、钾-40（$T_{1/2}=4.5\times10^{8}$ a）在地球组成中还占有一定的量。这种由铀元素变为放射性的钍、镭、氡和最终变为非放射性的铅、钾-40变为非放射性的钙-40的衰变是一种天然的核化学过程。前几种元素是铀、钍衰变链中的一个环节，并作为它们的子元素、孙元素在自然界中以一定数量存在。在地表中铀含量高的地方，其衰变链中的放射性物质浓度也高。这种元素的变化使其组成的物质的化学性能发生根本变化。铀-235、铀-238和钍-232可直接作为或转换后作为核燃料而备受人们关注。而受冷落的是既不能裂变，也不能用以聚变的钾-40。

另一种核化学研究的对象是放射性氚，它是一种聚变用的热核反应原料。氚的半衰期只有12.35 a，与地球年龄相比十分短暂，按理早应衰变殆尽，但地球及其大气中仍保留一定数量的放射性氚。它具有一个质子和两个中子，是氢的一种同位素。它主要是由高能宇宙射线与氮和氧的原子核发生核反应而产生的，其衰变（$T-\beta+{}^{3}He$）发出的β射线能谱低（0.018 MeV），探测它有一定难度。在20世纪50年代之前地球所含氚的量为其产生与衰变相平衡的值，总共只有3.5 kg左右。核能开发过程中，多种核反应都能产生氚。核爆炸1 MT（TNT）产生0.07 g氚，热核爆炸1 MT（TNT）产生0.7～5.0 kg氚，并直接排放到大气中。人工核反应主要是反应堆中的核裂变过程和中子活化效应。核燃料三裂变以及中子与H_2O、D_2O、He、C、B和多种结构材料作用都能产生氚。核装置氚的排放量见表2-1。

表 2-1 核装置氚的排放量 单位:TBq/(GW·a)

氚量	沸水堆（BWR）	压水堆（PWR）	重水堆（HWR）	高温气冷堆（HTGR）	先进气冷堆（AGR）	快堆（FR）
液相	1.1	38.8	92	11	152	
气相	3.7	7.4	814	111	18	
总量	4.8	46.2	906	122	170	1 100

轻水堆燃料三裂变产生的氚大多包容在乏燃料中，在反应堆运行过程中排出的量很少，大部分在后处理过程中才被释放出来。沸水堆产氚量比压水堆少，因为前者无压水堆为抑制燃料反应性而添加的硼，硼善于与中子反应生成氚。重水反应堆中用作慢化剂和冷却剂的大量氘易于和中子反应生成氚，因而重水反应堆产氚量最高，有的资料认为可达 22 000 TBq/(GW·a)，从对环境污染的角度看，发展重水反应堆核电站是很不利的。在钠冷快中子反应堆中产氚量也较大，参见表 2-2。根据计算核电站 2000 年抛向大气的氚为 50 kg，为 40 年前(1960 年)的 50 000 倍。聚变核反应堆释放出的氚比同功率的核电站高 $10^4 \sim 10^6$ 倍。目前地球上氚的含量大大增加，至 20 世纪 90 年代已达到 700 kg 左右。另一种评价认为南、北半球含氚量分别为 360 kg 和 90 kg。如果不限制核试验，大气中的氚含量还要进一步增加。

表 2-2 钠冷快中子反应堆中产氚量 单位:GBq/(MW·a)

钠冷快中子反应堆	氚生成速率
核燃料裂变	$(0.74 \sim 1.48) \times 10^3$
钠中锂杂质	3.15
调节棒活化	2.43×10^3
燃料和燃料元件包壳中杂质	22.2
钠中杂质	2.59
燃料和燃料元件包壳中锂杂质	51.8

因为地球上氚总量实在是太少了，故氚对环境和人类健康的危害，以及对人类遗传因子的影响还未显现出来。

发展核能和任何其他事业一样都是有利有弊的。核能在生产过程中产生放射性的污染，但氚本身又是核聚变的重要原料。核聚变同样也是有利有弊的，一方面利用核聚变制造的热核武器是迄今为止最大规模的杀伤性武器；另一方面核聚变用作人类未来的能源又是极其诱人的。如果说热中子核电站可协助解决一百到两百年人类对能源的需求，快中子核电站可协助解决上千年人类对能源的需求，那么利用核聚变电站将可永远解决人类对能源的需求。对于氚本身只能趋利避害，通过化学工艺过程将氚浓缩、储存，仅将少量经稀释的氚进行安全排放。

2.1.1 氚对核反应堆中裂变过程的影响

重水中氚量的提高增加了发生 T(n,γ)He 反应的概率,从而消耗相当一部分的中子,影响核反应堆的反应性。因此,也要求从重水中除去氚,使重水中的氚浓度达到允许值。氚的浓缩有以下几种处理过程:水的常温精馏,氢 - 水常温催化同位素交换,气 - 固催化同位素交换,氢、氘、氚的低温精馏,等等。

因为水的常温精馏,氘、氚的分离系数低,为消除重水研究堆慢化剂、冷却剂中的氚要建立直径为 30 cm、高为 10 m 的 4 个精馏柱,运行温度为 102 ℃,可获得重水含量达 99.8% 的堆用纯度的重水。

通过研究采用常温同位素催化交换(用不锈钢丝螺圈作为气、液同位素交换界面,用苯乙烯二乙烯基苯共聚物作载体沉积铂做成的憎水催化剂作气相同位素交换催化剂,与交换柱反向流动,氢、氘、氚气体自下而上流动,而含氢、氘、氚的水自上而下流动),一个交换柱(ϕ100 mm,H = 11 000 mm)即可代替上述 4 个水的常温精馏柱。在固体聚合物电解质基础上水电解系统和氧与氢同位素催化反应系统实现气体氢同位素和水的转换,装置可在 15 ~ 90 ℃下工作。氢同位素的分离系数分别如下:

$$\alpha_{HD} = 5 \pm 1, \alpha_{HT} = 12 \pm 3, \alpha_{DT} = 2 \pm 0.2$$

氚系放射性物质,对人的危害特别大,因为人体的主要成分是水,氚很容易和人体中的氢发生同位素交换,而进入人体器官。氚的辐射会对器官造成严重的辐射损伤。因此,氚分离装置应具有专门的防护系统。氚衰变释放的 β 射线能量低(18.6 keV),在空气中的自由程为 4.6 mm,而在水和人体中只有 6 μm,外照射源等级很低,为 D 级。含氚水皮下渗透速率为 $(1 \pm 0.3) \times 10^4$ Bq/(cm^2 · min),而在空气中只有(2.7 ± 0.6) Bq/(cm^2 · min)。人体吸入氚气后的半排放期为 3.3 min,以水的形式(T_2O)吸氚后,氚的半排放期为 10 个昼夜。含氚水的毒性比同量氚气的毒性高 2 000 倍。

由于氚的浓度过高,其辐射会使水发生显著的分解,影响氢同位素的催化交换,水、氢同位素催化交换装置上氚浓缩限值为 5.55×10^{13} Bq/kg(1 500 Ci/L),相当于 0.046 9%。

为了进一步提高氚的浓缩度,可采用气、固相同位素催化交换方法,通过一定的次序与算法使氢、氚气流通过固相交换床实现。这里没有易于辐射分解的水的参与,氚气辐射分解产生的氚原子很不稳定,仍复合为氚气。试验研究认为,这种浓缩氚的方法是可行的,但将氚浓缩到很高的浓度还要做很多的工作。

传统的氚浓缩工艺为将含氚(重)水电解产生含氚氘(氢)气,再用低温精馏的方法获得高纯度的氚。重水反应堆产生的氚通过上述浓缩过程可获得供聚变用的一定数量的氚。

如前所述,很多核反应都产生氚,但目前利用核反应堆中的中子照射被称作氚靶的锂 - 6 获取氚则是最主要的方法,化学式为

$$^{6}Li + n \longrightarrow T + {}^{4}He \qquad (2-1)$$

2.1.2 核裂变过程中的核化学

铀原子的自发核裂变是极为罕见的现象,产生的放射性同位素的量也微乎其微。大量放射性同位素的产生是和核反应堆中铀和钚的裂变以及材料的中子活化相关联的。核反

应堆既是实现核裂变物理过程的装置,又是实现核化学过程的工厂。在核反应堆中^{137}Cs、^{95}Zr、^{90}Sr、^{144}Ce 和^{131}I 等都是无中生有,都是"点铀成金"的结果。中子和铀进一步作用还能生产一系列的超铀元素。通过化学分离,特别是用磷酸三丁酯 - 煤油溶液作萃取剂很容易将铀、钚和裂变产物分离开来。

材料在核反应堆中经中子活化可产生多种放射性同位素。对核反应堆结构材料来说,最具危害的是其组分及腐蚀产物经中子活化后产生辐射能谱高、半衰期长的放射性产物。比如,钴 -59 经中子活化后产生半衰期为 5.27 a、γ 辐射能谱平均为 1.25 MeV 的钴 -60 同位素,这将大大增加核反应堆一回路系统辐射强度,给设备维修带来极大困难。为此,作为核反应堆结构材料只能舍弃具有优良机械性能和耐腐蚀性能的钴基合金,而选用相对不易于被中子活化的锆、铝、铍、石墨及奥氏体不锈钢等。

一般来说,核反应堆一回路系统,包括堆容器和屏蔽系统都具有较强的放射性,在核反应堆一回路系统设计时,都应预先考虑到核反应堆退役时的清洗、去污、处理和安全掩埋。放射性废物的处理是一个十分复杂的问题,因为不少放射性同位素的半衰期很长,有的长达几年(钴 -60)、几十年(铯 -137),甚至万年以上(镍 -59),要将它们妥善、安全、可靠地储存,难度非常大。

有很多可利用中子活化的途径:钴 -60 辐射源在材料的辐射加工和处理领域已得到广泛应用,在美国其产值已达数十亿美元。全世界钴 -60 的产量已达每年数十吉居里。铱 -192 已用作工业探伤辐射源。

为满足半导体器件特性的要求,通过物理化学方法,可在半导体单晶硅中掺杂磷原子,而用中子活化掺杂磷原子有其独特的优点。中子不带电,可在原子核外层空间自由飞行,在一定的区域内中子场很均匀。因此,中子可与硅原子在一定的核反应概率条件下进行掺杂,其均匀性是很高的。

总结上述核化学过程可以看出,核化学变化的主要因素是高能核辐射,原则上高能粒子都能发生核反应。要使 β 粒子(电子)参与核反应,其能量必须大于 14 MeV。但对中子而言,并不是能量越高发生核反应的概率越高。最易使铀 -235 裂变的是热中子,而不是快中子,这是水冷热中子反应堆得以迅猛发展的前提。

2.2　材料的辐射化学

有别于材料的核化学,辐射化学是更具有传统意义的化学过程,它主要研究在辐射作用下原子核外层电子激发、跃迁、电离以及引起分子离解、复合反应等相应的化学变化。通常核辐射具有很高的能量,能轻易地使核外层电子发生激发和电离,使分子离解和复合。热中子的能量很低,本身不带电荷,不能直接引起电离,但它和原子核的核反应产物,包括核辐射却能引起物质电离。

能引起核化学变化的高能辐射毫无例外都是能引起辐射化学变化的辐射源。不能引起核化学变化的能量低一些的辐射源,也都能引起辐射化学过程。甚至能量更低的 X 射线、紫外线以及可见光都可作为促进辐射化学过程的辐射源。阳光就是地球上植物光合作用得以进行的辐射源。从某种意义上说,光合作用也可以看成是一个辐射化学过程。随着人工强辐射源的开发，人们更为关注的是材料的强辐射效应和辐射化学过程。

1. α 粒子（射线）

α 粒子是带两个正电荷的氦原子核。作为荷电重粒子能强烈地引起物质的电离，自身能量也迅速衰减下来。它在空气中的自由程为 60 mm 左右。

2. 质子（p）

质子即氢原子核，在水冷核反应堆中，还有荷正电的氘核和氚核。氢核、氘核和氚核也都是质量较重的荷电粒子，在其行进过程中首先和材料原子核外围电子发生相互吸引，使物质发生强烈电离，从而使自身动能很快降低，因此这几种射线的穿透能力也较弱。

3. β 粒子（射线）

β 粒子是高速运动的电子。电子虽荷负电，但质量很轻，使物质电离的能力弱，却具有较强的穿透能力。

4. γ 射线

γ 射线既可以在核裂变过程中，也可以在核衰变过程中产生出来。铀 – 235 裂变时释放出 γ 射线。钴 – 60 衰变时释放出 β 粒子，并伴有强 γ 射线，反应式如下：

$$^{60}\mathrm{Co} \longrightarrow {}^{60}\mathrm{Ni} + \beta + \gamma \tag{2-2}$$

5. 中子

中子和质子构成原子核。某种元素由原子核中一定数目的质子确定之后，原子核中的中子数目则可以确定是这种元素的哪一种同位素。但在裂变和衰变过程中，质子和中子可相互转换，即当发生 β 衰变时，中子失去一个电子变为质子，变成原子序数高一位的新元素；或者，当高能 β 粒子为原子核所吸收时，质子和电子（β – 辐射）结合变为中子，原来所构成的元素变为原子序数低一位的新元素。当中子引起的核反应产生气体产物（氦气、α 粒子）或使结构材料原子发生严重位移时都会严重损伤材料的机械性能。

6. 裂变碎片

裂变碎片是重原子裂变后形成的两个或多个较轻的新原子核，如铯 – 137、铯 – 134、锶 – 90、碘 – 131 等（初级裂变产物）。几乎所有的裂变碎片都是放射性物质，并且大多发射 β 粒子，并伴有 γ 射线。裂变碎片通过 1 ~ 2 次衰变就可以变成稳定的同位素。

因为 γ 射线和中子不带电荷，它们在物质中行进时，不会受到原子核外层电子的电场作用。它们激发电子，致使其电离的能力较弱，故它们在物质中的穿透能力很强。因此，针对强 γ 射线和中子的场合，要有很厚的、不同类型的屏蔽材料。针对 γ 射线的特性，应使用重元素材料，如混凝土、钢材和铅，用厚层水也是可以的。而对中子则要用原子核质量和中子相近的元素，如水、含氢材料（聚合物）等。

带电粒子在物质中与原子核，特别是与原子核外层电子的库仑作用，产生散射和韧致辐射、原子或分子激发、电离或分子的离解等现象。中子和 γ 射线不直接发生电离作用，但它们能使原子和原子核受激，受激原子可进一步发生电离。快中子和能量衰减后的慢中子、热中子最终被原子核吸收，产生感生放射性物质。γ 射线则因光电效应、康普顿效应和电子对效应而耗尽能量，最终以热能的形式为材料所吸收。

表 2 – 3 为几种射线的基本性质。这些射线直接或间接使物质发生电离，称作电离辐射，通常用单位径迹长度上的能量损失（$-\mathrm{d}E/\mathrm{d}x$）来表征电离辐射在特定物质中的电离能

力,并称为传能线密度(LET)。LET 值的大小与射线的种类和能量有关。在相同的电离辐射能量下射线的 LET 值愈高,电离密度愈大,射线的穿透能力愈弱。通常 γ 射线和 β 射线的 LET 值较低;重粒子,特别是重荷电粒子(p、α 粒子、裂变碎片)的 LET 值较高,穿透能力很弱,对材料的损伤只触及材料表面;而中子的 LET 值则介于上述两类射线的 LET 值之间。

表 2-3　射线的基本性质

射线种类	荷电数	静止质量/mu	射线种类	荷电数	静止质量/mu
α^-	+2	4.002 675	D(氘核)	+1	2.014 102
β^-	-1	0.000 549	T(氚核)	+1	3.016 050
γ^-	0		裂变碎片		
p(质子)	+1	1.007 271	轻组	~ +20	~95
n(中子)	0	1.008 665	重组	~ +22	~130

2.2.1　辐射对材料的作用过程

如前所述,重荷电粒子在材料中的穿透能力很弱,对材料的损伤主要局限于与这些射线相毗邻之处,如核燃料中产生裂变的位置附近,它们在核燃料中的射程约为 70 μm,使其相邻的原子发生位移和使邻近的材料发生强烈的电离。

产生(n,α)核反应,会导致材料发生辐照肿胀和辐照蠕变,使材料变脆,主要影响核燃料、材料的强度,例如$^{10}B(n,\alpha)^7Li$ 反应使得作为核反应控制棒吸收剂的碳化硼的燃耗深度受到很大限制(约为 13%)。

辐照外照射损伤主要是穿透能力强的高能辐射(中子、β 射线和 γ 射线)与材料原子的相互作用。下面讨论这些射线与材料原子发生作用的主要过程。

在电离辐射作用下材料中发生的电离辐射过程分为辐射作用第一阶段和辐射作用第二阶段,参见图 2-1。

在辐射作用第一阶段,电离辐射可使材料产生单一损伤或损伤的积累,前者如辐射作用下原子单独的位移,后者如电离辐射作用下原子有序转移、聚积及发生相转化。产生的结构缺陷,不论是离位原子产生的空位还是嵌进的间隙原子,都会使材料结构及其性能发生变化。在辐射作用第一阶段,由反冲电子、康普顿效应电子、反冲核和核反应放出的 α 粒子、γ 粒子及质子(p)辐射所激发出的电子会引起电离及分子激发。第一阶段的这些过程是发生辐射作用后极短的时间内($10^{-18}\sim10^{-12}$ s)完成的。

辐照损伤是由入射粒子对点阵原子作用引起的。在核反应堆辐射中 γ、β 射线主要引起电离。但在导电性良好的金属中,大量电子以自由电子形式存在,电离产生的电子、离子对很快复合,回复到电平衡状态,基本上不会发生电离损伤。而对非金属绝缘材料,电离产生的电子、离子对复合慢,加之原子位移产生的空位和间隙原子聚积都会引起材料性能及电性能的变化。快中子虽不带电,不会使物质直接发生电离,但它和原子核的交互作用产物可使物质发生电离或激发。中子和原子核碰撞后被散射,失去能量,逐渐慢化成热中子。由于快、慢中子引起核反应所产生的反冲核(质子等)和快中子本身都能使材料原子发生位移,因此中子辐照是导致反应堆材料辐照损伤更为重要的原因。

多数材料的中子辐照损伤是它们的核与快中子发生弹性碰撞的结果。受激原子平均可获得约 50 keV 的能量,这比原子点阵结合能大得多,因而受激原子发生离位。离位后的原子仍具有足够大的能量,能与其他原子相撞,产生第二次、第三次乃至更多次的离位原子,离位原子留下的空着的点阵位置(空位)和停留在正常点阵间隙位置的离位原子,就构成了最简单的缺陷——空位 - 间隙原子对(Frenkel 对)。由一个初级碰撞原子造成的点缺陷序列就是一个离位串级。

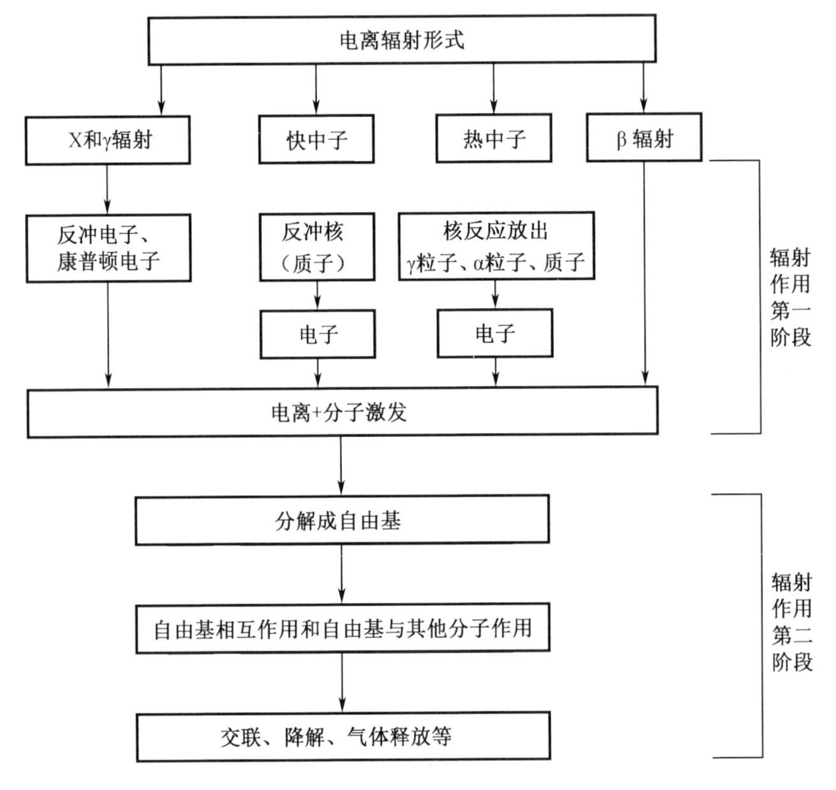

图 2-1　辐射作用的第一阶段和第二阶段

在面心立方点阵中,间隙原子挤进密排原子列,这种原子嵌进正常原子序列的状态叫作挤塞子。运动中的挤塞子,以及沿着密排原子方向的线性碰撞链,在点阵原子间距离小于 4 倍受激原子半径时趋于聚焦碰撞,在近乎正碰撞(聚焦碰撞)的情况下,可产生多个原子的长距离传输和能量的传递。当点阵原子和反冲原子接连碰撞间的距离接近于晶体的原子间距时就形成缺陷的密集团。这时初级原子高密度的碰撞以及离位挤塞子的作用驱使原子向外做远距离传输,从而产生大量空位相连的空洞 - 离位峰。这一极小体积在极短的时间内获得大量的能量,可使间隙原子壳发生熔化。随后的快速热传导导致快速冷却,使重新排列的原子冻结在畸变后的位置上,即形成含有空位、位错、间隙原子的离位峰 - 贫原子区。

若入射粒子的能量不足以引起金属逐步熔化和金属原子离位,则在很小的体积内温度升高而形成"热峰"区,随后的迅速冷却使"热峰" 区产生如同局部热处理的效果。

燃料中的核裂变和材料中中子引起的核反应分别在核燃料和材料中引入杂质原子,热中子核反应堆中它们对燃料和材料所造成的损伤效应和快中子反应堆中的相比要小一些，因为快中子与很多元素（铁、铬、镍、氮等）都能发生(n,α)反应，以及快中子几乎与所有元素都发生(n,p)反应，因此快中子反应堆中生成的杂质原子（氢、氮、氦等）量较多。它们对材料性能将产生较大影响。前面提到碳化硼作为快堆控制棒吸收材料燃耗只能达到大约 13%。对 316 型奥氏体不锈钢，用作快堆元件包壳材料其容许的辐照损伤限值约为 100 dpa（dpa 表示每个原子位移数）。这有别于重水反应堆中的(n,T)反应，在重水反应堆中氚大多不在材料中产生，而在冷却剂中产生，主要影响水质，继而影响材料的腐蚀性能和吸氢（氚）性能。

中子辐照损伤的关键是初级碰撞原子可产生离位原子。按照 Kinchin 和 Pease 提出的离位原子率理论，由二弹性体中动量和动能守恒原理可得出受击原子获得的最大能量 $E_{t_{max}}$ 和平均能量 $\overline{E}_p$ 分别为

$$E_{t_{max}} = \frac{4mM}{(m+M)^2}E_n \tag{2-3}$$

$$\overline{E}_p = \frac{1}{2}E_{t_{max}} = \frac{2mM}{(m+M)^2}E_n \tag{2-4}$$

式中　m——中子质量；

M——受激原子质量；

E_n——入射中子的初始能量。

在入射中子能量低于材料的电离能时，只考虑原子碰撞，当受激原子接受的能量 $T > E_d$（离位阈能）时才产生离位。E_d 值一般为 25～50 eV，实际计算中常取 $E_d = 25$ eV。

首先被入射粒子撞击并离位的原子叫作初级碰撞原子，简称 PKA。每个入射粒子所产生的平均离位原子数（包括 PKA）为 $\upsilon = \frac{E_p}{2E_d}$；单位体积受激物质中 PKA 的形成速率即反应率 $R' = \sum \mathrm{d}\Phi$（Φ 为快中子通量）。$\sum \mathrm{d}\Phi$ 是度量总入射中子使原子产生离位的概率的物理量，通常称作宏观散射截面。则单位时间、单位体积内形成的离位总数，即 Frenkel 对数为

$$\begin{aligned} L &= R'\upsilon = \sum s\Phi\upsilon = \sum s\Phi\overline{E}_p/2E_d \\ &= [\sum s\Phi ME_n/(m+M)^2]E_d \end{aligned} \tag{2-5}$$

考虑到位移原子的不稳定性，通过扩散它可以和空位发生复合，从而消除部分缺陷，使辐照损伤退火。假定退火速率与 Frenkel 缺陷对浓度的平方成比例，则中子照射 t 时间后，缺陷对浓度 $n(t)$ 为

$$n(t) = \left(\frac{L}{A}\right)^{1/2}[\exp(2\sqrt{AL}\cdot t-1)]/[\exp(2\sqrt{AL}\cdot t+1)] \tag{2-6}$$

由此，饱和浓度为

$$n_\infty = \left(\frac{L}{A}\right)^{1/2}$$

式中，A 为 Frenkel 缺陷对复合系数。

以锆为例，在中子($E_n = 2$ MeV)通量 $1.8\times10^{14}/(\mathrm{cm}^2\cdot\mathrm{s})$ 下照射 10 个月，则其平衡缺陷浓度可达 5.7×10^{23} 位移原子，即约有 13% 的原子离位。

在离位峰大小和密度起主要作用的情况下应对刚性球散射碰撞串级解析理论进行修正，如引入原子间作用势，导出能量传递截面，引入晶体点阵周期性所引起的能量损失机理（尤其是沟道效应）等。

辐射过程的第二阶段为激发离子、分子的分解，发生复合和新的化合，俘获电子的分子发生分解，质子的传递（$RH^+ + RH \longrightarrow R^0 + R_2^+$）释放出氢（$RH + H^0 \longrightarrow R^0 + H_2$），氢与不饱和化合物化合。在第二阶段还分解成自由基（对高聚物），这些自由基发生相互作用，以及与其他分子作用。空位和间隙原子的复合也是在很短的时间内（$10^{-11} \sim 10^{-8}$ s）完成的。有些作用则要持续相当长的时间（$>10^{-8}$ s）。特别是受到一定外部条件（超低温、材料的结构状态等）的影响限制了缺陷，自由基在激态原子的活性影响下有些反应过程要持续数分钟，甚至几小时。

上述第二阶段中许多过程作用的结果将引起材料性能发生相应变化，其中有些变化是可逆的，有些变化则不可逆。若辐照时性能变化（如辐照时显著增加松弛速度，提高导电性等），在停止辐照几分钟后即消失，则这一效应为可逆变化。辐照引起的已凝固的辐照损伤、物质成分和结构的变化（交联、降解和气体释放等）在辐照后长时间内仍保持性能变化结果的称作不可逆变化。在高温处理时，有些缺陷可发生复合，得以消除一些缺陷。

2.2.2 辐射对材料力学性能的影响

1. 金属材料的辐照硬化

所有金属受快中子辐照后强度增加，塑性降低，塑性－脆性转变温度提高（辐照脆化）等现象统称为辐照硬化。影响辐照硬化的因素很多，主要有快中子剂量、温度（辐照时、辐照后和试验时）、合金成分、相结构及痕量元素的种类与数量等。作为快中子堆主要结构材料的316型奥氏体不锈钢具有面心立方（fcc）晶体结构，有着良好的抗高温蠕变性能和抗液体钠腐蚀性能；而普通钢和低合金钢为具有体心立方（bcc）晶体结构的铁素体。这二者都有辐照硬化倾向，但辐照效应有以下区别：

（1）中子辐照使铁素体钢的屈服点上升，而没有屈服现象的奥氏体不锈钢的0.2%永久变形屈服强度提高，甚至使应力应变曲线具有明显的屈服点。

（2）有别于面心立方（fcc）结构，在体心立方结构金属中可观察到辐照退火硬化现象，即经过低温辐照的材料，随着退火温度提高屈服应力反而升高，经过一个最高点后才下降。

（3）在高温脆化性能方面，体心立方结构金属没有面心立方结构金属的氦脆化问题。

以上差异都与原子或点缺陷在体心立方点阵中比在面心立方晶体结构中有着更大的活动能力有关。表2－4为中子辐照对材料力学性能的影响。

表2－4　中子辐照对材料力学性能的影响

材料	快中子积分通量/cm^{-2}	屈服强度/MPa		抗拉强度/MPa		延伸率	
		辐照前	辐照后	辐照前	辐照后	辐照前	辐照后
Mo	5×10^{19}	643.2	682.3	685.0	716.0	23.6%	22%
Cu	5×10^{19}	57.7	208.0	186.0	233.4	42.2%	27.5%
Ni	5×10^{19}	247.1	425.6	405.0	432.5	34%	23%
Hastelloy－X	2.5×10^{20}	339.1	729.1	768.8	899.3	52%	42%
Inconel－X	1.6×10^{20}	708.4	1 088.7	1 167.7	1 107.3	28%	14%

辐照后材料强度的经验公式如下：

$$\sigma_{y_{ir}} = 0.3G/0.7r_{ir} = 190/(1 - 4.58 \times 10^{-7} \times 10^{m/3}) \tag{2-7}$$

$$\sigma_{u_{ir}} = (EP_{ir}/(2L))^{0.5} = \sigma_u(1 + 2.8 \times 10^{-20} \times 10^m)^{0.5} \tag{2-8}$$

式中　$\sigma_{y_{ir}}$——屈服强度，MPa；

$\sigma_{u_{ir}}$——抗拉极限强度，MPa；

G——切变模量；

r_{ir}——受辐照材料的过应力系数；

E——弹性模量；

P_{ir}——裂纹扩展表面能；

L——堆积位错的截面长度；

σ_u——未辐照材料的抗拉极限强度；

10^m——快中子（$E>1$ MeV）辐照剂量，cm^{-2}

系数 0.3 是达到屈服点时原子的最大相对位移量。

图 2－2 表示屈服强度 $\sigma_{y\phi}$ 与快中子剂量的关系；表 2－5 为 20 号钢的抗拉极限强度实验值和估算值的对比。

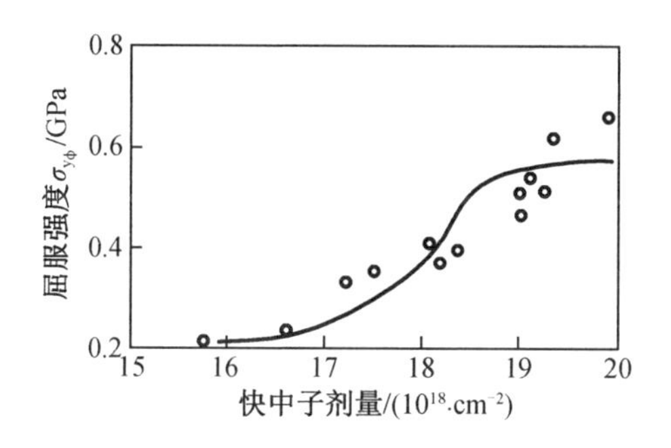

○实验值，按式（2－7）计算。

图 2－2　屈服强度 $\sigma_{y\phi}$ 与快中子剂量的关系

表 2－5　20 号钢的抗拉极限强度

快中子剂量（>1 MeV）/（10^{18}·cm^{-2}）	σ_u/GPa	
	估算值	实验值
1	0.5	0.5
3.16	0.52	0.55
10	0.55	0.61
100	0.9	0.85

2. 无塑性温度

辐照使钢的屈服强度的提高远大于抗拉强度的提高，当屈服强度与抗拉极限强度相等时，则发生无屈服过程的脆性断裂，此时的温度称为无塑性温度（NDT）。在 Charpy－V 型缺口冲击试验中，塑性区和脆性区的分界温度（对应的冲击功为 40.7 J）称为塑性－脆性转变温度(DBTT)。钢材受中子辐照时其 NDT 会急剧提高。在反应堆寿期末塑性 - 脆性转变温度甚至升高到接近冷却剂的入口温度,这时核反应堆压力容器就有可能遭受脆性断裂的灾难性破坏。

反应堆不同压力壳钢 NDT 受中子剂量影响而升高的数据表明,明显的低温辐照会显著使 NDT 升高,可用下式表示:

$$\mathrm{NDT}(t) = \mathrm{NDT}(\mathrm{o}) + \Delta T \tag{2-9}$$

式中 NDT(o)——未经辐照的容器材料的无塑性温度,一般为 0 ~ 50 ℉,随钢种而异;

ΔT——辐照后无塑性温度的变化。

为安全起见,希望运行温度高于破裂转变弹性温度,即纯弹性载荷作用下裂纹不会扩张,前者比后者约高 60 ℉,即

$$T_{\min} > \mathrm{NDT}(t) + 60 = \mathrm{NDT}(\mathrm{o}) + \Delta T + 60 \tag{2-10}$$

此外,若离位原子穿行的距离相当于快中子和点阵原子相互作用而引起的位错环的半径(约为 2.5×10^{-7} cm),则将会产生辐照损伤退火效应。对多数常用的反应堆材料,设每个中子平均产生 400 个离位原子,且注意到其扩散系数频率因子 $D_0 = 1.0 \times 10^{-8}\ \mathrm{cm^2/s}$,则辐照退火温度 T 为

$$T = Q \times 10^3 / 296.5 \quad (\mathrm{K}) \tag{2-11}$$

式中,Q 为自扩散激活能,其计算值和试验值一致,参见表 2 - 6。

表 2 - 6 辐照缺陷的退火温度

材料	自扩散激活能 $Q/(\mathrm{J \cdot mol^{-1}})$	退火温度/K	
		计算值	试验值
0Cr18Ni9Ti	270	910	800 ~ 900
20 号钢	240	810	750 ~ 830
铍	156	530	623 ~ 700
铝	142	480	423
石墨	680	2 300	2 200 ~ 2 300
锆 - 2	92.1	604①	550 ~ 700
铜	205	690	600
镁	134	450	470

注:①对于锆 - 2 合金,$D_0 = 3 \times 10^{-8}\ \mathrm{cm^2/s}$。

在线监测表明,辐照脆化存在饱和效应,达到一定剂量后材料性能不再随辐照而发生明显变化。为确保核反应堆压力容器安全运行,无塑性温度临近运行温度时,可进行周期性的退火处理,并在堆内放挂片试样,以便定期监督辐照条件下是否已超出允许值。

3. 材料的辐照变形

辐照引起的变形主要表现为辐照伸长、辐照肿胀和辐照蠕变。

(1)辐照伸长

辐照伸长是指在无外力作用情况下,受照射物体体积基本不变,而尺寸或形状变化很

大的现象。辐照伸长和晶体的各向异性密切相关，许多堆用材料，如 α－铀、锆、镉、锌和钛都具有这种性质。例如，斜方晶系的 α－铀单晶在辐照下 b 轴方向伸长、a 轴方向缩短、c 轴方向不变。结构材料的辐照伸长以尺寸变化量表示。在 40～360 ℃锆合金的轴向辐照伸长为 Δl，有

$$\frac{\Delta l}{l}=1.407\times10^{16}\exp\left(\frac{240.8}{T}\right)(\Phi t)^{1/2}(1-3F_2)(1+2C) \tag{2-12}$$

式中　T——包壳温度；

Φ——中子注量率（$E>1.0$ MeV），$m^{-2}\cdot s^{-1}$；

t——照射时间，s；

F_2——管子的轴向织构因子，即锆晶体 c 轴平行于管轴晶泡数占总晶泡数的份额，对于典型的水堆，$F_2=0.05$；

C——冷加工因子，即冷加工时的截面收缩率。

（2）辐照肿胀

辐照肿胀是受照射时材料体积增大、密度减小的一种现象。铀、二氧化铀、铍和石墨等堆用材料都有辐照肿胀现象。铀和二氧化铀的辐照肿胀主要由裂变产物（α 射线、裂变碎片和气体裂变产物、氙等）的作用引起，并且成为铀燃料燃耗升高的主要因素之一。各种石墨材料多数在结晶栅格 a 轴基面平行方向肿胀。氧化铍损坏的主要原因是各向异性的扩展作用。

随着核反应堆运行参数的提高，作为反应堆结构材料的不锈钢在高剂量快中子辐照后密度显著降低，在 350～600 ℃晶粒内部形成空洞。金属空洞肿胀的原因是快中子和点阵原子碰撞形成大量空位－间隙原子对，在一定温度下间隙原子聚集成原子团，空位聚集成空位团，从而使材料的性能显著下降。316 型奥氏体不锈钢辐照损伤允许值为 100～120 dpa。

如前所述，核燃料辐照肿胀的原因主要是气体裂变产物的形成和固体裂变产物的积累。二氧化铀燃料辐照后它的中心形成一个相当大的空洞，这个空洞是裂变气体产物在元件棒内很大的温度梯度下向高温的棒中心迁移和固体组元通过升华与凝聚机制而形成的。从中央空洞向外依次是致密而粗大的柱状晶区、致密而粗大的等轴晶区，以及具有原始显微组织的燃料环区，参见图 2－3。这说明二氧化铀燃料辐照后发生了重构和密实化，燃耗达 10% 以上时二氧化铀发生显著肿胀。由圆柱形燃料引起的变形会使燃料和包壳产生应力很大的刚性接触作用，从而使热工要求的薄壁包壳材料破损。通过改进燃料芯块设计，如减少直径、高度、棱边倒角和中心开孔，以及限制一定的燃耗深度，可避免燃料破损以及它与包壳的刚性接触。

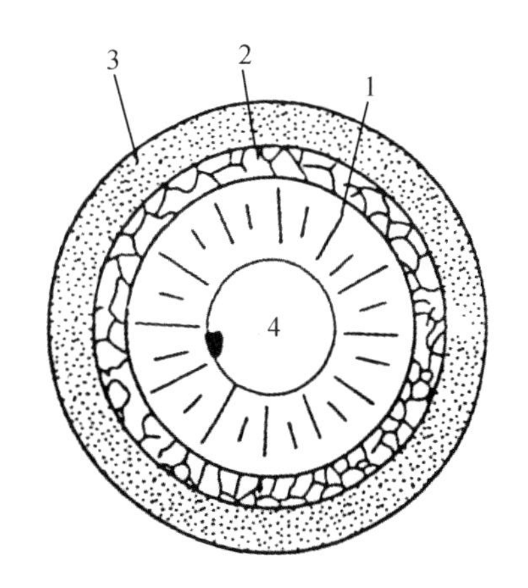

1—柱状晶区；2—等轴晶区；
3—燃料环区；4—中央空洞。

图 2－3　燃料棒重构后的结构

（3）辐照蠕变

辐照蠕变是指由辐照引起的热蠕变速率的增加，或在没有热蠕变的条件下产生蠕变的现象，前者称作辐照加速蠕变，后者称作辐照引起的蠕变。常用的锆合金工艺管在 573 K 温

度下,中子注量小于 $10^{20}/cm^2(E>1\ MeV)$ 时径向蠕变可由下式估算:

$$\lg \varepsilon = -7.83 - \frac{4.38}{T\times 10^{-3}} + \frac{8\times 10^{-3}\sigma}{T\times 10^{-3}} + 0.585\lg \Phi + 1.085\lg t \tag{2-13}$$

式中 ε——变形率,%;

σ——许用应力,MPa;

Φ——中子注量率,$cm^{-2}\cdot s^{-1}$。

在中子注量高于 $10^{20}/cm^2$,$\sigma<140$ MPa 时,有

$$\lg \varepsilon = 3 - \frac{3.96}{T\times 10^{-3}} + \frac{8\times 10^{-3}\sigma}{T\times 10^{-3}} + 0.5\lg t \tag{2-14}$$

2.2.3 电离辐射对绝缘材料电物理性能的影响

无机化合物材料的辐射稳定性依赖于化学成分及其与辐射相互作用的截面、结晶类型、装填密度和化学键类型。碱土金属氧化物为离子键,二氧化硅为离子-共价混合键,键能均很高,离子迁移能大于电子激发能。在这些材料中建立缺陷的电子机理不能成立,造成缺陷的原因与较高能量粒子轰击机理有关。MgO、Al_2O_3、Y_2O_3 的每处缺陷生成能高达 10^7 eV,缺陷复合概率大。对于金属卤化物主要是建立色芯的电子机理。这是因为电子激发产生缺陷要满足两个条件:一是电子固有激发能(E_e)应大于建立辐照损伤缺陷的阈值能(E_d),E_d 值高,则缺陷少;二是电子激发(在基本栅元中)寿命(τ_e)应超过原子或离子在栅格中的振动周期(τ_v)。例如,MgO 的氧迁移能 $E_d=60$ eV,$E_e>E_d$,有一定的激发概率,但 $\tau_e \ll \tau_v$,因此只能是轰击损伤机理。而 NaCl 迁移 Cl^- 产生缺陷阈值能(E_d)小,$\tau_e>\tau_v$,因此是电子激发产生缺陷的机理。

在 γ 辐射作用下,玻璃和硅微晶玻璃中的结构变化在于玻璃中由于受激发原子俘获电子而产生色芯。如果玻璃中包含变价元素,其颜色可以因自由电子激发的氧化和还原过程而变化。C.M.勃列霍夫斯基玻璃由于它们产生结晶而着色。在 γ 辐射作用下,玻璃中的一种化学键发生破裂,产生结晶而无须进一步热加工。BaO-B_2O_3-PbO 就是这种体系的玻璃,在吸收剂量接近 1 MGy 时它们就结晶。如果在组分中加入活泼的供体-受体性质的元素铈、锑、铋,可增加辐射的稳定性。Ce^{4+} 吸收电子($Ce^{4+}+e^-\longrightarrow Ce^{3+}$),防止电子色芯的形成。$Ce^{3+}$ 还和空穴作用共同抑制空穴色芯的形成。

辐照还使玻璃中产生空间电荷,其密度在近辐射源端最高,按辐射减弱规律随深度增加而下降。这种感应产生的空间电荷对玻璃的许多性能都有影响,能引起结构的局部破坏,产生裂纹或使玻璃发生电击穿。

作为绝缘材料,无机电介质的辐射效应最受关注的是电性能的变化,它主要基于电离效应和结构效应。电离效应主要在辐照时才具有导电性能,辐照停止很快消失。因为电荷假自由载体只在辐照时存在,它的浓度取决于其产生的速率和寿命。而结构效应导电性由两部分组成:一是可逆的,二是不可逆的。可逆的导电性是基于辐照引起的给定温度下超平衡点缺陷(基本上都是带电荷的)浓度,在辐照中和辐照后它都能增加离子的导电性,加热退火可以使辐照离子的导电性降至零。不可逆的导电性组成部分是中子活化后产生的嬗变掺杂元素。这种由核反应产生的原子,其价次和基体元素不同,导致在禁能带区产生供体-受体,在热激发下易于向导电区供给电荷。

2.2.4　电离辐射对聚合物性能的影响

在高分子聚合物中自由基往往进行不可逆反应。构架结构发生分离、氧化，改善不饱和性，主要表现为生成空间网格、进一步结构化或分子链断裂、相对分子质量降低的降解。对于结构化聚合物一个大分子产生一个或几个侧链，生成不溶空间结构时的吸收剂量是凝胶剂量。对于优先降解聚合物，辐照前和辐照后的相对分子质量和吸收剂量之间的关系可表达为

$$\frac{1}{M_d}-\frac{1}{M_o}=KD \tag{2-15}$$

式中　M_o、M_d——辐照前和辐照后的相对分子质量；

D——吸收剂量，Gy；

K——常数。

电离辐射作用下聚合物的结构变化与聚合物链的化学结构有关。进一步结构化时相对分子质量增加，增加弹性模量、黏度系数、强度、硬度、脆性、密度和软化点温度，而减少溶解度、塑性，断裂时间相对延长，并且有保持这种进一步结构化后形状的记忆效应，即在其后加热进行塑性变形、冷却定形后，当再一次受热时，会发生热松弛，又恢复到塑性变形处理前的形状。这一性能可在很多包覆工艺过程中获得应用。而降解时则基本相反。二者的相同之处是都能产生气体、细砾、微裂纹、分层，并增加脆性。在这些物理性能发生很大变化时，化学性能则变化不大，往往进一步结构化的交联和高分子裂解的降解过程同时进行，但其速率与聚合物化学结构、物理状态和辐照条件有关。进一步结构化占主导地位的聚合物称为优先交联聚合物；降解过程占主导地位的聚合物称为优先降解聚合物。

在电离辐射作用下所有聚合物的蠕变速率均增加，越趋向降解的聚合物蠕变速率越高，提高负荷和剂量率蠕变速率增加。持久强度也有与蠕变速率相类似的变化规律，蠕变和持久强度均取决于受应力化学键的破断。

聚合物在很多场合用作绝缘材料，因此辐照对其电性能的影响备受人们关注。聚合物的导电性能在辐射作用下通常会发生显著变化。辐照产生的感生导电性称作辐射导电性，这是由于辐射的作用产生了过剩的可移动荷电载体（电子、空穴、离子等）。对所有聚合物，脉冲辐射导电性正比于辐照吸收剂量率。对于连续辐照，其辐射导电性（σ）随吸收剂量增加而达到一个常数，即

$$\sigma = AI^{\alpha} \tag{2-16}$$

式中　I——吸收剂量率；

A、α——常数，通常 $0.5<\alpha<1$。

表 2-7 为某些聚合物样品在电场强度为 10^7 V/m 时的辐射导电性。辐照引起的感生辐射导电性变化，使得作为绝缘体材料之一的聚合物的电阻在辐照时下降，其下降程度依赖于剂量率。停止辐照时又恢复到原始状态，但在大剂量辐照后即使停止辐照，其电阻也有所降低。

表 2-7 聚合物样品辐射导电性(电场强度为 10^7 V/m)

聚合物	厚度/μm	$\Delta^{\cdot\cdot}$	辐射导电性/($\Omega^{-1}\cdot m^{-1}$)或($Gy^{-1}\cdot s$)
聚苯乙烯	20	0.70	6.03×10^{-13}
聚乙烯对苯二甲酸酯	20	0.96	1.33×10^{-13}
聚乙烯萘酯	27	0.98	1.46×10^{-13}
聚苯六甲酸亚胺	25	0.82	0.88×10^{-13}
高压聚乙烯	20	0.67	1.35×10^{-12}
聚四氟乙烯	20	0.90	2.08×10^{-12}
聚丙烯	12	0.65	8.00×10^{-13}
聚过氟乙烯	12	0.54	2.4×10^{-11}
聚氟乙烯	27	0.57	3.86×10^{-12}
聚酰胺	27	0.83	6.86×10^{-14}
聚甲基丙烯酸甲酯	15	1.0	2.0×10^{-14}
聚氯乙烯	20	1.0	3.0×10^{-14}
聚碳酸二苯酚丙酯	20	0.88	9.21×10^{-15}
聚酚基喹恶啉	20	1.0	1.4×10^{-14}
绝缘纸	10	1.0	4.5×10^{-15}

注:1. 电子显微镜辐照,真空度约为 10^{-2} Pa,$E_e=60\sim75$ keV,剂量率为$(1\sim4)\times10$ Gy/s。

2. $\Delta^{\cdot\cdot}$表示辐射导电性最大时的特征值。$r_{pm}=A_mR_0$(r_{pm}为辐射导电性;R_0为剂量率;A_m为材料参数)。

聚合物辐照后击穿电压下降。聚苯乙烯的击穿电压在辐照达 0.36 MGy 后从 64 kV/mm 下降至 5 kV/mm。也有一种看法认为击穿电压下降的原因不是辐照,而是加电场后产生的机械应力,虽然电物理性能未发生显著变化,但由于性能变脆已失去承受机械负荷的能力,从而丧失电介质的功能。

不同种类射线辐照对聚合物的介电损耗变化有不同影响。不同种类射线感生的这种介电损耗差别基于稳定的过氧化物宏观基团的数量与电离辐射种类的依赖关系。

辐照聚合物电介质和辐照玻璃的相似之处在于其中累积体电荷。体电荷在样品中的分布往往不均匀,并且有很大的波动。电荷在样品中和样品表面的积累形成的静电效应在某些场合是特别有害的。

对优先交联型聚合物,随着交联度提高,其化学稳定性有所提高,对微生物作用的稳定性也有所提高。对优先降解型聚合物,低分子裂解产物增多,聚合物产生微观裂纹和宏观裂纹,进而增加了腐蚀性介质的渗透和低分子裂解产物的浸出,从而导致化学稳定性降低。聚合物中添加辐射稳定剂(芳香族化合物、抗氧剂)能显著改善聚合物的抗辐照性能。

2.2.5 水及水溶液辐射化学

无定形的水及水溶液的辐射作用过程和固体的辐射作用过程相比有很大的不同,这里没有空位-间隙原子及相应的空位团和间隙原子团,没有所谓的结构损伤,但在辐射作用下会发生很多化学变化。水及水溶液的辐射分解过程十分复杂,这时不论中子,还是 β 射线、γ 射线与水及水溶液的作用,均主要表现为电离。因此,可利用比较容易实现检测和分析水及水溶液辐射作用过程的钴 -60 γ 辐射作用模拟核反应堆内水的辐射分解过程。

1. 水的辐射分解

水的辐射分解过程很复杂,且分几个阶段进行。进入射线在与水作用过程中,能量逐渐降低,从而引起水的强电离、弱电离和水分子的激发,即

$$H_2O \longrightarrow e^- + H_2O^+ \quad (10^{-17} \sim 10^{-15}\ s) \tag{2-17}$$

$$H_2O \longrightarrow H_2O^* \quad (10^{-17} \sim 10^{-15}\ s) \tag{2-18}$$

二次电子的热解和水合:

$$nH_2O + e^- \longrightarrow e_{水合} \tag{2-19}$$

母系离子对热解电子的离解俘获:

$$H_2O^+ + e^- \longrightarrow H + OH \tag{2-20a}$$

$$H_2O^+ + H_2O \longrightarrow H_3O^+ + OH \tag{2-20b}$$

$$H_3O^+ \longrightarrow H_2O + H^+ \tag{2-21}$$

式(2 -20a)与式(2 -20b)发生的概率取决于 e^- 的能量。如果 e^- 的能量稍稍超过电离能,则 e^- 被自己的离子场所吸引[见式(2 -20a)]。如果 e^- 的能量很高,则 e^- 跑得远(10 nm),H_2O^+ 和附近的水发生反应[见式(20 -20b)]。激发态水分子可离解成自由基 H^* 和 OH^*。上述大量的辐解产物相互作用产生次级辐解产物,后者在扩散交混过程中交互作用,最终形成稳定的物质,即 H_2、H_2O_2 和 O_2,并达到平衡状态。

电离和自由基形成的过程极为迅速,分别为 $10^{-18} \sim 10^{-16}$ s 和 $10^{-12} \sim 10^{-11}$ s,具有化学活性的一级载体(H、OH 和 $e_{水合}$)处在沿射线旁的小区域(2 nm)。小区域间的距离依赖于传能线密度(LET),如果 LET 很大(α^-),则小区域可重叠;如果 LET 很小,则小区域有几百纳米。水的辐射辐解程度用辐解产额来表示,其含义是水体系每吸收 100 eV 电离辐射能产生(+)和消失(-)辐解产物数。纯水的辐解产额 G 见表 2 -8。纯水吸收 100 eV 电离辐射能将有 3.6 ~4.6 个水分子分解($G_{-H_2O} = 4.1 \pm 0.5$)。气相中水的辐解产额 $G_{-H_2O\,max} = 12$。作为辐解产物的分子 H_2、H_2O_2 和 O_2 比较稳定,比较容易测定这些分子产物的产额,并判断水的辐解程度,但这只能得到辐解状况宏观上的评价。

表 2 -8　纯水的辐解产额 G

辐射	初始 LET 值 /(eV·nm^{-1})	$-H_2O$	H_2	$H + e_{水合}$	H	$e_{水合}$	H_2O_2	HO_2	OH
β、γ	0.2	3.74	0.44	2.86	0.55	2.31	0.70	0.00	2.34
裂变产物 γ		3.6 ~4.6	0.45	3.18	0.6	$<5 \times 10^{-9}$①	0.68	0.026	2.72
快中子	40.0	2.97	1.12	0.72	0.36	0.36	1.00	0.17	0.47
$^{10}B(n,\alpha)^7Li$	240.0	3.33	1.70	0.20	0.16②	0.04②	1.30	0.30	0.10

注:①单位为 mol/L;

②计算值。

作为辐解产物的自由基极不稳定,寿命非常短,很难在进行辐照的同时测量平衡状态下的自由基的量值。往往需采用超低温(-196 ℃)冷却设备,限制自由基的活性,进一步用

核磁共振仪等分析手段进行测量。

H_2和H_2O_2主要由氢自由基和氢氧自由基复合而成：

$$H^* + H^* \longrightarrow H_2 \tag{2-22}$$

$$OH^* + OH^* \longrightarrow H_2O_2 \tag{2-23}$$

$$H^+ + OH^- \longrightarrow H_2O \tag{2-24}$$

水合电子自身复合或与氢原子反应可生成氢气和氢氧根离子：

$$e_{水合} + e_{水合} \longrightarrow 2OH^- + H_2O + H_2 \tag{2-25}$$

$$e_{水合} + H^* \longrightarrow OH^- + H_2 \tag{2-26}$$

激发态H_2O^*与H_2O反应也能生成H_2O_2：

$$H_2O^* + H_2O \longrightarrow H_2 + H_2O_2 \tag{2-27}$$

水合电子自身复合反应或与氧原子反应可生成氢和氢氧根离子。如果LET值不大，在$10^{-11} \sim 10^{-8}$ s内活性粒子在辐照体积中重新分配单相态，这时最主要的是自由基与分子的反应。导致分子产物分解的链式机理为

$$OH^* + H_2 \longrightarrow H_2O + H^* \tag{2-28}$$

$$H^* + H_2O_2 \longrightarrow H_2O + OH^* \tag{2-29}$$

$$e_{水合} + H_2O_2 \longrightarrow OH^* + OH^- \tag{2-30}$$

$$H_2O_2 + H_2O^* \longrightarrow H_2O + 2OH^* \tag{2-31}$$

$$OH^* + H_2O_2 \longrightarrow H_2O + HO_2 \tag{2-32}$$

在水中H_2和H_2O_2的稳定浓度为$10^{-6} \sim 10^{-5}$ mol/L。$e_{水合}$、H、OH对中性水中的一系列物质（Al(Ⅲ)、CO_2、Cl^{-1}、Co(Ⅱ)、Cr(Ⅲ)、Cr(Ⅱ)、Fe(Ⅱ)、I^-、K^+、Mn(Ⅱ)、MnO_4^-、NO_2^-、NO_3^-、Na^+，Ni(Ⅱ)、O_2）反应常数很高，为$10^6 \sim 10^{13}$。

在无氧水中出现O_2与HO_2有关：

$$HO_2 + HO_2 \longrightarrow H_2O_2 + O_2 \tag{2-33}$$

$$HO_2 + OH^* \longrightarrow H_2O + O_2 \tag{2-34}$$

并且H_2O_2也能分解出O_2：

$$H_2O_2 \longrightarrow H_2O + \frac{1}{2}O_2 \tag{2-35}$$

H_2O_2的还原反应随反应温度和pH升高而增加，并且金属离子的存在会起催化作用。H_2O也会与金属离子反应放出O_2。

辐照除氧水的主要产物为$e_{水合}$、H^+、OH^-、H_2、H_2O_2、HO_2、O_2。辐解产物中OH、H_2O_2、HO_2和O_2属氧化性产物，而$e_{水合}$、H、H_2属还原性产物。它们的存在对水介质中材料的稳定性产生很大影响。氢氧自由基氧化能力极强，其寿命虽然短，但在大剂量辐射连续作用下，它总保持相当高的浓度，已足够使与其接触的金属氧化。在氢浓度为1 mol/L时，OH/OH^{-1}氧化电位可达 -2.8 V，这意味着它几乎能将低价无机物氧化到高价态，即金属的离子化而溶于水中，使金属不断地发生腐蚀。因此，氢氧基的形成是水冷核反应堆中金属腐蚀的重要因素。锆-4合金管在350 ℃、15 MPa高纯水中堆外腐蚀试验一年后检验表面光洁完好，表面有致密的灰黑色氧化膜；而在同样的温度和压力条件下高纯水中在核反应堆内辐照相同的时间（相当于2.8×10^4 MW·d/t的燃料燃耗时燃料包壳的状况），堆后检验表明，出现了严重的节结状腐蚀。当pH>9时氢氧基可以离解：

$$OH \longrightarrow H^+ + O^-$$

HO_2也是强氧化剂，在酸性介质中，其氧化电位为 -1.7 V。它可以自行离解：

$$HO_2 \longrightarrow H^+ + O_2^-$$

在无氧水中 HO_2由产额很小的下列反应生成：

$$H_2O_2 + OH^* \longrightarrow H_2O + HO_2$$

$$2OH^* \longrightarrow HO_2 + H^*$$

但水中有氧时则易于生成 HO_2，HO_2 一种非常重要的次级产物。因而为减少 HO_2的产额需要除氧，并且可通过加氢消除水辐解过程中生成的氧，也可以使生成 HO_2的反应左移。即可用增加核反应堆冷却剂中还原剂氢（注氢）以与上述氧化性产物复合的方法，减少其氧化能力，达到减缓燃料元件包壳及堆内结构材料腐蚀的目的。

H_2O_2主要由氢氧自由基结合产生：

$$OH^* + OH^* \longrightarrow H_2O_2$$

H_2O_2和 HO_2是无氧水在辐射作用下生成游离氧的两个主要原因。

水辐解产生的还原性产物中水合电子是很强的还原剂，其还原能力比氢原子还强，它的还原电位为 2.6 V，它不仅可和氧化性自由基迅速发生反应，还能和水中许多物质发生反应。

因为 $H_2O^* \longrightarrow OH^- + H^+$ 产额高于 $H_2O + H_2O^* \longrightarrow H_2 + H_2O_2$，并且存在显著的复合反应：

$$H_2 + OH^- \longrightarrow H_2O + H^+$$

$$H_2O_2 + H^+ \longrightarrow H_2O + OH^-$$

所以水的净分解率并不大。分子产物只能积累到某一低的平衡浓度。例如，γ 射线辐照纯水，分子产物浓度为 $10^{-6} \sim 10^{-5}$。

痕量过渡金属离子（Cu^{2+} 和 Fe^{3+}）存在时使 H_2O_2发生化学催化分解。H_2O_2分子分解概率（单位时间）和 $C_{Me}^{1/3}$呈负的比例关系。辐射本身也有催化效应，对 Cu^{2+} 和 Fe^{3+} 在 300 K 温度下 H_2O_2辐射催化分解效应浓度阈值分别为 3.9×10^{-6} mol/L³ 和 1.9×10^{-5} mol/L³。离子的活性取决于其还原状态（Me^{n-1}）对水辐解氧化性产物作用的稳定性。因此，Ni、Co 和 Cr 在辐射催化过程中是中性的。

辐射分解水的产物的产额依赖于外部因素和水的特性，即与剂量率和水溶液的特性有关。水在高传能线密度辐射作用下，辐射产物的浓度几乎与剂量率（P）呈线性关系，而对于低传能线密度辐射 H_2、H_2O_2、O_2 的稳态浓度差不多和 LET 成正比（在 P 为 $10^{21} \sim 10^{23}$ eV · L^{-1} · s^{-1}时）。

2. 水溶液的辐射分解

氧的存在，可使 H_2、H_2O_2、O_2的浓度增加，参见图 2-4。有氧时和除氧水相比要在更高的剂量下才达到稳态。这一效应的首要原因是 H_2 和 O_2有很高的反应速率常数，$K = (2.0 \pm 0.5) \times 10^{13}$（pH = 2），既有利于水的辐解，同时也增加了 OH^- 的产额，并且抑制了 H^+ 对 H_2O_2的破坏（$H^+ + H_2O_2 \longrightarrow H_2O + OH^-$）。此外生成的 HO_2保证了溶液中额外的 H_2O_2 和 O_2 的量（$HO_2 + HO_2 \longrightarrow H_2O_2 + O_2$；$HO_2 + HO_2 \longrightarrow H_2O + OH^- + O_2$）。

在剂量率达到 5×10^{20} eV/（mL · s）时，无氧水中 H_2O_2浓度为 0.5×10^{-6} mol/L，在未除氧水中 H_2O_2浓度为 9×10^{-6} mol/L。H_2O_2的分解产物 O_2反复地促进水的辐照分解和 H_2O_2的生成。

pH 对水辐照分解的影响归结为两个因素：改变活性离子起始产额和辐解产物的电离，最终确定被辐照溶液的氧化还原性质。在高 pH 情况下，H_2O_2、HO_2、H、OH 具有明显的还原性。在高 pH 时，OH 分解为 H^+ 和 O^-，它比 OH 具有更小的氧化性。在低 pH 下，H_2O_2、H 具有氧化性。pH = 2 时，H 反应成 H^+，具有氧化性，而 HO_2善于分解 O_2，比 H_2O 具有更高还原性。

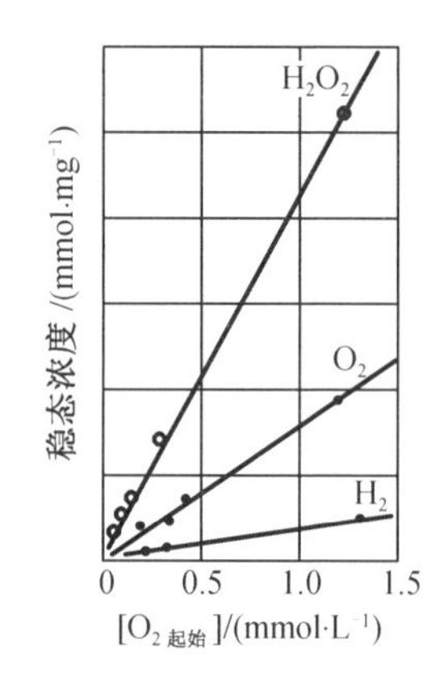

图 2-4　H_2O_2、O_2、H_2 稳态浓度与中性介质起始 O_2 浓度的关系

温度对水的一级辐解产额影响不大。温度由 273 K 增至 373 K，活性自由基增长 2% ~3%。但不等值温度场对分子产物稳态浓度有影响。在 293 ~ 473 K，温度升高，H_2O_2浓度有规律地下降，其后又开始上升。后者与 $HO_2 + H_2 \longrightarrow H_2O_2 + H$ 反应相关，在气相反应中已由试验所证实。在 613 ~623 K 下水辐照分解 H_2O_2浓度可达 $n \times 10^{-4}$ mol/L。溶解 O_2和 H_2在高温下复合成水，其速率不依赖于平衡分压，$G \approx 6.8$(473 K)和 $G \approx 7.7$(523 K)。

当有氮(空气中的氮)参与水的辐照分解时将生成硝酸：

$$2N_2 + 5O_2 + 2H_2O \longrightarrow 4HNO_3$$

$H_2O^+ \longrightarrow H^+ + OH^*$ 导致水的 pH 下降，pH 甚至降到 3 ~4。这样，在含氧酸性条件下，大大加速核反应堆各种结构材料，包括不锈钢、镍基、镍铬基合金以及铝合金等的腐蚀，大大提高冷却剂中腐蚀杂质量。

在核反应堆铝合金辐照孔道有潮湿空气时，亦由于氮的辐射氧化产生硝酸($1/2N_2 + 1/2O_2 \longrightarrow NO$，$NO + 1/2O_2 \longrightarrow NO_2$，$H_2O + NO_2 \longrightarrow HNO_3 + 1/2H_2$)，从而发生硝酸点腐蚀而蚀穿的现象。

但水中加氢则可以增加各种氧化性辐照产物复合成水的复合率，大大降低氧化性辐射产物的浓度，抑制水的辐解及 O_2和 H_2O_2的产额，而且 H_2和 O_2生成 H_2O 的复合反应 G 值随温度升高而增大，只要加入少量氢就能使高温水中 O_2和 H_2O_2浓度降到难以测出的水平，水中加硼使辐射的传能线密度(LET)增加，增加电离，但加氢 14 mL/L 就足以抑制含硼水的辐照反应。考虑到氢的泄漏等情况，加氢量控制在 25 ~40 mL/L，有效地抑制了锆包壳管结疖状腐蚀和其他堆内结构材料腐蚀的发生。水中添加氨后，易于和 OH^- 结合生成 NH_2和 H_2O，从而抑制 O_2的产生。添加的氨在辐照下以低的速度分解。但间接方法加氨，准确度难以控制，并且容易污染环境，在辐照过程中还可能产生 N_2O_5等杂质。直接用氢气瓶加氢也有一定的安全隐患，而且很费钢瓶，用电解氢氧化钠制氢，也容易污染环境。有专家建议用电化学加氢，这时加进的氢为溶解状态的氢，装置体积小，无爆炸危险，可用氢探头监测其浓度，并专门研制了含固体聚合物电解质的电解器。它可直接装入冷却剂线路，产氢率可调。

大型压水堆中加硼是为核燃料初装料时抑制过剩反应性用的可溶性中子吸收剂。含硼水辐解时比无硼水的分子产额要高，参见图 2-5 及表 2-9，这是硼的中子反应结果。$^{10}B(n,\alpha)^7Li$反应产生能量为 0.47 MeV 的反冲 α 核、^7Li 核以及 2.3 MeV 的 γ 射线。它们具有很大的 LET 值，使辐解反应的份额增加(表 2-10)。从图表中可见，硼酸浓度高于一定值后，^{10}B 中子反应对水辐解的影响才显现出来，且硼酸的浓度越高辐解氢的产率越高，每吸收 100 eV 的 α 射线和^7Li 核反冲能量可有 2.5 个水分子分解生成 H_2和 H_2O_2。

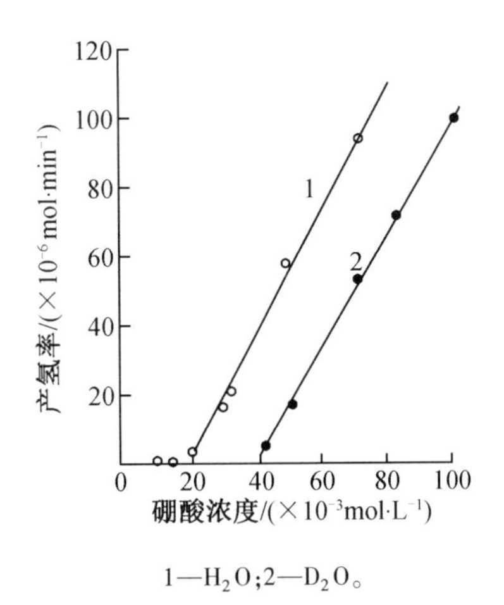

1—H_2O;2—D_2O。

图 2-5　硼酸浓度对辐解产物产氢率的影响

表 2-9　硼酸浓度对产物生成率的影响

硼酸浓度/($mol \cdot L^{-1}$)	产物生成率/($\times 10^6\ mol \cdot L^{-1} \cdot min^{-1}$)			
	总气体	H_2O_2	H_2	O_2
0.000 0	0	—	0	0
0.010 0	0	—	0	0
0.020 0	0	0	0	0
0.315 0	23 ±1	18 ±1	21 ±2	2 ±2
0.050 0	57 ±2	—	53 ±2	5 ±2
0.073 2	101 ±4	77 ±3	93 ±5	8 ±5
0.100 0	160 ±2	—	147 ±2	11 ±1

表 2-10　辐射类型对水解方式的影响(反应份额)

辐射类型	$H_2O \longrightarrow H + OH$	$2H_2O \longrightarrow H_2 + H_2O_2$
$^{60}Co(\gamma)$	80%	20%
C_{P-3}①	80%	220%
$^{10}B(n,\alpha)^7Li$(0.02 mol/L)H_3BO_3	4%	96%
$^{10}B(n,\alpha)^7Li$(0.05 mol/L)H_3BO_3	6%	94%
$^3H(\beta)$	70%	30%

注:① C_{P-3}为美国阿贡研究性反应堆,α、快中子、γ 或 β 的传能线密度之比为 1:(1/6):(1/1 200),该值越大,则辐照分解产物越容易复合。

由于沸水堆直接由堆芯顶部过热器形成过热蒸汽送往汽轮机发电,重新复合成水的反应远不如在凝聚相中易于进行。辐解生成的氢主要进入气相,不可凝的氢、氧均被带入汽轮机,并从冷凝器中排除,增强了 H_2O_2的分解反应,这样辐解产物在冷却剂中越来越少,因此沸水堆不能用加氢的方法抑制辐解反应。沸水堆给水中的氢含量为 0.02 mL/kg,循环水含氧量达0.03~0.3 mg/kg,水汽混合物中达6~10 mg/kg,蒸汽中则达30~40 mg/kg,所以沸水堆不要求除气,因而沸水堆中结构材料的腐蚀要比压水堆中重一些。

2.3 辐射对电化学过程的影响

2.3.1 辐射对金属电极电位的影响

辐照分解和辐解产物的聚积引起介质成分变化,氧化还原性质的变化使其中金属电极电位发生变化。如表2-11所示,表中多数金属的电极电位发生了正向偏移。在辐射作用下,电极电位的变化与影响电极的诸因素(辐射强度、辐射时间、电极材料与表面状态、溶液性能、液体与气体容积比以及液体的流动状况等)有关,从辐照开始至达到平衡有较长的过程。辐照开始时辐解产物极少,复合反应概率更小。随着辐解产物的增多而影响介质成分,逆向复合反应的影响越来越大,直至达到一个新的平衡值。辐照条件下电极电位随时间的变化通常有一个较长的时间和不稳定过程,参见图2-6。

表2-11 金属电极电位的变化(1 MeV电子辐照,25 ℃水溶液)

电极材料	电解液	辐照剂量/[$eV \cdot (cm^3 \cdot s)^{-1}$]	电极电位(未辐照)/V	电极电位(辐照)/V	电极电位偏移/V
Al	5 mol/L HNO_3	3.9	-0.428	-0.488	-0.060
Zr	5 mol/L HNO_3	3.9	-0.238	+0.292	+0.530
Ti	0.1 mol/L NaOH	0.5	-0.193	-0.168	+0.025
Cu	0.1 mol/L NaOH	0.5	+0.002	+0.032	+0.030
Ni	0.1 mol/L NaOH	0.5	-0.168	+0.112	+0.280

在经相当长时间辐照后系统达到一个稳定的电位值。例如,304型不锈钢在3.0×10^{-4}水中以Ar+20% O_2的体系促进了辐解过程,比Ar体系要更快达到电化学平衡,参见图2-7。通常空气、氧气、氮气、氩气等作覆盖气体或具有容纳气体辐解产物空间的水溶液体系中,辐照通常增加溶液的氧化性,电极电位正向偏移,而氢则相反,可抑制这种反应。Fe^{2+}、Cl^-等溶质离子,以及其他一些因素可以改变这一效应的进程和数值。图2-8中UO_2受不同剂量α辐照时的试验曲线就清晰地显示了溶液中从还原性环境到建立起氧饱和的过程。受强辐照时达到饱和的时间比弱辐照时要短得多。溶液中有Fe^{2+}存在,Fe^{2+}在辐射作用下氧化成具有良好氧化性的Fe^{3+},从而导致电极电位的正向迁移(图2-9中的曲线2)。而溶液中氢越多,金属电极电位又主要取决于氢浓度时,电极电位处于氢电极可逆电位附近,辐照对电极电位的影响就越小。

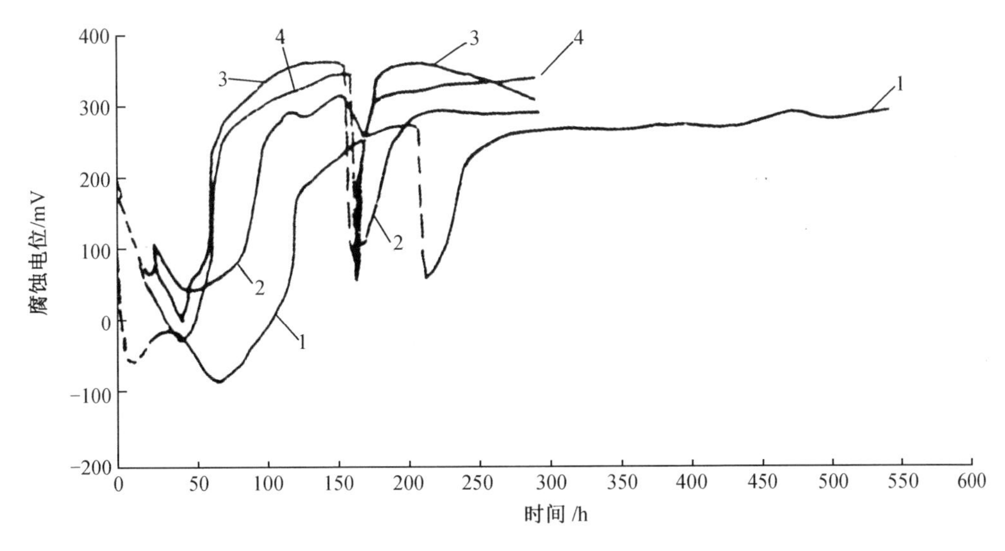

图 2-6　腐蚀电位随 γ 辐射时间的变化

（304 不锈钢，含 Cl^- 0.3×10^{-3} 水溶液，40 ℃，覆盖气体 Ar，吸收剂量 2×10^3 Gy/h。1～4 为试验序号；虚线为撤去辐射源）

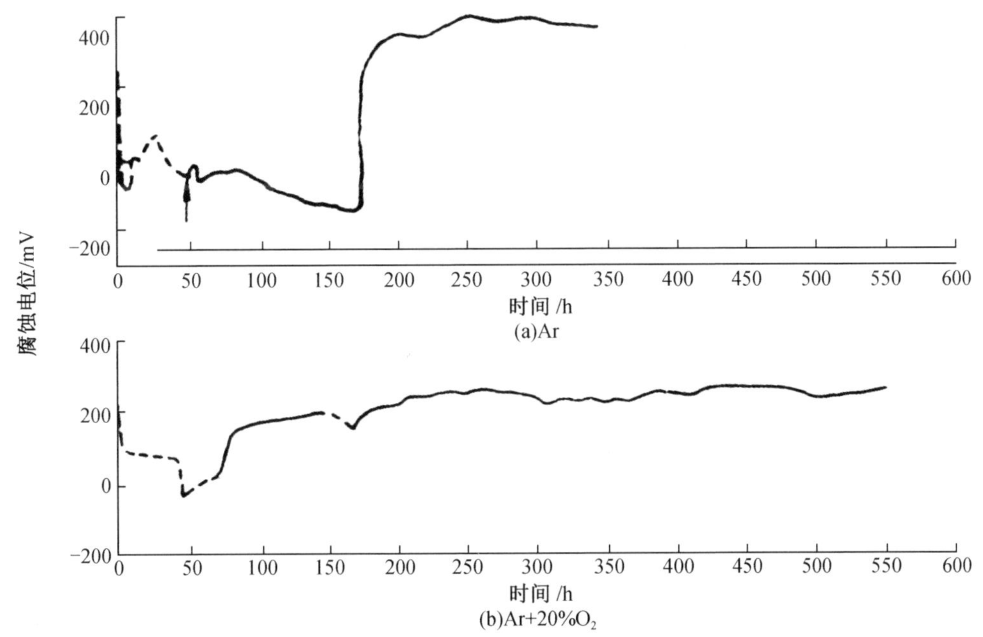

图 2-7　不同覆盖气体下腐蚀电位随时间的变化

（304 不锈钢，含 Cl^- 0.3×10^{-3} 水溶液，40 ℃。虚线为撤销辐射源）

辐照时金属电极电位正向移动的幅度与交换电流的大小及阳极极化曲线的特性有关。如果电极电位处于钝化区或过钝化区，交换（维钝）电流很小，则氧化性辐解产物的积聚就会使电极电位增加幅度较大，若电极电位处于活化区，交换电流和致钝电流很大，则辐照使电极电位正向迁移的幅度就小。

在试验时投入和撤销辐射源，更换辐照过的溶液及加入 H_2O_2 等情况下，通过金属电极电位变化的测量和辐解产物的分析测定，可以判定辐照效应和氧化膜辐照效应对电极电位的影响。图 2-10 表示更换辐照过的溶液后，电极电位负向迁移，但并未恢复到初始值，表明受到辐照过程中所生成的氧化膜的影响。由此看来，辐照导致电极电位正向变化的主要

是 H_2O_2 等氧化性产物，氧化膜的作用次之。

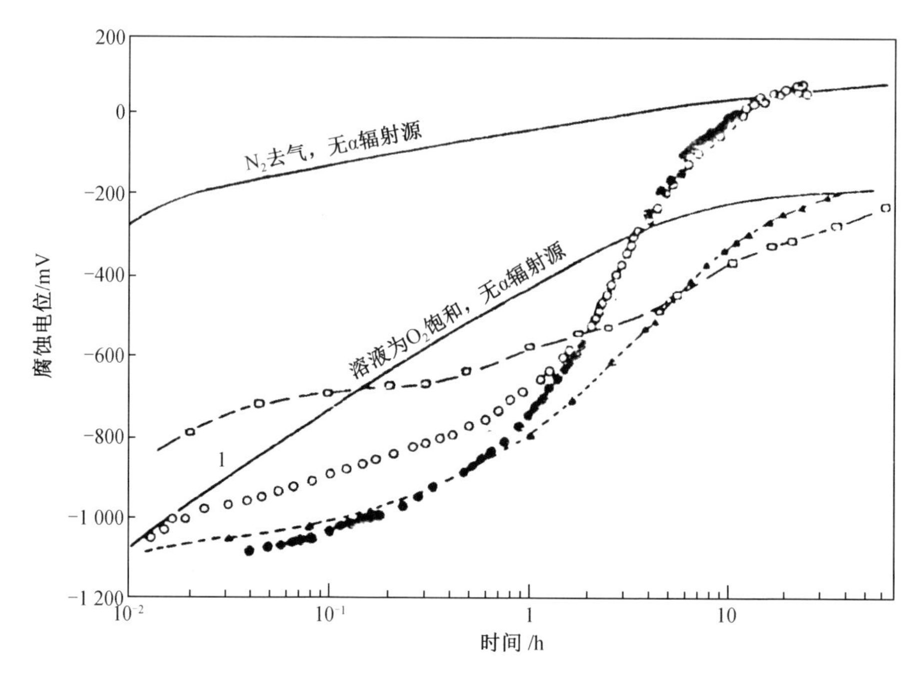

□—UO_2 电极矩 4.7μCi ^{241}Am α 源约 30 μm；▲—UO_2 电极矩 100μCi ^{241}Am α 源约 30 μm；

○—UO_2 电极矩 686μCi ^{241}Am α 源约 30 μm；●—有 686μCi^{241}Am α 源的重复试验。

图 2-8　UO_2 的腐蚀电位（水溶液含 0.1 mol/L $NaClO_4$，pH = 9.5）

（有 α 放射源的全部试验的溶液均用 Ar 事先去气）

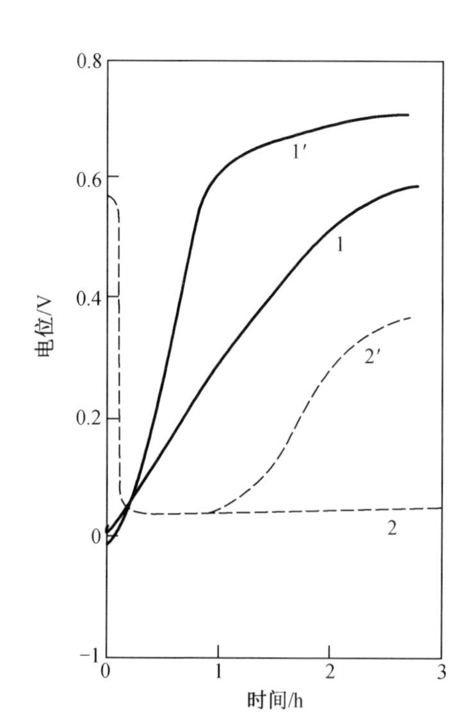

材料	介质	
	0.5 mol/L H_2SO_4	5 mol/L H_2SO_4 + 0.000 5 mol/L $FeSO_4$
1Cr18Ni9	曲线 1	曲线 1′
Pt	曲线 2	曲线 2′

图 2-9　电极电位变化的不同趋势

（1.5×10^{15} eV/（cm^3 · s），γ 辐射）

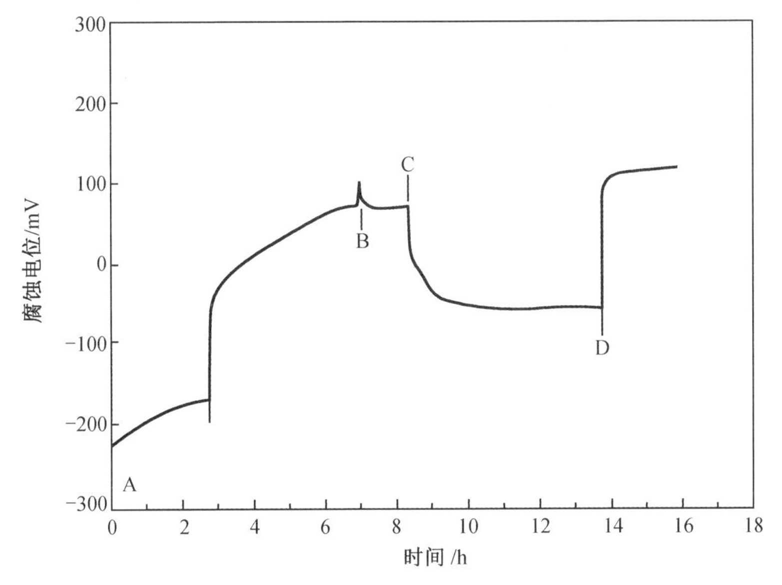

A—受 γ 照射；B—撤销辐射源(此时电位负移常比图示的要多)；
C—更换新水；D—加 0.4 mmol/L H_2O_2。

图 2-10　316 不锈钢的腐蚀电位

(γ 辐射，在井水中)

2.3.2　辐照对电极过程的影响

辐照时氧化性辐解产物在溶液中的积聚导致金属电极电位正向迁移，从而加快阴极反应过程。图 2-11 是 0.1 mol/L NaOH 溶液中测定的镍的阴极极化曲线。辐照条件：电子能谱0.8 MeV，电流密度为 3 $\mu A/cm^2$，辐照剂量为 5×10^{19} eV/(s · cm^3)。图中曲线 1、2 是将电极预先阳极极化到 +0.8 V，然后依次增大阴极电流密度而测定的，曲线 3、4 是电极在析氢电位下保持一段时间后以相反次序(电位由负到正)测得的。这表明阴极电位变得更正，加快了阴极反应过程，如果以同样电位下辐照和未辐照时的电流密度差 Δi 来表示辐照电化学效应，由图可见该效应加速了镍的阴极反应过程。在相同的试验条件下钛和铜也有类似的变化规律，对 1Cr18Ni9Ti 钢在 0.01 mol/L NaOH 溶液中在反应堆辐照条件下[热中子注量率为 $10^{12}/(cm^2\cdot s)^{-1}$]，电极电位正向偏移(表 2-12)对应于氧的离子化反应的阴极极化曲线部分反应速度加快。

表 2-12　极化处理 1Cr18Ni9Ti 对电极电位的影响　　单位：V

介质	极化前			阴极极化后经过 3 h		
	未辐照	辐照	电位偏移	未辐照	辐照	电位偏移
0.01 mol/L H_2SO_4	+0.133	+0.403	+0.270	+0.318	+0.673	+0.355
0.01 mol/L NaCl	+0.083	+0.503	+0.420	+0.243	+0.583	+0.340

图 2－12、图 2－13 分别为镍和铜的阳极极化曲线。辐照条件同图 2－11，由图可见辐照加速了镍和铜的阳极过程。在 +0.1 V 和 +0.3 V 左右，图中曲线发生了显著变化，使电极电位由 －0.1 V 上升至 0.3 V，这主要由辐解产物 H_2O_2 的氧化反应造成。H_2O_2 在 0.3 mol/L NaOH溶液中的氧化电位可达 0.35 V 左右。锆、钛、铜也有类似的规律：辐照既加速了阳极过程，也加速了阴极过程。但是如图 2－14 所示，中子辐照并未改变 1Cr18Ni9Ti 钢在0.01 mol/L NaOH 溶液中钝化区（+0.5 ~0.45 V 至 +0.3 ~0.1 V 区间）阳极反应的速度，然而击穿电位和对应于过钝化区的阳极极化曲线区段都正向移动了 100 ~150 mV，总体说来，它的阳极过程受到了一定的压制。

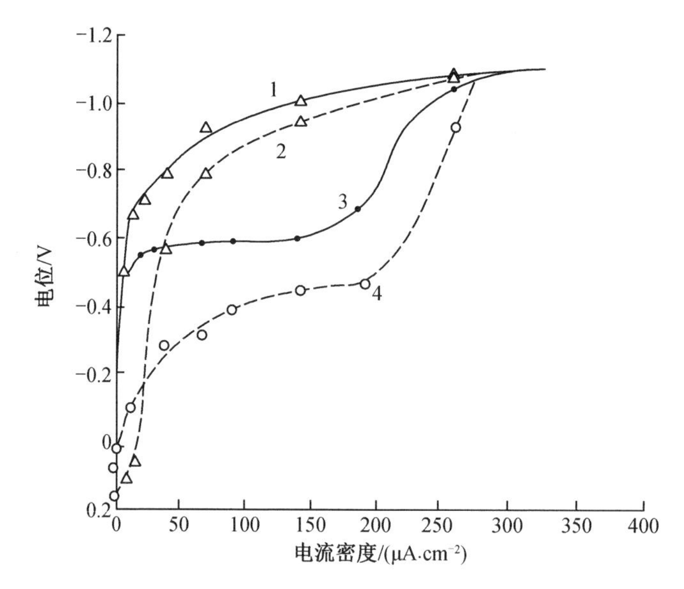

曲线 1、3—未辐照；曲线 2、4—受辐照；曲线 3、4—在相反次序下测得。

图 2－11　镍的阴极极化曲线（25 ℃）

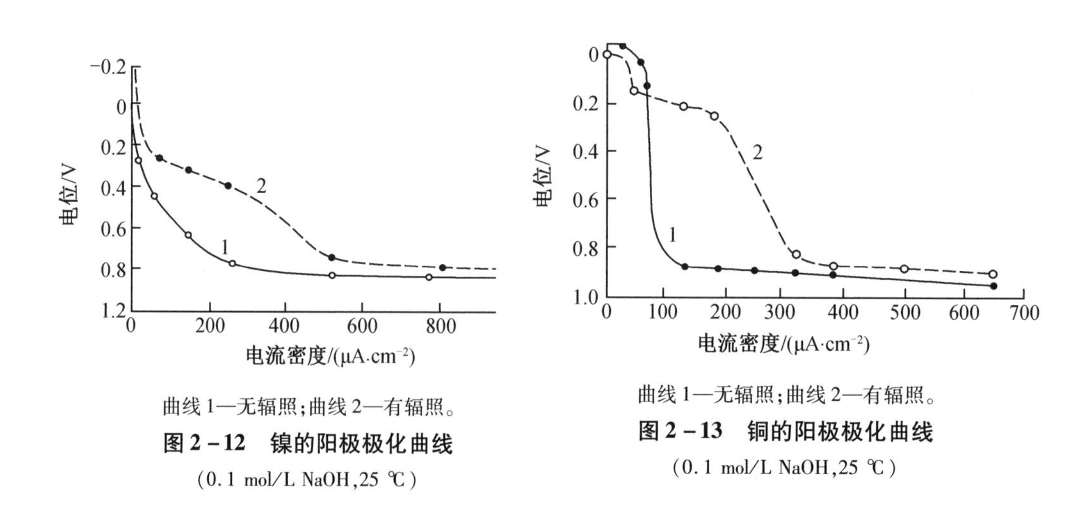

曲线 1—无辐照；曲线 2—有辐照。

图 2－12　镍的阳极极化曲线

（0.1 mol/L NaOH，25 ℃）

曲线 1—无辐照；曲线 2—有辐照。

图 2－13　铜的阳极极化曲线

（0.1 mol/L NaOH，25 ℃）

综上所述，辐照过程中氧化性辐解产物的积聚以及它们的还原反应可使阴极过程加速。辐照也加速阳极过程，这通常与辐解产物（H_2O_2）新的氧化反应过程相联系。而金属离解的阳极过程因为过电压一般较小，辐照对这样的阳极过程的影响实际上很小。

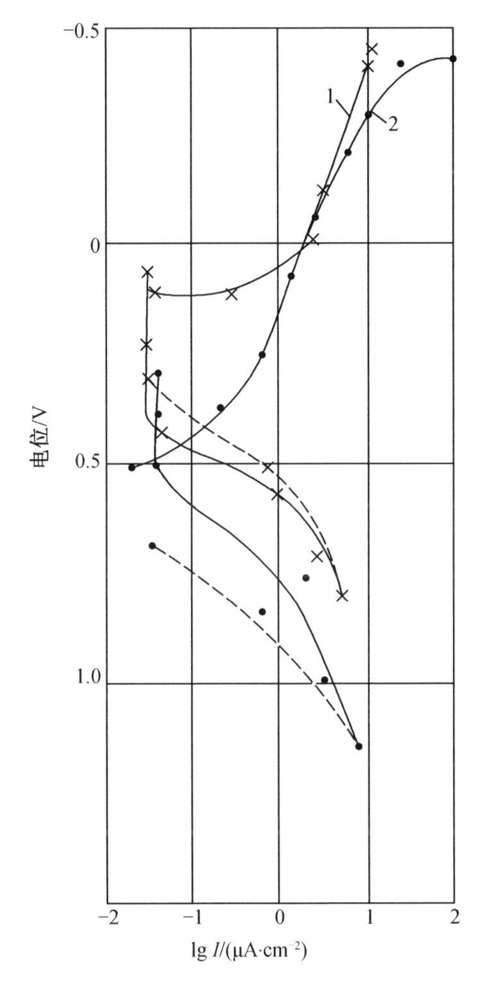

1—未辐照；2—通量为 10^{12} cm^{-2} · s^{-1}。

图 2-14　1Cr18Ni9Ti 钢的极化曲线(0.01 mol/L NaCl,80～90 ℃)

(图为热中子辐照,用虚线表示的曲线是在同样条件以相反次序测得的)

2.3.3　辐照对金属腐蚀性能的影响

金属的腐蚀与金属本身性能及介质条件相关。辐照对金属材料耐腐蚀性能的影响归因于材料表面辐照损伤效应、介质的辐解效应和辐照-电化学效应。辐照-电化学效应除介质成分产生变化之外,吸收辐射能后金属表面原子能量也增高。核反应堆工程除了关心材料腐蚀性能之外,还应对腐蚀产物的活化造成一回路系统强烈的放射性污染,影响设备维修的问题予以特别关注。

前已述及辐照对介质中金属电位、阳极过程和阴极过程的影响,可钝化金属取决于有无辐照时电位在极化曲线中所处的位置。含氧水中辐照使铝合金阴极电位提高,阴极过程加快,但腐蚀电位仍处于钝化区,交换电流很少,阳极过程没有变化。因此,一般来说,辐照对铝及其合金的耐腐蚀性能没有明显影响。但若水中含有不利形成钝化膜的物质(如 Cl^-、MSO_4^{2-}),辐照将加速其腐蚀。在 3% NaCl 溶液中 1Cr18Ni9Ti 钢的电位处于钝化区,在相当

于电流密度高于 2×10^{-8} A/cm^2 的辐解作用下其电位处于过钝化区，从而腐蚀加剧。

辐照一般加速不可钝化金属的腐蚀。铁、碳钢和低合金钢通常在含氧量为 16 ~ 40 mg/L 水中的腐蚀率很低，腐蚀受氧的扩散控制。由图 2 - 15 可见，辐解产物 O_2 的产生将使碳钢的高温腐蚀约加速 3 倍。

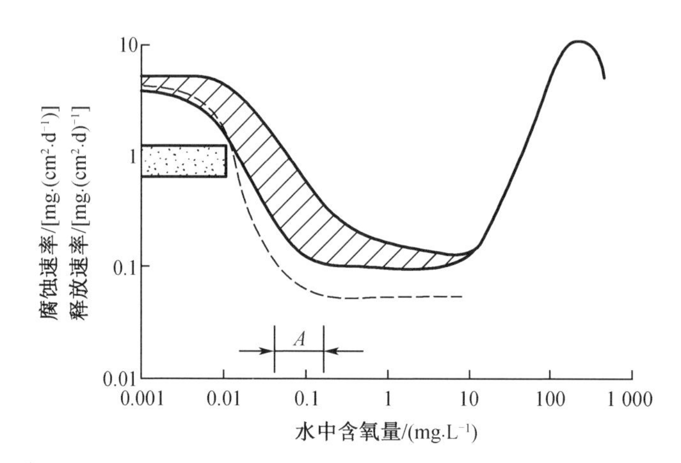

A—沸水堆的氧浓度范围。

图 2 - 15　碳钢在不同含氧量 1 000 h 的腐蚀速率与释放速率(200 ~ 300 ℃)

20 号钢在热中子 10^{12} $cm^{-2}\cdot s^{-1}$ 辐照下腐蚀速率因辐照提高了 3 ~ 5 倍。

氧既是加速腐蚀的去极化剂，又是氧化膜形成必需的元素。氧化膜的增厚和致密化，又降低了腐蚀。像沸水堆中的锆和不锈钢处于钝态，珠光体钢在 300 ℃ 的沸水堆工况形成保护膜，因此实际上堆内辐射对这些材料腐蚀性能的影响并不太大。

1. 辐照电化学效应的影响

在辐射作用下，金属原子特别是表面原子吸收辐射能后提高了能量，有利于参与电化学反应，考虑参与反应的氧化膜孔内金属所占表面份额和所接受的辐射能，并参与阳极反应形成二价离子，珠光体钢的腐蚀速率增加了 10% 左右。

2. 辐照的结构效应主要是相结构的变化

18 - 8 型奥氏体不锈钢在中子辐照下可发生向铁素体的转变，使钢在含氧化物介质中的耐蚀性能下降；中子辐照使氧化膜的氧化锆由致密、结合力强的单斜晶体结构向斜方结构转变，改变了氧化膜的保护性能。

在压水堆工作温度下材料腐蚀受金属离子、氧离子通过保护性氧化膜的扩散过程控制，氧化膜中的辐照缺陷加速了扩散过程，腐蚀速率经推算将增加 1 倍。对生成具有保护性氧化膜的锆合金、不锈钢和珠光体钢在反应堆运行温度下辐照，将使其腐蚀速率增大 1.2 ~ 4.4 倍，随着辐照剂量的提高，辐照增强腐蚀效应会更明显。

辐照腐蚀是诸多因素综合作用的复杂过程，探讨各因素作用机制还有很多工作要做。

3. 腐蚀产物的活化

水中氧同位素活化后产生的 4 种放射性同位素(^{17}N、^{16}N、^{13}N 和 ^{18}F)的半衰期很短，仅使人们在反应堆运行期间不能接近一回路区，不影响停堆检修设备，但作为活化后半衰期长，辐射强度大的感生放射源 ^{58}Co 和 ^{60}Co 的成分在结构材料用钢中应予以严格限制。并且少用镍，用 Incolloy－800 代替 Inconel－600 可将镍的质量分数从 70% 降至 35%。另外，控制水质条件从而控制腐蚀、释放速率，使堆芯中产生的活化腐蚀水垢减至最少。

2.4　辐射对液态金属腐蚀性的影响

尽管从腐蚀机理看，材料在钠中的腐蚀属溶解腐蚀，即包含钠在金属表面层的扩散，这一过程不受辐照影响，且钠是无定型液态单原子物质，无辐照缺陷的材料，比如不锈钢材料在钠中有选择性地溶解，即有多个原子参与反应，若与 FeO・2NaO 有关，则容易受辐照影响。一般情况下，表面膜影响金属溶解，膜的辐射损伤也影响腐蚀过程，但金属钠是去膜剂，很易使金属氧化物还原。大量的试验表明，辐照对常用的铁基、镍基合金、不锈钢、锆合金等的腐蚀基本没有影响，在侵蚀性更强的铅、铋和汞中也是如此。

随着液态金属核反应堆燃料燃耗加深，受辐射剂量增大，液态金属的辐照腐蚀仍应予以重视。

2.5　辐照对气体冷却剂的影响

在 CO_2 作冷却剂，石墨作慢化剂的气冷反应堆中，辐照能增加石墨在 CO_2 中的氧化速率，在温度较低时的化学反应很明显：

$$C + CO_2 \longrightarrow 2CO$$

辐照也能使 CO_2 和 CO 分解，形成高活性的氧原子和碳，碳在相关回路系统中大量沉积。

氦和辐照条件下的氦对材料腐蚀均无影响，但对氦中的杂质（空气、水汽）却有较大影响，如 Nb－Zr 合金在 816 ℃、2×10^{13} $cm^{-2} \cdot s^{-1}$ 注量率下辐照 240 多个小时后，和纯氦中的结构相比，不纯氦中的材料相对变脆弱了。

参 考 文 献

[1] ANNO J N. Notes on radiation effects on materials[M]. New York:Springer,1984.

[2] ГЕРАСИМОВ В В. Материалы ядерной техники[M]. Москва:Атомиздат,1982.

[3] ГЕРАСИМОВ В В. Коррозия реакторных материалов[M]. Москва:Атомиздат,1980.

[4] 陈鹤鸣，马春来，白新德. 核反应堆材料腐蚀与防护[M]. 北京：原子能出版社，1984.

[5] 张绮霞. 压水反应堆的化学化工问题[M]. 北京：原子能出版社，1984.

[6] 贝里. 核工程中的腐蚀[M]. 丛一，译. 北京：原子能出版社，1977.

[7] 许维钧，马春来，沙仁礼. 核工业中的腐蚀与防护[M]. 北京：化学工业出版社，1993.

[8] 沙仁礼. 非金属核工程材料[M]. 北京：原子能出版社，1996.

[9] СИДОРОВА Н А. Радиационная стойкость материалов радиотехнических конструкции под редакции[M]. Москва:Советское Радио,1976.

[10] CHARLESBY. A Atomic radiation and polymers[M]. New York:Pergamon Press,1960.
[11] 徐芳. 铀同位素分离[M]. 北京:原子能出版社,1980.
[12] КОСТНКОВ Н С. Радиационное электроматериаловедение[M]. Москва:Атомиздат,1979.
[13] АНДРЕЕВ Б М,ЗЕЛЬВЕНСКИЙ Я Д,КАТАЛЬНИКОВ С Г. Тяжелые изотопы водорода в ядерной технике[M]. Москва:ИЗлАТ,2000.
[14] ТЮТНЕВ А П. Химия высоких энергий[J]. Том,1993,2:33.
[15] СЕРЕД Д. Радиационная химия углеродов[M]. МоскВа:БЭнергоатомиздат,1985.
[16] 沙仁礼,朱宝珍,刘景芳,等. LT-21 铝合金堆内挂片腐蚀研究[J]. 中国核科技报告,1998(S6):19-20.

第3章　核燃料化工过程中的腐蚀与防护

3.1　核燃料化工过程概述

利用原子核的裂变、聚变、嬗变、活化等原子核的转变获取巨大的核能,再生核燃料和用途极广的各种同位素是核工业快速发展的推动力。原子核转变本身是通过复杂的物理过程实现的,并往往伴随复杂的化学过程。核电站等核动力装置以获取核能为主,产生的各类同位素只是副产品。采用不同的核燃料(铀、钚)和应用不同的裂变条件(热堆、快中子堆)可以获得不同产额的同位素,包括铀 -238 转化为钚 -239、钍 -232 转化为铀 -233 的核燃料的转化和增殖,比如在快堆中实现钍 -232 向铀 -233 的转化比在水冷堆中有利。在快堆中转化产生的强辐射的铀 -232 份额少,大部分(98%)为铀 -233,后者是理想的核燃料。在快堆中除了发生有益的核转化外,铀 -238 和钍 -232 本身还为快堆裂变链式反应做出小部分贡献。这些过程中的腐蚀与防护问题将在有关章节中讨论。本章主要讨论各类核燃料生产,包括核材料反应堆辐照后化工处理、生产核燃料过程以及放射性废物处理过程中的腐蚀与防护问题。

不论是核武器、热核武器,还是可控的核电站以及核动力舰艇都要装备可靠、高质量的核燃料组件和实现链式裂变、聚变反应的极为复杂的系统,以保证核装置的安全、可靠。核燃料生产是核工业中的一个重要环节,它与人们关注的核装置中出现的温度、压力、辐射水平、材料物理和化学性能变化以及安全要求密切相关。

原则上各种超重同位素,如铀、钍、镎等都可以裂变。但实际上可直接利用的天然易裂变元素只有铀 -235。铀 -238 和钍 -232 经堆内中子辐照转化为易裂变的核燃料钚 -239 和铀 -233。同样,所有超轻元素,如氢同位素(H、D 和 T)、氦、锂同位素(锂 -6、锂 -7)等都能聚变,但最易实现聚变的只有 D 和 T:

$$D + T \longrightarrow {}^{4}He + n + 17.6\ MeV$$

在极高温度和压力下,在原子动能达到 100 keV 时就能发生上述聚变反应。

作为聚变堆冷却剂的锂可再生氚:

$${}^{6}Li + n \longrightarrow T + {}^{4}He$$

这时中子产销不平衡,只有 65% 的中子能有效利用。天然锂中 ${}^{7}Li$ 的丰度为 92.48%,它吸收一个中子可生成氚和氦之外还产生一个中子,并且可添加能进行(n,2n)或(n,3n)反应的铍、铅、铋和锆等中子倍增剂。有些裂变核反应堆也需要铍等中子倍增剂。

为了核装置的安全和控制链式裂变反应还需要制备中子吸收材料,如硼、铟、镉等合金或化合物。核装置运行过程中,它们和易裂变材料一样不可或缺,并产生消耗。

核燃料化工生产包括从天然铀矿石提炼出含不同铀-235富集度的核燃料,为通过核反应堆堆内辐照生产易裂变燃料钚-239和铀-233的铀和钍元件的制备与聚变用氚的制备,中子吸收剂和倍增剂制备等的前处理工艺;包括通过反应堆堆内辐照后从乏燃料中回收大部分尚未燃烧的铀-235,提取转化或增殖的易裂变材料钚-239、铀-233,提取各种有益同位素,以及从堆内辐照后的氚靶中和重水堆氚严重污染的冷却剂中提取氚等聚变燃料的后处理工艺;包括各类放射性废物的处理、处置工艺。聚变燃料燃烧时不是分裂,是聚合,不需回收乏燃料,因此无须后处理工艺。但氚的半衰期只有12.26 a,在储存过程中要补充氚的损失,并定期净化,去除衰变产物^3He。

核燃料的前处理、后处理,以及核裂变、聚变等核转化过程都伴随大量的放射性物质产生,它们给人们的健康和环境带来严重的威胁,且带来繁杂的放射性废物处置问题。

铀、钍等核燃料矿冶、提取、浓集、净化,燃料元件制备,核动力装置的运行和维护,核燃料后处理等都使用到硫酸、盐酸、硝酸、氢氟酸、氟气、碳酸铵等腐蚀性物质,工艺过程要求的高的温度、压力和磨蚀条件更增强了它们的侵蚀性。除此之外,核化工过程还有以下特点:

(1)核化工均与放射性物质相关联。设备材料耐蚀性和可靠性要求高,设备腐蚀、故障会影响工艺安全,并且放射性设备的维修和处理难度很大。

(2)不论是金属、金属氧化物核燃料,还是四氟化铀、六氟化铀等中间产品纯度要求都很高,反应堆严格限制影响核性能(如中子吸收性能)的杂质,因此不允许因腐蚀对核化工产品造成污染。

(3)大多数放射性物质毒性很强,大部分裂变产物辐射强度高。相关工艺过程要在遥控的特殊屏蔽的热室中进行,有的要在密闭的系统中进行。

(4)核裂变、聚变、后处理以及放射性废物处理过程均伴有强辐射,对材料和环境产生严重的辐照损伤,加速材料的腐蚀和变质。

(5)很多工艺过程是在高温下进行的,并伴有机械运动,因此相关设备应具有良好的耐磨、耐蚀性能。

(6)作为核燃料,要特别关注它们的临界质量,并从系统设计和工业控制等方面确保核燃料制备过程中不出现发生链式反应的临界条件。

核材料多种多样,制造工艺和应用环境更是千差万别,制造工艺条件极为苛刻,很多工艺设备处于严重腐蚀、磨蚀环境中,有些还承受高温和强辐射作用,严重地影响设备和系统的安全和使用寿命。

美国开发的耐高温、耐腐蚀的合金化核燃料,比如铀锆合金、铀氢锆合金、铀钼铝合金等,可大大简化陶瓷体UO_2(PuO_2)核燃料繁杂的后处理工艺。俄罗斯提出新的更安全、更可靠的核电站的倡议:第一步开发用氮化铀燃料的钠冷快堆BN-800;第二步开发铅冷快堆。俄罗斯氮化铀燃料工艺比较成熟,有整堆氮化铀燃料组件的运行经验。氮化铀中铀的份额(0.944)比氧化铀(0.88)高得多。氮化铀导热性好,可大大降低燃料芯块的温度,可使堆芯做得更小巧、更安全。

3.2　核燃料铀的前处理工艺

和铀、钚核燃料循环相关的过程主要包括铀矿石准备、铀化学浓缩物的制备、铀化学浓缩物精制成核纯化合物及其热解产品(氧化物)、氟化还原制备金属(合金)燃料,进一步氟化浓缩制备不同丰度的浓缩铀,转化成氧化物或还原成金属铀,并可与后处理所得铀、钚氧化物或经还原所得的金属相调配制成所需丰度的铀燃料或铀钚混合氧化物燃料。

3.2.1　铀化学浓缩物制备

铀属于活泼金属,在自然界中都以化合物(氧化物、硫化物等)形式存在,有沥青铀矿、晶质铀矿、钒钙铀矿、钾钒铀矿等。铀的富矿(质量分数为0.3%)很少,大多铀矿床含铀量低于可开采品位(<0.1%)。

铀矿开采虽然与很多金属矿物的开采工艺相同,但有其独特的难点。铀矿矿体分散,形态复杂,品位低,且铀是放射性物质,并伴随释放有毒性的放射性气体(氡)。因此,铀矿勘查量大,浅层铀矿储量少,掘进井巷深,采矿量大。

目前铀矿开采具有工业应用价值的方法有3种:露天开采、地下开采和地浸开采。地面及地表以下不深的铀矿矿体不多,采用露天开采的也就很少,经勘查我国铀矿适合露天开采的只有20%左右。世界上核燃料生产国大多采用地下开采法,通过掘进井巷连接矿体进行开采,从矿体中采出矿石。由于矿体分散、品位低,采矿工艺复杂,机械化程度比较低,采矿成本较高。

铀矿可通过矿石开采、粉碎或磨碎制粒后用溶浸或堆浸法将铀化合物浸出,也可直接用地浸法浸出。所谓地浸法(原地浸出采矿法)是把化学试剂(浸出剂)通过钻孔直接注入地下矿体内,浸出矿体中的铀,再通过预埋的专用浸出液收集管将浸出液抽至地面上的处理车间进行处理。它有工艺简单、建设周期短、投资少、劳动条件好等一系列优点,但只有疏松砂岩型铀矿,且围岩和水文条件好,便于浸出剂注入和浸出液收集的情况下才适用。地浸工艺原理示意图和典型的铀水冶工艺流程参见图3-1和图3-2。

从选矿,到矿石开采,再到加工处理成含铀量较高的中间产品——化学浓缩物的过程称之为水冶,主要归结为以下四个步骤。

(1)矿石加工

矿石开采、破碎、磨细或制粒便于铀化合物的溶解和浸出。

(2)铀化合物的浸出

用堆浸或溶解槽有选择地浸出铀化合物。矿石开采、破碎、磨细或制粒相比地浸难度大,但对浸出液的收集,尾矿的卸出,尾液的回收则方便得多。使用最多的是酸浸法和碱浸法两种工艺。对于含碳酸盐较多的宜用碱浸法,浸出剂为碳酸钠(铵)和碳酸氢钠(铵)的混合液。对于难于浸出的矿物,提高温度和压力可提高浸出率。对于其他类型的矿物宜用酸浸法，浸出液为硫酸，加入强氧化剂氯酸钾，把铀矿中的四价铀氧化成六价铀可提高浸出率。

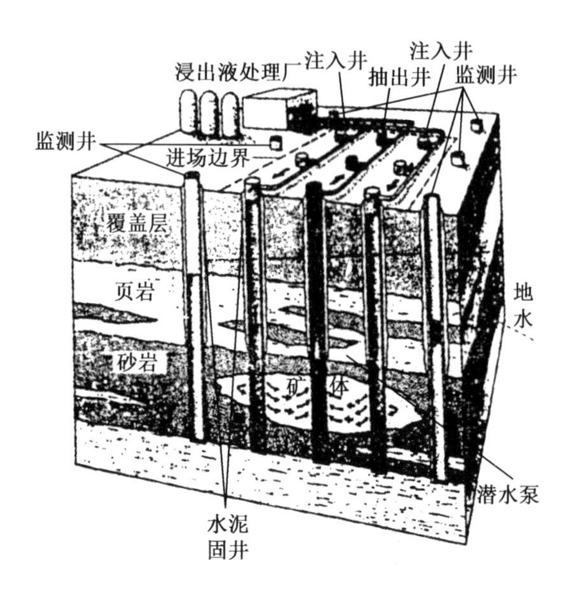

图 3-1　地浸工艺原理示意图

(3)铀的提取

对于酸浸出液用离子交换法和/或溶剂萃取法使铀与其他杂质分离而浓集。

(4)制取铀的化学浓缩物

对于碱浸出液加水实现固液分离，滤液用苛性钠沉淀后压滤干燥得铀的化学浓缩物；对于酸浸出液，则将离子交换淋洗液或反萃取液适度加热后加氨水或苛性钠溶液，并控制酸碱度使得铀以重铀酸铵(钠)的形式沉淀下来，经压滤、干燥得铀的化学浓缩物重铀酸铵 $(NH_4)_2U_2O_7$。

3.2.2　铀的纯化与精制

铀化学浓缩物含有很多杂质，需要进一步纯化达到核级纯，并精制成若干供生产目标产品(UO_2、金属铀、UF_4、UF_6)的中间产品：硝酸铀酰($UO_2(NO_3)_2$)、三碳酸铀酰铵($(NH_4)_4UO_2(CO_3)_3$)等，后者空气中最为稳定。纯化的方法有萃取法、离子交换法和分步结晶法。为提高纯化效果，可两种方法交替使用。30%的磷酸三丁酯-煤油(乙烷)因对硝酸稳定、铀容量大、选择性好等优点而被广泛采用。稀硫酸和稀硝酸等用作反萃取剂。几种典型的铀精制工艺流程参见图3-3。

硝酸铀酰溶液通过蒸浓、热解脱硝或氨沉淀煅烧可得八氧化三铀。三碳酸铀酰铵煅烧可得 UO_2。硫酸铀酰通过氨沉淀的精制煅烧和三碳酸铀酰铵精制煅烧也能生产 UO_2。

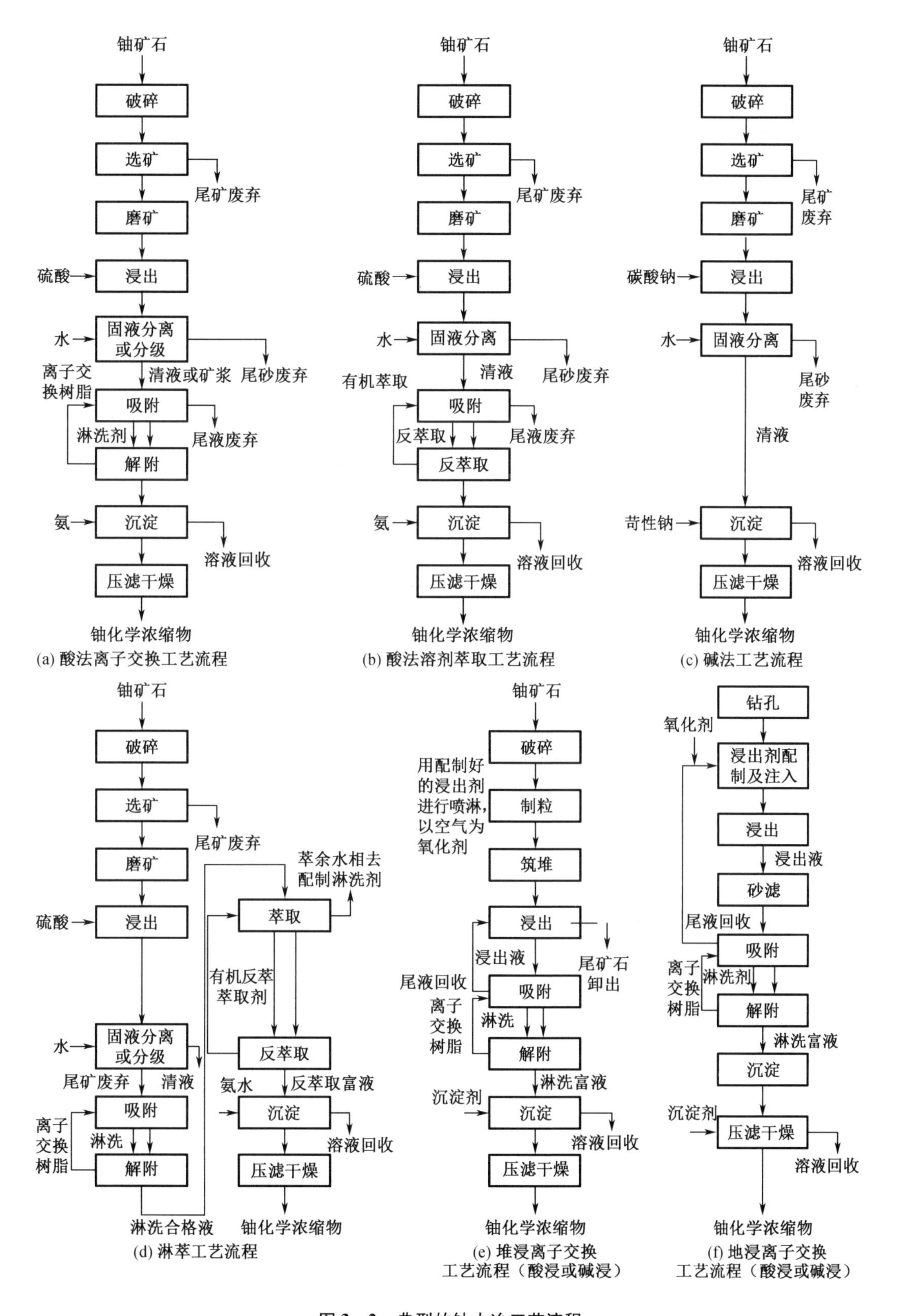

图 3－2　典型的铀水冶工艺流程

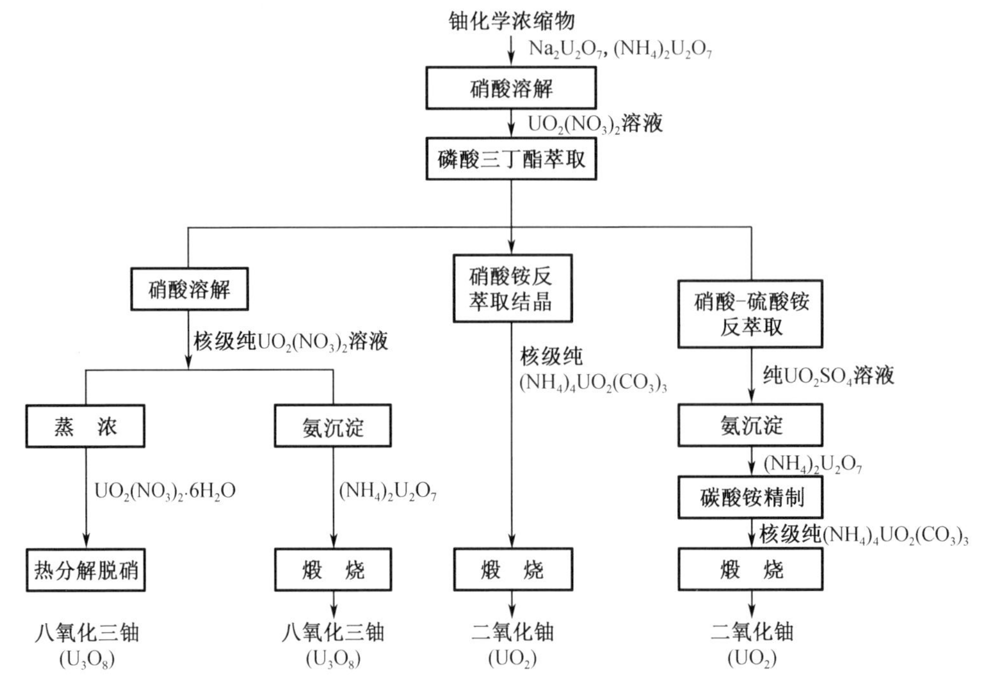

图 3－3 几种典型的铀精制工艺流程

3.2.3 六氟化铀的制取

生产六氟化铀的工艺流程和六氟化铀还原的工艺流程参见图 3－4 和图 3－5。

(1)八氧化三铀在 600～800 ℃的氢还原炉中还原为 UO_2。

(2)在盐酸和氢氟酸溶液槽中将 UO_2络合溶解成 $H(UCl_4F)$,再在氟化槽中用氢氟酸氟化沉淀,得到四氟化铀浆液。经过滤、洗涤、脱水和干燥煅烧,制得四氟化铀(湿法)。UO_2在反应炉中直接用氟化氢气体氟化为四氟化铀(干法)。

(3)高纯钙或镁在还原反应器中,利用大量反应热将四氟化铀还原为金属铀。

(4)用氟气将四氟化铀氟化为六氟化铀。

这一过程可以将其中的产品 UO_2、金属铀和六氟化铀分别用作核反应堆陶瓷燃料、金属燃料和铀－235 浓缩工艺(扩散法、离心法等)过程的原料。

3.2.4 钍和其他燃料的前处理

为在核反应堆中辐照实现钍－232 向铀－233 的转化,首先要制备 ThO_2元件。钍的开采工艺和铀类似,只是还处于实验室阶段,而且钍元件堆照后的处理工艺有别于铀燃料元件。钍的天然资源比铀多 3 倍左右,但在目前有足够铀燃料的情况下还是先用铀。钍向铀的转化在快堆中实现比热堆更有利,大部分(98%)为优质易裂变燃料铀－233。

聚变堆的核燃料之一是氘气,氘气可由重水电解制得,而作为水冷堆冷却剂的重水已有对其数十年的生产经验。天然水中有 0.014 9% 的重水,可用精馏等方法获取。

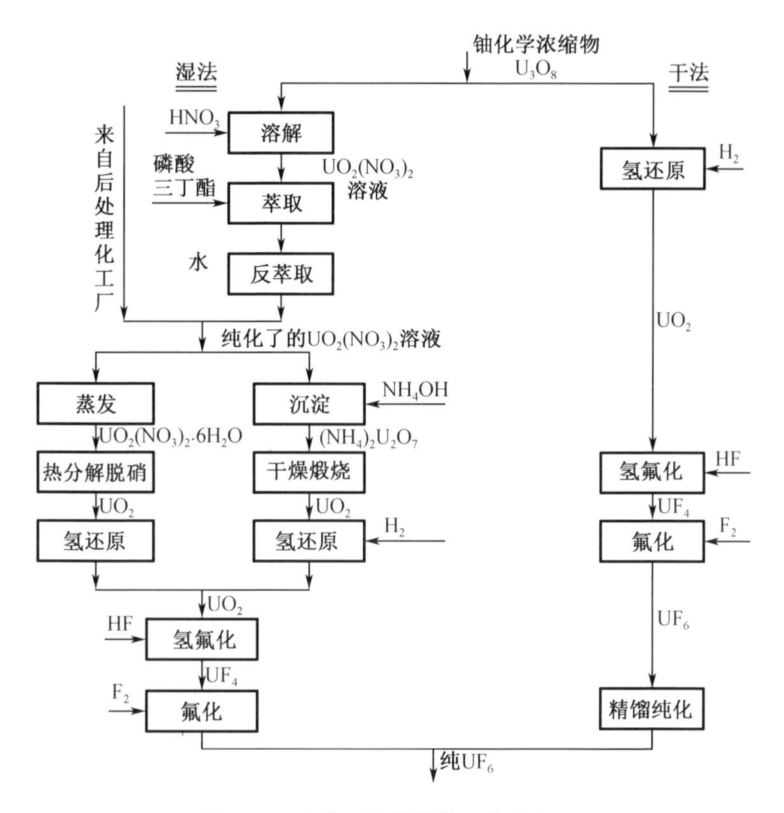

图3-4 生产六氟化铀的工艺流程图

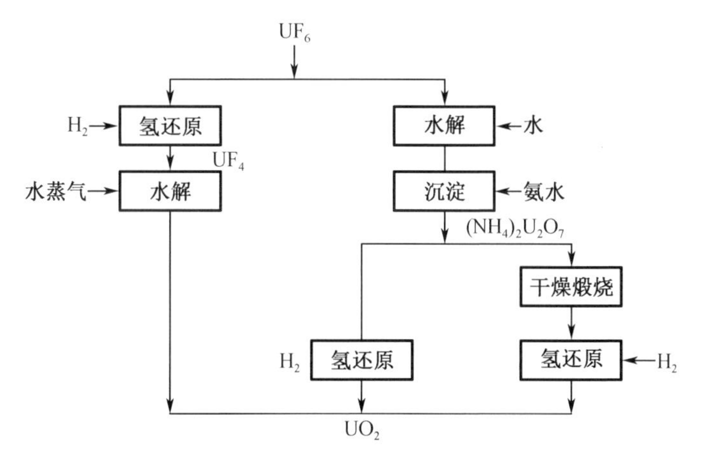

图3-5 六氟化铀还原的工艺流程图

聚变堆的另一种燃料是氚。高能宇宙射线与大气中的氮、氧作用所产生的氚和氚自身衰变而消失的氚所达到的平衡值总量特别少,只有3.5 kg,因此只能人工制造,就是用同位素交换的方法使锂-6同位素浓缩,制成铝锂合金靶件,再在反应堆中辐照产生氚:

$$^{6}Li + n \longrightarrow He + T$$

另一种方法是从重水电站含氚重水中提取氚。因为相同功率重水电站产氚额比普通轻水堆高2~3个数量级,可通过氢同位素交换工艺(水-氢同位素催化交换和低温精馏等工艺)提取,或者在核燃料后处理过程中从乏燃料中提取裂变产物之一——氚。由于乏燃料辐射强度大,从中提取氚困难重重,到目前为止尚未开发。

3.3 前处理过程中的腐蚀

铀矿水冶工艺包含采矿、矿石破碎、磨细、制粒、浸出、固液分离、吸附、解附、沉淀、干燥、铀化合物的氧化、氟化、还原、煅烧等工序。前处理过程中突出的腐蚀问题是和铀矿水冶各个工序密不可分的磨蚀和酸的腐蚀,制备二氧化铀过程中铀化合物的高温氧化、还原、高温分解相关的高温腐蚀和磨蚀,浓缩铀过程中高温氟化物和氟气的腐蚀。

3.3.1 磨蚀

和其他矿物化工水冶过程一样,磨蚀,特别是酸法处理工艺中的磨蚀是工艺设备遭受腐蚀的主要类型。潮湿环境中的破碎、磨细和制粒机械、堆浸槽装填和卸料及废料处理设备、矿物溶解槽的桶壁衬板、搅拌桨护套及叶片、矿浆管道和阀门都存在严重的腐蚀、磨蚀问题。矿浆流变向直接受冲击的部位磨蚀更为严重,有的不锈钢钢制矿浆泵最短的使用寿命只有 50 h。

水冶的磨蚀分为矿物破碎,磨细所需的高冲击能引起的高应力磨蚀和浸溶介质无须高速流动,或为减少磨蚀人为降低浸溶介质流速的低应力磨蚀。溶浸槽槽桶及衬板、搅拌桨护套和叶片、水力旋流器等产生的磨蚀都属于低应力磨蚀。

磨蚀机理和磨蚀速率与磨蚀介质流动方向有关。当磨蚀介质流动方向与设备材料处于或接近垂直状态时,被液流中固体粒子冲击的材料表面开始产生弹性变形,连续冲击造成应力集中而产生塑性变形,并使表面慢慢产生变形硬化、脆化,最终导致疲劳破坏。而当磨蚀介质的运动方向平行(或接近平行)材料表面时,材料表面则受到剪切应力作用,当剪切力超过材料的剪切强度时,材料表面就不断受到刮伤破坏,其破坏程度取决于磨蚀介质的冲击角和速度。在很多情况下,同时存在上述两种类型的磨蚀,何种磨蚀占优势取决于具体情况。

1. 影响磨蚀的因素

矿物、矿粒和矿浆各工艺系统影响磨蚀的主要因素如下:

(1)矿物中固体粒子的性质,如粒子的大小、形状和硬度;

(2)潮湿条件及液体介质环境条件,如化学成分、湿度、酸度、浓度、黏度和温度;

(3)设备材料的化学成分、物理机械性能、硬度和耐磨性能等;

(4)矿物和矿浆与设备材料的接触状况,如接触压力、相对速率、冲击角和冲击能等。

在溶浸槽中材料的磨蚀速率与矿浆中固体粒子含量有关,它随固体粒子含量的增加而增加,当固体粒子含量达到一定值时,磨蚀速率趋于平衡,即得最大磨蚀速率时的最大浓度,该值取决于设备的材质和矿浆性能。

很显然粒子的形状对磨蚀有很大影响。锐角、有锋利的多面刃的粒子对材料的磨蚀损伤大,因为其对设备材料的单位面积接触应力比球形粒子大得多。固体粒子的硬度对设备材料磨蚀速率影响很大。虽然一些材料,如石墨、塑料等具有较好的耐腐蚀性能,但其硬度低,不适于作为磨蚀工艺设备。而一些硬度高、机械加工困难、铸造成型的高铬白口铁、马氏体镍铬钼白口铁比矿浆中粒子的硬度高,它们作为磨蚀工艺设备耐蚀性能好。物料在矿浆中的磨蚀速率与搅拌桨的转速成2.6次方的关系。如果转速降低一半,则磨蚀量大约下降六分之五。每种材料具有的耐磨性都限于一定的速度范围,如果超出该范围,弹性材料就会失去吸收能量的弹性特征,使表面的磨蚀加快,如对橡胶,速度小于2 m/s,对氟塑料速度为2~10 m/s,对输送铁精矿管道,低浓度时速度为2 m/s,高浓度时速度小于1 m/s,磨蚀量最低。

冲击角对不同材料的磨蚀速率影响各异。对弹性材料和刚性材料发生磨蚀量大时的冲击角值是不同的。对弹性材料,如橡胶、塑料之类冲击角为20°;对刚性金属材料,如钢、铸铁等冲击角为60°;而对陶瓷材料,如Si_3N_4,冲击角为90°。因此,根据工艺系统物料冲击设备的冲击角选择合适的耐蚀材料是非常重要的。

2. 磨蚀防护措施

磨蚀防护措施是在综合分析工艺条件对磨蚀影响因素的基础上确定的。合理的结构设计,比如按材料特性选择合适的矿物流冲击角;选择优异耐蚀材料,通过特殊工艺提高矿物流最大冲击角部位材料的硬度,陶瓷喷涂、渗铬(氮、碳、硼)、离子注入等处理技术能显著提高材料表面硬度;有时甚至从磨蚀速率角度出发降低矿物流的流速。实际工作中通过技术-经济分析选择合适的方案,以减少磨蚀造成的损失。

对结构简单的设备,管道尽量采用耐磨非金属材料。对耐磨性要求高的零部件选用耐高温的硅铁合金、高铬铁或锰铁合金等硬质材料。对用量小的高磨耗部件可用镍铬钼高强度合金,比如Hastelloy C及Carpenter 20等高级合金。

3.3.2　高温腐蚀

前处理工艺过程设备的高温腐蚀主要发生在高温干燥炉、煅烧炉、氟化反应炉的炉床、炉管以及冷凝器、过滤器等辅助设备。例如,以下的生产过程:

$$(NH_4)_4(UO_2(CO_3)_3) \longrightarrow UO_3 + 4NH_3 + 3CO_2 + H_2O, T > 800\ ℃$$

$$2NH_3 \longrightarrow N_2 + 3H_2, T > 750\ ℃$$

$$UO_3 + H_2 \longrightarrow UO_2 + H_2O, T > 800\ ℃$$

由于物料在密闭的回转炉中加热分解,炉管受反应生成的各种气体的侵蚀作用,还受固体物料在炉内连续翻滚前行时的磨蚀作用,这比单一的气相腐蚀严重得多。适用于该场合的材料主要是镍基合金,含铜的镍基合金耐蚀性良好,铁基合金添加钼和铜耐蚀性大大改善。多种材料由于各自的弱点,比如硬度和强度低(石墨)、高温强度差(纯镍、蒙乃尔合金)、性脆(陶瓷材料)、剧毒(氧化铍)等原因而不能采用。前面提到的高温热强度钢锰钛合金、镍铬钢由于含铁多,铁的侵蚀易造成产品UO_2的污染。

3.3.3 铀化合物氟化设备的腐蚀与防护

重金属元素和轻元素相比,气态化合物少,六氟化铀是重金属铀唯一稳定的气态化合物,这是由于六个轻元素氟将重元素铀抬起,升华为气态。而且氟的天然同位素只有一种,因此六氟化铀分子间若存在质量差别的话,则一定是由这些分子中含有不同的铀的同位素造成的。因而它是根据气体分子质量差异进行铀同位素分离的气体扩散法和气体离心法所使用的唯一的铀化合物。

六氟化铀很容易被还原而失去一部分氟原子,从室温开始它几乎与所有的金属材料反应,并产生相应的金属氟化物。这时六氟化铀根据条件不同转变为一系列铀的低价氟化物中的一种或几种:

$$UF_6(\text{气}) + M(\text{固}) \longrightarrow MF_x(\text{固}) + UF_{6-x}(\text{固})$$

除氟化物或氟卤化物外,六氟化铀几乎与所有的有机物、油剂以及普通塑料等进行剧烈反应,结果总是六氟化铀被还原成固态的低价铀氟化物。一方面,所有这些反应归结起来都表现为气相六氟化铀的减少,固态金属氟化物,包括铀的固态低价氟化物以及 UO_2F_2 的生成。从腐蚀防护角度出发,这正是需要避免的。另一方面,也要防止设备材料氟化产生的腐蚀破坏,包括大、小管道和孔隙(扩散孔)的阻塞,扩散分离膜透气性的下降,最终使扩散分离级联无法进行正常运转。与此相关联,在级联的精料段高浓铀固体产物的积累也有可能引起严重的临界危险。

二氧化铀在 650 ℃下用氟化氢进行的干法氟化的工艺设备搅拌床、振动床和流化床主要遭受高温磨蚀和氟化氢的腐蚀。湿法氟化工艺则需先用盐酸和氢氟酸将二氧化铀溶解,再加过量氢氟酸使四氟化铀沉淀,然后过滤,并在 400 ~ 500 ℃还原气氛(H_2 和 N_2)中脱水干燥。相关设备也要遭受腐蚀性很强的盐酸与氢氟酸的腐蚀和高温磨蚀。氟化工艺设备各类材料的耐蚀性能示于表 3 - 1。

由表 3 - 1 可见,Ni、蒙乃尔、Al、Mg、Cu 等金属不仅耐氟性能好,而且生成的相应氟化物表面膜具有良好的保护性能,可以保护基体金属不再受到氟化物介质进一步的腐蚀。铁和软钢也较好,价格较便宜,它们在扩散厂都得到应用。

此外,不少非金属在六氟化铀气氛中也很稳定,特别是其中氟已饱和的材料。无机物有 CaF_2 和 NiF_2,Al_2O_3 中的 Al—O 键能(483×10^3 J/mol)和 Al—F 键能(661.5×10^3 J/mol)相差无几,也很稳定。氟碳化物、氟氯碳化物等有机物也很稳定,特别是氟已饱和的聚四氟乙烯,空间上氟原子又将碳原子掩蔽起来,外部介质不易与碳原子作用,所以在六氟化铀中很稳定。材料表面状态,材料中有可能与氟作用的杂质、油脂等都会影响材料在六氟化铀中的腐蚀。当氟化物、氧化物的体积大于材料分子体积 2.5 ~ 3 倍时,膜会由于应力增大而破裂,耐蚀性能下降。

材料表面的化学处理可提高材料的耐蚀性,如烧结膜、扩散分离膜未经氟气化学处理时,在与六氟化铀接触后透气性迅速下降,而事前用氟气处理的膜由于有了 NiF 层,则在与六氟化铀接触初期透气性稍有下降,其后不再与六氟化铀作用,寿命大大延长。材料表面镀镍也是重要的防腐措施之一。

表3-1　金属和合金在UF生产过程中的腐蚀速率

材料	HF(气)		HF溶液	NH_3	CO_2	H_2	CO	水蒸气	N_2
	质量/(g·cm^{-2}·h^{-1})	深度/(mm·a^{-1})							
铝	500 ℃		不稳定	稳定 300 ℃ 腐蚀不大	稳定	稳定	500 ℃ 腐蚀不显著	0	稳定
	1.51	4.87							
	600 ℃								
	4.53	14.63							
因科镍合金	600 ℃		—	—	稳定	稳定	—	—	—
	1.43	1.52							
镁	500 ℃		相当稳定	稳定	不稳定 600 ℃ 变脆	—	—	—	—
	2.56	12.8							
铜	500 ℃		在无水HF溶液中适用	—	不适用生成有毒的盐	工业纯的大于400 ℃ 不适用	不适用	600 ℃以下适用	适用
	1.52	1.22							
	600 ℃								
	1.52	1.22							
蒙乃尔合金	500 ℃		稳定	不稳定	稳定	—	小于0.1 mm/a	900 ℃ 以下很稳定	—
	1.22	1.22							
	600 ℃								
	1.83	1.98							
镍	400~500 ℃		稳定	稳定	稳定	—	不适用	900 ℃ 以下稳定	150 ℃,深 <0.1 mm/a; >300 ℃,不适用
	0.91	0.91							
碳钢	500~600 ℃		不适用	500 ℃ 不适用	—	>500 ℃ 变脆	—	适用	900 ℃ 腐蚀轻
	不适用								
铬钢	500 ℃		20 ℃	100 ℃ 以下 <0.1 mm/a	1 150 ℃ 适用	—	适用	<1 000 ℃ 很稳定	—
	1.34	1.52	质>10.0 深>11.0						
	600 ℃								
	10.2	11.58							
镍铬钢	600 ℃		20 ℃	100 ℃ <0.1 mm/a	1 150 ℃ 适用	—	适用	<1 000 ℃ 很稳定	—
	12.1	13.4	质>10.0 深>11.0						

表 3-1(续)

材料	HF(气)		HF 溶液	NH_3	CO_2	H_2	CO	水蒸气	N_2
	质量/($g \cdot cm^{-2} \cdot h^{-1}$)	深度/($mm \cdot a^{-1}$)							
硫铁	500 ℃		不稳定	稳定	—	—	—	—	—
	5.26	6.37							
铬铁	300 ℃		不稳定	20 ℃ <0.5 mm/a	—	—	—	—	—
	0.40	0.48							

结果表明,合金中蒙乃尔合金和因科镍合金在600 ℃气态氟化氢中的抗蚀能力最好,可用于制造相关设备,如反应器炉管、冷凝器等。

在400~500 ℃高温、气态氟化工艺条件下,不含碳的镍耐蚀性最好,蒙乃尔合金次之,但后者高温强度较高,应用更为广泛。

到目前为止,核燃料的前处理工艺仍以繁杂的湿法为主。

3.4 核燃料后处理过程中的腐蚀

3.4.1 核燃料后处理的目的

反应堆内的核燃料随着燃耗的增加产生大量的裂变产物,包括气体裂变产物,使燃料产生严重的辐照损伤和变形(辐照伸长、辐照肿胀、脆化),危及核燃料及包壳的完整性和反应堆的安全。大量的裂变产物会吸收、消耗掉原用以维持核裂变链式反应的中子。因此,实际上燃料元件在达到不高的燃耗深度(百分之几、百分之十几)后就必须从堆内卸出。

辐照过的(乏)燃料元件从反应堆内卸出时,即使达到了很高的燃耗深度,残留的未裂变燃料仍高达85%以上。还有一定量的由转化或增殖来的新的易裂变燃料,如钚-239,铀-233等。回收这些宝贵的核燃料,以制成新的燃料元件或核武器用料是燃料后处理的主要目的。此外,核过程产生的超铀元素和某些可用作辐射源的裂变产物(铯-137)等的提取也有重要的科学价值和经济意义。

3.4.2 后处理化工过程及其特点

辐照过的燃料元件一般都要经过冷却、首端处理和化学分离等工艺过程,以制备目标产品。此外由于裂变产物几乎全是放射性物质,上述过程包括其他核工艺过程的各类废弃物的处置,放射性废物的处理和贮存是极其艰巨、繁杂的任务。

1. 冷却

刚停止辐照的燃料元件中包含不同含量、半衰期不一的多种同位素,总放射性强度及辐射场强度极大,由于对工艺屏蔽、控制和相关机械设备的可靠性,以及故障处理的要求极高,因而立即对这种燃料组件在热室中处理难度极大。其中,短寿命的同位素对辐射场强度的贡献最大,它们在冷却一段时间后大部分衰变掉,总放射性强度大大降低。这时对辐射场强度起决定作用的长寿命同位素由于半衰期长、衰变慢,辐射场强度随时间延长下降缓慢,如图3-6所示。

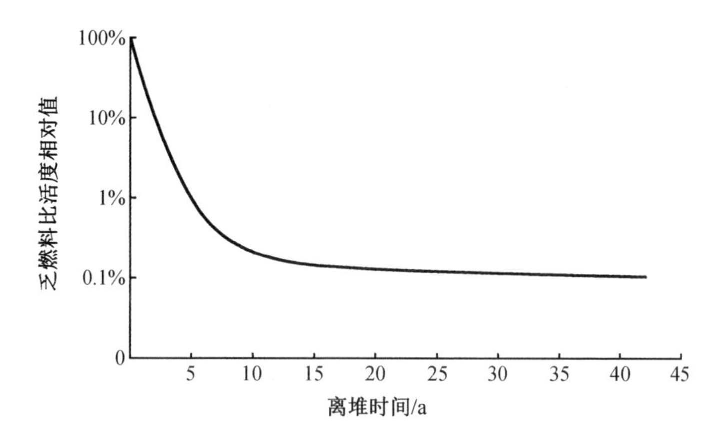

图3-6　乏燃料组件辐射场强度随时间的变化

为此,乏燃料在冷却100~180天后进行后处理(湿法)较为合适。干法后处理虽然腐蚀环境恶劣,但处理工艺没有湿法繁杂,特别是不必采用因辐照降解而影响萃取效率的有机萃取剂30% TBP-煤油。燃料组件的冷却时间可短一些,但最短也要半个月以上。

冷却的必要性还在于初始燃料组件的强辐射能最终转化为高的热能。如果得不到有效冷却,组件会急剧升温,造成材料强烈氧化,甚至破坏。

乏燃料组件可先在反应堆堆内贮存区(反射层)临时贮存冷却,也可直接转运至燃料元件贮存水池中贮存冷却。燃料贮存水池配备有效的水净化系统,控制水质条件,确保燃料元件免遭腐蚀。

冷却期间环境介质为去离子水。冷却系统正常运行条件下水的温度稍高于大气温度。对材料的稳定性而言,环境比较温和。但如果水质控制不好,贮存水池不锈钢覆面焊接部位会发生有害离子,如氯离子等的浓集,以致产生孔蚀,甚至穿透造成泄漏事故。在存有大量强放射性乏燃料的贮存水池中,不论是查找不锈钢覆面的漏点,特别是水池深部的漏点,还是修复、堵漏都是极为困难的。必要时还要有备用贮存水池,将乏燃料转移,以方便排空水池,对损坏的水池进行修复。

2. 首端处理

核燃料组件和燃料元件的解体、脱壳和燃料芯块的溶解统称为首端处理。解体是指用机械的方法(切割)卸除附属的非燃料构件,比如定位格架、节流装置、上下端头部分、组件盒等。去除燃料元件包壳的过程称为脱壳过程,脱壳方法有机械脱壳法、化学脱壳法和机械化学复合脱壳法三种。和化学脱壳法相关的工艺过程腐蚀问题最为严重。

机械脱壳法工艺最为简单,但前提是包壳和燃料芯块之间易分离,非紧密接触,且无严重粘连的情况。很显然在高燃耗情况下难以保证这样的条件。

化学脱壳法是用化学试剂(或附加电解工艺)将燃料元件的金属包壳溶解掉,而不溶解核燃料芯块本身。这样可减少核燃料的损失,并且避免包壳材料溶解产物对燃料的污染。

不同的包壳使用不同的化学试剂和不同的工艺进行脱壳。

为了减少包壳溶解产物对燃料和裂变产物的污染，尽量先用机械法去除掉大部分包壳，再辅以化学溶解方法。

3. 化学分离

化学分离是后处理过程的主要工艺阶段，其主要目的是把裂变产物从铀、钚燃料中除掉，并且铀－钚（或铀－钍）互相分离。分离的方法很多，现在广泛应用的是溶液萃取法，研究开发中的方法有氟化物挥发法和高温冶金法。

①溶液萃取法水溶液中的硝酸铀酰和硝酸钚很容易溶解于某些与水不相溶的有机溶剂（如30%的TBP－煤油）中，而同时存在的裂变产物的硝酸盐却不易溶解，进入不了有机相，而留在水相硝酸盐中，从而达到分离的目的。利用戊二肟偕亚胺的既还原又络合功能可从上述有机溶液中将钚分离出来，简化了工艺流程，并减少工艺过程放射性废液量。

②氟化物挥发法。这种工艺过程比较简便，属于干法后处理过程，而且避免了溶剂萃取法所产生的大量强放射性废液有待处理的难题。六氟化铀和六氟化钚很容易挥发，而大多数裂变产物的氟化物在中、低温条件下不易挥发，少数裂变产物的氟化物虽然也能挥发，却不难将其与六氟化铀分离。比如，对于主要裂变产物之一的锆，可首先在300～600 ℃的条件下用HCl和H_2将其转化为可挥发的$ZrCl_4$，使之与固态的UCl_3分离。其后将UCl_3溶于硝酸，以便萃取或用CCl_4转化为可挥发的UCl_4，再进一步氟化为UF_6。

③高温冶金法。该法是从熔融的燃料中有选择性地对某些组分进行萃取、过滤、溶解和结晶，对其进行分离，对燃料及其氧化物进行净化和去污。熔盐提取法是从氟化铀、氟化钠或氯化钠等熔盐中直接将裂变产物分离出来；液态金属萃取法是用液态金属代替熔盐，有选择性地将一种金属从一种液态金属中转移到另一种液态金属中，比如从液态铋中提取出裂变产物。其他的高温挥发法、高温电解法，仍都处于实验室研究阶段。

后处理工艺过程的特殊性主要有以下几点。

（1）放射性活度和辐射场强度极高

经过“冷却”的乏燃料（燃耗20 000～30 000 MW·d/t）每千克仍有数千居里的放射性，而且大部分裂变产物衰变释放出的射线能谱高，因而辐射场强度高，任何与之相关的操作都要在有可靠屏蔽的条件（热室）下完成。

（2）临界事故风险

乏燃料中铀和钚等易裂变燃料浓度高，因此应严格控制系统设备、管道的处理容量和料液滞留量，并实施可靠的监督，要确保整个后处理工艺过程各个区段易裂变燃料浓度处于临界浓度以下，防止发生危害人和环境的严重核辐射和放射性污染的超临界事故，并配备严格的安全防护措施。

（3）纯度要求高

在核燃料元件制作过程中，要求从乏燃料中提取的铀必须具有不高于天然铀的放射性强度，即β放射性强度应小于0.67 mCi/kg，在这种情况下铀的净化系数约为10^7。对于钚要求的净化系数大于10^8，这样高的纯度目前还要用湿法（溶剂萃取法）来实现。

（4）毒性大

乏燃料中铀、钚和裂变产物高度分散。钚是剧毒物质，钚在空气中的最大允许浓度为2×10^{-15} Ci/L。人体中钚的最大允许含量为0.6 μg。后处理过程中钚的分离、净化和浓集整个过程都要在特殊通风和保持负压的密闭系统中进行。一座日处理量为5 t铀的工厂，钚的流量达 45 kg/d,关键的问题是防止系统泄漏。

(5)腐蚀性强

腐蚀性极强的酸(硝酸和盐酸等)在高温沸腾条件下会产生辐照腐蚀。后处理工艺设备都要用昂贵的耐蚀合金制作,比如超低碳不锈钢和其他超级合金。

首端处理、分离纯化的工艺过程、介质条件、材料耐蚀性能及防护措施示于表 3-2。

表 3-2　首端处理、分离纯化的工艺过程、介质条件、材料腐蚀性能及防护措施

工艺过程	介质条件	选用材料及其耐蚀性能	备注
Sulfex	4~6 mol/L H_2SO_4,溶解不锈钢包壳	Hastelloy F,NI-O-NEL825 合金腐蚀速率小于 1.6 mm/a,后者有晶间腐蚀;Carpenter 20,BMI-HAPO-20 合金腐蚀速率小于 0.6 mm/a	溶解不锈钢达 10 g/L,腐蚀速率降至 1/2 ~ 1/12 mm/a;用蒸汽代空气鼓泡可使 Hastelloy F 腐蚀速率降低 60%
Darex	稀王水(5 mol/L HNO_3, 2 mol/L HCl)溶解不锈钢包壳	钛耐蚀;Hastelloy F 腐蚀:气相 0.6 mm/a,液相 1.2 mm/a,水线腐蚀 1.5 mm/250 h;20,BMI-HAPO-20 合金腐蚀速率小于0.6 mm/a;温度 115 ℃升至 145 ℃钛腐蚀速率增加 5 倍左右;盐酸浓度超过硝酸时,钛合金 75A 腐蚀速率下降	沸腾或鼓泡时可避免水线腐蚀;一旦溶解不锈钢达 10 g/L 时,钛的腐蚀速率由 0.3 mm/a 降至 0.03 mm/a
Zirflex	6 mol/L NH_4F,1 mol/L NH_4NO_3或3 mol/L NH_4HF_2溶解锆包壳	Carpenter 20 5Cb,低碳镍,Hastelloy C(F)气、液及界面腐蚀速率均小于 9.1 $\times 10^{-3}$ mm/a;BMI-HAPO-20 腐蚀速率 <0.3 mm/a	当含有与氟化五络合的 Zr^{4+} 和 Al^{3+},所有合金的腐蚀速率均下降。如同添加硝酸铜等缓蚀剂
电解溶解不锈钢和锆合金	硝酸	304L 不锈钢容器耐蚀,Nb 作阴极耐硝酸腐蚀,且不发生氢脆。绝缘材料为特种聚乙烯 Marlex-50;加 3% ~ 4% 的硅可防止低碳奥氏体不锈钢由于硝酸氧化产生高价铬引发的加速腐蚀和晶间腐蚀	
Niflex 溶解锆合金	65~70 ℃;1 mol/L HNO_3 + 2 mol/L HF	蒙乃尔合金 2.3 mm/a;温度低时则小于 0.6 mm/a;Hastelloy F 耐蚀,焊缝处有晶间腐蚀;BMI-HAPO-20 腐蚀速率 6.7 mm/a	
8 mol/L HNO_3 溶解铀、铀铝合金等	8 mol/L HNO_3添加二价汞离子促进铀铝合金溶解	低碳及超低碳奥氏体不锈钢及 Carpenter 20 Scb 耐蚀,并防止晶间腐蚀	用低碳不锈钢防止晶间腐蚀的发生

表 3-2(续)

工艺过程	介质条件	选用材料及其耐蚀性能	备注
Perflex 溶铀-锆合金	1 ~ 34.4 mol/L HF 和 0.06 ~ 0.6 mol/L H_2O_2	Hastelloy 合金,腐蚀速率 1.2 ~ 1.6 mm/a	
Thorex 溶解钍燃料	10 ~ 13 mol/L HNO_3 和 0.04 ~ 0.33 mol/L H_2O_2	沸腾条件下奥氏体不锈钢,腐蚀速率 15.6 mm/a;高镍铬合金 Cr50Ni50,Cr60Ni40 合金初始腐蚀速率分别为 1.8 mm/a 和 2.4 mm/a,添加 $Al(NO_3)_3$ 降至 0.61 mm/a 和 1.56 mm/a;Ti45A 焊接件 < 1.8 mm/a,Th^{4+} 浓度达 0.5 mol/L时降至 0.046 mm/a	
溶剂萃取 化学分离	Redox 燃料硝酸溶液氧化,添加 $K_2Cr_2O_7$ 和 $KMnO_4$生成 U^{6+}、Pu^{6+}	Cr^{6+} 会引起不锈钢晶间腐蚀。304L 不锈钢在 20% HNO_3 - 20% $Na_2Cr_2O_7$ 中腐蚀速率5.1 mm/a,退火处理的 347 不锈钢腐蚀速率 7.6×10^{-3} mm/a	
萃取精制 过程	添加 $NaNO_3$	347 不锈钢耐蚀; 304L 不锈钢在 8 mol/L HNO_3 中腐蚀速率为0.095 mm/a,在有氯化物污染时腐蚀速率为 0.24 mm/a	
氯化物 挥发法	用 HCl 和 H_2 使主要裂变产物锆的氯化物挥发分离,再用 HF 和 F_2使 U 和 Pu 逐步氟化	耐高温卤化物腐蚀材料主要有镍和镍基合金,腐蚀速率约为 1.3×10^{-3} mm/a;而奥氏体不锈钢和软钢分别为 0.15 mm/a和 0.48 mm/a。氟化物作用下的合金 Ni79Mo4Fe17,Hastelloy N 和 Nickel 201 的腐蚀速率分别为 4 mm/a,9.5 mm/a 和 11.6 mm/a	高温卤化物腐蚀严重,要用多重氯化和氟化(氯化除锆、三氟化溴溶解铀)去除不溶的钚后,再分馏回收
熔盐挥发法	50% ZrF_4 - 50% NaF 或用 NaF 和 Li	这时 Nickel 200 几乎是唯一合适的材料,腐蚀速率为 0.91 mm/a	也要先用 400 ℃的 HCl 除锆

3.5　放射性废物处理和贮存中的腐蚀

由核燃料开采、燃料元件制备、核反应堆裂变、聚变反应、乏燃料后处理再利用等组成的核燃料循环全过程中,各个环节无不产生大量的放射性废物,它们对人和环境产生的危害极大。放射性废物的安全处置难度大,因为只有通过放射性物质自身的衰变,使放射性强度逐步降低,直至消失,才能最终消除其危害。要安全处置半衰期几十年、几百年,甚至数百万年以上的放射性废物,保证长贮久安,实在难为了工作年限只有几十年的工程技术人员。

长寿命放射性同位素的处置是涉及人类生存环境安全的问题,越来越引起人们的关注。用钠冷快堆和 ADS 等核反应堆作为乏燃料中长寿命锕系元素(Ac,Am,Cm 等)的焚烧炉是有效途径之一。用加速器中的 p 和 D 轰击长寿命同位素(^{137}Cs $T_{1/2}$ = 30.5 a,^{90}Sr $T_{1/2}$ = 28.8 a)使之变为稳定的同位素或短寿命的放射性同位素,也是一种以核制核的手段,但要实现工业应用,还要进行大量的试验验证和技术 - 经济论证。

目前还只能通过变换放射性物质存在状态,寻找水文地质条件最稳定的贮存场所,确保有效的冷却和防护环境来保证放射性废物安全、长期贮存。

对放射性废物通常采用稀释排放和浓缩贮存两种方法处置。对于一般弱放射性废物采用净化处理或滞留衰减到放射性强度低于限定标准时再稀释排放到大气环境中的方法。对于中、高强度放射性废物则采用浓缩贮存,使之与人们生存环境相隔绝。

3.5.1　放射性废物来源

(1)矿冶放射性废物、废石、尾矿、水冶过程的低放废液。原矿中约 70% 的放射性废物进入固体废物和废液中,废矿浆中往往伴有硝酸、氨水、有机物等化学毒物和腐蚀性物质。

(2)反应堆运行时排出的放射性废液和废气,其中包含中子活化产物和泄漏出的核燃料及裂变产物。

(3)后处理厂是放射性废物最主要的来源,废物体系和种类复杂,放射性废物腐蚀性强,放射性强度大。

(4)其他的核燃料元件厂、同位素分离厂、核研究单位、核舰船、核试验基地等场所排放的放射性废物。

3.5.2　放射性废物按放射性强度分类

1. 气体放射性废物,单位 Ci/m^3

$<10^{-10}$不予处理;$10^{-10}\sim10^{-6}$设过滤及吸附装置;$>10^{-6}$进行综合处理。

2. 固体放射性废物,单位 R/h(伦琴/小时)

<0.2 不需特殊防护;0.2 ~ 2 屏蔽操作和转运;>2 需配备特殊防护,具有 α 放射性的易裂变燃料要求采取特殊措施,避免达到超临界状态。

3. 液体放射性废物，单位 Ci/L

$<10^{-9}$一般不予处理，可直接排放；$10^{-9}\sim10^{-6}$处理废液的设备不需要屏蔽；$10^{-6}\sim10^{-4}$部分设备需要屏蔽；$10^{-4}\sim10$设备必须屏蔽；>10必须屏蔽，并必须加以冷却。

通常用蒸发、离子交换和化学方法对废液进行处理。

对于气体放射性废物要通过过滤去除放射性微粒和毒性大的气体后排放，比如去除毒性大的放射性同位素^{131}I。

3.5.3 放射性废物处理

^{131}I液体吸收法：液体吸收剂为氢氧化钠和硝酸银溶液。浓度为50%的氢氧化钠吸收碘的效率达99.9%。用硝酸银溶液浸渍过的陶瓷过滤填料在193 ℃温度条件下，在一年期限内可维持99.9%的除碘效率。液体吸收法用奥氏体不锈钢和镍基合金容器的腐蚀速率小于0.5 mm/a。

^{131}I固体吸收法：固体吸收剂有活性炭、附银硅胶、附银沸石。过滤材料为石棉、陶瓷纤维、玻璃纤维、滤纸、棉织物等，它们均无特殊的腐蚀问题。

对于固体放射性废物，一般要先减容，将其压缩包装于金属和非金属容器中。对于可燃固体要通过特制焚烧炉焚烧使其体积减小。焚烧产生的气体也要按放射性气体处置，要先去除会产生大量烟雾的塑料，以减少焚烧设备的腐蚀。

经受中子场辐照的屏蔽用混凝土其原料中不应含有会产生强感生放射性物质的元素，以减少核反应堆退役时的放射性废物量。

对于以表面污染为主的放射性废物要先去污，使机体主体去除污染，以减少需作为放射性固体处理的废物量，特别是核电站退役时大量混凝土设施的表面去污处理尤为重要。当然在核电站设计、建造时要保证设施使用的涂层材料耐蚀、稳定、容易去污。经受中子场辐照的混凝土，其原料中不应含易产生长寿命感生放射性的元素，以减少核反应堆退役时的放射性废物量。

放射性废液处置和贮存过程中腐蚀问题比较突出。对于放射性强度高于可稀释排放标准的液体放射性物质都要通过滞留衰变贮存和浓缩固化处理。中放和弱放废液体积大，成分复杂，贮存时一般先进行中和处理。为节省费用，多采用普通碳钢贮罐，内衬防腐涂层。也有少量采用不锈钢贮罐，不锈钢对Cl^-、OH^-等有害离子很敏感，易发生晶间腐蚀和应力腐蚀，作为废液贮罐也要有防腐涂层。钢材在酸性溶液中腐蚀速率较大，调节废液的酸碱度为9~9.5时，碳钢的腐蚀速率最小，<0.22 mm/a。外加防腐涂层的碳钢贮罐可具有满意的使用寿命。废液的酸碱度大于9.5时，碳钢表面易发生溃疡腐蚀。

酸性氟化物的腐蚀性强，只有石墨、铂、聚四氟乙烯等有较好的耐蚀性。下列几种材料在700 ℃的酸性氟化物中的腐蚀速率为：310不锈钢、Hastelloy B和Carpenter等均小于1.3 mm/a；含HF和HNO_3的Hastelloy制冷凝器腐蚀严重，腐蚀速率达7.6~12.7 mm/a。

液体的浓缩固化，包括一些固体放射性粉料、焚烧产物、废离子交换树脂的成形固化，方法多种多样。根据放射性强度、废料物理化学性能可选用水泥固化、沥青固化、玻璃固化和陶瓷固化等不同的固化方法。

对于放射性强度不高的中放和弱放液体和固体废物可以用水泥固化方法。水泥固化耐蚀、稳定性好、工艺简便，可制作成大块定型废物块，贮存方便。但在发生水淹的情况下有放射性物质的浸出,因此水泥固化物品宜存放在干燥、无水灾侵袭的场所或备有防水侵袭的特殊库房内。

沥青固化适用于放射性强度不高的中放、弱放废液和固体放射性废物,特别适用于有机放射性废液(如 30% TBP - 煤油萃取液废液等)的固化。沥青化学稳定性好,在无机盐等水溶液中稳定,放射性物质浸出率低。但沥青熔点低,不耐热,高温易软化、熔融,甚至分解。如果放射性物质辐射能谱高,与之结合的沥青也易辐照分解,因此不适于用作强放、长寿命放射性废液、废物的固化。

辐射强度高的中放、强放废液、废物通常要采用化学稳定性高的玻璃固化或陶瓷固化工艺。因为它们在高温和强辐射作用下更为稳定。比如,沙质黏土为基料的玻璃体可固化 30% ~40% 的放射性废物,主要成分的物质的量分数为:Na_2O 64.9%、CaO 19.6%、MgO 3.6%、Fe_2O_3 2.3%、P_2O_5 2.6%、SO_3 1.8%、NaCl 1.3%、Cs_2O 3.9%。按钠计算玻璃的浸出率为 10^{-11} kg/(m^2 · s)。在相同温度下,^{137}Cs 和 ^{90}Sr 的扩散系数比钠低几个数量级。也有采用稳定性好的体积分数为 4% ~20% 的硫酸盐放射性废液的硼硅酸钠玻璃体:$SiO_2$47%、$B_2O_3$13%、Na_2O 20%、CaO 15%、$Al_2O_3$2%、$Fe_2O_3$3%,放射性强度达 10 MBq/kg,可在稳定性好的岩盐层存放强放射性废物容器,其 γ 辐射强度变化曲线参见图 3 -7。

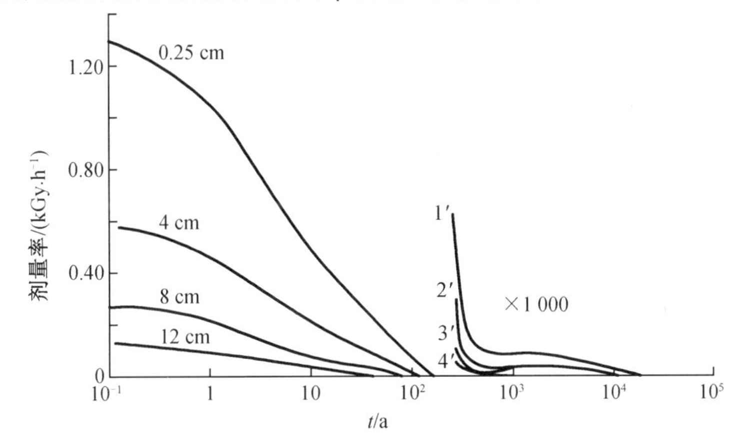

1′—0.25 cm;2′—4 cm;3′—8 cm;4′—120 m。

图 3 -7　在岩盐层中距放射性废物容器器壁不同距离 γ 辐射剂量率随时间的变化

陶瓷固化体的耐热、耐蚀、抗辐射性能与玻璃固化体相当或更好一些。利用硅酸盐陶瓷母体固着强放废液,可利用较便宜的工业废料、矿山废物,20 MPa 压强下成型,900 ~ 1 100 ℃ 温度下烧结,炉冷至 50 ℃以下出料。

参考文献

[1] BERRY W E. Corrosion in Nuclear Applications[M]. New York: John Wiley & Sons Inc.,1971.

[2] 贝里. 核工程中的腐蚀[M]. 丛一,译. 北京:原子能出版社,1977.

[3] 许维钧,马春来,沙仁礼. 核工业中的腐蚀与防护[M]. 北京:化学工业出版社,1993.

[4] 白新德. 核材料化学[M]. 北京:化学工业出版社,2007.
[5] 顾忠茂. 核废物处理技术[M]. 北京:原子能出版社, 2009.
[6] 三岛良绩. 核燃料工艺学[M],张凤林,郭丰守,译. 北京:原子能出版社,1981.
[7] 萨尔茨堡. 动力堆和快堆核燃料后处理[M]. 北京:原子能出版社,1980.
[8] 甘肃油漆厂涂料研究所. 国外耐核辐射涂料的发展水平及动向[J]. 涂料工业,1978,3(1):50-54.

第4章　水冷反应堆材料的腐蚀

4.1　核反应堆冷却剂分类

反应堆内核燃料裂变过程中释放出巨大的裂变能及裂变产物的衰变能。为了保证核反应堆及其堆内组件和构件的安全,必须使用冷却剂将热量及时传递出来,以保证核反应堆在额定温度、压力工况下正常工作,实现反应堆包括能源在内的综合利用。

冷却剂有水(轻水、重水)、有机溶液(聚苯类,如三联苯)、液态金属(钠、钠－钾、锂、铅、铅－铋、汞和锡等)、熔盐(氟化钠、氟化铀、氯化钠等)和气体(空气、氮气、二氧化碳和氦气等)。

4.1.1　水冷堆概述及分类

以水为冷却剂的核反应堆称为水冷反应堆。水冷堆按运行温度高低可分为以下几种类型。

1. 研究用实验反应堆

研究用实验反应堆(简称实验研究堆)大多在100 ℃以下的常温、常压工况下工作,也有一些反应堆运行温度稍高于100 ℃,压力稍高于大气压。

2. 生产用反应堆

生产用反应堆(简称生产堆)是指通过反应堆堆内的核反应将铀－238转化为易裂变核燃料钚－239的专用反应堆。这类反应堆的运行温度大多高于常压下水的沸腾温度,比如120 ℃左右。堆内反应如下:

$$^{238}U + n \longrightarrow {}^{239}U + \gamma;\ {}^{239}U \longrightarrow {}^{239}Np + \beta;\ {}^{239}Np \longrightarrow {}^{239}Pu + \beta$$

铀－239发生衰变,释放出β,转化为镎－239,半衰期只有23.5 min。镎释放出β,衰变为钚的半衰期也只有2.35 d;

3. 压水反应堆

压水反应堆在250～350 ℃加压不沸腾工况下运行(舰艇用核动力堆、核电站等)。

4. 沸水反应堆

沸水反应堆元件表面沸腾,蒸汽经过热处理后直接进入涡轮机。反应堆运行时,压力控制在饱和压力条件下。

5. 超临界反应堆

超临界反应堆在水的临界状态(374 ℃,21.772 MPa)以上水平工作。

水冷反应堆按介质分为轻水堆和重水堆。上述五种堆型除后两种外,都可以用重水作为冷却剂,比如中国原子能科学研究院的101重水研究堆,及轻水冷却、重水慢化的CARR

实验堆，加拿大 CANDU－6 型重水堆核电站等。

从化学性能和与材料的相容性能方面考虑，重水与轻水极为相似，故一并予以讨论。

4.1.2 核燃料的腐蚀

不论是实验堆、生产堆还是核动力堆（电站）大多以水冷堆为主。美国三哩岛、苏联切尔诺贝利、日本福岛三个水冷堆核电站均发生燃料元件破损，并酿成灾难性核事故，故人们对核燃料的腐蚀问题极为关注。本章首先就核燃料的腐蚀问题进行讨论。

1. 常用核燃料腐蚀研究的必要性

常用的核燃料主要为铀、钍、钚及它们的各类合金、氧化物、碳化物、氮化物等。由于铀、钍和钚的化学活性很强，它们的电极电位分别为 $\varepsilon_{U^{3+}/U}=-1.80\ V$，$\varepsilon_{Th^{4+}/Th}=-1.90\ V$ 和 $\varepsilon_{Pu^{3+}/Pu}=-2.07\ V$。作为材料它们在反应堆环境介质中耐蚀性差，不能单独使用。而二氧化铀和二氧化钚是金属氧化物陶瓷材料，它们与高温水和钠等液态金属相容性较好。但由于裂变反应，一分为二或一分为三，原子数目增加，特别是产生大量气体裂变产物，加之高能辐射及高温作用以及燃料辐照损坏（肿胀、伸长、蠕变、脆性增加等）等因素易造成放射性裂变产物的扩散。由此得出结论，不论核燃料耐蚀性强弱，都要有专门材料制成的包壳进行保护。尽管如此，核燃料仍有可能与冷却剂直接接触，进而发生核泄漏事故，比如元件包壳薄弱处被腐蚀穿透，燃料芯体膨胀开裂的应力作用引起包壳破裂，裂变产物引起包壳的应力腐蚀破裂，反应堆功率异常跃升、高温状态引起的芯块和包壳的熔化等。因此，研究核燃料的耐蚀性具有很重要的意义。

2. 铀燃料的腐蚀

铀是一种银白色、致密、中等硬度的金属。铀在熔点温度以下有三种同素异构体，在相变时体积变化较大。铀的晶体结构复杂，具有高度的各向异性特征。铀的导热率很低，约为铝的15%，这使铀燃料在运行一定程度后会发生严重的辐照肿胀，导热差又引起高的温度梯度。这些因素产生的热应力很大，会造成燃料和包壳的损坏。

工艺参数要求不高的实验堆和生产堆（$T<160$ ℃）可使用金属（合金）核燃料。压水堆、沸水堆、快堆等高参数反应堆目前广泛采用金属氧化物燃料 UO_2 或铀钚混合氧化物燃料，也有的试用含少量铀的碳化物、氮化物燃料。

铀是强电负性金属，是强还原剂，能与大多数非金属元素发生作用，也能和汞、锡、钙、铅、铝、铁、镍、锰、钴、锌、铍等发生反应，生成金属间化合物。

（1）铀在气体中的腐蚀

铀很容易与空气发生反应，粉粒状的铀极易自燃。在室温下铀很容易氧化，由银白变为灰暗色。该氧化层有一定的黏附性，能较有效地防止铀的进一步氧化。随着时间的延长氧化膜按抛物线规律不断增厚，当氧化膜的厚度大于 750 Å 时容易剥落，失去保护作用，促使铀的腐蚀加快，这是由于单位二氧化铀和铀的体积比大（1.97）产生内应力所致。温度升高氧化速率加快，但即使在 300 ℃左右的空气中，铀的腐蚀速率也不算太大。正是因为这一点，英国和美国早期的气冷堆曾采用空气作冷却剂。铀亦能与氢和 CO_2 发生反应，和在空气中氧化一样均随温度升高腐蚀速率增加。后来气冷堆的冷却剂改为 CO_2，因为铀与 CO_2 的氧化速率比与空气的氧化速率低得多，参见图 4－1。

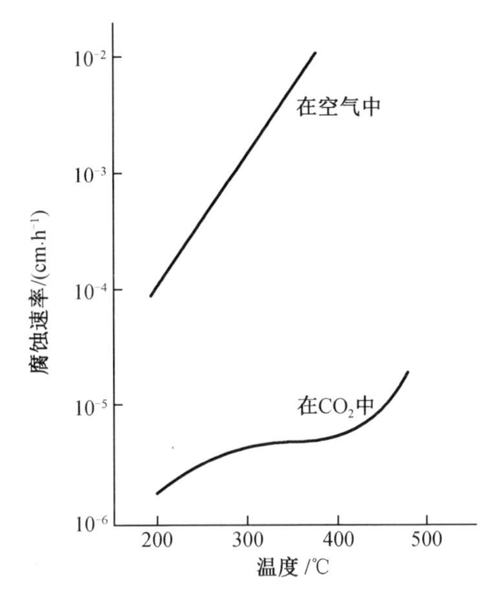

图 4-1　铀在空气和二氧化碳中的腐蚀

(2)铀在水和水蒸气中的腐蚀

在室温下铀易于被水氧化。在 100 ℃水中铀的腐蚀速率为 2 ~ 5 mg/(cm^2 · h)。在 308 ℃水中,铀的腐蚀速率可高达 6 000 mg/(cm^2 · h),可用以下三个化学反应式表示:

$$U + 2H_2O \longrightarrow UO_2 + 4H$$

$$U + 3H \longrightarrow UH_3$$

$$UH_3 + 2H_2O \longrightarrow UO_2 + 7H$$

如图 4-2 所示为充气蒸馏水中铀的腐蚀。

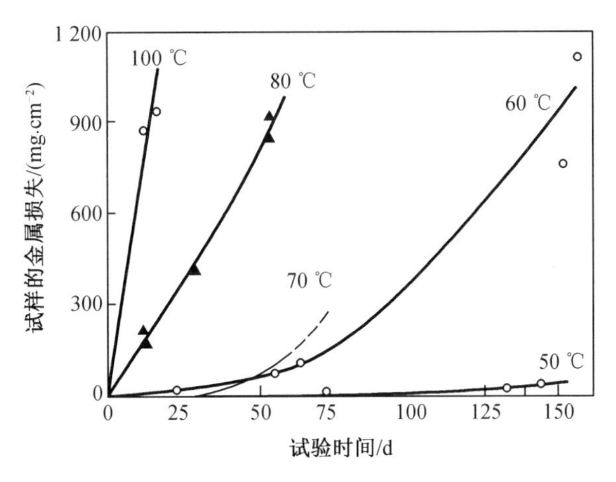

图 4-2　充气蒸馏水中铀的腐蚀

在 70 ℃以下含氧水中所形成的氧化膜具有黏附性,有一定的保护作用。但在高于 80 ℃脱气或含氧水中,铀迅速遭受腐蚀,而且腐蚀层疏松。这是因为初生态氢会扩散通过 UO_2,并与基体铀生成 UH_3,体积因而膨胀,使 UO_2氧化膜鼓起。UH_3与水作用生成的非化学计量 $UO_{2.06}$不会形成保护层,氢还会沿铀中杂质向铀基体内扩散,又形成铀氢化物,进而与渗进的水反应生成疏松氧化膜,不断地促进铀的腐蚀。

铀在水蒸气中的腐蚀速率比在水中低。铀的密度大,达到 19 g/cm^3 左右。具有相同速率的物质,质量越大,冲击力越大,因此军事上用贫铀作穿甲弹,穿透能力强。但铀的耐蚀性能差,需要制成耐蚀的铀钛合金,并且还要加防护镀层,比如镀锌层,这样才能使穿甲弹即使在潮湿条件下长期贮存也能性能完好,不会因腐蚀成为哑弹。

(3)铀在其他介质中的腐蚀

铀在酸中的行为不同于许多其他金属,其溶解速率随酸浓度的增加反而降低。在热的中等浓度的硝酸和硫酸中,特别是存在可溶强氧化剂,比如高氯酸盐或过氧化氢时,铀的溶解性最好。因此,在溶解铀的乏燃料时,通常采用 8 mol 的热硝酸,加少量 HCl,但 Cl^- 的存在使后处理系统和废物处理及贮存系统的奥氏体不锈钢设备对应力腐蚀敏感。

铀在 475 ℃以下的钠中不发生腐蚀,但钠中氧浓度的增加会加快铀的腐蚀。

(4)铀合金的腐蚀

铀合金及其稳定性的研究是为改变铀作为核燃料的劣势,增加其尺寸稳定性,提高耐腐蚀性和耐热性等目标而进行的,基本途径是获取单相合金、细化晶粒、消除织构以及改变燃料的宏观结构。

美国在铀合金方面进行了大量研究,其中包括熔有锆、钼、钛、铌、钌的 γ 相合金。铀含量小于 60% 的铀 - 锆合金具有相当好的耐高温水腐蚀的性能。锆的熔点高、中子吸收截面小、铀在锆中的溶解度大等优点,使得一些脉冲堆燃料寄希望于铀氢锆合金。铀中添加上述合金成分势必显著降低元件中裂变材料的密度。苏联及其后的俄罗斯在氮化铀燃料方面做了许多研究。氮化铀的耐蚀性和辐照稳定性均较好,由于氮原子量小,和金属铀相比氮化铀中铀的质量份额降低不多。氮化铀的加工性好,熔点高(2 350 ℃),导热率是碳化铀的 2 ~6 倍。氮化铀耐高温水腐蚀性能较差,但在无水的钠冷却剂中稳定。BR - 10 快中子实验堆有整个堆芯都使用氮化铀燃料运行的成功经验,在大型商用快堆中有望使用氮化铀燃料。

在中、低温实验堆和生产堆都有使用铀铝合金(U - 35Al 铸造合金)及铝合金包壳制作的燃料元件的成功经验。铝的密度小,铀铝合金中铝的质量份额也很小,但铀与铝的相容性很差。由于铀的活性强,不论是生成低熔点的共晶化合物,还是形成低密度反应产物或易遭受腐蚀的扩散层都会破坏燃料元件的结构,以致影响核安全和放射性物质的扩散。需要在铀合金和铝之间增加铀的扩散阻挡层,该阻挡层的扩散系数要小,中子吸收截面要小,导热率要高,具有一定的固溶度,有与铀、铝相近的热膨胀系数,不形成低熔点共晶物,即使铝合金包壳破裂,该层也能起到第二防蚀壁垒的作用。对铁、铬、镍、铜、铍、钛、钒、锆、铌、钼等中间层性能的研究表明,用镍阻挡层更为合适。通过一定的生产工艺可得到只有 $NiAl_3$、Ni_2Al_3、U_6Ni、U_5Ni 的相。铀在镍中扩散速率很低,只要控制一定的加工和运行条件就能起到阻止铀铝扩散的作用,而且可用水溶液电镀的方法得到很薄的镍镀层,不会因其中子吸收截面稍大产生不利影响。

(5)UO_2的耐蚀性

UO_2是反应堆用核燃料中用得最广的一种燃料,原因是它的耐蚀性远比金属铀好,熔点高(2 385 ℃ ±30 ℃),陶瓷材料在高温水和钠中均有很好的耐蚀性,与燃料元件包壳材料锆和不锈钢也有很好的相容性,因而在温度较高的动力堆中能达到较高的燃耗深度。

UO_2室温下在 HBr,HCl,H_2SO_4及 HNO_3中的溶解速率均不大。但在热的强氧化性的硝酸中溶解速率很大，满足了乏燃料后处理过程中乏燃料顺利溶解的要求。

3. 钚的耐蚀性

(1)钚在空气中的耐蚀性

新制作的钚(α－钚)表面呈银白色。因钚活性高，在空气中很快失去光泽。钚在干燥空气中的氧化进行得相当慢，呈抑制状态(抛物线关系)，达 200 h 左右后呈线性关系，腐蚀速率逐渐增加。水汽的存在对钚的氧化过程影响很大，相对湿度为 50% 时钚的氧化速率是相对湿度为 0 时的 100～1 000 倍。β－钚在空气中的氧化作用很复杂。

潮气加速钚氧化的一种机理认为，由于钚使水发生分解生成 PuO_2 和氢气：

$$Pu + 2H_2O \longrightarrow PuO_2 + 2H_2$$

钚很容易与氢结合，生成氢化钚：

$$Pu + H_2 \longrightarrow PuH_2$$

进而氢化钚与水发生水解，生成 PuO_2 和氢气，在该过程中氧逐渐消耗。这一机理不能解释很少量的水汽为什么对钚的氧化能起到很大的作用。

另一种机理认为，水汽和钚反应的阴极过程为钚氧化膜上吸附水的离解：

$$2H_2O \longrightarrow OH^- + H_3O^+$$

$$2H_3O^+ \longrightarrow H_2 + 2H_2O - 2e^-$$

OH^- 向金属氧化物界面扩散，于是发生阳极反应：

$$Pu + 3OH^- \longrightarrow Pu(OH)_3 + 3e^-$$

阳极控制过程：

$$Pu(OH)_3 + OH^- \longrightarrow Pu(OH)_4 + e^-$$

$$Pu(OH)_4 \longrightarrow PuO_2 + 2H_2O$$

最后面反应式中的水又可离解，后三式可重复进行，很少量的水就能起到很大的促进作用。研究表明，水和氢是加速钚氧化的主要因素，都具有催化的性质，而且氢与钚的反应是放热反应，能加速钚的氢化和其后的氧化过程。

钚有 6 个同素异构体，氧化过程很复杂，不是用一种机理就能完全解释的。

(2)钚在水中的耐蚀性

钚是活性金属，在水中的耐蚀性很差，此外，用作核燃料还有一些致命的缺点：熔点不高(T＝640 ℃)，温度稍高钚容易熔化，影响反应堆参数的提高和堆本身的安全。钚的导热率极低，只有铀的十分之一。

钚晶体结构复杂，各向异性严重，辐照稳定性差。固态和液态钚发热率高、导热率低，严重限制了动力堆堆芯尺寸。而合适的钚的化合物，比如钚的碳化物和氧化物都在很大程度上消除了钚的上述弱点。

二氧化钚是陶瓷材料，熔点高(2 390 ℃ ±20 ℃)，辐照稳定性好，较容易制备，已试验用作快堆核燃料，比如铀钚混合氧化物燃料。碳化钚的导热率比二氧化铀高，且钚的质量份额比二氧化钚中的高，作为核燃料也有很好的应用前景，尚存在的与包壳相容性问题和高燃耗下的稳定性等问题，还有待研究解决。

4. 钍的耐蚀性

钍是高度活泼的金属。新制作的钍表面具有银白色的光泽，暴露于空气中钍逐渐氧化，表面被黑色氧化膜所覆盖。钍比铀和钚更为耐蚀，空气中 850 ℃之前氧化呈线性关系，生成稳定的 ThO_2。金属钍在水和水汽中也比铀和钚更为耐蚀。在海滨暴露一年只产生中度腐蚀并被有一定防护能力的灰色氧化膜覆盖。在沸水中生成的黏附性氧化膜也具有防蚀作用,平均腐蚀速率只有 0.01 mg/(cm^2 · h),比金属铀小。温度升高氧化膜失去保护作用,腐蚀加快。在 204 ℃和 260 ℃的水中挤压成形的钍的腐蚀速率分别达到 14 mg/(cm^2 · h)和 150 mg/(cm^2 · h)。钍中添加钛或锆、铝、钇等元素可显著提高其耐蚀性能。钍在水中腐蚀可形成稳定的 ThO_2 和氢,氢还可能生成钍的中间氢化物。热压的 ThO_2 在高温(315 ℃)水中十分耐蚀,744 h 后只有轻微的失重。

4.1.3 水冷却剂的特点及其与材料的相容性

由于水的热容比气体高很多,差不多是钠的 3 倍,水比较容易净化,比有机溶液更耐辐照,在室温上下均为液态,便于试验和传输,储量丰富,成本低,特别是水对于中子具有优异的慢化能力,因此水一直广泛地用作冷却剂。然而,由于水的汽化温度很低,所以水只能用作 350 ℃左右温度下运行的反应堆的冷却剂。在这样高的温度下,相关系统必须具备很高的承压能力(约 23 MPa),厚壁的压力壳、压力管、泵和阀门等的金属耗量很大,制造工艺复杂,由于压力高,还存在爆破和核事故的风险。

水在流道内流动,除通过接触面传递热量之外,还不可避免地出现某些不利的状况,包括水与结构材料发生反应,例如水与燃料元件包壳材料铝或锆合金之间的反应,生成氧化铝或氧化锆等腐蚀产物。水与结构、屏蔽、慢化功能材料的钢和铍等反应,生成相应材料的氧化物,而金属本身逐渐减薄;由于腐蚀产物的一部分溶于水中,既恶化了水质,又会因其辐照活化而增加了运行、维修人员的照射剂量;水的辐照分解产生活性态离子更加剧对材料的破坏作用。此外,水和腐蚀产物在构件的特殊部位常常引起腐蚀加速,如燃料元件锆包壳与定位格架的柳叶状腐蚀,蒸汽发生器传热管与管板间的凹痕腐蚀,焊缝区的晶间腐蚀,水线部位和干湿交替区的快速腐蚀。所有这些都曾是水冷核反应堆发展过程中出现的腐蚀问题,有的相当严重,给反应堆的开发带来障碍。水介质中复杂的反应堆结构系统由于存在应力而使金属材料产生突发性的腐蚀破裂也是多年来研究的重点。例如,拉应力作用下的应力腐蚀破裂,往复交变应力作用下的疲劳腐蚀,震动力引起的微震腐蚀,停堆和开堆时热应力造成的低周疲劳腐蚀等。

水冷核反应堆材料腐蚀种类、起因、发生部位和后果汇总见表 4 - 1。

表 4 - 1　水冷核反应堆材料腐蚀种类、起因、发生部位和后果汇总

序号	腐蚀种类	起因	发生部位	后果
1	全面腐蚀	水(汽)与金属反应引起宏观均匀腐蚀	生产堆铝合金工艺管和燃料元件包壳	腐蚀均匀可测,留足裕度,后果一般
2	孔蚀(pitting)	金属表面保护膜受有害离子(Cl^- 等)破坏,由自催化作用局部深入发展	试验堆元件铝合金包壳的孔蚀	腐蚀失重小,局部腐蚀严重,后果中度

表 4－1(续)

序号	腐蚀种类	起因	发生部位	后果
3	硝酸腐蚀	潮湿空气辐照氮氧化生成 NO、NO_2 以致 HNO_3，使铝材产生蚀坑	试验堆铝合金工艺孔道	有时蚀坑穿孔，系统泄漏，要检修堵漏或更换管道
4	缝隙腐蚀	缝内缺氧阳极、外富氧阴极间电偶腐蚀，水质恶化	锆包壳与定位格架间的缝隙区腐蚀	腐蚀量少，后果中度
5	凹痕腐蚀(denting)	管板间腐蚀产物堆积，挤压管壁变形，流道减小，恶化传热，加速腐蚀	动力堆核电站传热管的凹痕腐蚀	腐蚀量小，后果中度
6	耗蚀(wastage)	磷酸盐水处理产生的泥渣对传热管的均匀浸蚀溶解	传热管二次侧均匀减薄	腐蚀量中度，减少蒸汽发生器的服务寿期
7	晶间腐蚀	晶间析出异相，某元素量下降，产生晶间区微电池腐蚀	敏化的不锈钢，焊接热影响区	强度和延性下降，在工作载荷下突然破裂，后果严重
8	应力腐蚀破裂(SCC)	特定介质，拉应力加速金属腐蚀形成裂纹，致脆断	不锈钢焊接热影响区，传热管弯管段	无预兆突然破裂，产生灾难性后果
9	燃料包壳芯体相互作用(PCI)	锆包壳内表面受辐照变形芯块机械作用和裂变产物化学作用引起的破坏	深燃耗下动力堆元件包壳的破坏	包壳破裂，燃料裂变产物泄漏引起核事故，后果严重
10	氢脆(embrittlement)	氢与锆反应形成氢化锆脆相，导致包壳脆性破坏	动力堆元件包壳	包壳破裂，燃料裂变产物泄漏，引起核事故，后果严重
11	低周疲劳腐蚀	受开、停堆热应力影响引起的破坏	反应堆较大结构件，如压力壳破裂	压力壳破裂，引起核事故，后果严重
12	磨蚀(erosion)	受摩擦损伤与介质同时作用而引起的破坏	与流体接触的部件	视不同工况可预测损耗，检修更换
13	细菌腐蚀	金属受细菌分泌物或氧浓差电池作用发生腐蚀	潮湿大气中铝合金表面生长菌丝及其覆盖面下局部破坏	腐蚀量小，后果一般，有时后果严重
14	气氛腐蚀	锌、铜或其合金在有机或密封环境中的腐蚀	电气设备在长期海洋运输环境中的腐蚀	腐蚀量小，但会引起电气系统失灵，后果严重
15	流速加速腐蚀	在二、三冷却剂回路中碳钢管道在介质化学作用和较高流速冲刷作用下管壁加速减薄	冷却剂管道，特别是弯管部分的腐蚀破坏	后果严重，甚至要更换整个系统和管材，比如改用质量分数为 1.5% 的 Cr 低合金钢

自1942年世界上建成第一座反应堆以来，为了保证反应堆的安全运行，腐蚀研究工作一直没有间断过，其工作内容大致包括以下方面：

(1)针对各类腐蚀现象开展机理研究以指导实践。

(2)改进与研制适合各种堆型、不同条件的耐水、耐高温、抗辐照的多种系列耐蚀合金及其他材料，以满足反应堆燃料元件和结构部件对材料的要求。

(3)开展防腐蚀技术研究与优化，移植与扩展其他工业领域现有防蚀技术，以解决新兴核工业开发过程中出现的腐蚀问题。

4.2 实验研究堆材料的腐蚀

在核反应堆系列中实验研究堆用于核物理研究，反应堆燃料、材料的辐照考验，中子活化分析，各种同位素试制与生产等。一般来说，它们属于温度参数偏低的堆型，其冷却剂温度大多低于100 ℃，对于高通量试验堆冷却剂的温度则稍高于100 ℃，然而就其使用的结构材料而言往往具有独特的腐蚀特点。本节仅就试验研究堆常用的材料，如铝和锆等燃料元件包壳材料和堆内结构材料、铍制屏蔽材料等加以叙述。作为低温堆常用金属或合金核燃料，其性能在上一节已做说明，堆芯之外的奥氏体不锈钢管材和结构材料鲜有严重的腐蚀问题，这里不再赘述。

4.2.1 燃料元件包壳铝合金的耐蚀性

在实验研究堆中，铝合金广泛用作元件包壳、控制棒、安全棒的包覆材料，工艺管、试验孔道和容器、探测管和各种支撑结构，以及反应堆容器的材料。据统计，世界各国已建成的实验研究堆中约90%都采用了铝合金元件包壳及结构材料。这是因为铝合金具有一系列的优良特性：中子吸收截面低、导热性好、比强度高、耐辐照、易加工、焊接性能好、价格低廉，并且在中等温度水平以下的纯水中具有较好的耐蚀性能。

铝及其合金在纯水中，按温度由低到高将出现孔蚀、均匀腐蚀、晶间腐蚀和氢(鼓)泡腐蚀。在试验研究堆中，由于与铝接触的水的温度大多在100 ℃以下，一般只发生孔蚀和轻度的均匀腐蚀，在室温上下孔蚀比较危险。本节重点介绍铝和铝合金的孔蚀，并简要介绍堆内结构材料的硝酸气氛腐蚀和霉菌腐蚀。关于铝及其合金的均匀腐蚀只在较高的温度下才明显，因此将在温度稍高的生产堆一节中叙述。

1.铝合金的孔蚀

金属表面在水介质的电化学作用下，出现针孔状的蚀坑，其深度一般要大于孔径，而蚀坑周围的金属表面较完整。很少出现大量、群发蚀坑的，一般都属于孔蚀。

铝合金的孔蚀比较常见。比如在自来水中浸泡的铝制件，或在海洋大气环境中贮存过的铝制设备和材料，只需数月，甚至数天就会出现腐蚀坑。美国橡树岭国家实验室实验研究堆的铝试件均出现过孔蚀。

燃料元件铝包壳的孔蚀穿透，可导致冷却水与燃料芯体直接接触，从而引起放射性物质的泄漏、扩散事故。铝设备、容器、管道等的孔蚀会造成介质的流失，影响工艺系统的稳定和安全。此外，孔蚀是应力腐蚀的诱导源，对遭受一定临界应力作用的铝制件将加速其应力腐蚀裂纹的出现和扩展。国内核工业系统也出现过一些铝合金材料孔蚀损伤的事件。

①49－2 游泳池式实验研究堆堆容器表面,特别是底部、局部曾出现很多的孔蚀坑。这是由于铝合金覆面施工时,未做好表面保护工作,有积水,出现 Cl^- 偏高的状况,从而引起孔蚀。费了很大气力进行打磨,去除蚀坑,进行补焊、检修。现去参观,仍可看到容器表面因检修留下的斑痕。

②堆用铝合金管在大连 523 厂加工时,在海洋大气环境中贮存期间表面出现深度较浅的蚀坑,其后进行打磨去除蚀坑,并封装贮存。

③山东济南强中子源反应堆铝合金堆容器在建造时受到雨水及堆容器外侧混凝土坑积水的浸蚀,产生严重的局部腐蚀。只得将铝合金覆面拆除,改为耐蚀抗辐照树脂粘接瓷砖覆面的堆水池。

④101 反应堆堆容器 20 多年运行总体状况完好。但重水罐内表面出现大量孔蚀现象,水线部位更为严重,究其原因,也是反应堆长期运行过程中水质控制偶然疏漏,引起孔蚀积累所致。

所以了解孔蚀的一般规律、表现形式、孔蚀的发生和发展过程及其影响因素、孔蚀防护和抑制方法对试验研究堆来说是具有重要意义的。

(1)孔蚀的一般表现规律和表现形式

铝在近中性水中表面产生针状小孔,属于孔蚀。孔内壁在去除腐蚀产物后,经低倍(×100)放大镜放大,可见粗糙表面、形似锋利的山峰和山谷,或小口空腔布满分枝状物。蚀孔周围外表面常被白色絮状腐蚀产物所包围(偏酸介质中腐蚀产物易溶解)。在初始阶段腐蚀产物沉积于蚀孔边缘,呈蚁穴状,继而发展成小丘,逐步连成片,覆盖整个表面。蚀坑的分布常常是三三两两稀疏分散。有时也有成群成片的,或时疏时密混合存在。

蚀孔的分布与铝表面的状态有关。在铝轧制表面、划伤表面、有杂质(特别是电正性金属杂质)及其他附着的表面,较之光滑、清洁表面容易产生孔蚀。在铝制构件朝上的表面和侧面较朝下的表面容易产生孔蚀。这也是与侧面,特别是朝上的一面更容易沉积和吸附有害杂质有关。边缘、棱角区、干湿交替的水线区、焊接区等都是孔蚀优先出现的地方。

(2)孔蚀的发生与发展过程

为了满足试验研究堆对堆芯燃料元件及结构材料的要求,铝合金孔蚀机理理论方面的研究开展得比较早,也比较广泛。

铝及其合金在多数的中性水介质中能自动形成保护性钝化膜,由于其本身是电负性金属,因此保护膜一旦破坏,铝就会从这些局部被破坏的区域很快向内部溶解,形成蚀孔。目前因为钝化理论尚不完备,所以与钝化相联系的孔蚀理论还有待深入研究。然而,针对孔蚀发生与发展过程,通过理论探讨与试验研究相结合所提出的闭塞电池模型已被更多的腐蚀研究工作者所接受。

根据闭塞电池理论模型,孔蚀的发生与发展可分为以下几个步骤:

①在中性水介质中,铝及其合金表面钝化膜呈现分布不均匀性。在表面有缺陷处及含有杂质处生成的氧化膜质量差。这些薄弱处受到破坏时形成阳极区,并产生铝的离子化过程:

$$Al \longrightarrow Al^{3+} + 3e^-$$

而其周围的完整氧化膜覆盖区域为阴极,进行着氧的离子化及氢的还原反应:

$$O_2 + 2H_2O + 4e^- \longrightarrow 4OH^-$$

$$2H^+ + 2e^- \longrightarrow H_2$$

②阴极反应产物 OH^- 与阳极反应产物 Al^{3+} 相遇生成 $Al(OH)_3$，后者超过一定的浓度就会以白色氢氧化铝形式沉淀于蚀坑边缘，其形状类似蚁穴。

③在阴阳极区电场电动势的作用下，介质中 Cl^- 向阳极区迁移，并在蚀坑内浓集。这些氯离子与坑内溶解下来的铝离子相遇而生成 $AlCl_3$，并随即发生水解反应：

$$2AlCl_3 + 3H_2O \longrightarrow Al_2O_3 + 6H^+ + 6Cl^-$$

使蚀孔内部的水变酸，引起铝的进一步活化与溶解。这样相互影响、相互促进的腐蚀过程不断自发进行着，人们称其为酸性自催化反应。与此同时，蚀孔外由于氧供应充分而使电位变得更正，于是蚀孔内面和孔外金属表面钝化膜之间形成促使阳极快速腐蚀的小阳极大阴极的闭塞电池，此微观电池的电位差有时可高达数百毫伏。这个电位差就是蚀孔不断深入发展的动力。图 4－3 为铝的孔蚀坑成长的电化学机理示意图。

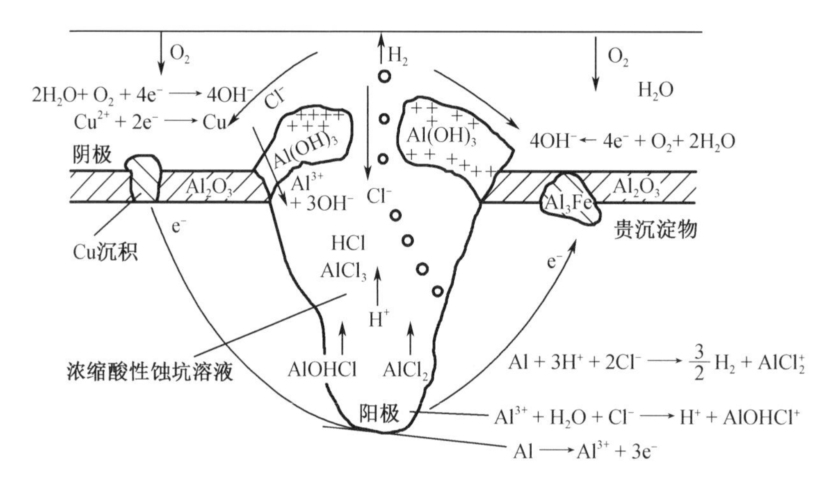

图 4－3　铝的孔蚀坑成长的电化学机理示意图

④在蚀孔发展过程中，如果出现氧趋于枯竭、Cl^- 扩散受阻、腐蚀产物密实地填塞蚀孔或水的流动破坏了阴阳极区的差异等状况都会使孔蚀速率放缓，甚至完全停止。

(3)影响铝及其合金孔蚀的因素

影响铝及其合金孔蚀发生和发展的因素很多。实际工程中有时环境条件稍有变化也常常会引起孔蚀的明显变化，所以孔蚀试验的重复性一般都不好，而且孔蚀预测的准确性不高。

①温度的影响。铝及其合金的孔蚀一般是在室温或稍高的温度下发生的。随着温度的升高孔蚀倾向逐渐减小，而均匀腐蚀逐渐增加。

②合金杂质与异相存在的影响。铝含量 99.7% 以上高纯度的铝合金抗孔蚀能力强，甚至在与不锈钢相接触的苛刻条件下，亦是如此。铝合金中添加电正性合金元素，比如 Cu($CuAl_2$)、Fe($FeAl_3$)、Ni($NiAl_3$)等，形成阴极合金相和杂质沉淀相时，则对孔蚀起加速作用。在含 Cu、Fe、Si、Ni 等杂质的合金中添加 1.25% 的 Mn、1% Mg 时，可降低孔蚀速率；而添加 0.5% Mn、0.5% Mg 可减少产生孔蚀的可能性。这些元素可与阴极相杂质元素形成均匀化不稳定相，因而可减少其对孔蚀的敏感作用。

③介质的影响。孔蚀往往发生于下列双重性质的介质中，即该介质既能使铝表面产生钝化膜，又含有促进孔蚀的活性离子（如 Cl^-、Br^-、Cu^{2+}、Fe^{3+} 等），后者能使钝化膜遭受局部破坏。例如，在作为实验研究堆冷却剂的高纯水中，若含有铜离子及氯离子，铝表面发生孔蚀的危险性大。为了防止孔蚀，维持较稳定的钝化膜，要求介质保持中性和高的纯度，所以反应堆冷却剂系统应设有离子交换柱，对水进行净化，以维持一定的水质标准，特别是控制铜离子和氯离子的含量：

$$Cu^{2+} < 1 \times 10^{-8}, \quad Cl^- < 5 \times 10^{-8}, \quad pH = 5.5 \sim 6.5$$

总结49－2游泳池反应堆20年的运行经验，并重新审查了冷却剂的水质标准，发现堆容器池壁存在的少数较轻度的孔蚀与个别时间段冷却系统水质控制不严有关。另外水中氯离子浓度下降减少了应力腐蚀的危害，但不能完全消除应力腐蚀，因为缝隙区氯离子的浓度会浓集达到应力腐蚀破裂敏感的程度。

④设备结构的影响。设备中铝和贵金属（如不锈钢和铜等）构件接触，会因极化而促使孔蚀发生。当铝组件间结合处有缝隙时，会因为氧的浓差极化、Cl^- 的浓集而引起孔蚀。滞留区较流动水区域孔蚀倾向大，粗糙表面比光滑表面孔蚀倾向大。焊缝及其热影响区，水线状况对孔蚀的影响也不可忽视。因此，合理地设计、构建相应金属构件是很重要的。

应当指出的是，从电化学角度看，产生孔蚀的必要条件是金属在该介质中的电位一定要达到某一阈值，称之为“击穿电位”或“孔蚀电位”。凡影响此电位值的因素都会影响到孔蚀。因此，腐蚀研究工作者常常采用测量孔蚀电位的方法来预测该条件下孔蚀发生和发展的规律。

（4）实验研究堆用铝材孔蚀的防护方法

①选择耐孔蚀性能好的金属材料，比如高纯铝，但也要保证必要的机械性能，在添加增加机械强度的铜、铁、镍元素情况下，可添加锰和镁以抵消它们引起孔蚀的不利影响。

②进行表面处理，以提高抗孔蚀性能。常用的有化学膜处理（弱酸弱碱法），通风管和太阳能热水器铝材的化学膜处理就很有效。阳极氧化处理和高温预生膜处理抗孔蚀能力更强，已成为反应堆堆内燃料元件包壳、工艺管及其他构件防止孔蚀的有效手段。在进行表面处理时，要严格掌握工艺条件，并在成品和半成品加工、运输、贮存及使用过程中对表面细心保护，防止表面出现损伤。

③合理设计。在结构设计中应避免出现缝隙，避免铝和铝合金与电正性金属接触。在一回路系统中严禁使用铜构件，也不要与不锈钢、碳钢等构件直接接触。

④工作环境应保持清洁。反应堆堆本体应是密闭系统，避免落入污物或金属杂物。

⑤反应堆冷却剂应设置水质净化系统，遵循严格的水质标准，并有常规的水质分析制度。监督和控制水中有害离子在允许的含量以下。

⑥在反应堆关键铝构件部位设置电化学测量系统，利用线性极化法进行腐蚀在线监测。

2. 铝合金的其他腐蚀

（1）在实验研究堆系统中除了上述孔蚀外，还有硝酸气氛引起的局部腐蚀。这类腐蚀常常发生在堆内空气充足的部位，如试验孔道与测量孔道等。

在辐射作用下管道中的氮辐射分解为活性原子 N，后者进一步与空气中的氧化合生成 NO 和 NO_2，NO_2 与空气中的水生成硝酸，硝酸与铝反应生成白色针状的硝酸铝，使铝材遭受浸蚀，严重时甚至使铝管局部穿透。例如，49－2游泳池实验研究堆辐照孔道焊接部位就因为硝酸腐蚀穿透而泄漏,只能停堆检修,用新管替换。

(2)堆用铝合金工艺管在炎热、潮湿的空气中还会出现霉菌腐蚀。例如,表面经硫酸阳极氧化法处理的成品铝合金燃料元件管在入堆安装前的贮存阶段,极易发生霉菌滋生的现象。而在霉菌聚集处下面的铝表面就会形成大小纷纭、口小肚大,并有分枝的孔蚀点坑,严重时可使铝包壳穿孔。

铝的微生物腐蚀是一门近年来刚刚兴起的边缘学科,理论尚不成熟。霉菌引起孔蚀的原因也众说纷纭。有人认为霉菌分泌酸液,使铝表面局部遭受酸蚀;有人则认为霉菌分泌的微生物酶对电化学反应起到催化作用,还有人认为微生物及其代谢产物覆盖的金属表面形成缺氧区,与邻近的富氧区形成浓差电池,从而引起孔蚀。

为了防止铝及其合金的霉菌腐蚀应注意贮存期间的干燥与清洁,消除霉菌赖以生存的潮湿环境,以及硫、铁等杂质。

4.2.2 反射层材料铍的耐蚀性

1. 铍腐蚀的一般规律

实验研究堆的反射层和慢化剂材料除了重水、轻水、锂之外,还有石墨和铍等。

作为慢化材料铍具有一系列优点:铍的密度小($\rho = 1.848\ g/cm^3$),比强度高,刚性好,中子吸收截面小,在中、低温水中耐蚀性好,耐热,抗辐照,有较高的慢化效率,慢化性能优于石墨。用铍作反射层可使堆芯变得紧凑,因而受到反应堆工程设计和建造人员的关注,并被许多研究堆选作慢化材料。铍的缺点是质脆,冲击强度低,毒性大,因而限制了其应用。

就总的腐蚀行为看,铍的腐蚀特性颇像铝,表面无氧化膜的铍具有很大的活性,在许多介质中都容易腐蚀。但氧化铍却是很稳定的化合物。

就其本身来说,铍属于电负性金属($E = -1.85\ V$),与大多金属(镁、锰除外)接触可使之成为阳极而遭受腐蚀。铍在较高温空气和常温中性水中很容易形成钝化膜,因而大大提高了其耐蚀性。表面精细抛光的铍钝化膜更完整,在空气中极为稳定。在 30 ℃除气蒸馏水中经过 427 h 试验,铍的腐蚀速率在 0.1 μm/a 以下。100 ℃时腐蚀产物为$Be(OH)_2$,温度更高时转化为 BeO,因腐蚀产物为白色,即使腐蚀产物量很小也很明显。在高纯水中,温度小于 200 ℃时铍是稳定的。当温度高于 300 ℃时铍的稳定性下降,易产生溃疡腐蚀。所以在较高的温度下使用铍时应有耐热的锆包壳层。

2. 铍腐蚀的影响因素

凡影响铍钝化膜的因素都会使铍的腐蚀稳定性发生变化。

(1)酸碱度的影响

铍的钝化膜在偏酸和偏碱介质中稳定性差,易发生溶解,因而铍在这类介质中耐蚀性差。试验表明,铍在 pH 值为 4 ~ 8 的水溶液中耐蚀性最佳。

(2)水中离子的影响

当水中含有 Cl^-、SO_4^{2-} 时会破坏铍表面的保护膜,尤其是体积小、活性强的 Cl^- 很容易穿透铍表面的保护膜,加速铍的腐蚀。据报道,在含有 $2.0 \times 10^{-7} Cl^-$ 的 85 ℃水中,经过 12 个月浸泡腐蚀试验后,测得铍的腐蚀速率为 0.1 μm/a,而当 Cl^- 浓度为 5.0×10^{-7} 时,铍的腐蚀速率增至 1.8 μm/a。水中若含有 Fe^{3+}、Cu^{2+} 等离子时，它们会沉积于铍的表面，形成强阴极区，使其周围的铍成为阳极，而加速溶解。铍在 85 ℃，0.005 mol/L 过氧化氢溶液中，Cu^{2+} 浓度即使小于 1.0×10^{-6}，也会产生孔蚀。

水中所含的氧，既可作为阴极的去极化剂，促进腐蚀，又可修补钝化膜，减缓腐蚀。当氧含量少，不足以使铍表面钝化时，或钝化膜破坏严重而修补困难时，氧就不能起到修补钝化膜的作用，反而作为阴极去极化剂加速铍的腐蚀。如在 70 ℃水中，当 Cl^- 浓度为 1.0×10^{-6}时，饱和氧可对铍起缓蚀作用，而当 Cl^- 浓度增加到 0.03 时，由于 Cl^- 对钝化膜的破坏作用明显加剧，饱和氧的保护作用显著减弱，此时铍的腐蚀速率较前增加 100 倍。

如果水中含溶解的铍离子，则腐蚀速率减缓，这是从化学反应平衡角度，溶液中溶解的铍离子阻碍铍的进一步溶解，而起到缓蚀作用。

(3)水的流速和腐蚀产物含量的影响

当水的流速慢时由于消除了铍表面浓差引起的微电池，从而减缓铍的局部腐蚀。当水的流速过高或含固体腐蚀产物时会发生腐蚀加剧和磨蚀现象。

(4)电偶的影响

铍与电正性金属(如不锈钢等)接触，腐蚀明显加速，比如实验研究堆反射层铍因表面沉积铁屑而出现孔蚀。而铍与电极电位相近的金属(铝、锌、锰、镁等)接触，对铍腐蚀的影响不明显。

(5)温度的影响

水的温度越高，铍的腐蚀速率越大，而且常常伴随严重的局部腐蚀。还应当指出，在高温水中试验数据的重现性很差，这是因为高温时铍中杂质对腐蚀产生较大影响，使得铍变得很敏感，易出现波动。

(6)合金元素的影响

铍中杂质 Al 和 C 的存在可引起孔蚀。

综上所述，在实验研究堆中，在温度较低(约 100 ℃)、保持中性的水中，以及避免与电正性金属(不锈钢等)相接触的情况下铍的使用是安全可靠的。美国 MTR 堆与 ETR 堆使用铍反射层 10 年以上未发生明显损坏，效果良好。微型反应堆使用铍作屏蔽层和慢化剂，可有效减小堆的容积，使堆结构更紧凑，而且可调节堆的后备反应性。

铍的缺点是质脆、不易加工、价高、毒性大，这些都限制了它的应用。

4.3　生产堆材料的腐蚀

生产堆是指专门生产核武器材料——钚的核反应堆。水冷石墨慢化生产堆结构示意图如图 4－4 所示。武器级钚－239 当然也可以用于制作动力堆的燃料元件。由于生产堆运行的热工参数在 120 ℃左右或更高一些，故所用结构材料仍然以铝、不锈钢、铍和石墨等材料为主。因温度参数高于实验研究堆，因而材料在冷却剂中的腐蚀机理及性能亦有其特点。本节主要介绍铝合金的均匀腐蚀、晶间腐蚀和氢泡腐蚀，即由室温下的孔蚀向这类腐蚀转化的情况，并介绍这类反应堆运行工况下冷却剂中一些不锈钢构件的腐蚀情况。

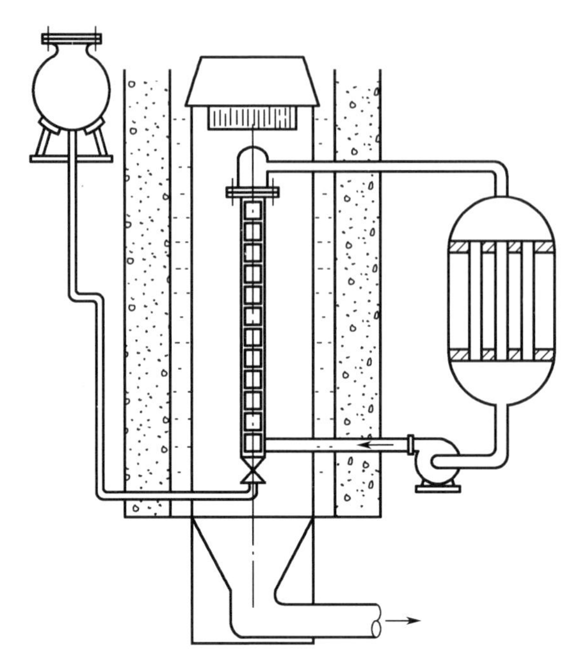

图 4－4　水冷石墨慢化生产堆结构示意图

4.3.1　生产堆用铝合金的腐蚀

生产堆采用铝合金制作燃料元件包壳和工艺管。在中温高纯水中纯度较高的铝合金除了均匀腐蚀外常常出现晶间腐蚀或氢泡腐蚀，而不像在实验研究堆中那样以孔蚀为主。工业纯铝(>99%)如 LT21 铝合金具有较强的抗孔蚀能力，用作重水实验堆的堆容器。铝合金能否用作生产堆元件包壳和堆芯结构材料关键在于解决铝合金晶间腐蚀敏感和均匀腐蚀速率高的问题。添加镁，形成 Mg_2Si 弥散强化相，大大提高铝合金强度，添加适量的 Fe、Si、Ni、Cu 元素提高抗晶间腐蚀的能力。表 4－2 示出反应堆用主要铝合金的化学成分。

表 4－2　反应堆用主要铝合金的化学成分

元素	CAB－1	1100	1200	5052	6061	AC4C	X8001
Al	余量	>99.00%	>99.00%	余量	余量	余量	余量
Cu	0.01%	0.05% ~ 0.20%	<0.05%	<0.10%	0.15% ~ 0.40%	<0.20%	—
Si	0.6% ~ 1.2%	Si + Fe	Si + Fe	Si + Fe	0.40% ~ 0.80%	6.5% ~ 8.5%	0.10% ~ 0.30%
Fe	≤0.2%	小于 1.0%	小于 1.0%	小于 0.45%	<0.70%	<0.50%	0.50%
Mn	0.01%	<0.05%	0.05%	<0.10%	<0.15%	<0.30%	—
Mg	0.45% ~ 0.9%	—	—	2.2% ~ 2.8%	0.80% ~ 1.20%	0.20% ~ 0.40%	—

表 4－2(续)

元素	CAB－1	1100	1200	5052	6061	AC4C	X8001
Zn	0.03%	<0.10%	<0.10%	<0.10%	<0.25%	<0.30%	—
Cr		—	—	0.15% ~ 0.35%	0.04% ~ 0.35%	—	—
Ti	0.01%	—	—	—	<0.15%	<0.20%	—
Ni		—	—	—	—	—	1.0%
其他		<0.15%	<0.15%	<0.15%	<0.15%	—	—

1. 铝合金的全面腐蚀

铝合金在温度较高的生产堆冷却剂中,其腐蚀类型转变为以全面腐蚀为主。

铝合金在中温纯水中发生的均匀溶解属于电化学腐蚀,包括阳极区的铝离子化以及阴极区 O_2 和 H^+ 的还原反应。

阳极:

$$Al \longrightarrow Al^{3+} + 3e^-$$

阴极:

$$O_2 + 2H_2O + 4e^- \longrightarrow 4OH^-$$

$$2H^+ + 2e^- \longrightarrow H_2$$

水中阳极反应产物与阴极反应产物相结合,生产疏松的腐蚀产物:

$$Al^{3+} + 3OH^- \longrightarrow Al(OH)_3$$

所以铝材的全面腐蚀实际上是铝材不断减薄和腐蚀产物层不断增厚的过程。影响腐蚀过程的因素如下。

(1)腐蚀速率随时间的变化

铝合金腐蚀表面的铝转化为氢氧化铝,质量增加,腐蚀速率用增重与时间的关系表示,表现为抛物线形式,参见图 4－5。

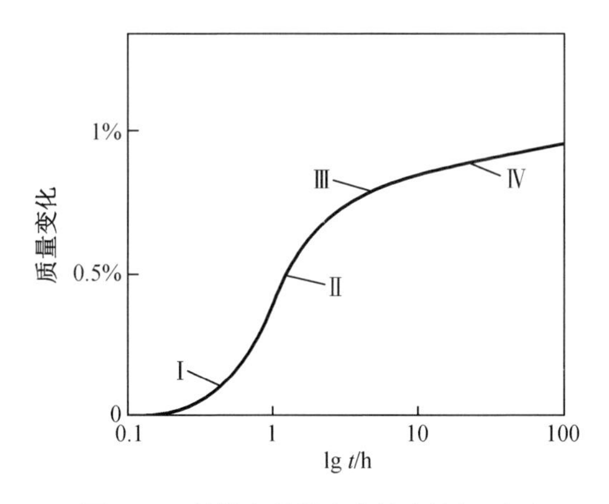

图 4－5　纯铝在蒸馏水中的腐蚀(52 ℃)

在腐蚀的初期铝合金的腐蚀产物膜很薄,对腐蚀反应的阻力小,腐蚀速率较快,形成单斜晶的氧化物(第Ⅰ阶段)。随着腐蚀膜 $Al_2O_3 \cdot H_2O$ 增厚,反应受阻而减慢,在此基础上形成斜方晶 $Al_2O_3 \cdot 3H_2O$,增重加剧(第Ⅱ阶段)。斜方晶易破裂,特别是在外界因素(流体冲击)作用下易破碎或溶解(pH 值变化),增重速率下降(第Ⅲ阶段)。在第Ⅳ阶段外层不断破裂溶解,内层基体不断形成新的氧化膜,则铝合金增重速率趋缓。

(2)全面腐蚀随温度的变化

随温度升高,铝合金的均匀溶解速率增加,可用 Arrhenius 公式表示:

$$\lg R = B - C/T$$

式中 T——绝对温度,K;

R——反应速率;

B,C——系统常数。

Tutner 和 Dirollan 等人的试验都证实了这一结论,但也有一些学者对此做了修正。比如,Draley 试验证明,X8001 铝合金的腐蚀速率与绝对温度倒数的关系在 150 ~ 290 ℃为一直线,高于 290 ℃则腐蚀速率较直线偏高。Groot 曾对 20 多种铝合金做了腐蚀试验,腐蚀速率很相近,参见图 4 - 6。

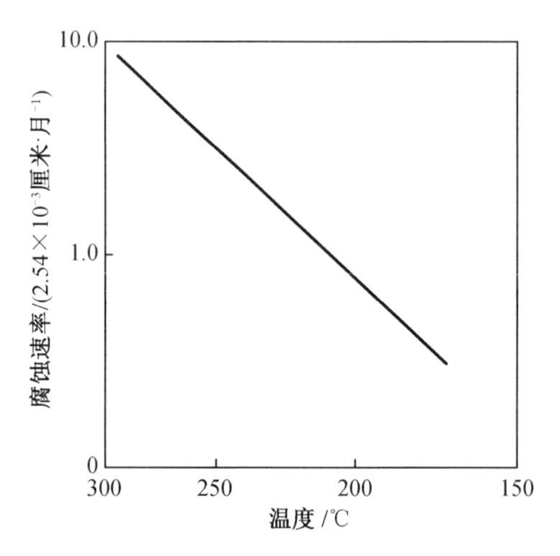

图 4 - 6 X8001 铝合金腐蚀速率随温度的变化

(去离子水,流速 6.7 m/s,pH = 6)

又如,Draley 叙述了不同酸度的水中,2S 铝合金的腐蚀速率,腐蚀速率与绝对温度呈近似的直线关系。

(3)水的酸度对铝合金均匀腐蚀的影响

铝为两性金属,即在偏酸和偏碱介质中表面氧化膜都会溶解。而在中性介质中氧化膜是稳定的,腐蚀速率最低。在室温下,铝合金腐蚀速率最低的 pH 范围为 3 ~ 11。而当温度升高时,这一范围变窄。铝合金腐蚀速率随 pH 值变化的曲线表明,铝合金最小腐蚀速率的 pH 值随温度升高而降低。例如,50 ℃时 2S 铝合金最小腐蚀速率的 pH 值为 6.5 左右,而在 315 ℃时已下降到 2。又如,1245 铝合金在 280 ~ 300 ℃,最低腐蚀速率的 pH 值为3.1;在 255 ℃和 205 ℃时,分别为 4 和 4.9,参见图 4 - 7。

对于 2S 铝合金和其他一些铝合金在 50 ~ 90 ℃水中可以找到最低腐蚀速率的 pH 值,为 6.5 左右,这就是为什么在生产堆中水的 pH 值一般要求在 6 左右的原因。

水温高，必须降低 pH 才能保持较低的腐蚀速率。对这一现象的解释是，在高温下水的离解度增大，因而增加了$[OH]^-$浓度，后者是活泼的氧化剂和腐蚀剂。为了抑制它的作用，降低其浓度，必须增加$[H]^+$浓度，即降低 pH。

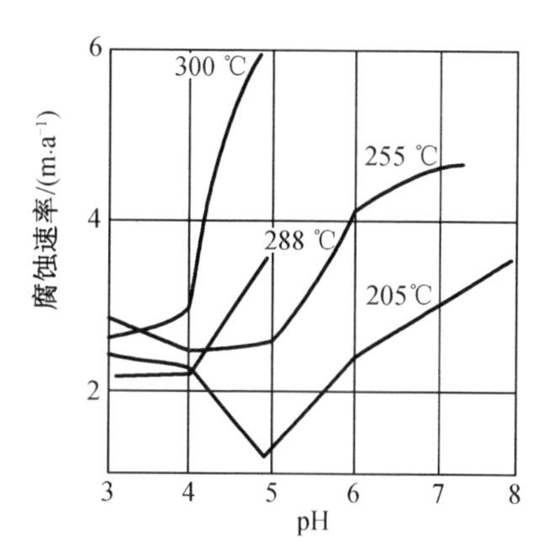

图4-7　1245铝合金在不同温度下最低腐蚀速率与 pH 的关系

(4)水中离子浓度及氧含量对铝合金腐蚀的影响

Troutner 在 92 ℃水中就各种离子对铝合金腐蚀的影响做了为期两周的腐蚀试验，试验结果为在自来水、去离子水、蒸馏水中及在它们中加入氯酸盐、硝酸盐、碳酸盐、醋酸盐、砷酸盐、硅酸盐等的溶液中，铝只随水的 pH 变化而改变腐蚀速率。多数离子本身及其浓度变化对铝合金腐蚀基本没有影响，甚至氯酸盐的浓度升高至0.1对铝合金的腐蚀仍无影响。对铝合金腐蚀有影响的离子有两个：磷酸和柠檬酸。前者缓蚀，后者激励腐蚀。

磷酸缓蚀是因为它使铝合金表面形成耐蚀膜。例如，在 195 ℃，5.0×10^{-6}磷酸盐介质中，铝合金表面膜的成分为$Al(PO_4)(OH)_2$或$Al_2O_3\cdot P_2O_5\cdot 3H_2O$。Draley 认为$PO_4^{3-}$加入后可与吸附在其表面的$OH^-$相对抗，减少了$OH^-$的作用而缓蚀。

和磷酸相反，柠檬酸促进铝合金的腐蚀是因为它可使铝形成复合离子，从而促进了膜的溶解。

有些学者认为，铬酸盐、重铬酸盐和硅酸盐会改善铝合金的抗蚀性。但在较高温度下铬酸盐和重铬酸盐均不起缓蚀作用，而硅酸盐在各种温度下均能起到缓蚀作用。例如，在 300 ℃水中，含有0.1%SiO_2的硅酸盐时，155 铝合金的腐蚀速率接近降低至五分之一；而在 260 ℃下，则接近降低至十分之一。

(5)氧及氧化剂对铝合金腐蚀的影响

水介质中添加氧或氧化剂时有时腐蚀速率降低，有时却增加腐蚀，这是由氧的双重性所决定的。Draley 发现2S 铝合金在 70 ℃的蒸馏水中，当加氧时腐蚀速率远较氦气饱和水时低，再加入少量过氧化氢(1.0×10^{-3} mol)时腐蚀速率更低。但氧含量很低时，6061 T6 合金的电位处于活化区(-0.65 V，-0.6 V，-0.52 V)，此时氧含量上升，腐蚀速率亦增加。若氧含量增加使得铝的稳定电位由活化区进入钝化区，则铝的腐蚀速率会大大降低。例如，在200 ℃水中6061 T6 铝合金在含氧水中，氧由0.2 mg/L 升至3.7 mg/L 时，腐蚀速率由 0.77 $g/(m^2\cdot d)$升至 1.56 $g/(m^2\cdot d)$。当进一步增加氧含量至 10 mg/L 时，则进入钝化区，此时的腐蚀速率反而降至 0.25 $g/(m^2\cdot d)$。

(6)离子对铝合金腐蚀的影响

由于介质中各类离子关联因素很多，所得铝合金腐蚀数据常常有矛盾，应就实际工程环境做模拟试验，对铝合金在给定环境中的腐蚀行为进行评定。原则上，水质要纯净，少含或不含各种离子为好。

(7)面容比对铝制件腐蚀的影响

人们在对比文献中铝合金的腐蚀数据时，发现实验条件不同，数据差别很大。经分析发现，这是水中溶解的铝的浓度不同所致，即面积与体积之比(简称面容比)不同。

Parryman 试验验证得出结论，当面容比增加时腐蚀速率减小。他的数据证明，当面容比为(1 ~2)cm^2/L 时腐蚀速率为 0.045 in①/a，而在(170 ~ 570)cm^2/L 时腐蚀速率仅为(5 ~8)$\times 10^{-3}$in/a，而且此时的腐蚀速率已和面容比无关。在做动水腐蚀试验时，串联样品中的上游样品腐蚀严重，而下游样品则可得到保护。

在静水中做试验时，常常有误解，认为面容比对腐蚀无影响。但 Ayres 在高压釜中的试验证明，当釜中的水按不同速度更换时，面容比仍然有影响，如图 4 -8 所示。当换水速率足够小时，由于水被铝离子饱和，故换水速率与腐蚀速率 κ 无关。当换水速率大到使介质不能被铝离子饱和时，换水速度越快，则铝离子越少，所以导致金属溶解加快，即 κ 增加。而当换水速率很大，使离子浓度变化极微时，不足以引起 κ 变化，则 κ 与换水速率无关。

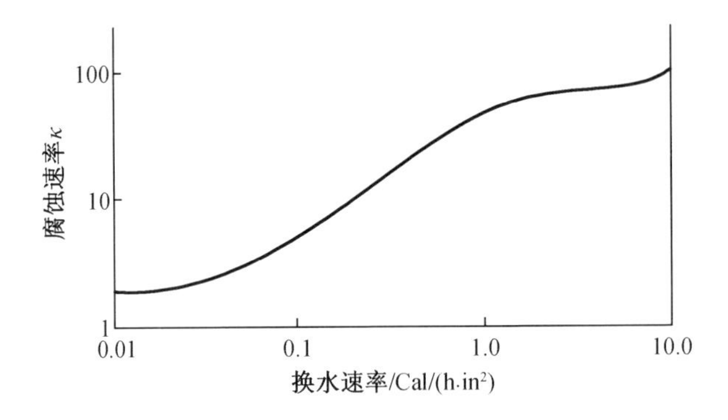

图 4 -8　腐蚀速率与换水速率的关系

在解释水中铝离子浓度增加可以减少铝腐蚀时，Lobsinger 认为，在动水中铝腐蚀膜是多孔结构，从铝溶解反应平衡角度考虑，水中铝离子浓度增加，将对其进一步溶解起阻碍作用。

(8)热流影响

研究热流对材料腐蚀的影响主要针对燃料元件包壳材料。与铝制工艺管和结构材料不同，燃料元件是发热体，元件包壳要经受热流的作用，通常热流对材料腐蚀有加速作用。

由于热流的作用，元件表面腐蚀膜会随热流强度增加而增厚，而且时间越长腐蚀膜越厚。Gries 对 1100 和 6061 等铝合金在 205 ℃水中暴露 142 h，不同热流强度的氧化膜厚度的变化进行了研究。热流对 1100 和 6061 铝合金氧化膜厚度的影响参见表 4 -3。

表 4 -3　热流对 1100 和 6061 铝合金氧化膜厚度的影响

热流/(W · m^{-2})	151	161	220	312	464	605	662
氧化膜厚度/μm	19.0	19.0	29.2	34.5	32.5	21.3	29.5
试验时间/h	142	142	142	142	142	84	92

随着膜的增厚，发热体向冷却剂传热困难，导致铝元件表面温度升高，从而导致铝和氧化膜更快溶解，因而加速腐蚀。

① 1 in =25.4 mm。

在有热流的条件下，腐蚀速率的增加也可能与保护性氧化膜剥落有关。

2. 堆用铝合金的防蚀措施

（1）选用和研制耐蚀的铝合金

用铁含量较工业纯铝稍高的铝合金做燃料元件包壳，比如使用303－1铝合金（表4－4），即常用的元件包壳材料为含铁、硅的2S系列铝合金。对于结构材料，则采用机械强度更高的铝－镁－硅系列合金。

表4－4　不同牌号铝合金的金属含量

牌号	Fe	Si	牌号	Mg	Si	Cu	Fe
303	0.08～0.18	0.04～0.16	161	0.45～0.8	0.6～1.0	0.01	0.2
303－1	0.24～0.4	0.16	166	0.7～1.2	0.6～1.2	0.3～0.6	0.2
2S	0.6	0.3					

（2）保持水质符合标准

保持好的水质既可减少铝的局部溶解，又可防止停堆期间冷却剂发生敏感的孔蚀。

（3）铝合金表面的阳极氧化处理

阳极氧化膜较天然生成的膜厚，又比生成的腐蚀膜致密、硬度高、耐磨。阳极氧化处理仍是铝合金腐蚀防护的主要措施。应当指出，有局部损伤的阳极氧化膜易引起局部腐蚀。故应保证成膜质量，并保证在贮存、运输、安装和使用过程中保持铝合金表面的完整性。在条件允许的情况下，可用生成的膜更致密、完整性更好的高温预生膜代替阳极氧化膜。

（4）合理的结构设计

焊接口、封装和联结头要简易，构件间应避免摩擦和振动，缝隙接触结构要少。

3. 铝合金的晶间腐蚀

铝合金的晶间腐蚀是沿着铝合金晶界电化学性能不同的区域，电化学作用加速局部溶解而引起的破坏，所以铝合金的晶界腐蚀与铝合金的成分有关。此外，还与铝合金第二相大小与分布有关，后者又与冶金和热处理过程分不开。晶间腐蚀倾向大小与晶粒度紧密相关，晶粒小，晶间腐蚀倾向小。

对于铝合金3%的变形度是临界变形度。变形度越大晶界腐蚀倾向越小。变形度小于50%时，铝合金暴露于100 ℃水中7天出现晶间腐蚀，而变形度大于60%时6个月仍未出现晶间腐蚀。当水温进一步升高时需要更高的变形度才能保证安全。

添加合金元素对高温水中铝合金行为的影响见表4－5。Kawasakl的研究表明，纯铝中添加某些合金元素，能改善铝合金在200 ℃水中抗晶间腐蚀的能力。

Bower指出，同时添加Fe和Ni元素，如果添加量太少，晶间腐蚀仍会发生，特别是在温度较高的情况下。而含0.25% Ni和0.37% Fe是使合金在360 ℃水中不产生晶界脆化的最低含量。Perryman的试验证明，铝中添加Ni和Cu可避免高温使用时产生晶间腐蚀，而向均匀腐蚀转化，其中以1%～2% Ni和2%～4% Cu的添加量最好。

表 4-5　铝合金添加元素对其晶间腐蚀性能的影响

添加量	添加元素			
	Fe	Ni	Si	Cu
0.5%	晶间腐蚀	晶间腐蚀	晶间腐蚀	—
1.0%	均匀腐蚀	均匀腐蚀	晶间腐蚀	晶间腐蚀
2.0%	均匀腐蚀	均匀腐蚀	均匀腐蚀	均匀腐蚀

经过多年研究,美国在纯铝中加入铁、硅等元素而形成 2S 铝合金。它们在 200 ℃以内条件下使用,性能良好;在高于200 ℃的水中使用会产生晶间腐蚀而破坏。为了进一步改善其抗晶间腐蚀的能力,在 2S 铝合金的基础上又增加了镍,而形成了 X8001 铝合金系列。该合金能形成 $NiAl_3$、$FeAl_3$、$FeNiAl_9$ 等大量阴极相,因而使该系列合金抗高温晶间腐蚀性能大大提高。以后在 X8001 基础上加入了硅而形成 IF 系列铝合金,其抗蚀能力及机械强度优于 X8001 铝合金。

在上述合金发展的同时,人们还研究出了 Al-Mg-Si 系列合金,如 6061 铝合金,由于其具有弥散的强化相 Mg_2Si,性能得以改善。添加电极电位较铝正、其上氢的超电压较低的铁、锰、镍后,在高温水中这些离子可沉积在铝合金表面,使氢的放电加速,并提高铝的稳定电位,改善合金的抗晶间腐蚀性能。

4. 铝合金的氢泡腐蚀

铝的阴极常常有氢的还原反应发生:

$$2H^+ + 2e^- \longrightarrow 2H \longrightarrow H_2\uparrow$$

由于 H^+ 的体积小,扩散能力强,常常能深入金属内部、晶界或空穴处进行反应。由于反应生成 H_2,体积发生膨胀,结果使晶粒承受很大应力,甚至使晶粒破碎,这种破坏现象称为铝合金的氢泡腐蚀。

防止氢泡腐蚀的途径是在铝中添加电正性的和氢在其上的超电压较小的合金元素,如 Cu、Fe、Ni,促使大量的氢在金属表面析出,从而减少或防止氢致内部晶粒破碎的现象。

需要指出的是,只含少量 Fe、Si 的铝合金在较低温度,如室温的水中,处于钝态。但添加防止氢泡腐蚀的元素后,它们从晶内析出,作为阴极,使铝的氧化膜进入活性区,晶间腐蚀敏感性增加,只是当温度较高时才转入钝态,参见图 4-9。鉴于此,为降低停堆期间低温环境下铝合金的腐蚀敏感性,保持良好的水质尤为重要。

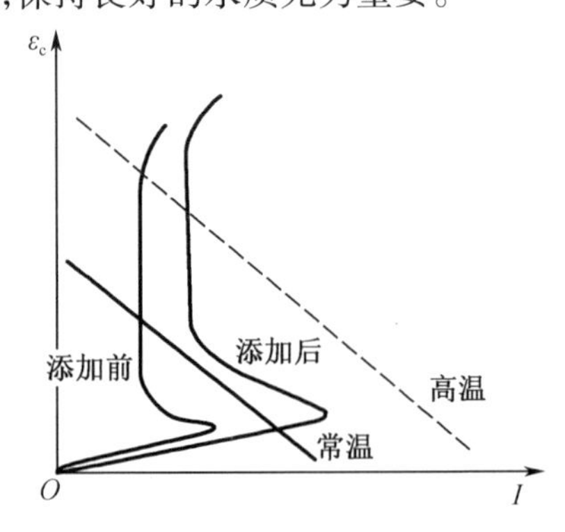

图 4-9　添加铜、铁、镍等合金元素后常温和高温下阴极极化曲线的变化

4.3.2　生产堆用不锈钢的腐蚀

19 世纪不锈钢的研制及应用与化工、纺织、石油等工业的发展密切相关。20 世纪中叶核能的开发,特别是反应堆系统的构建,使不锈钢成为首选的结构材料。生产堆的结构材料中不锈钢所占比例很大,主要用作堆本体结构件,包括一回路主管道在内的上、下部水管路系统、热交换器、传热管、卸料脉冲管等。0Cr18Ni9Ti 系列奥氏体不锈钢,因表面能生成钝化膜,具有优异的耐腐蚀性能,使用极为广泛。

随着各类反应堆的开发,运行工艺参数的逐步提高,环境介质的变化,不锈钢制部件在使用过程中不断发生一些严重的腐蚀问题。不锈钢的腐蚀类型有均匀腐蚀、孔蚀、缝隙腐蚀、晶间腐蚀和应力腐蚀等。

1964—1973 年统计的各类腐蚀破坏比例为:均匀腐蚀及其他腐蚀破坏 23.3%;孔蚀与缝隙腐蚀破坏 27.2 %;晶间腐蚀破坏 11.5%;应力腐蚀破坏 38%。

1. 均匀腐蚀

均匀腐蚀主要指的是膜的溶解、腐蚀沉积层的溶解与脱落、不锈钢基体溶解等。不锈钢浸泡在反应堆高温水中,其表面一般会形成多层结构的腐蚀膜,由内向外分别为:αFe_2O_3,$\alpha Fe_2O_3+Fe_3O_4$,Fe_3O_4,γFe_2O_3,$+Fe_3O_4$(其中 αFe_2O_3不耐蚀,黏结性能差,而Fe_3O_4和 γFe_2O_3耐蚀性能好)。

在冷却剂水中不锈钢均匀腐蚀速率较小,对材料使用安全性影响不大,但会引起水质恶化,尤其是钢中长寿命、强放射性同位素钴 -60 溶入冷却水系统,大大增加回路系统的辐射剂量。

2. 孔蚀与缝隙腐蚀

不锈钢孔蚀与缝隙腐蚀往往是由钢表面微电池使金属钝化膜遭受局部破坏而引起的。19 世纪初有学者就发现,含 Cl^- 的盐类能破坏 Fe - Cr 系列合金的表面钝化膜,引起孔蚀和缝隙腐蚀。此两类腐蚀的形成和发展均系浓差极化与小阳极和大阴极的闭塞电池作用所致。钢表面的微电池通常由非金属夹杂、气孔、裂缝、氧化皮、锈点和污垢等形成。

各种牌号不锈钢产生孔蚀的敏感性不同。0Cr18Ni9Ti 较耐孔蚀,钢中加 Mo 可防止孔蚀的发生,1Cr18Ni9Ti 对孔蚀最为敏感,这种牌号的不锈钢已被淘汰。

钢的表面状态对孔蚀的敏感性有明显的影响,抛光表面具有较好的稳定性,磨光和酸洗表面次之,表面有污物或氧化皮者最差。

在钢材侵蚀加工过程中孔蚀现象多与加工时采用的侵蚀液中 Cl^- 和 Fe^{3+} 的浓集及总酸度下降有关,侵蚀液使用过久或搅拌不均匀会发生这种状况,故结构复杂的构件不宜使用侵蚀处置工艺。常规侵蚀加工采用1.5% ~2.0% NaCl,1.5% ~2.0% $NaNO_3$侵蚀液。侵蚀加工处理 15 min 后,用清水洗净,再用 5% ~8% 的 HNO_3做出光处理,为时 3 ~5 min。

钢材防止孔蚀与缝隙腐蚀的方法如下:

(1)钢中增加 Cr 和 Mo 的含量,以加强表面钝化膜的质量;

(2)材料保存和使用环境(介质和保温层)中尽量减少 Cl^- 的含量;

(3)结构上尽量减少缝隙;

(4)提高钢材表面的光洁度,必要时增加表面预处理工序。

3. 不锈钢的晶间腐蚀

晶间腐蚀是晶粒边界优先被腐蚀，即宏观表面没有明显变化，但产生快速的局部腐蚀。

固溶奥氏体不锈钢在 400 ~ 850 ℃的腐蚀介质中长期使用，或焊接热影响区受腐蚀介质作用，常常会出现晶间腐蚀。这是因为固溶过饱和体 $Me_{23}C_6$（Me 为 Cr、Fe）在 400 ~ 850 ℃敏化温度下沿晶界析出。大量的 Cr 伴随 C 析出，使晶界附近的含 Cr 量低于维持钝化所需的量，形成活性态的贫 Cr 区，在腐蚀介质作用下成为阳极，与宏观合金基体大阴极形成微电池，使贫 Cr 区发生严重的晶间腐蚀。这就是奥氏体不锈钢晶间腐蚀贫铬理论的解释。防止晶间腐蚀产生的措施如下。

（1）降低钢中的含碳量

钢中含碳量越低，形成 $Me_{23}C_6$ 的量越少，所消耗的铬量就越少，贫铬现象越轻微，晶间腐蚀倾向也就越小。当含碳量低于 0.03% 时，则不会产生晶间腐蚀，这种钢称作超低碳不锈钢。

（2）添加稳定化元素

通过添加与碳亲和力更大的元素，使之与碳形成稳定的碳化物，铬则免于生成碳化物，免于消耗。与碳亲和力大的元素有铌、钛等，它们被喻为稳定化元素。铌和钛的用量根据分子式计算，钛含量应为碳含量的 4 倍，铌为 8 倍。而实际上稳定化元素的用量还应更多一些，因为铌和钛会因与氧和氮的亲和作用而消耗掉一部分。

加入铌、钛元素后的 18 - 8 奥氏体不锈钢在高温下使用时，还要经过 850 ~ 900 ℃保温 1 ~ 4 h，其后空冷至室温的稳定化处理，使已生成的 $Cr_{23}C_6$ 溶解而形成碳化铌或碳化钛，后者的固溶化温度远低于碳化铬（1 050 ~ 1 150 ℃）。

（3）固溶处理

将 18 - 8 不锈钢加热至 1 050 ~ 1 150 ℃后，使晶界上沉淀析出的 $Cr_{23}C_6$ 重新溶解，快速冷却，使碳化物来不及析出，此法适用于小型零部件。

（4）冷加工处理

冷加工可以使金属组织内出现滑移线，经敏化处理时碳化铬可在滑移线上析出，以减少晶界上碳化物的数量。

4. 不锈钢的应力腐蚀

（1）材料应力腐蚀概况

早在 1906 年，驻守印度的英国军队发现军火库中贮存的炮弹钢壳上有发丝状裂纹，当时称之为“季裂”，这是一种典型的应力腐蚀破裂（stress-corrosion cracking，SCC）。随着工业发展过程中合金品种和使用条件的多样化，SCC 更频繁地出现。

在核反应堆工程中，SCC 也多次发生，特别是奥氏体不锈钢本身就是一种对 SCC 敏感的材料。这种较早开发的钢材在反应堆结构发展早期使用得很广泛。

①1960 年萨瓦娜河重水反应堆热交换器传热管（304 不锈钢）发生氯离子引起的应力腐蚀，致使重水泄漏速率达 490 lb/d[①]。

②1982 年 Ginna 压水堆由于传热管断裂造成放射性气体喷发事故。

③舰艇核动力堆传热管也发生过多次 SCC 事故。

④根据 20 世纪六七十年代的数据统计，国际上各种堆型的反应堆部件均有产生 SCC

① 注：1 ld = 0.453 592 37 kg。

的记载，甚至在材料部件制造和安装期间也曾有严重的 SCC 发生。统计核工业中不锈钢 SCC 的 88 起事故中 18－8 不锈钢（304 不锈钢和 316 不锈钢）的 SCC 事故占总数的四分之三。

⑤从 20 世纪 60 年代开始，我国自行设计、建造的中、高温反应堆（生产堆和动力堆）相继投入运行，仅就中温生产堆而言，1966—1981 年较大的事故共 11 起，其中 SCC 事故有 8 起。

（2）应力腐蚀特征及产生条件

不锈钢应力腐蚀破裂是指不锈钢在一定拉应力和特定腐蚀介质共同作用下，其腐蚀破坏程度比应力或腐蚀介质单独作用更严重的一种破坏现象。

①静态拉应力的存在。应力腐蚀多发区是指那些结构复杂、静拉应力足够大的部位。例如，胀管端、立管螺钉、传热管和脉冲管弯管外侧等。只有当拉应力达到或超过某临界拉应力值时才发生应力腐蚀破裂，临界应力值依赖材料和环境介质条件，有时临界应力值可能很低，远低于材料的拉伸极限强度。通常随拉应力的增大，其破裂时间变短。工程中常见的静态拉应力的来源有如下几种：

a. 工作应力，如立管螺钉承受的自重拉应力。

b. 装配应力，如脉冲管就位弯曲时的施工应力。

c. 热应力，如发生在焊接部位，冷却收缩产生的拉应力。

d. 加工应力，如与管板胀接时胀管表面产生的拉应力。

e. 腐蚀产物体积膨胀产生的应力，特别是缝隙部位腐蚀产物沉积、膨胀产生的应力。

②恶劣介质的存在。就介质而言，应力腐蚀多发区是那些存在恶劣介质的部位。缝隙、干湿交替变化易促使有害离子的浓集。构件接触、喷淋含 Cl^- 的恶劣介质或贮存在炎热、潮湿海洋大气环境之中的材料都很容易发生应力腐蚀破裂，特别是同时含有氧的情况下会更危险。

（3）对应力腐蚀敏感的材料

应力腐蚀多发于某些敏感的材料部件，纯金属的应力腐蚀倾向较低。某些合金材料对应力腐蚀极为敏感。例如，1Cr18Ni9Ti 钢对应力腐蚀很敏感，核反应堆相关材料部件曾发生多起严重的应力腐蚀破裂事故。这种钢材在许多领域已不再使用，而改用含镍、铬量很高，耐应力腐蚀的 Inconel－600、Incolloy－800，以及 Inconel－690 等高级合金。但在俄罗斯仍然使用低碳或超低碳改进的 18－8 不锈钢，改进结构设计，改善水质，以降低应力腐蚀的敏感性，毕竟后者要便宜得多。用作立管螺钉的含碳 0.4%～0.5% 的沉淀硬化钢 4Cr14Ni14W2Mo 也是对应力腐蚀敏感的材料，已由耐应力腐蚀的双相钢（00Cr25Ni5Ti 或 00Cr26Ni7Mo2Ti）代替。

（4）应力腐蚀诱发源

应力腐蚀破裂常常以局部损伤为先导，这些局部损伤包括划伤、磨痕、孔蚀坑、晶界裂纹等。孔蚀是裂纹发展的先导，所以导致孔蚀和晶间腐蚀的诸多因素对产生应力腐蚀都可能成为诱发源，如钢的敏化处理，C、P、S 及其他杂质含量高都会影响应力腐蚀的敏感性。

（5）应力腐蚀防止措施

①正确的选材，替换对应力腐蚀敏感的材料，比如，立管螺钉用双相钢代替含碳量较高的沉淀硬化钢。脉冲管用 Ni、Cr 含量高的新 13 号钢代替 0Cr18Ni9Ti 钢。

②改善设计。如用全胀管工艺，取消管子与管板间的间隙；改善介质流道，减少有害杂

质浓集的可能性。

③改善材料表面状态，提高表面光洁度。

④建立介质净化系统，严格执行水质标准。

⑤制造、贮存和安装环境保持干燥、清洁。

4.4 核电站动力堆主要材料的腐蚀问题

4.4.1 引言

动力堆是将核能转化为高温热能以推动涡轮机发电或驱动舰艇的叶轮为目的的反应堆。从20世纪60年代建成第一批工业规模原型堆核电站以来，到2020年全世界已有400多座核反应堆在运行。归纳起来有三种类型的反应堆比较成熟：轻水堆、重水堆和石墨气冷堆。其中轻水堆占81%左右，轻水堆又以压水堆为主。

核电发展规模最大的国家有美国、法国、俄罗斯、日本和英国等。我国核电发展较为滞后，至2012年底在役的只有11个机组，总功率8 900 MW。随着我国经济持续快速发展，核电发展加快，至2020年在役核电机组已有48个。

本章主要介绍压水堆堆型核电站的主要腐蚀问题，重点介绍燃料元件包壳锆合金和蒸汽发生器传热管材料的腐蚀问题。压水堆核电站主工艺系统工作原理图如图4-10所示。

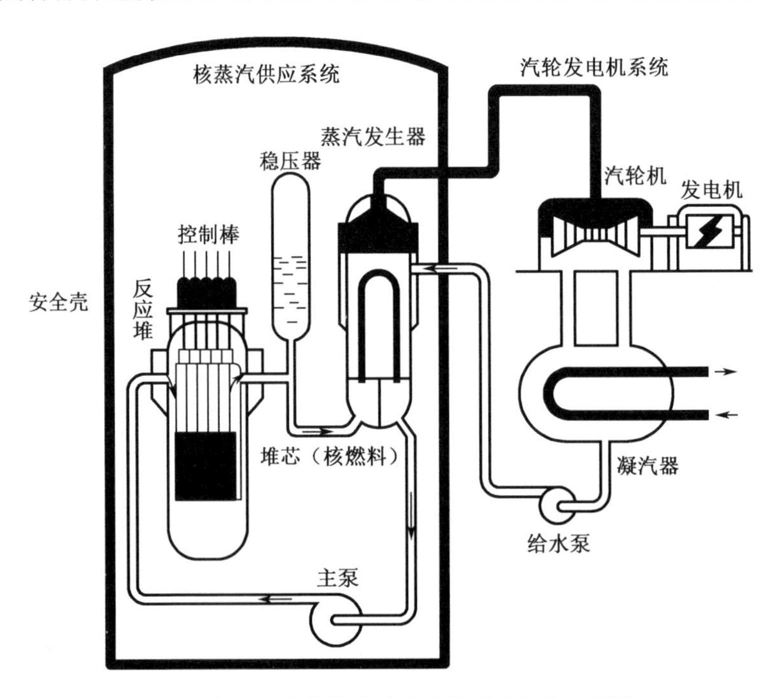

图4-10 压水堆核电站主工艺系统工作原理图

4.4.2　燃料元件包壳材料锆合金的腐蚀问题

锆合金主要用作燃料元件包壳及压力管部件。早期核电站的元件包壳都是采用其时工业部门广泛应用的不锈钢(348不锈钢、304不锈钢等),自20世纪60年代后期被锆合金所取代。虽然二者的耐蚀性均优良,但锆合金的中子微观吸收截面只有不锈钢的1/13,宏观吸收截面为1/27。其他条件相同的情况下用锆代替不锈钢,达临界所需铀燃料浓度可降低1%以上。

最早出现的锆合金为锆中加入2.5%锡的合金,即为锆-1(Zr-1)合金。加锡的目的是抵消锆中氮的有害作用及减少碳和铝的有害影响。作为燃料元件包壳和堆内结构材料,锆合金通常处于中、高温氧化气氛中,氧化增重和与氧化时间的关系曲线分为性质不同的两个阶段:一开始快速氧化,其后氧化速率随时间逐渐降低(抛物线或立方速率),到某一点(转折点)氧化就以恒定的速率(线性)进行。

锆-1合金氧化生成的膜较致密,出现转折点比纯锆晚,但这种锆合金在高温水中的耐蚀性仍不佳,在343 ℃的水中100天增重达700 mg/dm^2,不能满足包壳材料耐蚀性能要求。为了改善耐高温水腐蚀性能,在锆-1合金基础上添加Fe、Cr、Ni等元素,增强锡的抑氮性能,锡的含量可降至1.2%,这样制得的锆-2合金在高温水中生成的氧化膜牢固、致密,不仅提高了耐蚀性,还使氧化转折点延后出现,锡含量的下降也有利于提高耐蚀性。作为燃料元件包壳的锆-2合金在使用的初期发现,锆-2合金比较容易吸氢而形成脆相。经分析认为,这与合金中的镍有关,于是减少,甚至取消了镍,适量增加铁的含量,制成了无镍锆-4合金。锆-4合金在高温水中的耐蚀性与锆-2相似,但锆-4合金吸收锆的腐蚀产物——氢的量只有锆-2合金的1/3~1/2。锆-2合金多用于沸水堆燃料元件包壳,而锆-4合金多用于压水堆和重水堆燃料元件包壳。到20世纪70年代末已制作并使用的锆-4合金包壳达900万根,其中压水堆元件约占50%。反应堆用锆合金的化学成分见表4-6。

表4-6　反应堆用锆合金的化学成分

材料	成分				
	Sn	Fe	Cr	Ni	Zr
锆-1	2.5%				余量
锆-2	1.2%~1.7%	0.07%~0.20%	0.05%~0.15%	0.03%~0.08%	余量
锆-4	1.2%~1.7%	0.10%~0.28%	0.05%~0.15%		余量

在锆-4基础上添加1%铌的合金具有很好的抗腐蚀性能,堆外高温水中考验一年,结果令人满意。危害锆包壳的腐蚀问题有常规燃耗和高燃耗下的均匀溶解腐蚀、元件包壳内表面吸氢引起的氢脆和包壳与燃料芯体相互作用(PCI)引起的破坏。

1. 常规燃耗和高燃耗下的均匀溶解腐蚀

锆合金在高温水和水蒸气中的腐蚀动力学曲线示于图4-11。

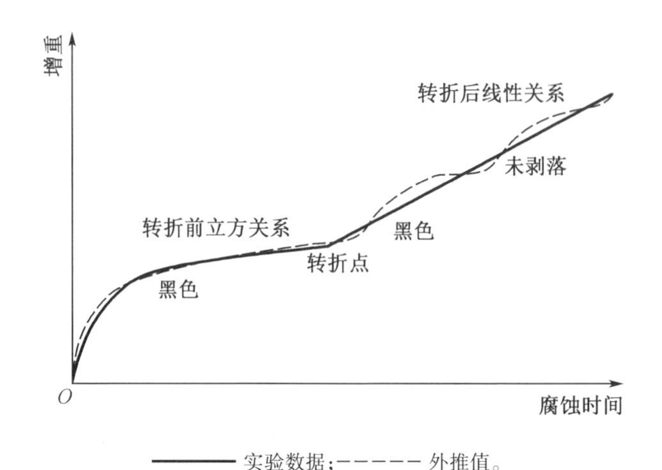

——— 实验数据；------ 外推值。

图 4－11　锆合金在 200～400 ℃水和水蒸气中的腐蚀动力学曲线示意图

锆合金包壳在高温冷却水中发生腐蚀，生成一层黑而致密、附着力强，且具有保护作用的氧化膜，其组成为 ZrO_{2-n}（$n<0.005$）的单斜晶系：

$$Zr+2H_2O \longrightarrow ZrO_2+2H_2$$

此时腐蚀增重 ΔW_1 与延续时间的关系为

$$\Delta W_1=K_1t^{1/3}$$

式中　ΔW_1——单位面积的增重，mg/dm^2；

t——腐蚀时间，d；

K_1——立方速率常数。

当腐蚀膜增厚到一定程度后（例如，超过 30 mg/dm^2），将呈现腐蚀增重斜率更大的线性关系，即

$$\Delta W_2=K_2t$$

式中　ΔW_2——单位面积的增重，mg/dm^2；

t——腐蚀时间，d；

K_2——线性速率常数。

两种速率的突变点称为转折点，转折后的腐蚀速率更快（线性关系）。氧化膜由黑而致密转变为灰白而疏松，其保护作用减弱，不过膜在剥落前仍有一定的保护作用。腐蚀膜进一步加厚（比如 1 000 mg/dm^2），在应力作用下开始剥落。内应力来源于锆原子形成氧化锆时的体积增大（1.56 倍），外应力来源于机械摩擦、碰撞、划伤等。

（1）温度对锆合金溶解腐蚀的影响

锆合金的均匀腐蚀速率无论是转折点前，还是转折点后都随温度升高而增大，而且腐蚀转折点将更早出现，Zr－2 和 Zr－4 合金在高温水（蒸汽）中的腐蚀增重参见图 4－12 和图 4－13。

（2）合金元素对溶解腐蚀的影响

工业纯锆对高温水的抗蚀性不好，很不稳定。

对锆合金均匀腐蚀有不利影响的元素有 N、C、Ti、Al 等。当它们的含量超过某临界值

时,其有害影响才明显。对于上述元素,其临界值分别为:N—50ppm①,C—400ppm,Ti—50ppm 和 Al—75ppm。

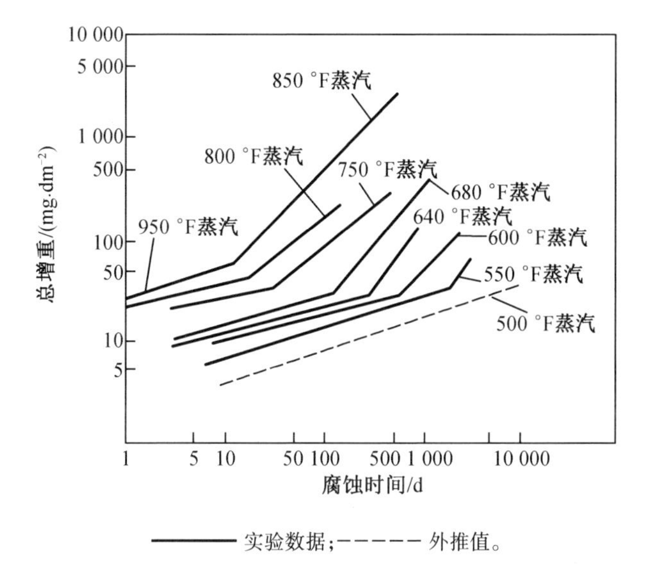

图 4-12　Zr-2 合金在高温水(蒸汽)的腐蚀增重

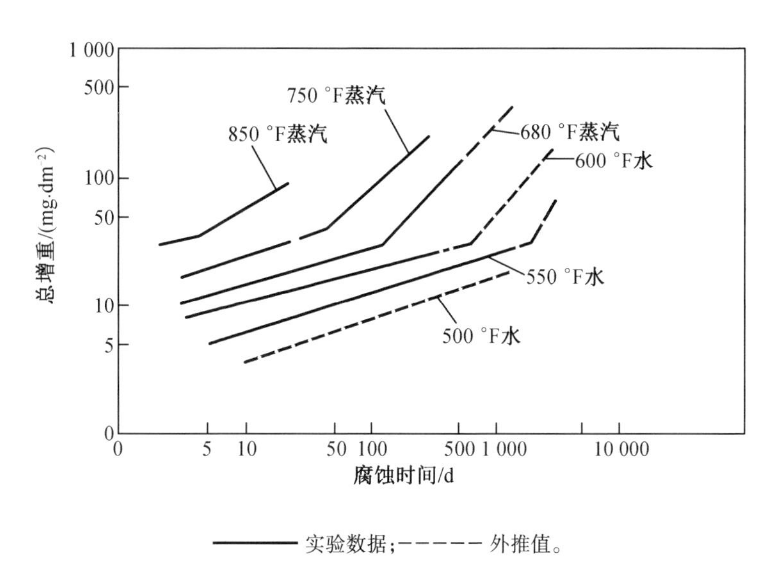

图 4-13　Zr-4 合金在高温水(蒸汽)的腐蚀增重

(3)水质对溶解腐蚀的影响

水中含有 1.5×10^{-3}的硼(H_3BO_3)时对锆-2 合金在 315 ℃动水中的腐蚀速率无明显影响。添加调冷却剂 pH 值用的碱,例如 LiOH 和 KOH 往往会增加锆合金的腐蚀。LiOH 的浓度大于 0.1 mol/L 时锆合金的腐蚀速率明显增大。在表面沸腾条件下,LiOH 可在缝隙处浓集,而加速锆合金的腐蚀。反应堆内,在 LiOH 碱性介质中锆-2 合金包壳与不锈钢定位

① 注:$1\text{ppm}=1\times10^{-6}$。

格架构成的缝隙处会发生柳叶状腐蚀。优化格架结构,减小缝隙区可避免柳叶状腐蚀。但用 NH_4OH 调冷却剂水的 pH 值,不论 NH_4OH 浓度如何,对锆合金均无加速腐蚀作用。从腐蚀角度而言,这是个例外。但 NH_4OH 在较高的温度下不稳定,易分解,因此并未得到推广。而采用 LiOH 调节 pH 值也有一些优点:在冷却剂中不增加新核素,因为作为补偿换料初期过剩反应性的硼酸(硼-10)在堆内吸收中子后也产生锂-7;锂型树脂对杂质吸附力强;用 LiOH 调节酸碱度,pH 值稳定;锂-7 的中子吸收截面低。添加 LiOH 调节 pH 值的缺点:一是价格贵;二是添加量稍大时,比如 pH 值达 10 时,将发生显著的苛性碱腐蚀,因此通常将 pH 值控制在 8~9.5。

对于锆合金而言,水中含有氯离子,其浓度即使高达 0.01 mol/L 时亦无害。但存在氟是危险的,即使其含量为 10^{-5},亦显著增加锆合金的初始腐蚀量。

(4)辐照效应及水中含氧量对溶解腐蚀的影响

在高温水及蒸汽中锆合金的抗蚀性与中子注量及氧含量密切相关。在辐照情况下水中的氧会显著提高锆合金的腐蚀速率。同样含氧水中提高中子注量也会使锆合金的腐蚀加剧。如果在压水堆冷却剂中保持很低的氧含量,则中子辐照加速锆合金腐蚀的作用不显著。近年来普遍认为,在控制一定水质,包括低的含氧量条件下,辐照使腐蚀速率最多增加 2 倍。这种辐照效应反映到氧化膜厚度的增加,也只有几微米的量值。

(5)热流对溶解腐蚀的影响

①热流会使包壳表面氧化膜增厚。由于热阻增加,热传导困难,金属与氧化物界面温度升高,导致腐蚀加快。锆-4 合金的腐蚀与热流的关系示于图 4-14。

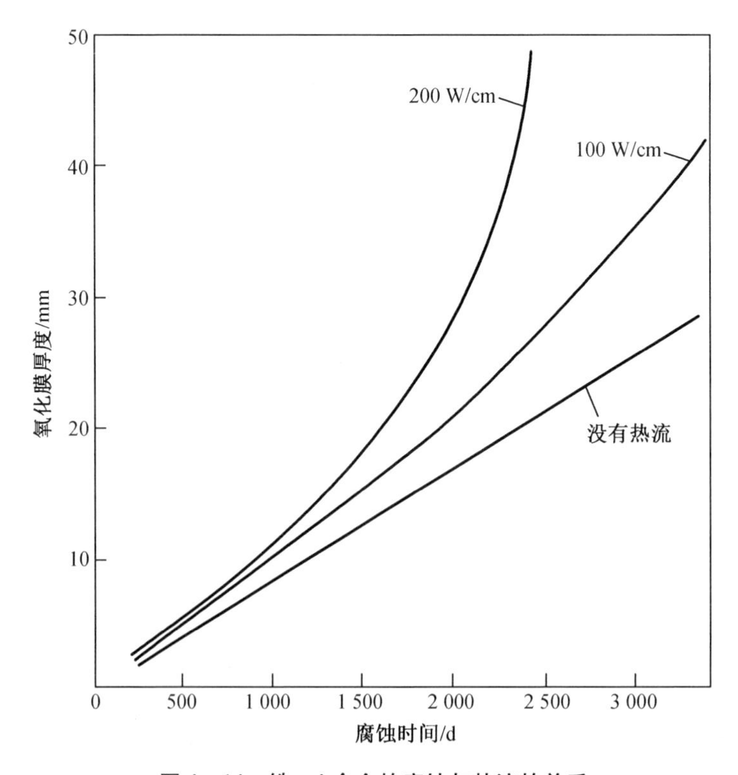

图 4-14　锆-4 合金的腐蚀与热流的关系

②热流对锆合金包壳腐蚀的影响还表现在燃料组件中元件局部表面处于缝隙死水区，该处的热阻增加，温度升高，使有害离子浓集，从而加速局部腐蚀。

近年来，为了提高燃料元件的利用率，核电站燃料都向高燃耗方向发展。卸料时铀的燃耗从初期的 3.3×10^4 MW・d/t 提高到 4.5×10^4 MW・d/t，甚至 $(5\sim5.5)\times10^4$ MW・d/t，在高燃耗情况下锆合金包壳外表面会遭受严重的腐蚀，氧化膜的厚度可达 50 μm。

高燃耗下腐蚀加剧的原因是燃耗高，燃料元件在堆内停留的时间长。元件表面的氧化膜和水垢明显增厚，因而提高了元件壁面温度，加快了氧的扩散速率，使腐蚀速率加快。氧化膜进一步加厚，如此恶性循环，最后引起膜破裂和剥落，不断使包壳减薄，同时剥落的放射性物质膜和水垢随冷却剂的循环迁移至整个一回路系统，使该系统的辐射强度大大增加，加大维护的难度。

提高高燃耗下锆合金包壳抗蚀性的途径主要是研制新的锆合金和选取合理的热处理工艺。比如，适当降低锡含量，稍微增加铁、铬含量，较多添加铌元素，个别合金氧元素稍有增加等，各工业发达国家研制了一系列新型锆合金，并有相应的推广应用。表4－7列出了几种新锆合金和锆－2、锆－4、新锆－4合金的成分对比。

表4－7　几种新锆合金和锆－2、锆－4、新锆－4合金的成分对比（质量分数）

合金	Sn	Nb	Fe	Cr	Ni	O	备注
ZIRLO	1.0%	1.0%	0.1%	—	—	—	美国
E635	1.2%	1.0%	0.4%	—	—	—	俄罗斯
M5	—	1.0%	—	—	—	0.12%	法国
PCA	0.8%	—	0.3%	0.2%	—		德国
NDA	1.0%	0.1%	0.27%	0.16%			日本
MDA	0.8%	0.5%	0.2%	0.1%	0.01%		日本
NZ2	1.0%	0.3%	0.3%	0.1%			中国
NZ8	1.0%	1.0%	0.3%				中国
锆－2	1.20%～1.70%		0.07%～0.20%	0.05%～0.15%	0.03%～0.08%	<0.16%	
锆－4	1.20%～1.70%		0.18%～0.24%	0.07%～0.13%	—	0.18%～0.38%	
新锆－4	1.20%～1.50%		0.18%～0.24%	0.07%～0.13%	—	0.09%～0.16%	

图4－15和图4－16示出几种新锆合金在高温水和水蒸气中的腐蚀行为。锆合金的β－淬火工艺使晶粒弥散细化，可使腐蚀增重曲线的转折点晚一些到来，还可使线性直线的斜率减小。锆合金高温预处理也有利于提高抗蚀性。制定和控制严格的水质标准也尤为重要。

2. 包壳内表面吸氢引起的氢脆问题

1960年萨瓦娜河实验室进行锆－2合金包壳辐照试验时发生了氢脆破损，引起广泛的关注。此后相关机构和学者进行了多方面的研究，对氢脆的发生与发展有了较深入的了解。

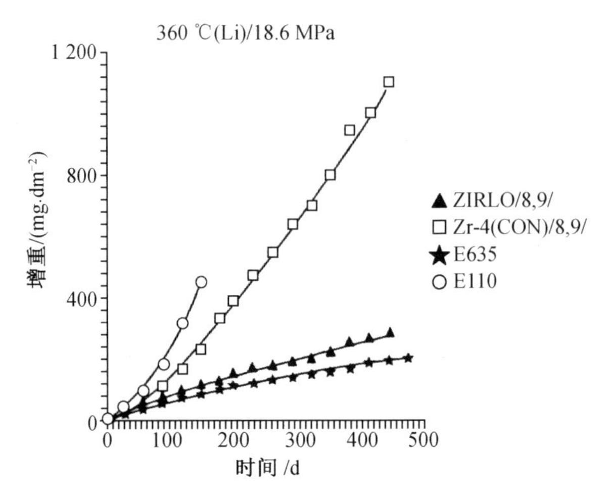

图 4－15　不同锆合金在 350 ℃,含 70 μg/gLi 的水溶液中的腐蚀行为

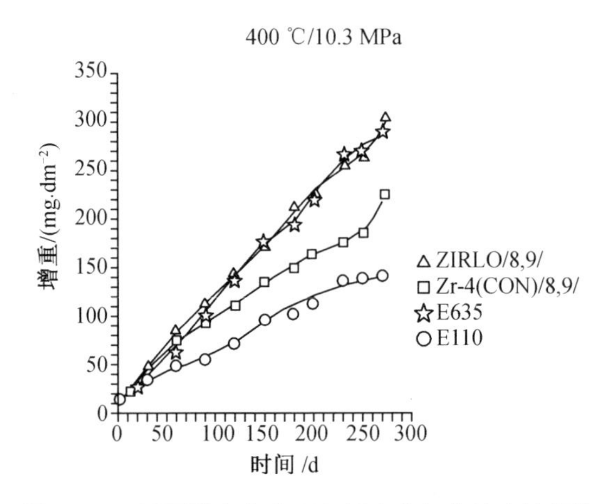

图 4－16　不同锆合金在 400 ℃水蒸气中的腐蚀行为

燃料芯块中存在一定的水分,而水在辐照过程中分解为氢和氧。后者与锆合金内表面反应,形成 ZrO_2腐蚀膜。完整的氧化膜能阻碍氢的扩散,使氢无法向包壳内部渗透。随着包壳内表面氧化膜不断形成,氧不断消耗。由于高温缺氧,氧化膜无法保持其完整性,而出现缺陷,此缺陷只有 10^{-4} cm^2大小,当不断积累的氢的分压超过 10^{-4}大气压时,氢就能快速穿过缺陷,并与锆形成 β－相氢化锆($ZrH_{1.6}$),其体积与锆原子相比增长 13%。它结构疏松,堆积在内表面,形成鼓泡。这些氢化物中的氢,在包壳壁内热外冷的温度梯度作用下可再溶入基体,由内壁向外扩散。经过之处形成许多微小而贯穿的放射状裂纹。径向氢化物裂纹比同等程度的周向裂纹危害更大。此时若反应堆功率有急剧变化,包壳管会由于高应力作用而破裂。包壳内氢化物的太阳状缺陷示于图 4－17。

燃料与元件包壳在制备过程中残留的水分或存放过程中吸附的水分成了氢的来源之一。另外燃料芯块在氢气氛中烧结时,也容易引入一些氢。这些氢一部分存在于晶间孔洞内,一部分溶解于晶格中,还有少量聚集在晶粒边界中。

图4－17　燃料元件锆合金包壳氢脆破损

防止锆合金包壳氢脆的措施主要是减少燃料芯体中的氢源；增加芯块的密实度(94%以上)；从工艺上减少开口孔；元件在堵焊前进行彻底的真空干燥。此外，可在元件棒轴向空腔内安置能吸收氢的吸气剂，如密实度为 50% ~85%、能加工、渗透性好的锆合金。实践证明，吸气剂对消除水分和碳氢化合物都有效。当然，整个工艺过程都应保持清洁，元件包壳内壁酸洗过程不应残留氟，不可有碳氢化合物和油污的污染。按规定核燃料含水量不应超过 2 mg/cm^3，该值公认为氢化工艺允许含水量的临界值。

3. 包壳与燃料芯块相互作用(PCI)引起的元件破损

包壳与芯块相互作用引起的包壳破坏是元件锆合金包壳同时遭受芯块膨胀施加给包壳的拉应力与芯块燃料裂变产物的化学作用而发生的应力腐蚀破裂(PCI－SCC)。很明显，这类腐蚀只在芯块发生严重肿胀、裂变产物显著增多的燃料元件运行周期后期才会发生。

由于 UO_2芯块的热膨胀系数(1.1×10^{-6})大于锆合金的热膨胀系数(6.2×10^{-7})，这一差异使高温运行下燃料芯块与包壳紧密接触，并迫使包壳管沿轴向和径向伸长，形成双脊，造成局部塑性变形和应力集中，参见图 4－18。同时，在辐射作用下，UO_2发生辐照肿胀，更加大了包壳的应力和应变。

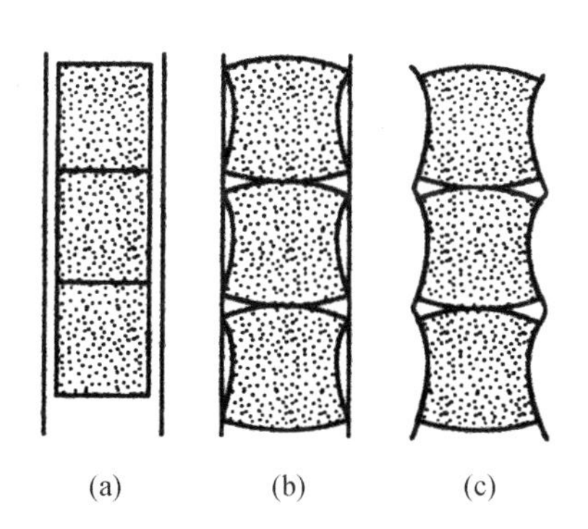

图 4－18　功率跃增时包壳产生环脊变形示意图

关于产生 PCI 的化学作用，很多研究人员在模拟试验后认为，辐射作用下产生的游离碘由内层向外层扩散，并沉积于芯块裂纹和对应的锆包壳内壁上，形成一层均匀的 ZrI_4，而在局部地区反应激烈，可形成点坑，在应力足够大的集中点就会出现裂纹，然后碘蒸汽与裂纹尖端的锆又形成 ZrI_4。由于应力集中使尖端的膜破裂，促使碘向深层渗入，形成新的 ZrI_4。膜的不断形成与破裂使裂纹在较低的应力作用下就能发生扩展，甚至断裂。也有人认为，裂纹容易扩展是由于碘和锆原子起作用，而使裂纹的表面能降低。其论据是坑内断裂形貌与堆外模拟碘脆形貌一致，裂纹处有 I 和 ZrI_4。

PCI 应力腐蚀破裂常常发生于元件燃耗达 5×10^3 MW · d/t 之后，特别是功率提升过快，裂变产物和应力剧增易导致 PCI 应力腐蚀破裂。

(1)产生 PCI－SCC 的条件

①有超过一定限值的静拉力存在，该限值称为 PCI 应力阈值。该值与锆合金的冶金状态、织构、辐照条件以及包壳内表面裂变产物的浓度有关。几种锆合金 PCI－SCC 应力阈值示于表 4－8。

表 4－8　PCI－SCC 应力阈值表

合金	辐照条件	合金状态	试验温度/℃	临界应力/(kgf/cm^2)①
锆－2	未辐照	消除应力态	320	33.6
锆－2	未辐照	退火态	320	28.5
锆－4	未辐照	消除应力态	360	30.5
锆－4	受辐照	消除应力态	360	20.4

注：1 kgf＝9.806 65 N

在加工过程中残存于锆合金表面的压缩应力能抵消拉应力，因而能降低 PCI 的敏感性，如在加工过程中施以压应力的冷轧管就比冷拔管具有明显低的 PCI 倾向。

②PCI 腐蚀剂的存在，并且其浓度超过一定的浓度阈值。引起 PCI 的腐蚀剂有碘、铯、镉及其他裂变产物，如溴、铷、锝等。比较公认的为碘和镉，燃耗较低时碘是引起 PCI－SCC 的主因。碘的临界浓度阈值：在 300 ℃时为 0.03 mg/cm^3，破裂时间为 200～1 000 h；若将碘的浓度增至 0.05 mg/cm^3，破裂时间仅为 0.1～3 h。燃耗高时，则镉是发生 PCI－SCC 的主要原因。

③其他因素。如高的使用温度，材料的热处理工艺、织构、表面加工质量，反应堆功率提升速度对 PCI 的发生和发展都会有影响。

(2)防止发生 PCI－SCC 的措施

①元件设计时加大芯块与包壳间的距离(约为元件棒直径的 1% 上)。

②选取合适的包壳材料和合理的热处理工艺，提高延伸率。

③元件棒内预先充氦加压，推迟芯块与包壳开始接触、引发 PCI 的时间。

④包壳内表面进行涂层处理。石墨及硅氧烷涂层对 PCI 的发生有抑制作用。铜、锆等金属镀层可减轻机械相互作用，并有隔离气体的作用。元件包壳内表面的喷砂处理或阳极氧化处理均可降低 PCI－SCC 倾向。

⑤改进芯块设计，如倒角，采用两端碟形间隙。

⑥限制功率提升速度等。

4. 锆合金的高温氧化

锆合金的高温氧化主要针对失水事故时锆合金与高温水汽的相互作用。

(1)问题的提出

1979 年 3 月 28 日美国三哩岛核事故引起全世界的广泛关注，并加紧反应堆失水事故的研究，这给反应堆的设计、建造造成很大的阻力，但对核安全研究工作是个很大的促进。

相关人员开始研究燃料元件的常规破损、小破口和概率小但危害极大的大破口。1987 年切尔诺贝利的灾难性核事故极大地阻碍了核电的发展。

(2)失水事故后果

①失水事故的直接后果是高温燃料元件及其包壳因失去冷却急剧升温，并处于迅速加热的高温水蒸气环境之中。这时除了裂变热外，锆 - 水(汽)反应是剧烈的放热反应：

$$Zr + H_2O \longrightarrow ZrO + H_2 + 140\ \mathrm{kcal/mol}$$

在失去冷却的条件下，这些释放的热会使环境温度瞬间(几秒至十几秒)升至 1 000 ℃，急剧升高的压力会超出一回路压力边界的承压能力而发生热爆破(炸)。

②锆 - 水(汽)反应产生的氢气与适量氧接触会发生剧烈的化学爆炸。

③高热加速锆合金的氢化，元件包壳吸氢变脆。

④氧化物堵塞一回路冷却剂通道。

⑤堆芯熔化，放射性物质污染整个一回路系统。一回路、安全壳爆破会使放射性核物质向更大的范围扩散。

安全注水箱的有效投入运行可缓解失水事故的后果，参见图 4 - 19。

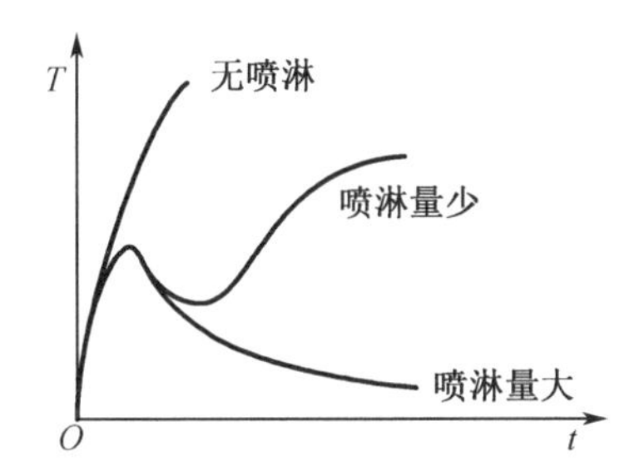

图 4 - 19　失水事故时安全注水系统的投入对堆芯冷却剂温度的影响

(3)安全规范的研究与制定

开展锆合金高温氧化动力学及其影响因素的研究，研究局部环境温度、压力变化规律，确定反应常数、材质及表面状态对高温氧化动力学的影响等的主要目标是确定安全极限。比如，事故包壳表面最高温度 1 204 ℃是可重新开堆最高温度的极限。锆合金化学反应量应小于包壳质量的 1%，氧化膜厚度应小于包壳管原壁厚的 17%，最终用于安全规范的制定。

5. 锆合金的高温氧化动力学研究

在固定水蒸气反应温度下，研究增重(ΔW)随时间 t 的变化，可得出一条曲线，例如 1 000 ℃锆合金氧化增重遵循抛物线规律

$$\Delta W = K_p t^{1/2}$$

$$K_p = 139.6 \quad (\mathrm{mg/dm^2})/(\mathrm{min})^{1/2}$$

随水蒸气温度升高，氧化速率加快。曲线在 800 ~ 850 ℃有一转折点，高于此温度氧化速率常数 K_p 变得更大。

对新研制的用于高燃耗、长寿期的 N18 锆合金(Sn 1.03%，Nb 0.35%，Fe 0.31%，Cr 0.09%，O 0.10% ~0.15%，余量 Zr)进行的高温氧化研究表明，Nb 的加入稳定了立方指数规律，ZrO_2 中致密、耐蚀的单斜相向四方相转变温度升高，因而更耐蚀。

4.4.3 蒸汽发生器传热管的腐蚀

蒸汽发生器是涡轮机蒸汽系统最为关键的设备,也是一、二回路间的热交换通道和枢纽。就其结构和所处状态本身而言,存在一回路放射性物质泄漏到二回路系统的可能性,而所处的恶劣腐蚀条件(高热负荷、高流速、结构及加工工艺复杂,存在间隙和滞留区,水和汽复杂的交换工况及难以避免的振动等因素)又往往使这种可能性变为现实。

核电站运行历史表明,蒸汽发生器是事故多发区之一。发生事故次数占一回路系统事故总数的60%,蒸汽发生器传热管又是其中最薄弱的环节。1971—1982 年核电站蒸汽发生器传热管破损统计,参见表 4-9。

表 4-9　1971—1982 年核电站蒸汽发生器传热管破损统计

年份	核反应堆			传热管		
	总数	破损数/座	破损比例	总数	破损数/根	破损比例
1971	24	15	62.5%	168 972	1 007	0.60%
1972	32	11	34.4%	321 380	881	0.27%
1973	39	12	30.8%	435 187	3 874	0.89%
1974	51	23	45.1%	601 047	2 002	0.33%
1975	62	22	35.5%	788 147	1 677	0.21%
1976	68	23	33.8%	864 261	3 757	0.43%
1977	79	33	41.8%	1079 559	4 339	0.40%
1978	86	32	37.2%	1195 057	1 267	0.11%
1979	93	39	41.9%	1308 868	2 814	0.21%
1980	96	40	41.7%	1358 712	1 900	0.14%
1981	110	46	41.8%	1549 816	4 692	0.30%
1982	116	54	46.6%	1611 000	3 222	0.20%

蒸汽发生器的主要腐蚀类型及发生部位示于图 4-20。

蒸汽发生器按其结构分为三类:

(1)卧式 U 形管自然循环蒸汽发生器,其缺点是占地面积大;优点是垂直布置的管板上淤渣轻微,无显著的耗蚀问题。

(2)立式直流型蒸汽发生器,其缺点是水容积小,事故时排热能力差。

(3)立式 U 形管蒸汽发生器,其热交换效率高,占地面积较小,目前广泛应用;其缺点是水平布置的管板上,密集的传热管之间淤渣沉积严重,所引起的耗蚀问题严重。

1. 蒸汽发生器的腐蚀问题和解决途径

(1)耗蚀或磷酸盐耗蚀

1972 年发现埋在淤渣中的传热管二次水侧表面上出现局部的均匀溶解减薄现象,而残渣是在磷酸盐法水处理过程中产生,并积累起来的。腐蚀部位是在淤渣沉积区的干湿交替区段,参见图 4-21。

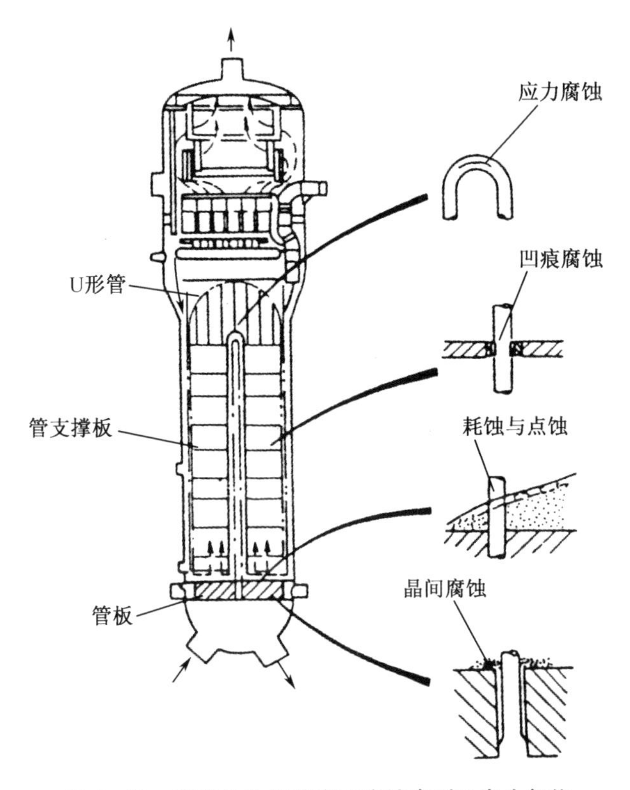

图 4-20　蒸汽发生器的主要腐蚀类型及发生部位

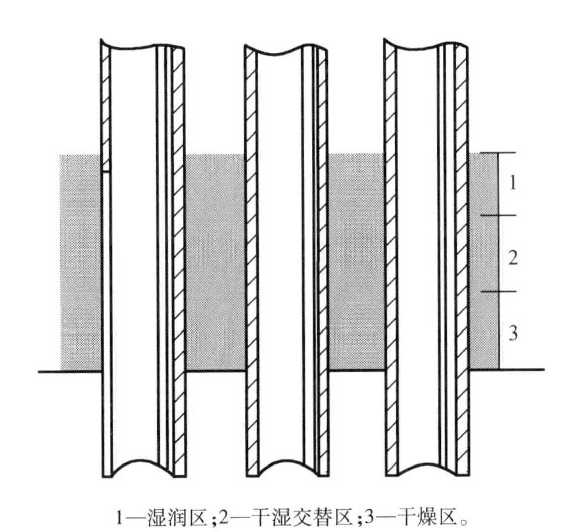

1—湿润区;2—干湿交替区;3—干燥区。

图 4-21　传热管淤渣沉积部位的耗蚀

这是因为干湿交替区内磷酸盐反复析出和溶解产生的浓缩液造成奥氏体钢表面钝化膜破坏。管材成分中的 Ni 与磷酸盐反应生成磷酸镍而溶解,管材腐蚀严重。1973—1975 年这类腐蚀成了传热管破损的主因,占传热管损坏堵管总数的 86% ~90% 。

为了防止泥渣引起传热管的耗蚀,除了改善水处理工艺(改用联氨的全挥发处理)外,还可从排除泥渣角度出发,改进相应部位的结构。如在管板上方半米处添加一块流量分配板,使管束间横向冲刷力加大,迫使泥渣集中于中心部位,并经两根排污管排出。这样的改进效果显著,管板上方的泥渣沉积厚度由原来的600 mm减至50 mm。

(2)凹痕腐蚀

由于碳钢支撑板与传热管之间的缝隙内腐蚀产物不断积累,温度跃升,体积膨胀,给管子以很大的横向压力,致使管子产生塑性变形而压扁,造成流道面积减小甚至堵塞,这种损害称作凹痕腐蚀破坏。

凹痕腐蚀可用耐蚀性能好的不锈钢,比如含少量铝的13Cr铁素体不锈钢,代替早期采用的碳钢支撑板。此外,改进管孔结构也取得很好结果。早期设计使用的管支撑板采取穿管孔与通流孔分开的形式,穿管孔与管子间隙中的流量只占总流量的3% ~8%,流速低,腐蚀产物易于积存而形成干湿交替状态。腐蚀产物的鼓胀给管子施以很大压力。美国西屋公司研究改进为梅花形结构,使得管与支撑板接触面积大大减小,在有一定流速的介质冲刷下不易积存腐蚀产物。较好的结构还有三叶孔形及栅格板支撑结构,参见图4-22和图4-23。

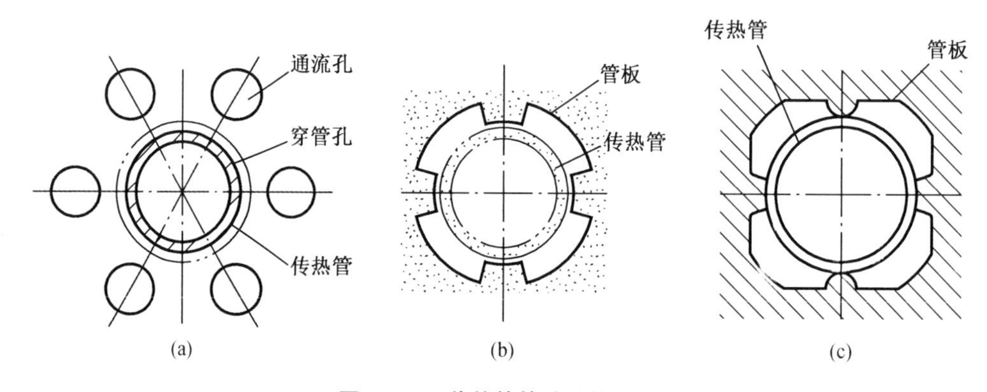

图4-22 传热管管孔结构改进

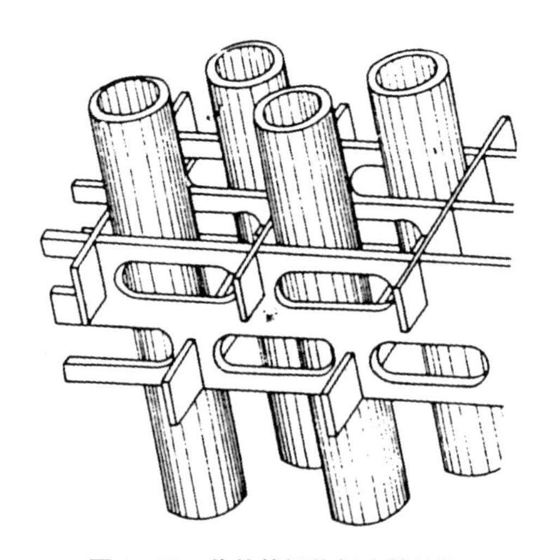

图4-23 传热管栅格板支撑结构

(3)应力腐蚀

应力腐蚀破裂是敏感材料在静拉应力及特定介质共同作用下发生的破坏(SCC)。这种破裂的断口宏观上显现为脆性断裂,无缩颈,而微观上还是有塑性流变痕迹。SCC 可分为苛性碱引起的 SCC(碱脆)及氯离子引起的 SCC(氯脆)。破裂裂纹可以是穿晶的,也可以是晶界型的,或者是二者混合型的。蒸汽发生器中敏感材料传热管拉应力集中的弯管及胀管处 OH^- 和 Cl^- 的浓集会造成 SCC。OH^- 的来源如下:

①磷酸盐处理时的水解产物。磷酸钠水解生成氢氧化钠和磷酸氢钠。

②离子交换树脂处理不当,残存氢氧化钠。Cl^- 的来源为离子交换树脂处理不当,残存 HCl。

含盐冷却水渗入二回路,并在相应部位热浓缩。SCC 的破坏是表面腐蚀症状不很明显,而突然发生的严重破坏。

2. 应力腐蚀破裂发展过程及机理探讨

应力腐蚀破裂是一个复杂的过程,数十年来已开展多方面研究,对其机理提出了许多假说,虽都有一些试验依据,但各有其局限性,现综合归纳如下。

SCC 发生与发展过程分为两步:微观破裂阶段和宏观破坏阶段。

(1)微观破裂阶段

材料表面钝化膜局部破坏,形成微坑及裂纹源。SCC 常发生于易钝化金属,并处于钝化程度不足的状况时。这时金属表面钝化膜是不均匀的,存在的微小薄弱区极易损伤。造成局部损伤的原因有:局部机械损伤、划伤、磨伤、沉积物等。实际事故调查发现,许多 SCC 发生和发展是以点坑或微裂纹为先导;金属表面存在不均匀区(位错、晶界和相界有金属和非金属夹杂等);应力产生滑移形成微坑。

(2)宏观破坏阶段

应力作用下局部损伤区发生的多种变化(介质成分、机械性能、电学性能等)使损伤深入发展,形成大蚀坑或宏观裂纹。

①活性通道理论认为,合金内部存在窄而细、易腐蚀的通道,应力下形成裂纹使之应力集中,逐渐深入发展。

②闭塞电池与自催化理论认为,局部损伤(点蚀坑、微裂纹等)的周围金属表面及开口处,由于氧的扩散充分,使易钝化金属表面形成钝化区,成为阴极,而损伤坑成为不断遭受腐蚀的阳极。点坑或裂纹内表面进行的水解反应使 pH 降低。由于酸度增加而加速了腐蚀:

$$Fe \longrightarrow Fe^{2+} + 2e^-$$

$$Fe^{2+} \longrightarrow Fe^{3+} + e^-$$

$$3Fe^{2+} + 4H_2O \longrightarrow Fe_3O_4 + 8H^+ + 2e^-$$

$$Fe^{3+} + 3H_2O \longrightarrow Fe(OH)_3 + 3H^+$$

$$2Fe(OH)_3 \longrightarrow Fe_2O_3 \cdot 3H_2O$$

若存在 Cl^-,后者可与 H^+ 形成 HCl,不锈钢在酸性溶液中不稳定,将加速溶解腐蚀过程。该部位成为阳极区,溶解不断深入,形成宏观裂纹,参见图 4-24。

③裂纹尖端应力活化理论认为应力集中加大了尖端阳极溶解电流。例如,在沸腾的 $MgCl_2$ 介质中,18-8 不锈钢在不受力条件下阳极溶解电流只有 10^{-5} A/cm^2,而在应力作用下尖端的阳极电流密度高达 0.4~2 A/cm^2。不同应变率对阳极溶解速率的影响示于图 4-25。

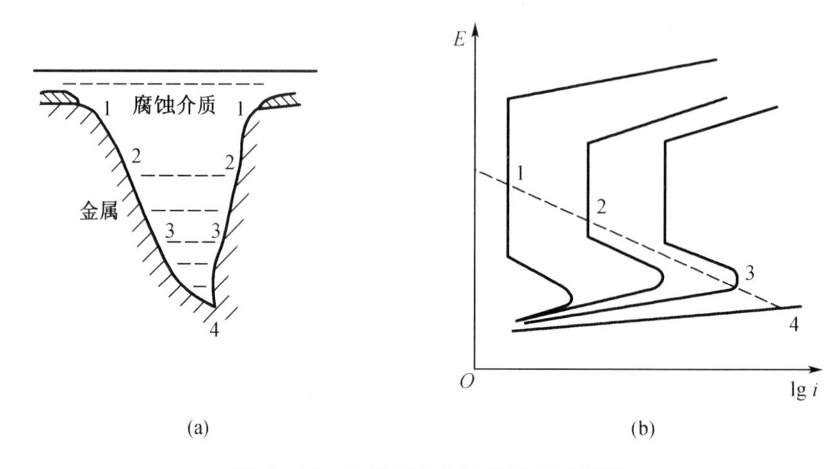

图 4-24 蚀坑各部分阳极极化示意图

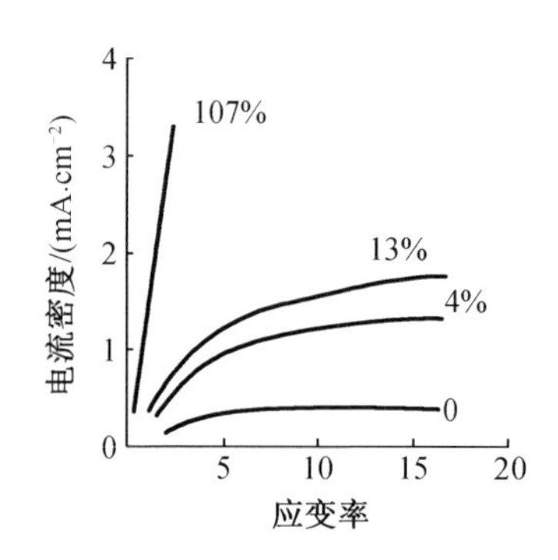

图 4-25 不同应变率对阳极溶解速率(电流密度)的影响

④裂纹氢脆理论认为裂纹延伸可以是氢脆性质的,认为腐蚀反应产生的氢扩散到裂纹尖端,并形成氢化物,从而使裂纹尖端变脆,裂纹在应力作用下极易扩展,并随着介质的渗入,腐蚀加剧,产生更多的氢,促进裂纹向深度发展。

⑤腐蚀产物嵌入理论。该理论着重于固体腐蚀产物留存于裂缝中,由于温度的波动引起体积的变化。体积的增加是内应力产生的根源,有时所产生的应力高达 700 kgf/cm^2,并与电化学反应相辅相成。

蒸汽发生器传热管的防蚀研究多年来一直没有间断过,这是一个不断出现腐蚀,又不断改善的过程。加拿大学者 Tatons 总结的 1972—1981 十年间传热管各类腐蚀破坏所占份额示于图 4-26。

由 4-26 图可知,1972 年以前传热管破坏主要是由于二回路侧应力腐蚀破裂。当时为了改善水质这一目的(缓蚀、减少水垢),在二回路水中加入磷酸盐。1972 年之后由于磷酸盐所产生的泥渣引起传热管的耗蚀,这成了 1973—1978 年间最突出的问题,耗蚀所占破坏份额占 80% ~90% 。后来采取全挥发水质处理(联胺、吗啉)代替磷酸盐法,并改善管板结构设计使该腐蚀问题得以缓解。另外,采用新增流量分配板及排污管,减少泥渣在管板上的积存,使传热管的腐蚀得到进一步缓解。

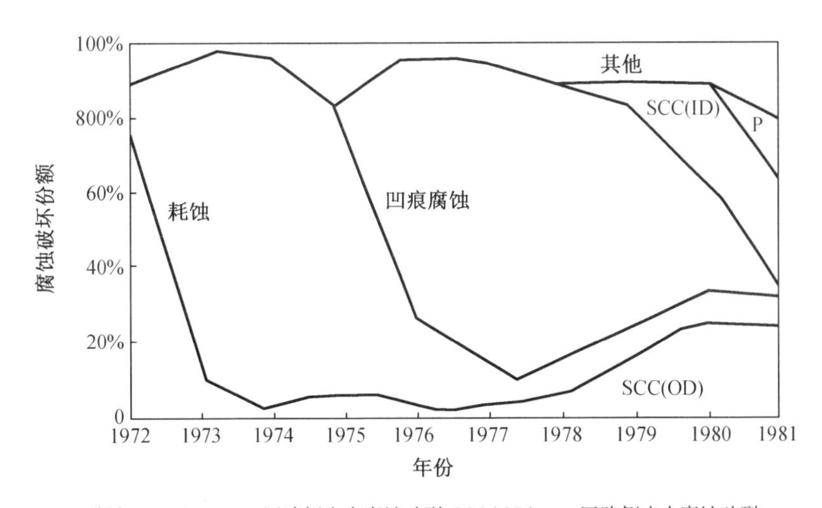

P—孔蚀；SCC(ID)——回路侧应力腐蚀破裂；SCC(OD)—二回路侧应力腐蚀破裂。

图 4-26　1972—1981 十年间传热管各类腐蚀破坏所占份额示意图

1976—1979 年间传热管的主要破坏形式是凹痕腐蚀，即支承管板与管子之间缝隙由腐蚀产物所堆积压陷，造成的压陷式应力腐蚀破裂的破坏率达 90%。后来通过改变材质，用不锈钢代替碳钢作支承板，并在结构上增大了间隙，减少管板间接触面积等手段使这一问题在 1981 年之后得到解决。

二次侧应力腐蚀破裂及孔蚀还发生在 U 形管顶部小弯头部位以及 U 形管管板滚压胀接部位。印度的 Pt-3 反应堆的蒸汽发生器发生过这类腐蚀，并且发现腐蚀产物中含 45% 的氧化铜，据推测是由于铜冷凝管的泄漏所致。

现今传热管的破坏仍以应力腐蚀破裂为主。应注意到在使用相同材质、同一运行周期条件下，各反应堆蒸汽发生器传热管的破坏情况不尽相同，这是反应堆不同的水化学工况所致。

传热管应力腐蚀破裂探讨除了上述对传热管材料的选用、管板结构的改进、水化学工况不断完善所做的大量研究外，各个核能开发较早的国家还就不断优化传热管材料进行了大量系统性研究。

不锈钢的应用领域越来越广。为了提高不锈钢的强度、韧性、耐热性、耐蚀性，降低脆性、晶间腐蚀的敏感性，要严格控制 P、S、N 等杂质的含量。熔炼、轧制、焊接等管板材制作过程中，为获得优化的组织结构，应严格控制热处理制作工艺，并消除应力。

早期用于蒸汽发生器传热管的不锈钢材料为 18-8 型铬镍不锈钢。经多年使用发现，该合金在含 Cl^-、O 或 OH^- 的高温水中具有很高的应力腐蚀敏感性，比如，河水、海水通过冷凝器泄漏进二回路冷却剂中的情况下，不断发生应力腐蚀破裂事故。20 世纪 60 年代这种不锈钢被大多数国家所淘汰，只有少数国家通过降低其碳含量、优化水质等途径继续予以使用。

Copson 等人研究发现提高钢中的 Ni 含量可提高其耐 Cl^- 应力腐蚀的能力。美国推荐含镍高的 Inconel-600 合金(0Cr15Ni75Fe)作为蒸汽发生器传热管管材。经使用证明，其抗应力腐蚀性能比 18-8 不锈钢优越得多，当然也贵得多。据至 1970 年的统计用于 12 个压水堆的 Inconel-600 传热管仅有 60 根出现问题。但 1971 年之后又不断出现孔蚀、凹痕腐蚀和磷酸盐耗蚀等腐蚀问题。通过改进管板结构，改善水处理工艺、管材真空退火(700～730 ℃)、消除应力、表面抛光等措施，腐蚀问题有所缓解。

在20世纪70年代中期，法国、瑞典等国家开展了新材料的研制，提出了用Incolloy－800（00Cr20Ni32AlTi）代替Inconel－600。已取得的数据表明，其抗应力腐蚀的能力确实优越。德国从1972年开始大量使用Incolloy－800，效果良好。

其后，美国和加拿大等国在Inconel－600基础上提出了改进型的合金Inconel－690（0Cr30Ni60Fe10），Copson在1972年召开国际腐蚀会议上提出的研究报告中证明此合金在316 ℃含氧水中，含Cl^-、O_2的260 ℃水中及含氧的50% NaOH中都具有比Inconel－600优越得多的耐应力腐蚀性能。同一时期，我国冶金部门研制的新13号合金也具有优良的耐蚀性能。几种抗应力腐蚀的合金成分示于表4－10。

表4－10　几种抗应力腐蚀的合金成分

材料	Inconel－600	Incolloy－800	Inconel－690	XH32T	ЭП350	Canicro
C	≥0.05%	≥0.05%	≥0.05%			
Ni	≥72%	32%～35%	≥58%	32%～34%	35%	32%～35%
Cr	14%～17%	21%～23%	27%～31%	19%～22%	25%	20%～23%
Mn	≥1.0%	0.4%～1.0%	≥1.0%	0.4%～0.7%		
Si	≥0.5%	0.3%～0.7%	≥0.5%	0.3%～0.7%		
Ti	≥0.5%	≥0.6%	—	0.25%～0.6%	0.15%～0.6%	
Al	≥0.5%	0.15%～0.45%	—	≥0.5%	0.15%～0.45%	
Cu	≥0.5%	≥0.5%	≥0.75%	≥0.75%		
Co	≥0.1%	≥0.1%	≥0.1%			
Fe	6%～10%	余量	7%～11%	Nb≥1.0%		

20世纪70年代后期我国自行设计建造第一座核电站——秦山核电站时，考虑到Incolloy－800具有优良的抗应力腐蚀性能，特别是具有大量、长期的使用经验，经多重论证、评定后选用瑞典Sandwick公司生产的经喷丸处理（增加管材表面压应力）的Incolloy－800合金作为蒸汽发生器传热管管材。长期运行结果表明，这一选材决策是正确的。

近年来我国核电发展迅速。蒸汽发生器传热管研制、生产的国产化势在必行。国内多个科研院所及冶炼厂多年研究论证确定使用Inconel－690制作传热管的路线。据报道，2012年起，我国广州重型电机厂已能大量生产百万千瓦机组蒸汽发生器用传热管材Inconel－690。

3.传热管用高镍铬合金应力腐蚀影响因素

（1）合金成分的影响

镍含量的增加可以使合金的抗氯离子SCC的能力大大提高。Copson的研究成果使得高含镍Inconel－600合金取代了核工业中传统的传热管材料18－8不锈钢。Rentler的试验证明随镍含量的增加合金耐苛性碱（50% NaOH）应力腐蚀也有提高，参见图4－27。

Coriou系统地研究了在含千分之一Cl^-的高纯水中镍含量对高镍合金SCC的影响，发现当Ni含量大于65%时将产生晶间型应力腐蚀破裂，当Ni含量小于25%时则出现穿晶型应力腐蚀破裂，而镍含量在25%～65%时对各种类型SCC都“免疫”。由图可知Incolloy－

800合金的镍含量正处于此范围内。在许多含Cl^-的中性水中,随Fe-Cr-Ni合金中Ni含量的增加穿晶型SCC改善的同时,晶间型SCC敏感性增加,参见图4-28。合金中增加Cr的含量对防止高镍合金的晶间SCC具有重要的作用,而且还可使合金表面膜中Cr浓度增加,形成以铬的尖晶石为主的最为致密、稳定,其黏结性和塑性均佳的表面膜,当Cr含量大于30%时合金耐蚀性好。与Cr作用相配的还有Fe,Cordovi在300 ℃、50% NaOH溶液中研究了Cr、Fe含量对高镍合金应力腐蚀的影响,他指出,当Cr含量大于28%时对SCC"免疫"。当Cr含量小于28%,Fe为6%~11%时易发生SCC,参见图4-29。

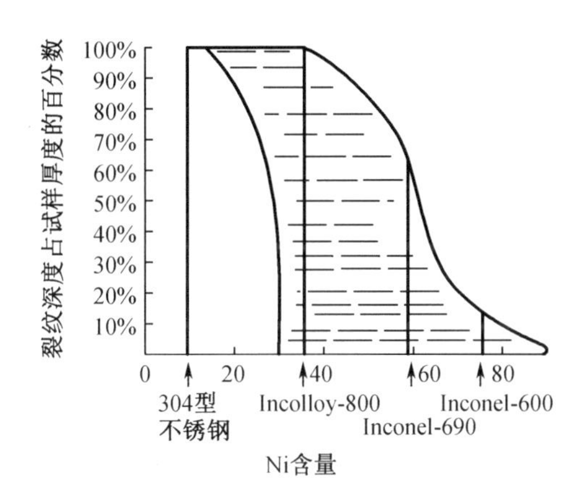

图4-27　在50%氢氧化钠脱氧溶液中合金的SCC(U形试样,316 ℃试验5星期)

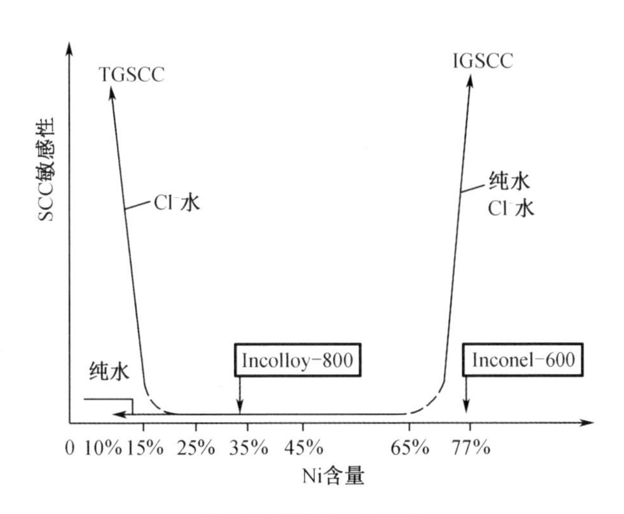

TG—穿晶型;IG—晶间型。

图4-28　Ni对600和800合金SCC的影响

由此可知,就Inconel-600抗苛性碱SCC性能而言,含Fe是不理想的,所以一直指导Inconel-600应用的Copson提出用Inconel-690代替它。

(2)含碳量对SCC性能的影响

由于晶间型应力腐蚀与晶间腐蚀的影响因素相近,为了防止晶间型SCC应严格控制碳含量,以小于0.03%为宜。当碳含量高于0.07%时合金易从穿晶型SCC转化为更加危险的晶间型SCC。

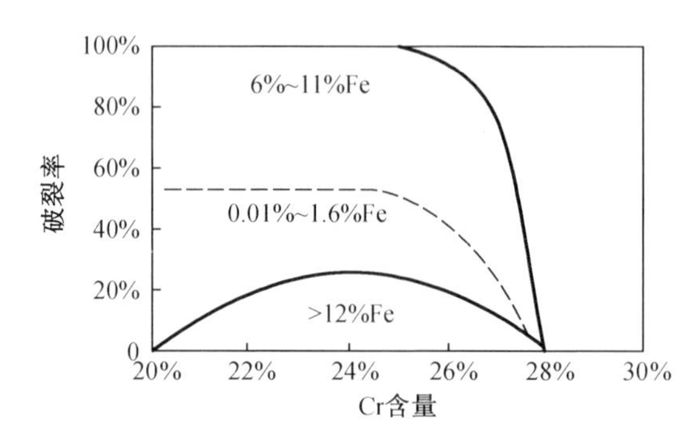

图 4-29　Fe、Cr 对 SCC 的影响(U 形试样,试验 27 天)

此外,N、P 等杂质对合金抗 SCC 性能有害,其含量应尽量降低。

应当指出合金元素的作用是综合的,既有相互增益,也有相互抑制。不能单就某元素的含量多少就做出肯定与否的结论。

(3)环境介质对 SCC 的影响

环境介质是决定应力腐蚀类型的主要因素。对奥氏体不锈钢而言,在含氯化物和氧的水中会产生氯离子 SCC 和晶间型应力腐蚀。而在含 OH^- 水中,则产生苛性应力腐蚀。对高镍合金来说主要是苛性 SCC 及晶间型 SCC。例如,在 300 ℃,含氧量小于 5.0×10^{-6},Cl^- 小于 1.0×10^{-6} 的水中,Incolloy-800 合金发生了晶间 SCC 事故,在 290 ℃含氧量小于 1.0×10^{-4} 水中 67 h 后发生了应力腐蚀。氧含量的增加可使阴极极化曲线向正电位移动,并增加扩散电流,使其进入过钝化区而加速腐蚀。对于 Inconel-600 氧含量的影响很明显,随着水中溶解氧量的增加晶间应力腐蚀破裂加速。

在工程实际环境中,传热管由于管板间缝隙及泥渣沉积部位干湿交替区的存在,局部产生严重的 Cl^- 或 OH^- 浓集,有时浓度可升高数个量级,所以在试验研究工作中往往取高浓度 Cl^- 或 OH^- 的溶液进行合金材料试验。这既符合工程环境有害离子浓集的状况,也加速了试验研究进程。介质中 OH^- 浓度增加,不锈钢与高镍合金的应力腐蚀倾向急剧增加,Donitid 的试验结果示于图 4-30。

由图可知 NaOH 的浓度越高合金出现应力腐蚀时间越早。其中 Incolloy-800 在中、低浓度碱介质中不仅优于不锈钢,而且比 Inconel-600 好得多。这表明在严格控制水质条件下(NaOH 浓度小于 100g/L),Incolloy-800 比 Inconel-600 更优越。这也是 Incolloy-800 备受关注的原因。

(4)SCC 产生的应力条件

蒸汽发生器加工制造过程中,传热管常常要遭受和引入应力。拉拔、弯曲、胀管变形、对中、装配矫直等都会使材料引入残余应力,使材料应力腐蚀敏感性增加。

Berge 研究了应力对应力腐蚀出现时间的影响,参见图 4-31。由图可见,随应力水平的提高,出现应力腐蚀破裂的时间变得越来越早。在较低的应力水平下,Incolloy-800 比 Inconel-600 和 316 不锈钢都安全得多。

能消除应力的热处理将降低材料的应力腐蚀敏感性。Theus 对 Inconel-600 进行了 593 ℃的热处理,试验结果列于表 4-11。结果表明热处理大大降低了 Inconel-600 和 Incolloy-800 的苛性碱应力腐蚀的敏感性。

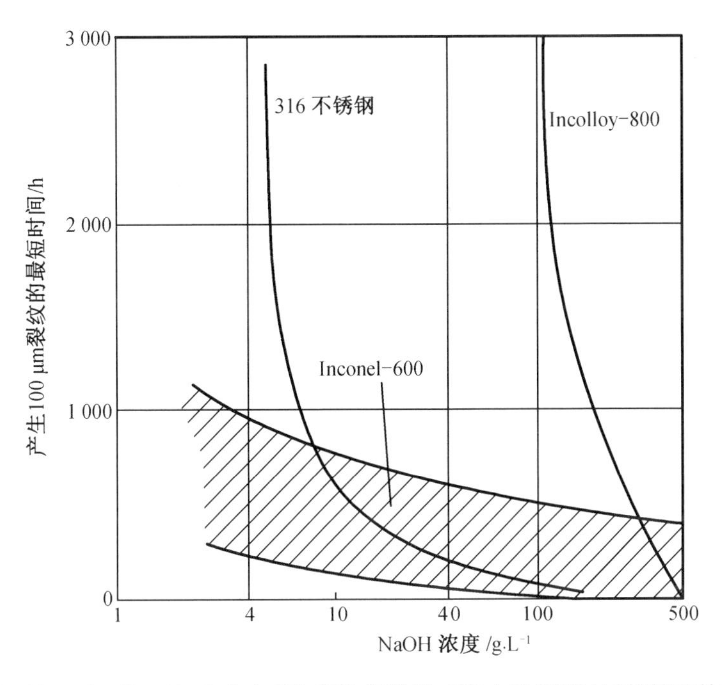

图 4-30　Ni-Cr-Fe 合金在 350 ℃除气的 NaOH 中的 SCC 比较(浓度的影响)

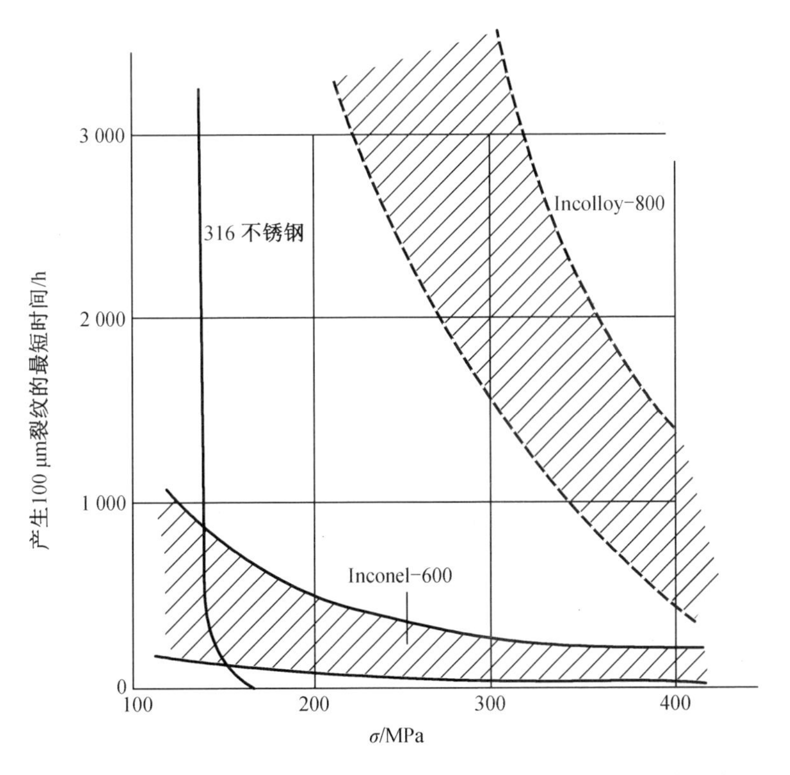

图 4-31　在 350 ℃除气 NaOH 100g/L 溶液中应力对 SCC 的影响

表 4-11 消除应力的 U 形管弯曲试样在脱氧 50%NaOH 溶液中对 SCC 的影响

合金	裂纹穿透厚度			
	284 ℃		322 ℃	
	未消除应力试样	消除应力试样	未消除应力试样	消除应力试样
304 不锈钢	100%(A)	100%(A)	100%(A)	100%(A)
Incolloy-800	55%(A)	0.25%(B)	100%(A)	未破裂(B)
Inconel-600	未破裂(B)	未破裂(B)	2.5(B)	未破裂(B)

注:593 ℃,4 h,A—试验时间 2 周,B—试验时间 5 周。

除了退火热处理消除应力的方法之外,传热管表面喷丸处理也可改善管子的应力状况。传热管生产拉拔工艺使管表面残留拉应力,对该表面进行喷丸处理,可产生 0.15 ~ 0.2 mm深的压应力层,可降低管子的应力腐蚀敏感性。但是对于以孔蚀和晶间腐蚀为诱导源的应力腐蚀是不适用的。因为孔蚀和晶间腐蚀一旦出现很快就会穿透 0.2 mm 的压应力层,而进入拉应力区,以致 SCC 迅速发展。此外为获取喷丸的最佳效果,必须选择好的喷丸用材质及喷丸的速率等条件,而且喷丸后严禁焊接和热处理。

高镍铬合金的应力腐蚀问题仍是大家关注的问题,各种工况下的试验数据尚不够系统、完整,应力腐蚀破裂还常常对反应堆的安全造成威胁,SCC 的深入研究仍需加强。

参 考 文 献

[1] Videm K, Murdal R. Electrochemical behavior of steel in concrete and evaluation of the corrosion rate[J]. CORROSION,1997,N:9.
[2] 贝里. 核工程中的腐蚀[M]. 丛一,译. 北京:原子能出版社,1977.
[3] Герасимов В В. Коррозия реакторных материалов[M]. Москва:Атомиздат,1960.
[4] 长谷川正义. 原子炉材料ハンドック [M]. 东京:日刊工业新闻社,1977.
[5] 陈鹤鸣,马春来,白新德. 核反应堆材料腐蚀及其防护[M]. 北京:原子能出版社,1984.
[6] 许维钧,马春来,沙仁礼. 核工业中的腐蚀与防护[M]. 北京:化学工业出版社,1993.
[7] 勒斯特曼 B,凯尔兹 F. 锆. 下[M]. 俊友,译. 北京:中国工业出版社,1965.
[8]韦斯曼 J. 核反应堆设计原理[M]. 鲍云樵,王奇卓,罗安仁. 译. 北京:电力工业出版社,1980.
[9] 沙仁礼,朱宝珍,刘景芳,等. LT-21 铝合金堆内挂片腐蚀研究[J]. 中国核科技报告,1998(S6):19-20.
[10] 陆世英,王欣增,李丕钟,等. 不锈钢应力腐蚀事故分析与耐应力腐蚀不锈钢[M]. 北京:原子能出版社,1985.
[11] 张德康. 不锈钢局部腐蚀[M]. 北京:科学出版社,1982.
[12] 张绮霞. 压水反应堆的化学化工问题[M]. 北京:原子能出版社,1984.
[13] 白新德. 核材料化学[M]. 北京:化学工业出版社,2007.
[14] 陈宝山,刘承新. 轻水堆燃料元件[M]. 北京:化学工业出版社,2007.
[15] 李冠兴,任勇岗. 重水堆燃料元件[M]. 北京:化学工业出版社,2007.
[16] 许维钧,白新德. 核电材料老化与延寿[M]. 北京:化学工业出版社,2015.

第5章　液态金属冷却核反应堆材料的腐蚀

5.1　液态金属在核反应堆中的应用概况

5.1.1　液态金属冷却反应堆的特点和优势

液态金属作为核反应堆冷却剂,通常用于快堆。这是因为除锂之外,几种液态金属的原子量均较大,对中子的慢化能力差。而且水银的热中子吸收截面很大,不宜用作热中子反应堆的冷却剂。液态金属冷却快堆受到普遍关注的原因在于和热堆相比,它具有很多不可替代的优点。

1. 快堆能最大限度地利用核资源

和轻水堆相比,快堆铀的利用率可提高60~70倍。轻水堆用核燃料铀-235只占天然铀的0.7%。采用重水冷却转换堆,加之使用钍-232,铀的利用率最多可提高1.1%左右。而快堆中每消耗一个中子可产生1.1~1.4个新的可用于裂变的中子,而且对快中子(E_n > 10^6 eV)^{238}U有可观的裂变截面参与裂变反应,参见图5-1。

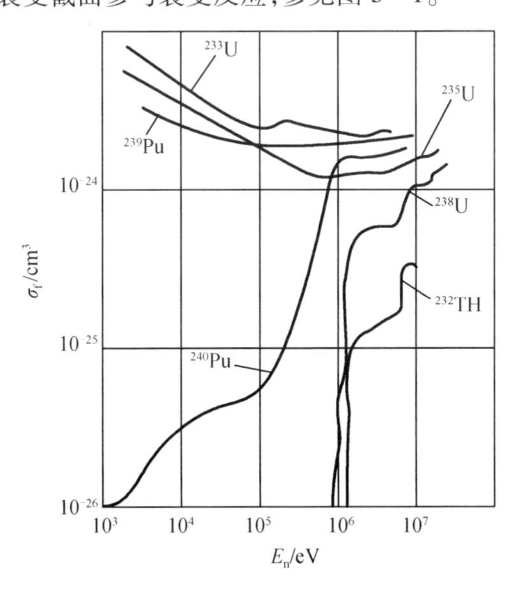

图5-1　裂变截面σ_f和中子能量的关系

维持裂变链式反应之外的富余中子可使铀－238 转变为易裂变的核燃料钚－239，达到增殖：

$$^{238}U + n \longrightarrow {}^{239}U$$

$$^{239}U \longrightarrow {}^{239}Np + \beta$$

$$^{239}Np \longrightarrow {}^{239}Pu + \beta$$

只发展热堆核电站，不与开发快堆相配套，核电将于 21 世纪中叶面临枯竭。将快堆与水冷堆的开发结合起来，可解决人类上千年的能源问题，参见图 5－2。

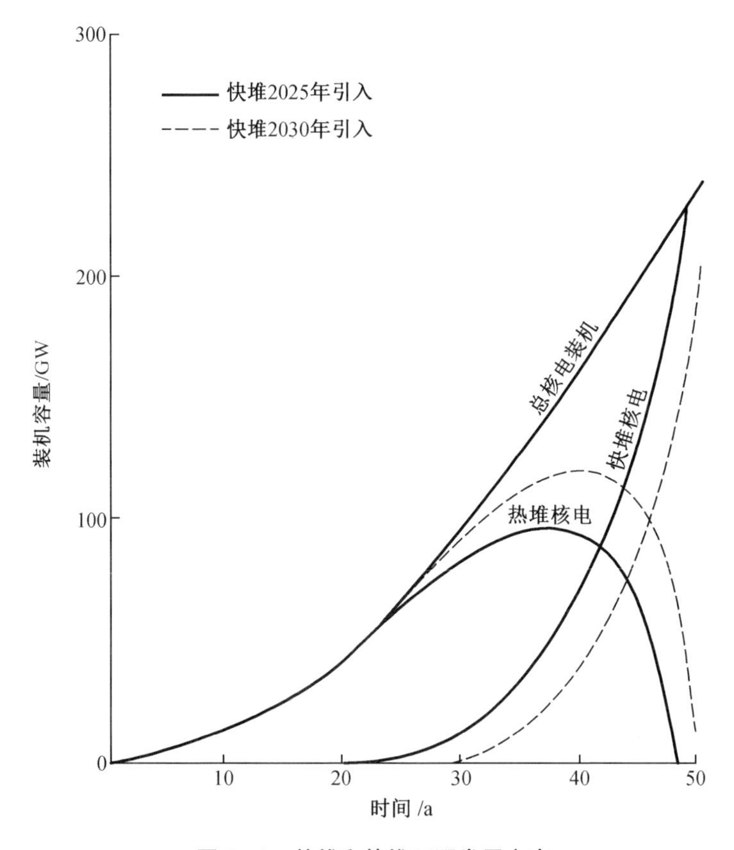

图 5－2　热堆和快堆匹配发展方案

2. 快堆的固有安全性好

快堆可实现负的温度反应性效应。和压水堆相比，快堆核电站的核安全性得到很大提升。

3. 反应堆冷却剂可在高温低压下运行

高温、高压水冷堆芯不必采用 250～300 mm 厚壁压力容器，堆容器壁厚40 mm左右就足够了，这样就大大提高了堆本体的安全等级，排除了堆芯高压爆炸的危险因素，这是因为大多数液态金属的蒸汽压较低、熔点低、沸点高。核反应堆可在很宽的温度范围内运行，比如，铅铋合金冷却剂沸点为 1 670 ℃，事故状态下热负荷及相应温度急剧升高引起的压力变化较小。应用最广的钠冷却剂也具有理想的熔点（97.8 ℃）和沸点（883 ℃）。由于快堆冷却剂可在更高的温度下运行，因而冷却剂系统的热效率得到很大提高，从 350 ℃时的 30%～33% 提高到 550 ℃时的 42.5%。

4. 可用于焚烧锕系元素和钚

核反应堆除了链式裂变反应消耗核燃料铀－235之外，铀同位素还会吸收中子生成钚和一系列锕系元素（^{241}Am、^{237}Np、^{242}Cm、^{244}Cm 等），它们的半衰期（$T_{1/2}$）分别为 4.3×10^2 a，7.3×10^3 a，2.1×10^6 a，0.4 a，18.1 a。它们的产率为 25～100 kg/(1 000 MW · a)。锕系元素既裂变有所消耗，又吸收中子产生新的原子量更高的锕系元素。锕系元素毒性大、半衰期长，储存问题未得到解决，而核扩散危险性又很高。它们和强放射性裂变产物一起分离难度大。随着核电的发展，它们的总量越来越多，储存费用很高，可以说后患无穷。而快堆可燃烧掉大部分锕系元素，使得中、长寿命放射性同位素量大大减少。一座快堆可以燃烧掉4座同等功率热堆产生的锕系元素。

5. 可建造多用途核电站

由于快堆堆本体无笨重的压力壳和安全壳，质量轻，加之快堆比功率（430～450 W/cm^3）大，是水冷堆的3倍多，这样堆芯可制作得很小，特别适宜用作运输舰艇、核潜艇和边远山区的核动力装置。快堆核潜艇小巧、灵活，水下速率达 33 kn/h，比压水堆核潜艇（27～28 kn/h）快得多。至1992年俄罗斯铅铋冷快堆核潜艇已有60堆 · 年的运行经验。在太空运行的空间核动力装置（ТОПАЗ－2）就为液态金属冷却快堆。一回路冷却剂使用的是铯蒸汽，二回路使用的钠－钾合金冷却剂。

6. 钠、钾、钠－钾合金、铅－铋合金、锂等与核反应堆结构材料有比较好的相容性

对于奥氏体不锈钢而言，钠和钾是较温和的介质，比与高温水的相容性还要好。不像熔盐堆的高温熔盐对结构材料存在难以解决的苛刻要求。

快堆具有上述诸多优点，而且有些特点是不可替代的，为开发可持续发展的新一代更安全的核电资源，发展快堆技术是必然的趋势。尚未商业化的快堆造价比压水堆高，世界经济发展受挫，能源快速增长需求不旺，快堆遭受一定程度的冷落是必然的。

虽然我国快堆技术的预研工作从20世纪60年代中期就已启动，但由于国家仍然很贫穷，总体工业水平落后，快堆预研主要是进行花费不多的调研，纸上谈兵式的技术路线和方案的比较，以及少量的快堆物理、钠的净化、热工水力特性和钠中材料腐蚀试验等。随着我国国力的增强，中国原子能科学研究院（简称原子能院）、清华大学、西安交通大学等单位的科研人员在上级主管部门的支持下开展了大量的实验快堆的试验研究与立项论证工作。中国实验快堆的设计建造终于在1996年被批准立项。其后不到一年，法国超凤凰快堆由于钠预热系统损坏而关闭。《欧洲人报》（1997.01.25 参考消息）给快堆电站判了死刑：

（1）改作焚烧炉；

（2）生成的钚毒性大、危害大；

（3）快堆技术不成熟，建商用堆是50年以后的事；

（4）快堆是唯一可能爆炸的电站。

这一消息惊动了上级相关部委和多家媒体，刚为中国实验快堆立项欢欣鼓舞的原子能院领导和科技人员不得不停下手头的工作，赶忙多方进行解释：用作焚烧炉原本是快堆的主要功能之一；钚毒性大，众所周知，水冷堆乏燃料也含有大量的钚，现已掌握钚的生产和分离的封闭系统控制工艺；快堆商用验证堆技术业已成熟，BN－600快堆已高负荷（75%）安全运行17年；快堆的固有安全性优于水冷堆。虽然是虚惊一场，但也折腾了两个多月才平息下来。快堆不需防高温、高压爆破的厚压力壳和安全壳，为进一步降低放射性物质外泄的风险，中国实验快堆拟设薄层的安全壳。

5.2 国外钠冷快堆发展状况和我国快堆开发计划

国外快堆发展已有70余年历史,先后有美、苏、英、法、日、德、意、印等国建造过20座快堆,其中实验快堆12座、原型快堆6座、示范快堆2座。最早建立的实验快堆为美国的Clementine(1946年),它的热功率只有0.025 MW。苏联1969年建造的BOR-60实验快堆,目前仍在运行。原型堆有Phenix(1973)563/254(MW),BN-350(1972)和文殊堆(1994)714/218(MW);示范堆为BN600(1980)1470/600和Superphenix(1985)3000/1242(MW)。在建和计划建造的快堆12座,以示范快堆和商用堆为主。

我国快堆技术的预研从20世纪60年代中期就已开始。但中国实验快堆到1996才正式立项,并于2012年建成。现正进行示范快堆的设计建造。

5.2.1 钠冷快堆简述

钠冷快堆系液态金属钠冷却快中子增殖反应堆,其特点是采用液态金属钠作冷却剂,利用快中子轰击核裂变燃料,以持续进行核裂变反应。所谓增殖反应是指经过快中子轰击核裂变物质后,新产生的核裂变物质的数量比原来的核燃料多。在快堆中,每消耗一个核裂变原子可产生1.1~1.4个新的可裂变原子。因此,将快堆中辐照过的增殖核材料进行后处理,可提炼出新的核燃料^{239}Pu。

5.2.2 钠冷快堆的结构

钠冷快堆使用的核燃料主要是铀-钚混合氧化物燃料,也有使用氧化铀和碳化铀燃料的。铀锆合金、铀钚锆合金以及氮化铀等有希望取代铀-钚混合氧化物燃料。为防止运行过程中核燃料及其裂变产物在冷却剂钠中的扩散及对钠回路结构的污染,核燃料元件通常用密实材料包覆,大多数钠冷快堆燃料元件采用316L奥氏体不锈钢包壳。冷却剂钠将链式裂变反应释放的大量热能导出,要将热能转变为电能,除小功率的空间核动力电源可用热离子发电外,大功率核电站还要用水蒸气驱动汽轮机发电。快堆电站用一回路的热钠通过热交换器加热二回路中的钠,后者将蒸汽发生器中的水变为过热蒸汽以推动汽轮机发电。

设置中间热交换器的目的有两个。一是避免三回路的水和水蒸气系统被放射性物质污染,因为钠在堆芯中子照射下,一部分转变成强放射性的^{24}Na。如果没有中间热交换器,一回路一旦出现泄漏事故,带放射性的钠直接进入蒸汽发生器时就会对三回路水和水蒸气系统,以至对周围环境造成严重的放射性污染。二是有了中间热交换器,蒸汽发生器内的冷却水不会直接进入堆芯。钠水反应产生的高温、高压热膨胀不会对堆芯造成直接冲击。钠水反应产生的高温、高压浓碱会使不锈钢设备发生快速破坏,而且钠水反应的另一产物氢大量渗入堆芯会危及反应堆的安全。

钠冷快堆按其设备系统结构布置可分为池式结构和回路式结构两种。池式结构的突出优点是堆内一回路系统和二回路中间热交换器及其进、出口管段都包含在钠池之中。钠池又采用双层池壁结构。带放射性的一回路中的钠没有大的回路管道引出堆外，排除了堆芯中的钠发生重大泄漏的可能性。也有引出堆外的一回路净化系统的辅助管道，由于设计不当，发生热疲劳断裂，造成一回路放射性钠泄漏事故。但由于泄漏量不大，发现及时，并未造成严重后果，引出堆外的二回路大管道中的钠几乎是不带放射性的。从而池式结构可最大限度地减少主回路放射性钠的泄漏问题。池式结构的另一特点是反应堆堆芯连同主回路钠泵及中间热交换器都装在一座大型钠池内，此外还装有安全系统的余热排放装置。相应地钠池容积就很大，热容量和热惰性大，避免了温度和压力的突然增加，因而更安全。

快堆的另一种设备系统为回路式结构，其结构类似水冷核反应堆。堆芯及堆容器、中间热交换器及主回路钠泵等呈分散状布置。这些装置之间用回路管道连接起来，这种布置的优点是较池式结构更容易进行设备部件的检修和更换，但其安全性显然不如前者。早期的小型快堆、原型快堆大多采用回路式结构。日本和德国等国的钠冷快堆以回路式结构为主。大型商用示范快堆功率大、传热等系统复杂，难以用回路结构铺展，均采用池式结构。中国实验快堆虽然功率不是很大，也直接采用池式结构，这样可缩减由回路式结构再改为池式结构的中间环节，大大缩短向大型示范快堆过渡的进程。

三回路汽轮机系统和常规火电、水冷堆核电站的汽轮机系统基本相同，但蒸汽发生器一次侧为钠，因此蒸汽发生器的安全系统、泄漏引起的钠水反应监测和防护系统要比常规蒸汽发生器复杂得多。

5.2.3　液态金属在核反应堆中的应用

作为核反应堆理想的冷却剂应具有下列性能：低熔点、高沸点，在运行温度下蒸汽压低，具有优良的热传导性能、良好的热稳定性和辐射稳定性、中子吸收截面低、感生放射性同位素半衰期短、与材料和核燃料的相容性好、泵的唧送功率低、成本低、无毒、与水和空气不起作用，等等。任何一种液态金属都难以满足上述全部要求，应按照核反应堆的特殊性能和用途对液态金属冷却剂作综合性比较，择优加以选择。

可选作液态金属冷却剂的主要有六种金属元素（Na、K、Li、Pb、Bi 和 Hg）及这些元素的共晶体。表 5－1 和表 5－2 分别列出了它们的物理性能和核性能。作为冷却剂具有次要意义的金属有镁、铷、锡。其他的低熔点金属，如 Cd、Cs、Ga、Tl 等或成本高昂，或腐蚀性强，或中子吸收截面过大等原因不宜用作反应堆冷却剂。

表 5－1　可用作反应堆冷却剂的液态金属的性能和水的性能比较

名称	熔点/℃	沸点/℃	400 ℃密度 g/cm^3	比热容 cal/(cm^3 · ℃)	比热容 cal/(g · ℃)	热中子截面/b	400 ℃热导率 cal/(cm · ℃)
Na	97.8	883	0.85	0.306	0.261	0.45	0.170
K	63.7	760	0.75	0.183	0.121	1.97	0.096
NaK 共晶	－12	1 737	0.77	0.210	0.163	1.1	0.064
Pb	327	1 477	10.5	0.037	0.388	0.2	0.038
Bi	271	1 317	9.9	0.035	0.351	0.015	0.037

表 5-1(续)

名称	熔点/℃	沸点/℃	400 ℃密度 g/cm^3	比热容 cal/(cm^3·℃)	比热容 cal/(g·℃)	热中子截面/b	400 ℃热导率 cal/(cm·℃)
Li	179	357	0.49	1.0	0.49	65	0.090
Hg	-39	100	12.3	0.032	0.394	430	0.035
H_2O	0			1.0*	1.0*	0.6	0.001*

注:* 为熔点时的值。

表 5-2　一些重要液态金属的核性能

金属	同位素丰度	热中子有效截面/b	新产物	衰变周期	放出射线/MeV
^6Li	7.5%	870	$^4_2He+T$	12.3 a	0.015β
^7Li	92.5%	0.033	^8Li	0,85 s	13.0β,1.4β
^{23}Na	100%	0.45	^{24}Na	14.8 h	1.4β,1.38γ ^{25}Na 2.76γ
^{39}K	93.4%	1.87	^{40}K	1.3×10^9 a	1.46α,1.36β
^{40}K	0.01%	约 70	^{40}K	稳定	—
^{41}K	6.6%	1.19	^{42}K	12.4 h	3.6β,1.9β,1.51γ
^{196}Hg	0.15%	3 100	^{197}Hg	64 h 23 h	0.80γ 0.18γ
^{198}Hg	10.1%	20	^{199}Hg	稳定	—
^{199}Hg	17.0%	2 500	^{200}Hg	稳定	—
^{200}Hg	23.3%	60	^{201}Hg	稳定	—
^{201}Hg	13.2%	60	^{202}Hg		0.46β
^{202}Hg	29.6%	2.4	^{203}Hg	47 d	0.3γ
^{204}Hg	6.7%	0.34		5.5 min	1.62β
$^{(204,206,207,208)}Pb$	100%	0.2	活性忽略^{210}Bi		
^{209}Bi				最终为^{210}Po,5d	1.17β 5.3α

和其他冷却剂相比,液态金属冷却剂的主要优点是导热率高、沸点高、蒸汽压低。在候选冷却剂中锂有很多优点,锂的导热率较高,锂的热容和水相当,是其他液态金属的 3 倍左右,这意味着,导出相同热量所用锂的量只有其他金属的 1/3~1/2。但锂的天然同位素中^6Li 和^7Li 的丰度分别为 7.5 和 92.5,前者的中子吸收截面为 870 b,是^7Li 的 26 364 倍。分离去除^6Li价格昂贵,只适合用于特殊要求的空间核电源或聚变堆。锂的另一缺点是在 600~700 ℃及更高温度下和材料的相容性较差。而且锂的原子质量小,对中子的慢化能力较强,

不适宜用作快堆冷却剂。

水银的热中子吸收截面很大,不宜在热中子反应堆中使用。水银有较高的非弹性截面,但由于水银在室温下流动性很好,便于实验快堆常温下的启动、调试和设备的检验、检修。世界上第一个液态金属冷却快堆 Clementine(1946)和苏联第一个实验快堆 BR-5 均用水银作冷却剂绝非偶然。但因水银密度大、泵唧送难、高电阻率、毒性大、稳定性差、易与多种元素生成汞齐等诸多原因,很快被其他液态金属所替代。

铅和铋的性能相似,两者的热中子吸收截面均很小,用于热中子堆环境很有利。但由于二者都有可观的非弹性散射截面,而且二者都属于重金属,泵唧送能耗大,用作快堆冷却剂有不利的一面。但潜艇等特殊类型的反应堆,追求的是反应堆的体积小、安全性好,铅铋冷快堆没有钠冷快堆的钠水反应安全问题,因而具有很大的吸引力。世界上只有俄罗斯拥有铅铋冷快堆核潜艇,其航速比压水堆核潜艇快得多。

钾的主要缺点之一是热容小,要求使用的泵具有大的唧送能力。由于钠钾共晶合金熔点低(-12 ℃),将其用作空间堆二回路的冷却剂仍受到欢迎。

钠是令人最为满意的快堆核电站液态金属冷却剂。到目前为止,已建造的液态金属冷却的反应堆大多采用钠作为冷却剂,原因如下:

(1)对中子,特别是对快中子,钠具有适宜的中子吸收截面。钠核较重,对中子基本上没有慢化能力,适宜用作快堆冷却剂。

(2)在 700 ℃温度下钠的蒸汽压仅为 0.14 大气压,堆本体系统可在高温低压下运行,堆池及堆内钠系统设备的壁不需很厚,排除了高压爆炸的危险,大大提高了反应堆的核安全等级。

(3)钠的导热率很高,这可使燃料元件表面和钠的温差只有 10~20 ℃,可大大降低高功率运行条件下燃料元件中心的温度,确保燃料芯块及燃料元件整体上的完整性,并减缓燃料芯块与包壳的相互作用带来的危害。

(4)钠的沸点高,反应堆运行温度至钠沸点有 300 ℃的裕度,避免出现不利的钠沸腾工况。

(5)钠是单原子金属,抗辐射能力强,没有水的辐照分解的缺点。

(6)纯钠对材料的侵蚀性小,与奥氏体不锈钢、铁素体钢、难熔金属等材料有很好的相容性。钠中氧、碳、氮、氢等杂质的存在会增加钠中材料的腐蚀,可通过净化的方法去除。

(7)钠的原料充裕,成本低,钠的制备和净化工艺业已成熟。

(8)钠的熔点不高(97.8 ℃),加热至作为冷却剂可循环的液态工况(温度约为 160 ℃)能耗相对不高,较为简便。

(9)钠俘获中子形成的放射性同位素^{24}Na 及进一步活化产生的^{25}Na 具有较强的 γ 辐射($E_1^{\gamma}=1.37$ MeV 和 $E_2^{\gamma}=2.75$ MeV),但半衰期短,分别为 $T=14.8$ h 和 62 s。前者经 5 个半衰期(3 天多)衰变后,残留辐射强度小,可对冷却剂进行处置,无须冒大的辐射危险。因此一回路冷却剂系统需加以屏蔽,但是对相关设备进行检修所需的“冷却”时间不长。

钠的主要缺点是它的活性非常高,在空气中会燃烧,因此钠系统的泄漏监测和灭钠火的措施必须可靠且完备。

另外,钠与水和含水物质发生剧烈的放热反应,而且反应产物氢系易燃易爆物质。大量高温钠向含很多结晶水的混凝土构筑物泄漏,或高温、高压水向蒸汽发生器钠侧的大泄漏都可能引发热爆炸和氢气爆炸这种灾难性的后果。钠水反应是钠冷快堆必须面对和解决的重要安全问题之一。

在400 ℃以下的系统中，钠水反应以生成氢氧化钠的反应过程为主：

$$Na + H_2O \longrightarrow NaOH + 1/2\ H_2 + 140\ kJ/mol \tag{5-1}$$

在400 ℃ 以上的系统中，钠水反应以生成氧化钠的反应过程为主：

$$2Na + H_2O \longrightarrow Na_2O + H_2 + 124.4\ kJ/mol \tag{5-2}$$

蒸汽发生器传热管泄漏，高压水向钠中喷射形成高温碱焰，其局部温度高达1 350 ℃，局部压力可达9.0 MPa。在高温、高压及强腐蚀介质NaOH共同作用下传热管会发生连锁性的破坏，后果极为严重，甚至还会波及二回路管道和设备（中间热交换器）产生碱致应力腐蚀破裂。1973年苏联哈萨克斯坦共和国BN－350示范快堆电站蒸汽发生器泄漏，由于氢检漏监测系统故障和防护措施不当迅速发展为800 kg水向钠侧的大泄漏，发生了剧烈的热爆破，钠水反应产物氢、碱、钠、水汽的混合物喷向数百米的高空。美国间谍卫星拍摄到事故状况，认为发生了核事故。事实是，蒸汽发生器传热管发生小泄漏后，失灵的扩散型氢检漏监测系统未能及时（30 s之内）诊断报警，过了近30 min，小泄漏发展成大泄漏。爆破片几乎同时爆破，排放氢气等反应产物。虽然关断了进钠阀和进水阀，但钠水反应仍在进行。后来才发现只关闭了一个进水阀，为了平衡产汽率而并联的另一个进水阀仍不断进水，钠水反应事故排放罐承受不了这样多的反应产物而发生大爆炸，其后切断了该阀才终止事故。事故后检查，蒸汽发生器下部已结成坨，大部分传热管已不见踪影。苏联物理动力研究院负责快堆钠水反应安全研究的专家B. M.巴普洛夫斯基（后为该院的副院长）办公桌上就一直放着黏结在大理石块上的传热管残片，作为对一个负责任的科技工作者的警示。俄罗斯专家在该领域中取得了显著的研究成果，后来更大规模的BN－600工业示范快堆多年的安全运行经验表明，钠水反应安全系统是稳定和可靠的。由于蒸汽发生器制造工艺及运行条件的问题，反应堆寿期中曾先后发生12次以上的水向钠中泄漏的事故。水泄漏量几百克，几千克，最大达50 kg，但这些泄漏均被氢检漏监测系统等钠水反应诊断系统及时诊断出来，并及时报警，自动安全处置。

5.2.4 液态金属钠中材料腐蚀机理

液态金属对材料的腐蚀是一个既有化学作用，又有物理作用的综合过程。研究材料在液态金属中的一般行为、它们之间的相容性，可揭示液态金属中材料的腐蚀过程和机理。

1.结构材料与钠的相容性

液态金属与材料的相容性是二者应用双向选择的主要因素之一。铁、镍、铬、钼、钴、铌等与钠、与钠钾合金和有应用前景的锂的相容性列于表5－3中。钠应用最广，许多材料在纯钠中的耐蚀性能优良。上述材料在纯钠中的溶解度极小。

表5－3　几种常用结构材料与钠液态金属的相容性

金属材料	钠、钠钾合金温度/℃			锂温度/℃		
	299	593	799	299	593	799
AISI 316型不锈钢	O	O	O	O	Δ	×
Cr	O	O	O	—	—	—

表 5 - 3(续)

金属材料	钠、钠钾合金温度/℃			锂温度/℃		
	299	593	799	299	593	799
60Cr - 40Fe	O	O	O	—	—	—
Ni	O	O	O	Δ	×	×
Hastelloy X	O	O	O	—	—	—
Zr	O	O	—	O	O	O
Zr - 4	O	O	—	O	—	—
Nb	O	O	O	O	O	O
Al	O	O	—	—	×	×
6063 铝合金	O	O	—	—	×	×

注：O—良，Δ—中等，×—差。

对运行温度 500 ~ 600 ℃的钠冷快堆，按新的设计标准寿命要达到 50 年以上。材料在钠中的腐蚀速率平均不大于 15 μm/a。可供选择的材料有 304 型不锈钢、316 型不锈钢、Incolloy - 800 合金、镍基合金(如 Nimonic 80A)、低合金钢以及钴基超级合金。燃料元件包壳的选用只集中于 304 型不锈钢和 316 型不锈钢，难熔金属钒基和铌基合金。

奥氏体不锈钢在低含氧量($<10^{-6}$)的钠中，在 700 ℃以下的温度范围内腐蚀速率为 8 ~ 38 μm/a。在含氧量为 25×10^{-5}，450 ~ 725 ℃温度的钠中不锈钢的腐蚀速率可用下式表示：

$$M = 2.3\times10^{-6}\exp(-17\ 500/(RT))\ \text{cm/s} \tag{5-3}$$

其中，R 表示气体常数(1.987 cal/(mol · K))。

奥氏体不锈钢在 650 ℃ 以下的低含氧量($<10^{-5}$)，钠中耐蚀、耐核辐射，与核燃料的相容性好，有足够高的高温强度，制造和加工工艺成熟，能大量供货，故广泛用作快堆燃料元件包壳和堆内结构材料。

镍基合金和镍铬基合金在含氧钠中的耐蚀性方面的优点并不突出，价格昂贵，在与燃料相容性方面还存在一些问题，尚未推广应用。

随着对高温工业工艺过程(煤的高温裂解、高温电解水制氢和诸多高温化学工艺等)日益高涨的需求，发展可靠的高温供热核反应堆迫在眉睫，钠冷却剂对材料的侵蚀性比熔盐小，导热性又比高温气冷堆的氦气好得多，且无须高压，高温钠冷快堆固有安全性好，俄罗斯已有高温(800 ~ 900 ℃)钠冷快堆发电电解制氢的概念设计方案。选择和研制耐高温钠侵蚀的合金材料成为迫切的任务。

稳定型低合金钢在钠中的稳定温度可达 510 ℃。对于 9Cr - 1Mo 合金而言，耐热性更好一些。由于它们对水介质和碱介质条件下的应力腐蚀破裂不敏感，从水和钠两种介质综合考虑，它们比奥氏体不锈钢更适于用作二回路的结构材料，特别是为防止钠回路系统高温(650 ~ 700 ℃)段脱碳、低温段渗碳，为降低燃料芯块温度过高、燃料包壳相互作用加剧的趋势和保障燃料芯块完整性，倾向于降低堆芯以致燃料芯块的温度，使用常规热电厂通用的锅炉钢(2.25Cr - 1Mo)作蒸汽发生器的传热管更安全、更便宜。工业示范快堆设计甚至将原来的传热管使用温度从 510 ℃降至 505 ℃，相关系统将更为安全、可靠。但对于高温钠冷快堆的蒸汽发生器管材必须研制新的蒸汽发生器结构材料和传热管管材。

钴基合金的高温强度高、耐蚀性优良。但因中子辐照引起的感生放射性强,不适宜用作一回路系统结构材料。

钒基合金因具有高温强度好、抗辐照、与核燃料相容性好等诸多优点,很有开发前景,但要克服因吸氢韧性下降的缺点。

2. 钠与核燃料的相容性

人们关注钠与核燃料的相容性在于一旦燃料元件包壳破损,钠将直接与燃料接触,以致充填燃料包壳之间的间隙。如果相容性差,核燃料及其裂变产物将溶解,并迁移至钠中,这将造成钠回路严重的放射性污染事故。

钠中无杂质时,铀及其合金并不会与钠发生严重的腐蚀反应,氧化物燃料更为稳定,钠中引起铀及其合金腐蚀的主要杂质是氧,铀能使氧化钠还原。在动态钠中铀燃料的腐蚀速率还和钠的流速、温度、铀与钠的接触面积,以及回路中的温差有关。当回路中的氧含量 $10^{-5} \sim 6.1 \times 10^{-4}$,温度 400 ~ 500 ℃,2.4 m/s 的钠流中试验 781 h,铀的平均腐蚀速率为0.4 mm/月。

5.2.5 钠中材料腐蚀过程

材料与钠相容性的差别所显示的是不同环境条件下材料的腐蚀过程。这里有固体金属、合金表面被液态金属钠均匀溶解和破坏,一种或多种材料优先溶解破坏,材料渗钠(钠均匀渗入和晶间渗入)引起材质恶化。钠中杂质,特别是氧、碳、氮、氢等会增加液态金属的腐蚀性。或者这些杂质在高温下直接与材料相互作用而引起材料性能恶化。由此可见,结构材料在液态金属中的腐蚀与在其他介质中的腐蚀相比有许多不同的特点。材料组分、元素的物理和物理化学溶解过程、不同界面上的扩散过程对材料的腐蚀起着至关重要的作用。

1. 钠中结构材料纯组元的溶解腐蚀

钠对纯金属的均匀腐蚀是一个溶解过程,通常分为两个阶段:逸出固体表面的金属原子进入与其相邻的钠中,这为溶解阶段;溶解的金属通过流体边界层转移,这是对流扩散过程。当腐蚀过程由溶解过程控制时,腐蚀过程受温度的影响明显,而与钠流速无关。腐蚀速率由对流 - 扩散过程控制时,腐蚀行为恰恰相反,温度影响很小,而钠流速对腐蚀速率影响十分明显。当溶解过程与对流 - 扩散过程具有相同量级时,则腐蚀速率由两过程混合控制,参见图 5 - 3 和图 5 - 4。

当金属原子的溶解速率低于通过边界层的扩散转移速率时,金属在邻近固体表面钠中的实际浓度 C_{int} 小于饱和浓度。设界面上的溶解过程为一级反应,则有

$$M = K_R(C_{sat} - C_{int}) \tag{5-4}$$

式中 C_{sat}——金属在钠中溶解的饱和浓度,g/cm^3;

C_{int}——金属在邻近表面钠中的实际浓度,g/cm^3;

M——腐蚀速率,$g/(cm^2 \cdot s)$;

K_R——溶解速率常数,cm/s。

对流 - 扩散传质速率可表示为

$$M = K_d(C_{int} - C) \tag{5-5}$$

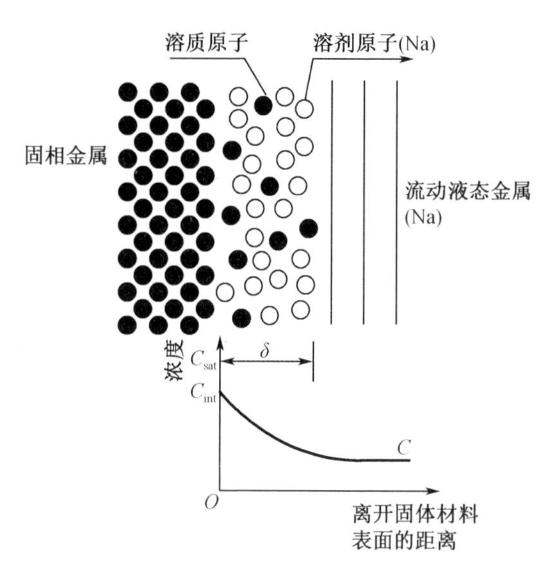

图 5－3　溶解的金属原子在流动钠中浓度分布图

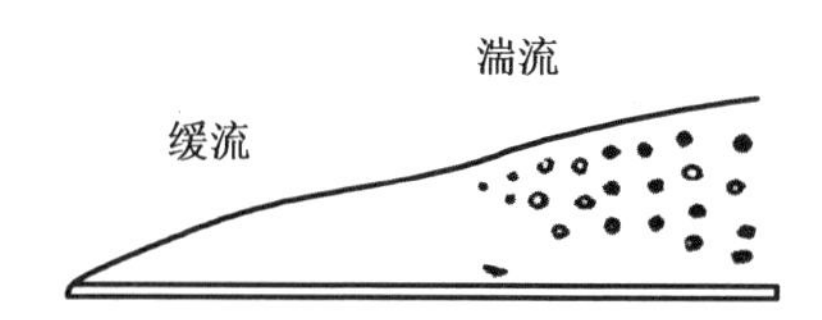

图 5－4　平板上的层流边界层与紊流边界层

式中　K_d——传质系数，cm/s；

C——钠中溶质的容积浓度，g/cm³。

在稳定情况下溶解速率与扩散－传质速率相等，达到平衡。联立以上二式可得

$$M=(1/K_R+1/K_d)^{-1}(C_{sat}-C) \tag{5-6}$$

传质系数与边界层的流动状态雷诺数和流体特性施密特数（$Sc=v/D$，D 为传质在钠中的扩散系数）有关。

在与流体流动方向相平行的平板上，层流前缘至层流向湍流转变的临界距离 X_c 随流速 V 提高而缩短，而 $V\cdot X_c$ 保持不变。

对于钠回路，$V=500$ cm/s，$d=2$ cm，$v=1.5\times10^{-3}$ cm/s（700 ℃），铁在钠中的扩散系数 D_{Fe} 为

$$D_{Fe}=4.4\times10^{-4}\exp[-18/(R(T/10^3)] \tag{5-7}$$

式中，18 为激活能值，单位为 kJ/mol。则在 700 ℃时，$D_{Fe}\approx5.0\times10^{-5}$ cm²/s，$Sc=1.5\times10^{-3}/(5\times10^{-5})=30$，$Re\approx6\times10^5$（湍流）。

按经验关系式：$K_d/V=Sc^{-2/3}j$。j 因子无因次，对圆管，湍流时为

$$j=f/2=0.023Sc^{-2/3}Re^{-0.2} \tag{5-8}$$

这就是传质计算常用的奇尔登科尔伯恩方法，其适用范围 $0.5\leqslant Sc\leqslant120$，$2\,300\leqslant Re\leqslant10^7$，$X/d>50$。

对于平板，则有

$$K_d/V=0.037Sc^{-2/3}Re^{-0.2} \tag{5-9}$$

对于以上回路，得出 $K_d=0.08\ \mathrm{cm/s}$，进而可求出 M。

要指出的是，不能认为 $C=0$，实际过程在纯钠中，$C=0$ 指的是极短的一段时间，溶质很快达到一定的浓度，比如铁，很快达到一定的溶解度 6.0×10^{-6}。如果认为 $C=0$，计算所得到的腐蚀速率将比实际腐蚀速率高两个量级。

2. 不等温回路中被溶解金属的浓度分布和质量迁移

介绍一种简单的理想回路，它由加热器控制的热段和冷却器控制的冷段组成，参见图 5-5 和图 5-6。

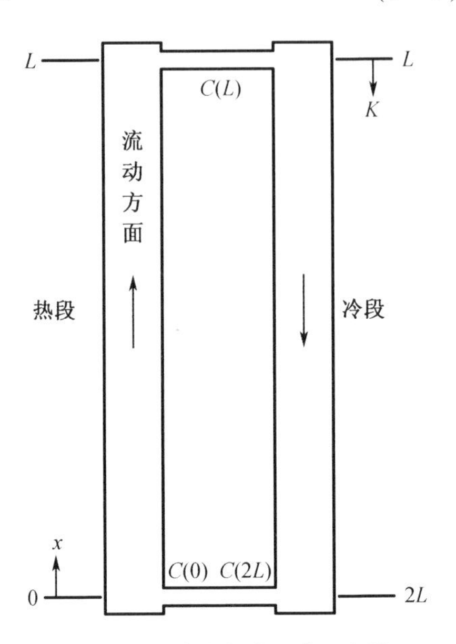

图 5-5　简单腐蚀回路示意图

在热段腐蚀驱动力为 $C_{sat}^{h}-C(x)$，随着顺流腐蚀 $C(x)$ 增加，进一步腐蚀的驱动力减小，腐蚀速率随顺流位置延长而降低。这种由于液态金属流过等温区时腐蚀的化学位发生变化而使腐蚀速率改变的效应称作顺流效应。

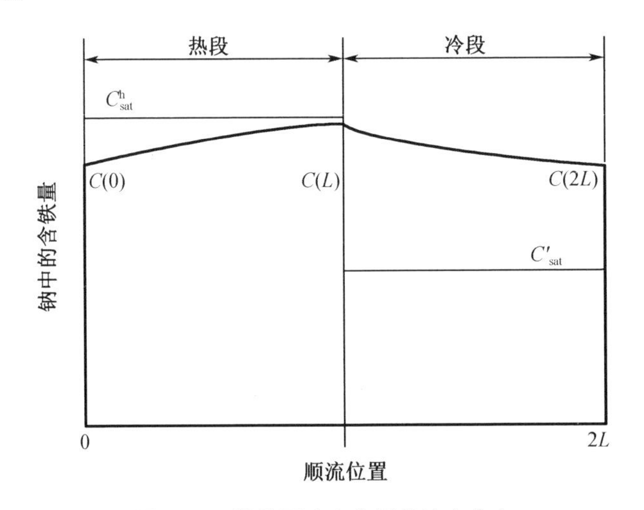

图 5-6　简单回路中金属的浓度分布

质量迁移的发生，是因为液流进入低温段，$T_h>T_c$，$C_{sat}^{h}>C_{sat}^{c}$，所以在冷段溶质开始过饱和，并发生沉积，沉积的驱动力为 $C(x)-C_{sat}^{c}$。随着顺流，$C(x)$ 降低，沉积速率下降。液流返回至热段又开始新一轮的热段溶解和冷段沉积。如果冷热段温差消失，整个回路的钠将在相应的温度下为金属溶质所饱和，达到平衡。

3. 不锈钢的腐蚀

用质量分数 ω_i^0 表示不锈钢中铁、铬、镍的容积浓度。钢钠界面上的组元浓度为 $\omega_{\mathrm{int}(i)}$。如果纯组元的腐蚀速率为 m_i^0，则钠工况下组元腐蚀速率与其界面浓度有关，即

$$m_i=\omega_{\mathrm{int}(i)}m_i^0 \tag{5-10}$$

用腐蚀深度/时间(壁面通缩率 $u = m/\rho$) - 动坐标表示均匀腐蚀速率,其中 ρ 表示钢的密度,则钢钠界面上单位时间内被钠移走的组元量是 $m_i\omega_i^0$,有

$$\omega_{\mathrm{int}(i)} = m_i/m_i^0 = \rho u\omega_i^0/m_i^0 \tag{5-11}$$

因为界面各组元质量分数之和为 1,即

$$\sum \omega_{\mathrm{int}(i)} = \rho u \sum \omega_i^0/m_i^0 = 1 \tag{5-12}$$

所以

$$m_{\mathrm{s.s}} = \rho u = \left(\sum \omega_i^0/m_i^0\right)^{-1}$$

如果在同样钠工况下测得 $m_{\mathrm{Fe}} = 0.02$ mm/a,$m_{\mathrm{Cr}} = 0.13$ mm/a,$m_{\mathrm{Ni}} = 0.50$ mm/a,并已知不锈钢组元份额分别为 0.7,0.2,0.1,故

$$m_{\mathrm{s.s}} = \left(\sum \omega/m\right)^{-1} = (0.70/0.02 + 0.20/0.13 + 0.10/0.50)^{-1} \approx 2.7 \times 10^{-2}\ \mathrm{mm/a} \tag{5-13}$$

4. 合金组元的选择性浸出

合金在高温下浸渍后,由于组元在钠中的溶解度各不相同,它们向钠中迁移的速度也就不同,从而导致合金表层组元的含量发生变化。相对来说,一些元素富集起来,另一些元素贫化,这就是合金组元的选择性浸出。表层合金浓度的变化、固相组元浓度的不平衡,导致合金组元各自的固相扩散,形成了表面层组元的浓度梯度。当达到稳态时,即表面组元迁移速率一定,则表层中组元的浓度分布也是一定的。合金组元含量与合金组织,进而与材料的性能密切相关。图 5-7 显示了由电子探针测定的遭受钠腐蚀的不锈钢试样上组元的分布情况。试验条件:钠温 755 ℃,试验时间 2 500 h,钠中含氧量 4.0×10^{-6},距离最高温度 $T_{\max}$ 的顺流位置为 $10L/D$(L 为入口至测点距离,D 为水力学直径),参见图 5-7 和图 5-8。

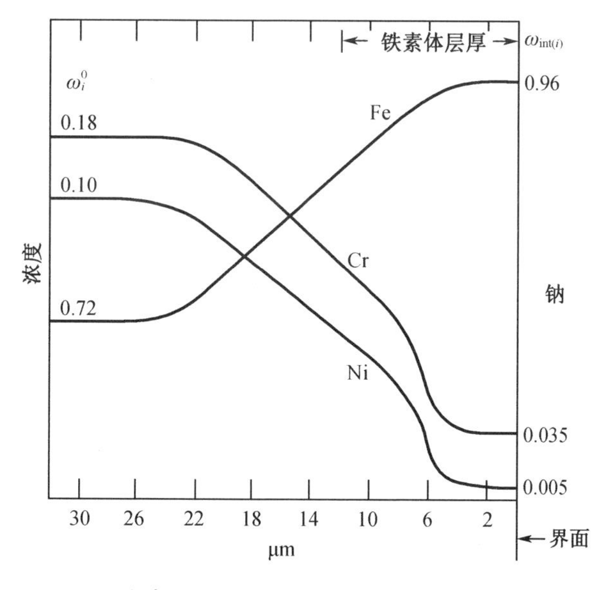

图 5-7　在高流速钠中腐蚀后不锈钢试样断面组元浓度

由表层组元浓度看出,最外层 12 μm 的表面层已由奥氏体钢转变为镍含量低于 8%、铬含量低于 15% 的铁素体钢,强度和稳定性变差。该组元浓度分布结果和铁、铬、镍等组元浓度费克扩散定律计算结果相符。铁向钠中的迁移速率慢,钠对铁向钠中迁移的作用控制了

不锈钢的整个腐蚀过程。

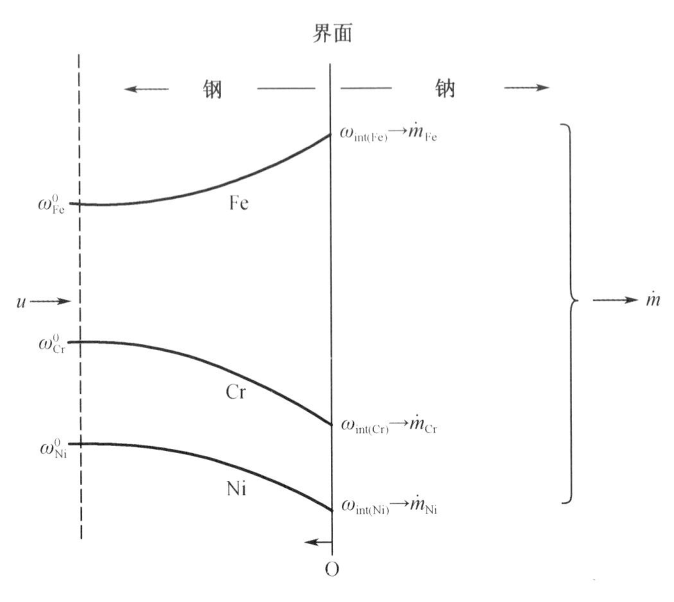

图 5-8　铁、铬、镍在钢表层中的分布

5. 铁、镍和铬在钠中的腐蚀及钠中氧含量的影响

铁是不锈钢中的主要成分。实验表明，钠中氧浓度对不锈钢的腐蚀影响很大，显然氧含量明显影响铁的腐蚀。钠中溶解氧含量对温度的依赖关系参见图 5-9。

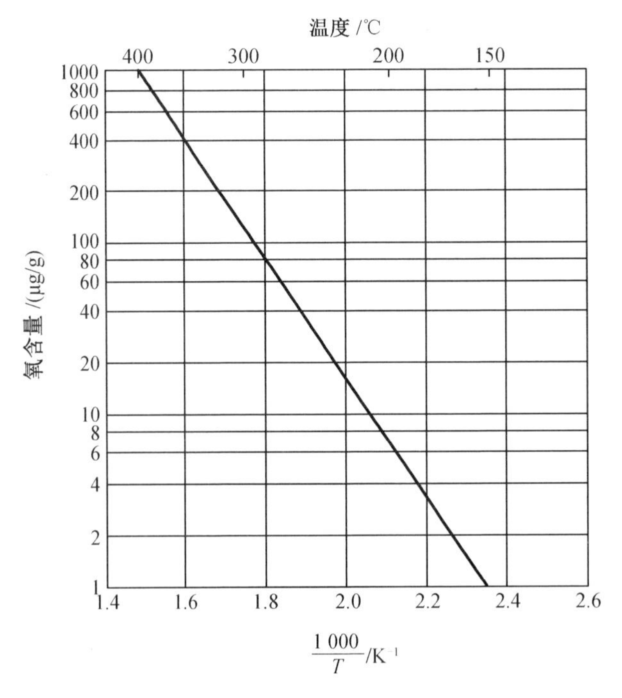

图 5-9　氧化钠在钠中的溶解曲线

氧对铁的腐蚀影响可能有热力学效应和动力学效应。

根据 Na_2O 的标准自由能，求出含氧量高时生成铁酸钠（$FeO(Na_2O)_2$）的标准生成自由能：

$$\Delta G^{\ominus} = \Delta G^{\ominus}_{铁酸钠} - \Delta G^{0}_{Na_2O} = -13 + 3(T/10^3)\ \text{kJ/mol} \tag{5-14}$$

$$\Delta G^{\ominus}_{Na_2O} = -397 + 118(T/10^3)\ \text{kJ/mol} \tag{5-15}$$

固态 Na_2O 在钠中的溶解度可用下式表示：

$$\ln C_{sat}(O)(\times 10^{-6}) = 14.4 - 46.5/R(T/10^3) \tag{5-16}$$

溶解氧的热力学效应可用钠中氧的活度衡量，现规定氧在饱和 Na_2O 的钠中活度为 1，则根据亨利（Henry）定律，在含氧量较低的钠中氧的活度为

$$\alpha_0 = C/C_{Sat}(O) \tag{5-17}$$

当含氧量较高的钠与铁平衡时，有

$$\underset{(l)}{4/3Na} + \underset{(s)}{1/3Fe} + \underset{(g)}{1/2O_2} \longrightarrow 1/3FeO(Na_2O)_2 \tag{5-18}$$

铁酸钠的标准生成自由能为

$$\Delta G^{\ominus}_{铁酸钠} = -410 + 121(T/10^3) \tag{5-19}$$

运用质量作用定律，有

$$\underset{(s)}{Na_2O} + 1/3Fe \longrightarrow 1/3FeO(Na_2O)_2 + 2/3Na \tag{5-20}$$

此反应的标准生成自由能

$$\Delta G^{\ominus} = \Delta G^{\ominus}_{铁酸钠} - \Delta G^{0}_{Na_2O} = -13 + 3(T/10^3)\ \text{kJ/mol} \tag{5-21}$$

铁与溶解氧如果发生反应

$$\underset{(l)}{Na_2O} + 1/3Fe \longrightarrow 1/3FeO(Na_2O)_2 + 2/3Na \tag{5-22}$$

为了求出与纯铁接触的钠中析出铁酸钠的临界活度 α_0^*，对式（5－20）运用质量作用定律，可得

$$1/\alpha_0^* = \exp(-\Delta G^{\ominus}/RT)$$

将 $\Delta G^{\ominus}$ 代入（5－19）式，得

$$\alpha_0^* = 1.43\exp[-1.56/(T/10^3)] \tag{5-23}$$

通过式（5－23）和式（5－16）、式（5－17）可以算得通常温度下的临界氧浓度，例如在 450 ℃下：

$$\alpha_0^* = 0.17$$

$$C_0^* = 0.17 \times 776 \times 10^{-6} = 1.32 \times 10^{-4}$$

在 700 ℃下，$\alpha_0^* = 0.29$，则

$$C_0^* = 0.29 \times 5\ 704 \times 10^{-6} = 1.65 \times 10^{-3}$$

实际钠回路中含氧量一般最高也只有十万分之几，远小于生成铁酸钠的临界氧浓度。由此可以认为，氧对铁的腐蚀不会产生热力学方面的效应。氧加速铁的腐蚀只有动力学效应，即表现在对铁的溶解速率动力学效应上。

在氧含量很宽的范围内，高温钠中氧含量高达 5×10^{-4} 的情况下，纯镍在钠中的溶解几乎不受氧含量的影响。二氧化镍热力学上是不稳定的，镍的溶解速率也不受 Na_2O 的催化作用，$K_d/K_R \ll 1$，腐蚀速率由对流－扩散速率控制，腐蚀驱动力为 $C_{Sat(Ni)} - C_{(Ni)}$。因此一般钠回路含氧条件下的不锈钢腐蚀过程中，铁和镍均可视作元素的溶解作用。

铬在钠中的溶解度比铁和镍要低。但铬与氧的亲和力很强，容易生成 $NaCrO_2$，显示了很强的热力学效应，其标准生成自由能 $\Delta G=(60\sim155)(T/10^3)$，用类似生成铁酸钠临界氧浓度计算方法可估算出 450 ℃和 700 ℃下铬和钠接触生成 $NaCrO_2$ 的临界氧浓度分别为 1.0×10^{-5} 和 2.0×10^{-5}。实际检测铬－钠开始反应的临界氧浓度还要低一些，小于 3.0×10^{-6}。由此铬腐蚀生成 $NaCrO_2$，可以认为是不锈钢在钠中腐蚀的一个特殊因素。

6. 不锈钢腐蚀的威克斯－艾塞克斯(Weeks－Issacs)模型简要介绍

不锈钢在钠中腐蚀时，存在几个基本现象，腐蚀速率随钠中氧含量的增加而提高。流速低时，腐蚀速率与流速有关，流速增加，腐蚀速率提高；而流速较高时，腐蚀速率则与流速无关。流道不锈钢材料的腐蚀具有顺流效应，即下游样品的腐蚀速率比上游样品的腐蚀速率低。

威克斯－艾塞克斯模型的基本思想是基于不锈钢的选择性浸出，材料表面层几乎全变成铁。这样，铁的腐蚀速率对不锈钢整体的腐蚀具有决定性意义。于是，可仿照固体表面吸附和解析气体的普遍理论来模拟铁溶入钠的过程，以建立铁的腐蚀方程。钠中的氧影响铁的溶解速率常数，而使铁的腐蚀速率增加。用铬和镍的毒化效应来修正铁的溶解速率常数，即下游钠中的铬和镍达到一定浓度后将和铁原子争夺钢表面的活性腐蚀结点，从而降低活性结点的铁原子的浓度，使铁的腐蚀速率降低。

该模型的主要用途，一是估算一定条件下不锈钢、纯铁等的腐蚀速率；二是可用经验方程来估算热区的不锈钢表面的均匀腐蚀速率。需要注意的是，不锈钢腐蚀速率方程式适用的条件是氧含量大于 3.0×10^{-6}。

7. 钠中碳的迁移

许多研究人员研究了液态钠中碳的溶解度。他们之间的研究结果有较大差别，参见图 5－10 中的线性关系 A,B,C,D。

在平衡状态下碳在钠中的溶解度 $C_{\mathrm{Sat(C)}}$ 为

$$\ln C_{\mathrm{Sat(C)}}=17.6-114/R(T/10^3)$$

碳在钠中可以 Na_2C_2 或 C_2^{2-} 离子形式存在。

氧在钠中的活度为

$$a_0=C_0/C_{\mathrm{sat(O)}}$$

表现为线性关系。

$$2Na+2C\longrightarrow Na_2C_2$$

在 427～827 ℃时 Na_2C_2 的生成自由能约为

$$\Delta G^0_{Na_2C_2}=31-12(T/10^8)$$

在反应堆工作温度下 Na_2C_2 的 $\Delta G^0_{Na_2C_2}$ 大于 1，是不稳定的，当钠中碳活度也低于 1 时，根据质量作用定律：

$$K_{Na_2C_2}=\exp(-\Delta G_{Na_2C_2}/RT)=a_{Na_2C_2}/a_C^2$$

这里，当钠和石墨接触时 $a_{C_2}=1,a_{Na}^2=1$，则

$$a_{Na_2C_2}=(a_{Na_2C_2})_{\mathrm{sat}}$$

$$a_C^2=a_{Na_2C_2}/(a_{Na_2C_2})_{\mathrm{sat}}=C_C/C_{\mathrm{sat(C)}}$$

表现为抛物线关系，这是因为形成 Na_2C_2 的结果。

碳的迁移除与钠中碳的活度有关外，还与钢中碳的活度有关。碳在奥氏体不锈钢中的

溶解度很低，在 600 ℃下为 0.013%，在 700 ℃下为 0.050%，参见图 5 - 11 和图 5 - 12。

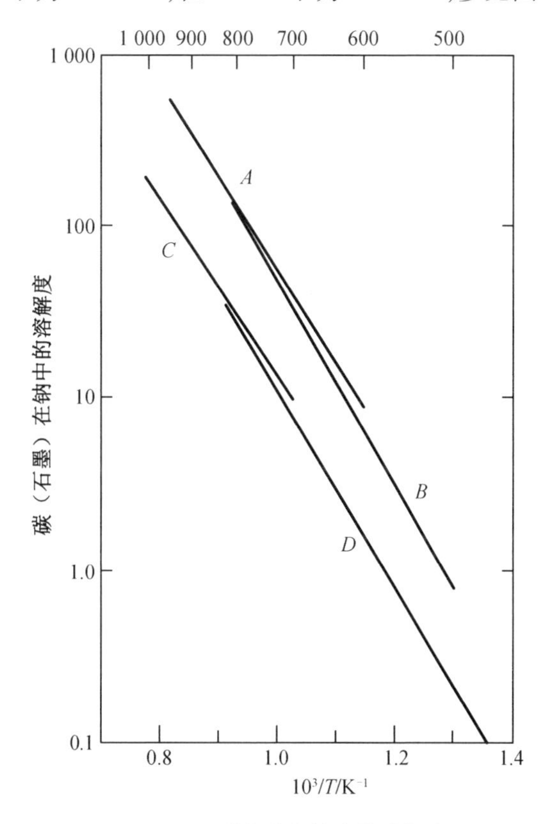

图 5 - 10　碳在液态钠中的溶解度

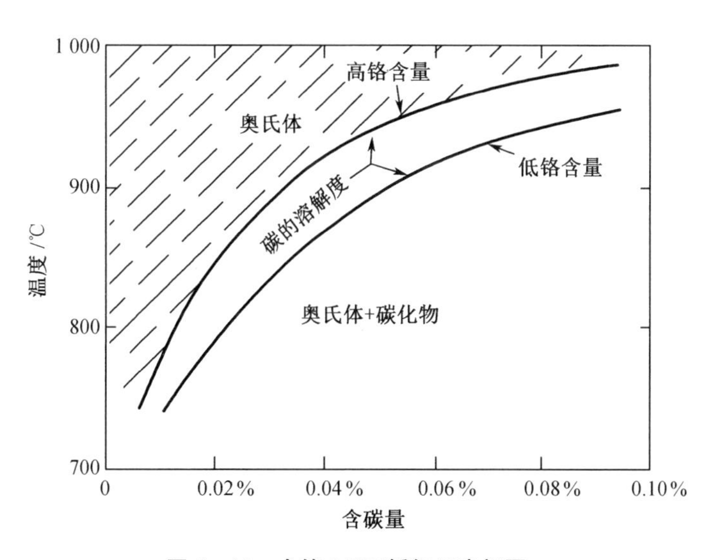

图 5 - 11　含镍 8% 不锈钢示意相图

铬对碳的亲和力比铁大，更易形成碳化物。钢中加入铬会使钢中碳活度下降；而加入镍，碳活度会增加。不锈钢渗碳或脱碳相应伴随着碳化物 $M_{23}C_6$ 的析出和溶解。奥氏体钢中铬含量减少、碳含量增加不锈钢的强度下降，脆性增加。

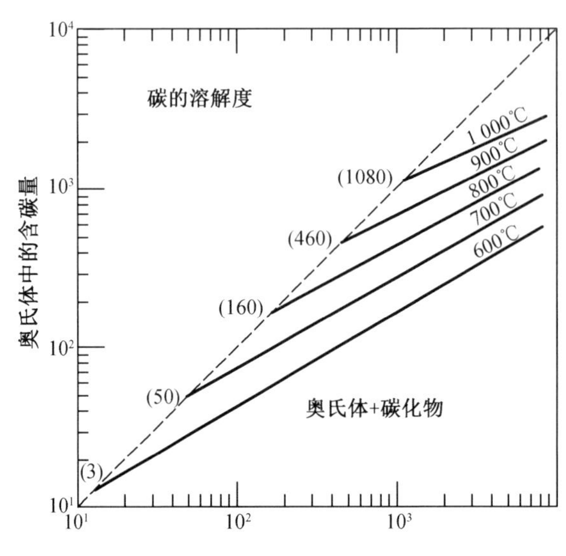

图 5-12 奥氏体中含碳量与总碳量的关系

在等温钠系统中,碳在钠中的浓度相同,动态钠和钢样中的碳浓度达到平衡条件时,没有碳的净迁移。

高、低温钠回路中,钠中含碳量之比,质量分数$(\omega_C^T)_h/(\omega_C^T)_c$之比为

$$((\gamma_C^*)_c[C_{sat}^{Na}]_c^{1/2})/((\gamma_C^*)_h[C_{sat}^{Na}]_h^{1/2})$$

该比值既取决于碳在钢中的准活度系数与温度的关系,也取决于碳在钠中的饱和溶解度与温度的依赖关系。该比值表征碳在回路中转移的方向和程度,比值小于1,则高温脱碳,低温渗碳。温度降低,$[C_{sat}^{Na}]_c$迅速下降,而γ_C^*增大,但其增大的幅值较小。总的结果是$(\gamma_C^*)_c[C_{sat}^{Na}]_c^{1/2}$变小,即比值小于1,高温脱碳,低温渗碳。这与钠回路中碳所发生的实际迁移情况相符。

温差引起的质量迁移的热力学原理也适用于不同材质组成的等温回路的不同材质质量迁移情况。因是等温情况,碳在钠中的饱和溶解度相同,则

$$(\omega_C^T)_\gamma/(\omega_C^T)_\alpha=(\gamma_C^*)_\alpha/(\gamma_C^*)_\gamma$$

这里,下标α,γ分别表示铁素体钢和奥氏体钢。因铬对碳有较强的亲和力,奥氏体钢中含铬量大,使其中的碳活度降低,因此上面方程右侧项大于1,即$(\omega_C^T)_\alpha/(\omega_C^T)_\gamma$小于1,说明铁素体钢脱碳,奥氏体钢渗碳。

研究渗碳和脱碳的动力学方法包括有效扩散系数法和碳在奥氏体钢中的扩散解析法。前者将两相混合物当作一个有效扩散系数$D_{C,eff}$的单相来处理。后者基于Fe、Cr、Ni的扩散系数比碳小得多,在奥氏体和碳化物局部平衡的钢中,碳化物颗粒静止不动,只有碳在奥氏体中扩散的原理。后者在温度高于600 ℃,扩散时间大于1 000 h条件下适用。0.375 mm壁厚的316不锈钢燃料元件包壳在含碳量5.0×10^{-8}和1.7×10^{-7}的钠中运行1 000 h和5 000 h后,最大渗碳区接近于燃料芯体中部。当包壳最高温度从600 ℃升高到700 ℃包壳脱碳的程度大大增加,钠中的含碳量不同,脱碳程度也明显不同。堆用钠中的含碳量是重要的控制指标之一。

5.2.6 快堆结构材料腐蚀控制

影响结构材料在液态金属中腐蚀的因素很多。首先是结构材料本身的质量、材料组成、组织结构、应力状态、表面质量等。其次是液态金属的种类和纯度、流速、温度、温度梯度、有害杂质含量等环境因素。结构材料与液态金属的面容比也对材料的腐蚀产生影响。液态金属中结构材料腐蚀影响因素分类如下。

1. 材质冶金因素

增加能提高材料晶体点阵结合力的元素,比如与铁有较强结合力的硅和铬,能提高材料的耐蚀能力;增加能降低材料在液态金属中可溶组分活度或能降低易于质量转移元素活度的元素也能提高材料的耐蚀能力,而加工过程中的某些因素,比如合金化、包括焊接加工在内的制造工艺等影响材料组织和表面膜稳定性的因素会使材料的耐蚀性能降低。

2. 影响材料与介质物化性能(溶解度与溶解速率等)的因素

液态金属的纯度,特别是腐蚀活化剂碳、氮、氧、氢等的含量,不但在数量上影响腐蚀速率,而且往往使腐蚀过程大为复杂化。

3. 系统的几何因素和参数

影响溶解与沉积的因素有温度和温度梯度。与腐蚀、磨蚀、气蚀过程密切相关的因素有流速、面容比等。

在快堆装置设计建造后,材料的冶金因素和系统的几何因素均已确定的情况下,系统的物化因素在设备运行使用过程中将起着长期的、决定性的影响,并将影响设备的安全和寿命。特别值得关注的是钠中非金属杂质,比如氧、碳、氮、氢等杂质的有害作用。

钠中氧含量的增加将加速铁和铁合金的腐蚀。氧与钠反应生成不易溶解的氧化钠。在较低的温度下,氧化钠的溶解度下降,并在相应通道中沉积下来。这种沉积物即使数量很少,通常也会形成一个核心。环绕该核心将产生质量分数约为20% Na_2O 和80% Na 的晶体的生长,从而堵塞狭窄的冷端通道。为此,钠系统小的通道,其直径不宜过细,通常不小于6 mm,并且必须控制一定的使用温度。

鉴于氧的有害作用,必须严格控制回路钠中的含氧量。控制的方法有冷阱法和热阱法。冷阱装置的原理是氧化钠等氧化物在温度降低时的溶解度下降,当钠中氧化钠含量超过较低温度下的饱和浓度时,过量的氧化钠就会析出而沉积,并收集在冷阱装置中的不锈钢丝网上,钠流中的氧化物含量下降。冷阱中钠滞留的时间越长,流量越小,温度越低,沉积的钠氧化物越多,钠流中钠的纯度也就越高。实验证明,当冷阱旁路流量控制在主流量的1% ~2%时钠流在冷阱中的滞留时间大于5 min,冷阱出口钠温约为140 ℃左右,就可使主回路中钠的含氧量控制在1.0×10^{-5}以下,从而保证快堆燃料元件包壳和堆内结构的奥氏体不锈钢材料与钠冷却剂有很好的相容性。

热阱的原理是,高温下热阱中的填料(如锆、钛等)对氧的亲和力比钠大,它们与钠中的氧会形成比氧化钠更为稳定的氧化物,从而使钠中氧化钠的浓度进一步下降。热阱必须和冷阱联合使用,即将钠流中大部分氧化物杂质由冷阱除去后,由热阱对钠流作深度净化,否则热阱会迅速失效。热阱纯化效果和钠在热阱中的停留时间、钠流的温度和流量有关。一般认为,钠在热阱中的滞留时间大于10 min,温度在600 ~700 ℃,流量是主回路的1%时,钠中的氧含量可降至1.0×10^{-6} ~5.0×10^{-6}。

为了有效地利用冷阱和热阱装置将钠中氧化物的浓度控制在一定的水平,要建立在线的钠中氧化物浓度检定装置。可利用钠中氧化物饱和溶解度随温度下降而降低的特性,建立钠中氧化物浓度检定装置——阻塞计。当钠中的氧化物含量超过该温度下饱和氧化物浓度时,Na_2O 等氧化物会发生沉积而堵塞小流道孔,使钠流量突然降低。小流道的孔径很小时钠氧化物浓度稍高于饱和浓度时就会发生堵塞,这样针对钠中要求的特定含氧量设计钠流道一定直径的小孔,在一定温度下,钠中钠氧化物浓度超过给定值时,小孔就会发生堵塞,钠氧化物含量低于设计值时就不会发生堵塞,这就是阻塞计。阻塞计发出钠流量突然减小的堵塞信号将激发冷阱加大净化效率,以降低钠回路中钠氧化物的浓度至设计给定值。作为钠氧化物浓度检测仪的阻塞计本身,可通过增大流道截面(打开流道中常闭大口径锥形塞)、增大钠流量、提高阻塞计温度等手段重新疏通堵塞的小孔,恢复它的钠氧化物浓度检测功能。阻塞计广泛地用于钠试验回路、快堆钠回路和辅助钠回路的净化系统之中。

为了防止钠吸收环境中的氧,在钠的自由表面应覆盖惰性气体。为控制覆盖气体杂质(O_2、H_2、H_2O、CO_2等)水平配备有气体净化系统。在高温下,只能用氩气和氦气作覆盖气体,不能用氮气,氮在钠中的溶解度不高,但氮气会通过钠系统发生质量迁移,这种迁移在高温下更显著,会使燃料元件包壳、阀门波纹管等薄壁部件发生氮化、脆化而破坏。在温度较低(<300 ℃)的情况下钠和氮气相容性好,钠部件(热交换器、蒸汽发生器等)拆卸检修前的保养可用氮气作覆盖气体。

氢与钠反应可生成氢化钠。因氢在金属中固溶度可随温度升高而增加,所以在运行温度较高的情况下,系统材料会吸氢,而温度降低时,其溶解度也随之降低,氢化物在金属材料中将沉淀析出,从而导致氢脆。

碳在钠中的溶解度很小,各种结构材料一般均含有少量的碳。在液态钠系统中碳以钠为媒介从碳含量高的地区迁移至碳含量低的地区。比如碳从含碳量高的低合金钢向碳含量低的低碳奥氏体不锈钢迁移。材料的脱碳和渗碳会明显地改变材料的强度、脆性等性能。

综上所述,快堆材料腐蚀控制方法与措施可归纳如下,参见表5-4。

表5-4 快堆材料腐蚀控制方法与措施

材料,设备	特性	与钠的相容性	腐蚀控制技术与措施	应用情况
冷阱	利用钠氧(氢、碳)化物随温度下降溶解度降低析出清除	选用低碳奥氏体不锈钢作与钠接触的结构材料	按钠中杂质控制水平及溶解度选择冷阱工艺(温度、钠流滞留时间、杂质沉积用不锈钢丝网)工况	快堆一、二回路,其他钠回路必须配备足够容量的冷阱
热阱	600~700 ℃下Ti、Zr吸氧剂除氧	选用低碳奥氏体不锈钢作与钠接触的结构材料	可使低钠氧化物(10^{-5})进一步净化至$(1.0\sim5.0)\times10^{-6}$	提供高纯度钠

表 5-4(续 1)

材料,设备	特性	与钠的相容性	腐蚀控制技术与措施	应用情况
阻塞计	配备一定数量对应一定杂质饱和浓度的小孔的堵塞,流量突然减小,以指示杂质浓度	选用低碳奥氏体不锈钢作与钠接触的结构材料	利用加热、增大流量(打开旁路常闭锥形塞)及增加冷阱净化效率以恢复阻塞计的杂质浓度检测功能	钠回路相关系统必须配备阻塞计
覆盖气体(氩、氦、氮)	氩与氦均不与钠反应,氦价贵,氮 300 ℃以下不与钠反应	快堆钠系统常用氩作覆盖气。400 ℃以上氮与钠反应加剧,不宜用作覆盖气		氦可作分析用载体。氮气用作涉钠设备维修前保养覆盖气
碳和石墨	钠能使石墨在高温溶解,在低温结构材料上沉积,引起材料的脱碳和渗碳	渗碳使材料的脆性增加,脱碳使材料的强度降低	钠回路系统必须配备碳计,用以检测钠中碳含量,特别用作钠泵润滑油的泄漏监测与报警	英国的快堆钠系统曾发生严重的泵漏油事故,造成材料渗碳脆化破坏
铀及铀合金	导热性优于氧化物燃料,使芯块温度降低,有发展前景	铀、钍与钠的相容性较好,能使钠氧化物还原。氧气 $(1.0\sim61)\times10^{-5}$,$T=400\sim500$ ℃,钠流速 2~4 m/s,试验 781 h,失重约0.4 mm/月	采用奥氏体不锈钢作包壳,防止燃料及其裂变产物的腐蚀、扩散,降低功率密度和运行温度以确保芯块的完整性	目前快堆广泛采用氧化铀或混合氧化物(MOX)燃料,奥氏体不锈钢作包壳,降低功率密度,以防泄漏
316 型奥氏体不锈钢	高温强度高,抗辐照抗芯块-包壳相互作用能力强	与钠相容性好,在 700 ℃以上腐蚀速率≥38 μm/a	限制使用温度($T\leqslant650$ ℃),包壳内壁增加抗 PCI 涂层或填充 Zr 等吸氧剂,降低钠中含氧量	广泛用作快堆包壳材料
304 型奥氏体不锈钢	高温强度高,耐辐照,加工工艺成熟	与钠相容性好,但与钠水反应产物 NaOH 作用 SCC 敏感性高	用作堆内结构、堆容器等设备材料,不宜用作易引发钠水反应的蒸汽发生器管材	广泛用于堆容器、热交换器、过热器、阀门等设备

表 5 -4(续 2)

材料,设备	特性	与钠的相容性	腐蚀控制技术与措施	应用情况
2.25Cr - Mo	工艺性能优良,价廉,对应力腐蚀不敏感。高于 510 ℃强度变差。9Cr - Mo 耐热性显著提高	与钠相容性好,但水侧(如蒸汽发生器)有轻度溃疡性腐蚀现象	限制相关设备运行温度(*T* ≤510 ℃)或更换更耐热的 9Cr - Mo, Incolloy - 800 合金。限制设备运行温度亦可提高堆芯燃料元件的安全性	仍广泛用作快堆蒸汽发生器传热管材料
混凝土	不可或缺的建筑材料	钠与混凝土中结晶水发生剧烈的放热反应,使混凝土遭受破坏	凡是有高温钠系统的房间,地面和一定高度的壁面应有带隔热层的钢板覆盖,使混凝土免遭破坏。地面钢覆面应有有效阻止空气大量进入,并与钠反应的钠溢流槽,使燃钠自熄	
镍膜	耐热	与钠相容性好。在 500 ℃以上氢在镍膜中渗透性强	控制较高的温度条件,使钠水反应产物氢迅速透过镍膜而被钛离子泵、质谱仪或电化学氢计检出,作为快堆及其蒸汽发生器安全不可或缺的监测手段	广泛用作快堆蒸汽发生器检漏氢计
干砂、干碳酸钠、干盐、膨胀石墨等	耐热	不与钠反应,能将高温燃钠与空气隔开,达到灭钠火的目的		用作钠系统房间的灭火剂,不能用与钠起反应的水、CO_2 和 CCl_4
乙醇	钠能使乙醇分解	乙醇与钠反应温和,可用作少量残钠的清洗剂。大量钠的清除或用大量乙醇清洗不合适,易引发火情	小的钠设备管道检修残钠的清除与管道清洗,确保检修的焊接质量	实验室试验设备检修广泛采用

表 5-4(续 3)

材料,设备	特性	与钠的相容性	腐蚀控制技术与措施	应用情况
钠水反应的检测和防护	钠-水蒸气发生器泄漏引起的剧烈的钠-水放热反应和氢是快堆特有的安全问题		必须装备泄漏诊断系统(检漏氢计、微压变化和噪声检测、电化学氢计、气相色谱),大、中泄漏安全排放(爆破片、安全阀、排放罐等)	工业示范快堆已有相关系统成功运行经验
防自焊措施	成对的同类材质配伍在高温液态金属中氧化膜被清除,不论有无压应力负载,金属中原子都会扩散结合,而自焊	在 700 ℃以上明显发生自焊现象	限制使用温度在 700°C 以下,采用合适的不同材质配伍	在现有 600 ℃左右快堆运行温度下不锈钢自焊现象并不明显

5.3　铅及铅铋冷快堆

5.3.1　概述

和钠冷快堆一样,铅及铅铋冷快堆能充分利用核资源,具有固有安全性好,堆比功率大,能燃烧热堆产生的毒性大、寿命长的锕系元素,可建造多用途核电站等优点。由于铅和铅铋的导热性、和结构材料的相容性、密度大等因素造成的泵唧送困难等热工水力特性方面比钠逊色得多,钠冷快堆得到优先发展是自然的。但由于铅和铅铋冷却剂也有自身很多特点,比如它们有更高(大于 1 400 ℃)的沸点,排除了内压作用引起热爆炸的可能;堆可在更宽的温度范围内运行;最大负荷的燃料组件也排除了冷却剂引起正温度反应性效应的元件表面沸腾工况,因而取消了相应的安全系统-自然循环余热排放系统。铅及铅铋冷快堆比功率大,结构紧凑,大大提高了其技术-经济指标,特别是它们的化学稳定性较好,与水、水蒸气和氧反应的化学活性较低,即使温度很高也不会与水发生剧烈的放热反应,在 300 ℃时氧的饱和溶解度只有 0.002 μg/g。而钠的活性很高,热钠在空气中能自燃,与水发生剧烈的发热反应,并释放氢气,故容易发生热爆炸和氢气爆炸,从而限制了钠冷快堆作为舰艇核动力的应用。铅铋冷快堆可另辟蹊径,在一些特殊的环境条件下得到推广应用。比如,苏联在 20 世纪七八十年代开发出比压水堆功率密度大、安全、紧凑的铅铋冷核潜艇,其速度达 33 kn/h,比压水堆核潜艇的 28 kn/h 快得多,至 1993 年铅铋冷核潜艇已有 60 堆·年的运行历史。另外可建造小型化的核电站，在冷却水条件缺失的边远海疆、北极区域、山区，可建设全自动、无须人为干预的长期供热、提供淡水、发电的铅铋冷核动力装置或浮动的海上设施。俄罗斯就有这类电站的设计，比如 КРУЗИЗ－50，装载1 100 kg富集度为18% ^{235}U 燃料的二独立机组的铅铋冷电站，可持续自动工作50 000 h，无须人为干预。400～650 ℃下，铅铋合金中结构材料8 400 h试验结果表明，蒸汽发生器30 g/s以下的水泄漏不影响其工艺规程，燃料可使用氮化铀、氮化钚，燃料释放气体少，燃料包壳从内壁腐蚀的速率不大。由于铅铋在空气中不自燃，与水和水汽反应不剧烈，在较高的相同温度下比氦冷和水冷系统压力小，铅铋合金有望用作聚变堆的冷却剂。近年来，广泛开展加速器驱动洁净能源系统（ADS）研究，ADS亦如快堆利用的是快中子，所需的正如铅铋冷快堆的铅或铅铋冷却剂。铅和铅铋合金的物理性能列于表5－5。

表5－5　铅和铅铋合金的物理性能

材料	熔点/℃	沸点/℃	密度/($kg \cdot m^{-3}$)	饱和蒸汽压
铅	327.4	1 740	11.344×10^3	808～900 ℃，10 Pa
铋	271	1 470	9.8×10^3	1 200 ℃，1.36×10^4 Pa
铅铋合金	123.5	1 670	$10730 - 1.22T$①	520 ℃，1.9×10^3 Pa

注：①T为温度。

铅铋冷核反应堆存在的主要问题之一是生成放射性活性很强的钋（^{210}Po）（$^{209}Bi + n \longrightarrow {}^{210}Po$），对于海中运行的核潜艇，反应堆小，加强局部屏蔽防护易于解决这一问题，但对于核电站，辐射强度要高两个数量级，必须有额外的防护措施，具体如下：

（1）从回路中碱性萃取钋，而后用化学结合的方法除去；

（2）减少从包层向铅铋靶的中子注量（加B屏蔽的方法）；

（3）选择合适的温度，钋化合物的挥发性随温度升高急剧增大，提高300 ℃挥发性增加3个数量级。

对于较大的铅铋冷核电站，上述措施的有效性还需要作进一步研究和试验验证。

5.3.2　铅及铅铋冷却剂中材料的腐蚀

铁素体不锈钢和奥氏体不锈钢等结构材料在铅和铅铋中公认的腐蚀模型虽然尚未确立，但已有一些基本的共识：结构材料在铅和铅铋中的腐蚀主要表现为材料组元在熔融的铅铋对结构材料晶界浸润作用下的溶解，产生晶间腐蚀；溶解度大的组元易发生优先选择性溶解，从而使材料的稳定性下降；铅和铋中的杂质（氧等）与材料组元及中间产物发生反应，与氧结合力强的易生成氧化物沉积；组元的溶解度受温度影响明显，因而产生显著的温差质量迁移效应。

1. 铅铋中杂质浓度对结构材料腐蚀的影响

设备加工安装及排空后残留的氧、水汽、材料内表面吸收的气体、残留碎屑、焊渣、材料及其氧化膜的腐蚀、磨蚀产物、泵运行过程中润滑剂的泄漏等都使铅铋中的杂质增加。这些杂质会干扰系统的水力学特性，并堵塞部分水力学通道截面，氧化物在元件和传热管表面的沉积将恶化热交换条件，发生局部过热，并产生加速腐蚀过程的恶性循环。这些氧化物由于密度大多低于铅铋合金而悬浮于液流中和自由表面，并沿回路转移。铅和铅铋合金中氧含量增加会加剧结构材料的氧化腐蚀。但是 Pb－Bi 合金中的含氧量并不是越少越好，因为 Pb－Bi 合金中没有一定的氧含量，结构材料表面起钝化作用，并阻碍 Pb－Bi 对材料表面和晶界浸润的氧化膜将不稳定。将氧含量控制在一定的范围之内，就能使与 Pb－Bi 合金接触的结构材料表面钝化，即使材料表面氧化物不完整，氧与金属组分也可生成自愈的保护性氧化膜，以阻止材料进一步腐蚀。同时又没有多余的氧与 Pb－Bi 反应生成 PbO 沉淀，而污染冷却剂，阻塞流道。俄罗斯物理动力研究院的实验证实，氧浓度控制在$(1.0\sim2.0)\times10^{-6}$（质量份额）时，温度为 550 ℃条件下 316 型和 1.4970 型奥氏体不锈钢的保护性氧化膜仍然完好无损。

2. 结构材料组元对铅铋中材料腐蚀的影响

结构材料腐蚀主要为溶解过程，铅和铅铋对与之接触材料表面和晶界发生浸润、渗透。因此要减少结构材料中易于溶解的组元及与氧结合力强的组元。表 5－6 为结构材料主要的几种组元在 Pb－Bi 合金中的溶解度。

表 5－6　结构材料主要的几种组元在 Pb－Bi 合金中的溶解度

金属元素	温度/℃	溶解度/($\mu g\cdot g^{-1}$)	金属元素	温度/℃	溶解度/($\mu g\cdot g^{-1}$)
Cu	500	7 200	Co	500	50.3
Fe	500	2.3	Ti	600	300
Cr	500	11.0	Zr	600	329
Ni	500	25 000			

铁的溶解度方程　　$(400\sim900\ ℃)\lg C_{Fe}=2.1-4\ 380/T$

铬的溶解度方程　　$(400\sim900\ ℃)\lg C_{Cr}=-0.02-2\ 280/T$

镍的溶解度方程　　$(400\sim900\ ℃)\lg C_{Ni}=1.53-843/T$

在 Pb－Bi 合金中碳钢的耐蚀性较好，低合金钢次之，含高镍铬的钢最差。尽量减少镍含量，添加适量 Cr、Mo、Ti、Nb 等元素以及氮化处理有利于提高耐蚀性。

3. 温度对结构材料腐蚀的影响

温度是结构材料在铅和铅铋合金中腐蚀最重要的影响因素，这和结构材料组元在其中的溶解度强烈依赖于温度，在 300 ℃铅铋合金中氧的饱和溶解度只有 0.002 μg/g。通常在铅铋冷却剂快堆系统中 500 ℃以上温度条件下奥氏体不锈钢和某些马氏体不锈钢由于组元溶解度大而不耐腐蚀；但在较低的温度（300 ℃）下，长期（5 000 h）暴露后材料表面完好，只生成薄的氧化膜；甚至温度升至 400 ℃时 316L 不锈钢仍然完好，马氏体钢氧化膜开始剥落；530 ℃时二者均产生严重的腐蚀。温度越高铅铋对材料的浸润性越强，铅铋沿材料晶界的渗透扩散速率越高，含较多 Mo 的铁素体不锈钢 Croloy（Fe－0.5C－2.25Cr－1.0Mo）以及含有 Nb 的 BP823 在 600 ℃高温条件下有较好的抗铅铋合金腐蚀的能力。

参 考 文 献

[1] 陈鹤鸣,马春来,白新德.核反应堆材料腐蚀及其防护[M].北京:原子能出版社,1984.
[2] 许维钧,马春来,沙仁礼.核工业中的腐蚀与防护[M].北京:化学工业出版社,1993.
[3] 白新德.核材料化学[M].北京:化学工业出版社,2007.
[4] 沙仁礼.钠水反应试验研究概况及进展[J].原子能科学技术,1990,24(3):76-86.
[5] 沙仁礼,谢惠祐,成文华.钠水反应实验研究[J].原子能科学技术,1991,25(5):44-50.
[6] 谢光善,张汝娴.快中子堆燃料元件[M].北京:化学工业出版社,2007.

第6章　特种类型核反应堆中的腐蚀

6.1　概　　述

特种类型核反应堆是指除水冷堆和液态金属冷却堆之外的其他类型的核反应堆，包括气冷堆、熔盐堆、有机物质冷却堆、水溶液核燃料型反应堆、空间核动力电源和受控热核反应堆等。

在核反应堆发展过程中曾研究过各种类型核反应堆建造的可能性和现实性。实际开发状况表明，只有那些能创造很大经济效益，与其他技术途径相比有相当大的竞争力或有特殊战略意义的核反应堆才能获得相应的发展，比如轻水堆和钠冷快堆。气冷堆虽有某种程度的开发，但仍未得到广泛推广。

核动力发展受其他能源发展状况的影响很大。经济发达，但能源短缺的国家和地区优先发展核电，成效显著，比如法国、日本等。核电占总发电量的份额，法国近70%，美国不到40%，但美国核电规模世界第一。尽管美国在钠冷快堆和气冷堆方面都有高水平的技术研究成果，并开发出实验堆，但未进一步大规模投入和开发。近期发展压水堆效益最大，美国在国内外大力推广压水堆，成效显著。

各种核反应堆都具有一定的研究价值，其中某些堆型条件成熟时有可能获得实际应用，创造特殊的价值。由于特种类型的核反应堆在使用的核燃料、结构材料、冷却剂品种、运行的温度和压力参数等各不相同，因此核反应堆用材料在这些燃料中和冷却剂中的腐蚀问题也各有特点。此外，强烈的中子和 γ 等辐射的影响更增加了腐蚀与防护研究的复杂性。这些问题在各类反应堆发展初期都难以确定，难以从其他常规工业工艺的经验中获得借鉴。当核反应堆建造从概念进入实施阶段，就会遇到燃料和材料的选择问题。首先需要了解清楚的问题之一是材料的腐蚀与防护问题，否则就难以进行反应堆的设计与建造，甚至四五十年久拖不决。比如，熔盐核反应堆在理论概念上具有十分诱人的优点和发展前景，但由于堆芯结构及冷却剂系统材料的腐蚀与防护这一难题不能圆满解决，最终无法推广应用，和水冷堆相竞争的愿望也无从谈起。其他某些流体核燃料反应堆也有类似的命运。

特种类型反应堆的特点，燃料、结构材料及冷却剂的特性，能量转换方式和特点列于表6－1。其中，水溶液均匀堆主要用于物理研究，运行参数以常温常压为主，也有在较高温度（200～300 ℃）及较高压力下工作的情况。水溶液对材料的腐蚀和水冷堆冷却剂类似。差别在于水溶液核燃料由于含有很多的固体组分，特别是侵蚀性的硫酸根离子，相较很纯净的冷却水对材料的腐蚀损伤要强烈得多。在高温下问题更多。鉴于此，这种堆型未能作为动力堆予以推广，相关腐蚀问题不再赘述。

表 6-1 特种类型反应堆的特点,燃料、结构材料及冷却剂的特性,能量转换方式和特点

反应堆类型	反应堆特点	慢化剂	冷却剂	燃料元件包壳材料	能量转换方式	特点
气冷堆	气冷堆	石墨	CO_2	镁合金	涡轮机	天然铀
	改进气冷堆	石墨	CO_2	不锈钢	涡轮机	改低浓铀后温升 100 ℃
	高温气冷堆	石墨	He	涂层粒子	氦气机	高温,效率高,多用途
	气冷快堆		He	涂层粒子	氦气机	燃料倍增时间短(13 a)
熔盐堆	热堆 快堆	$LiF-EeF_2-ThF_4-UF_4$ $NACl-UCl_4-PuCl$ (60%)(37%)(3%)	$NaBF_4-NaF$ $NaCl-KCl$	慢化剂 BeO 包壳因科镍,TZM,Nb;回路材料哈氏 N 合金	涡轮机	腐蚀性强,Mo, TZM, Al_2O_3, SiO_2 耐蚀性较好
有机冷却剂堆	热堆	联苯、正三联苯、间三联苯、对三联苯和异丙基联苯的混合物	水冷却剂	铝合金、铍、镁、锆等	涡轮机	有机冷却剂温度较高,压力较低,对材料侵蚀性弱,感生放射性弱
水溶液均匀堆	热堆	磷酸溶液,UO_2SO_4 的轻水,重水溶液		锆合金包壳,带不锈钢衬里碳钢堆容器		用于物理化学研究
空间核电源堆	热离子发电反应堆	陶瓷核燃料涂层,Cs 气	Na-K 合金	铝合金	热电转换	100~1 000 W 寿期 1 年以上
核聚变反应堆	涡轮机	第一壁 316 不锈钢内为陶瓷涂层;包层冷却剂锂				有望永远解决人类能源问题。聚变机制和高温材料难关有待解决

6.2　气冷式核反应堆中的腐蚀

英国于1946年研究成功气冷式核反应堆,并很快投入商业运行,这是一种以二氧化碳为冷却剂,石墨为慢化剂,天然铀为核燃料的核反应堆。核燃料置于镁合金Magnox制成的包壳内,故又称为Magnox型核反应堆。1965年研究人员对燃料和包壳材料均做了改进,核燃料改用低浓铀,包壳材料采用不锈钢,提高了热效率。这种改进型气冷堆(AGR)仍以二氧化碳为冷却剂,石墨为慢化剂。日本和法国也投入大量资金开发和使用这两种类型的核反应堆,但这类气冷堆无法在商业上和水冷堆竞争。英国在科学技术方面,比如气冷堆领域,开发了不少新的东西,但后来英国开发了北海油田,能方便地大量开采和使用石油资源,因此大大减少了在核能开发方面的资金和人才的投入,在新的核反应堆技术开发方面没有什么大的作为。德国接过气冷堆技术,以核能综合利用为目标开发出了高温气冷堆,这是一种以涂层粒子制作的煤球型燃料为燃料元件,石墨慢化,氦气冷却的反应堆,该堆可用于由煤转化为燃油的煤的高温裂解、化工高温合成、海水淡化等物理和化学工艺过程。

核燃料达到一定的燃耗深度,就可以像煤球一样,顺次从堆芯下落,以便进行核燃料的后处理。氦冷却气体通过燃料球之间的间隙上升加热,其最高温度可达1 000 ℃。这样高温的热源在冶金、化工领域能得到广泛的应用。氦气的温度达到650 ℃作为热源也比压水堆的热效率高得多。如果氦气温度达到750 ℃以上可不经气－水汽的涡轮机转换,直接用效率更高的氦气机。

高温气冷堆作为高温热源综合利用的前景十分诱人,例如用于煤的高温裂解生成汽油。利用高温气冷堆的热源生产洁净能源氢已成为一种热门选择。而且很早就有人异想天开,论证开发不予慢化的高温气冷快堆,其核燃料增殖倍增期比钠冷快堆要缩减近四分之一,可燃烧掉热堆产生的大量毒性大、半衰期长的锕系元素。

清华大学王大中教授自20世纪60年代就追随吕应中先生开展熔盐堆等特种核反应堆的研究。20世纪80年代初,他作为访问学者在德国作高温气冷堆技术方面的合作研究,在此领域多有贡献。他回国后作为国家“863”高技术研究与开发计划新能源领域先进核反应堆专题首席专家将德国高温气冷堆这朵“鲜花”(功率5 000 kW)引入国内,栽在燕山脚下清华大学200号基地,参见图6－1。

由于在商业竞争中压水堆一直占据优势,加之德国绿党反核势力强大,宁愿利用其他能源,哪怕从法国进口核电电力也不让建新的核电站,不论是什么新的、先进的高温气冷堆、钠冷快堆,还是新一代压水堆均一概掀翻。投资上百亿元的30万kW的钠冷快堆在已充钠,只待装载核燃料的情况下也被迫下马。这样也促成了王大中教授只花了国家较少的资金便从德国将高温气冷堆引入国内。

清华大学高温气冷实验堆2001年初达到临界,一年后堆出口温度达到750 ℃,最高800 ℃。要使高温气冷堆达到商用阶段还必须完成商用示范堆的设计建造和较长时间的成功运行。其中还有许多难关需要攻克,比如涂层粒子和燃料元件的完善、耐高温结构材料的研制、高温氦气机的研制、成套氢气生产工艺及安全技术等。

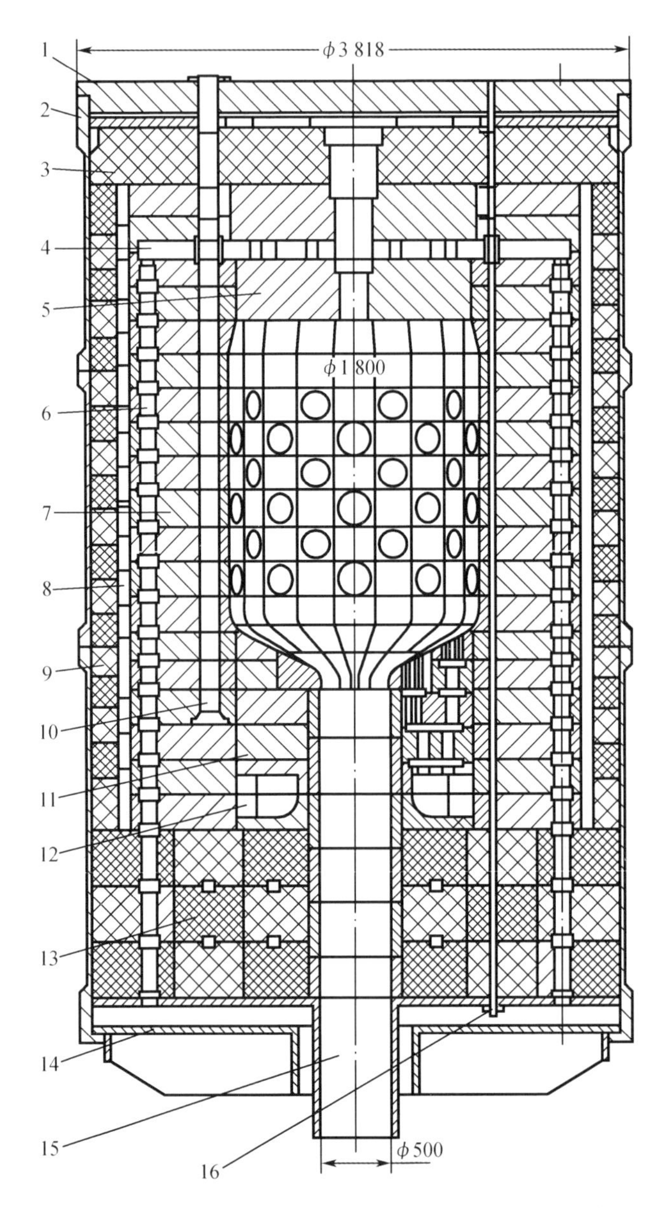

1—堆屏蔽*;2—堆芯筒*;3—顶绝缘碳砖;4—冷氦气室;5—顶反射层;6—冷氦气流道;7—侧反射层;
8—键;9—侧绝缘碳砖;10—控制棒孔道;11—底反射层;12—热氦气室;13—底绝缘碳砖;
14—金属支撑结构*;15—出球管*;16—吸收小球孔道。

图6-1 高温气冷实验堆的堆内构件

注:带*者为金属结构。

6.2.1 气冷堆二氧化碳冷却剂中材料的腐蚀

这里以镁合金的腐蚀为例。镁合金在气冷堆中用作核燃料包壳材料,这是因为它的热中子吸收截面比铝合金要低,而且镁合金与铝合金相比与铀燃料的相容性更好。英国、法国、苏联等国都采用镁合金代替早期气冷堆使用的铝合金包壳材料。英国产镁合金有 Magnox AL 80,Magnox MN 70,Magnox 2R55。合金主要成分质量分数为:Magnox AL 80 Al

0.8 Be 0.01 余量镁;Magnox MN 80 Mn 0.7 余量镁;Magnox 2R55 Zr 0.55 余量镁。

镁与冷却剂主要化学反应如下:

$$Mg + CO_2 \longrightarrow MgO + CO \tag{6-1}$$

$$Mg + CO \longrightarrow MgO + C \tag{6-2}$$

$$2Mg + CO_2 \longrightarrow 2MgO + C \tag{6-3}$$

$$Mg + CO_2 \rightleftharpoons MgCO_3 \tag{6-4}$$

当温度超过 420 ℃时,因为会发生式(6-4)氧化反应的逆反应,此时在镁合金表面沉积的不是 $MgCO_3$,而是氧化膜 MgO,同时还有碳析出。

实验证明,镁合金在 CO_2气氛中 550 ℃以下均耐蚀。在此温度范围内镁合金的氧化动力学属于抛物线形。高于这一温度,镁合金腐蚀加速,随温度增加呈线性增长关系。用镁合金作为元件包壳及堆内结构材料受 CO_2腐蚀限制,只能在 550 ℃以下运行。这时气-水热交换蒸汽发生器产生的蒸汽温度只有 400 ℃左右。

CO_2中含有水汽将对镁合金的稳定性产生影响。因为镁合金在水中及水蒸气中的腐蚀比在 CO_2中更为剧烈。气冷堆应严格控制冷却剂 CO_2中水分的含量。水汽含量在 3.0×10^{-4}以下时对上述 Magnox 型镁合金、镁锆合金、镁锰合金以及镁锆锌合金的氧化速率的影响不大。实验证明,堆芯中子等强烈射线的辐射作用对镁合金在 CO_2中的氧化作用影响甚微。

镁合金的一大缺点是熔点和自燃点不高。在 CO_2中当温度超过镁熔点时,镁合金会着火,在有水汽存在的 CO_2中着火温度进一步下降。比如,在含水汽 8.0×10^{-4},15 个标准大气压的 CO_2中着火温度只有 700 ℃。相同压力条件下,干燥 CO_2的着火温度为 920 ℃。从这一角度出发也必须尽量降低 CO_2中水分的含量。

为提高冷却剂的热力学参数和效率,使用 316 不锈钢作燃料元件包壳,并且核燃料改用 3% 的低浓铀代替天然铀,这种改进型气冷堆(AGR)的燃料元件和结构材料与 CO_2的相容温度达 600 ℃,生产的水蒸气最高温度可达 540 ℃,热效率有所提高,但提高了成本,仍不能与快速发展与推广的压水堆相竞争,限制了气冷堆的推广与应用。

6.2.2　铀合金在二氧化碳中的腐蚀

金属铀在 CO_2中的氧化作用随温度上升而加速。一开始铀表面形成 UO_2,在 CO_2中铀的氧化动力学曲线呈抛物线形,随后转变为线形。氧化速率受氧通过氧化膜向内扩散的速率所控制,铀的合金化可增强其耐蚀能力。金属燃料的后处理工艺较二氧化铀等陶瓷燃料容易得多。美国致力于开发多种铀合金以代替铀的陶瓷燃料。在温度超过 500 ℃以上时,铀中加入适量的 Ti、Mo、Nb、Zr、Cu 等元素可改善其抗氧化性能。

铀的氧化物燃料耐 CO_2气体的腐蚀,在温度达 1 450 ℃氧化铀仍能与 CO_2冷却剂相容。为了防止氧化物燃料及其裂变产物的放射性污染仍然要解决耐高温、抗辐照的燃料元件包壳材料问题。

6.2.3　石墨在二氧化碳气氛中的氧化作用

作为慢化剂的石墨在高温 CO_2中发生氧化:

$$C + CO_2 \longrightarrow 2CO$$

辐照会使石墨与 CO_2 的反应速率增加。辐照既能加速石墨的气化反应，又能使石墨与 CO_2 的反应生成物 CO 气体发生分解，形成碳微粒，并沉积到冷却剂流过的回路通道内及石墨砌体的间隙、空隙处。英国某一气冷堆的高通量区内石墨最大年损耗率经计算约为0.17%（总质量）。

从化学平衡作用考虑在 CO_2 中增加 CO 的含量会降低石墨的损耗速率，当 CO 在 CO_2 中的平衡浓度为 0.35%（体积），满功率运行情况下石墨损耗速率估算为每年 0.1%（总质量）。

6.2.4 高温氦气中材料的腐蚀

鉴于气冷反应堆所用包壳材料 Mognox 镁合金的热稳定性差，加之冷却剂 CO_2 对金属结构材料和慢化剂石墨的氧化作用强烈，以原有的金属燃料及包壳和以 CO_2 为冷却剂的模式对气冷堆作进一步的、根本性的改进是不可能的。用316 不锈钢作包壳材料，也只使温度参数提高 100 ℃左右，并且改用3% 的低浓铀代替天然铀也显著增加了发电的成本。英、法、德等国的专家转而用更耐蚀、抗辐照的二氧化铀陶瓷芯体外加防护涂层的涂层粒子作基体制成煤球状或棱柱状燃料元件。二氧化铀芯块直径只有 0.2 mm 左右，外加多重防护涂层后，其直径也只有 1 mm。由二氧化铀芯块向外顺次为疏松热解碳涂层（吸收气体和反冲核）、致密热解碳涂层（抗裂变碱金属产物和抗外围 SiC 涂层沉积产物对外围防渗 SiC 涂层的侵蚀）、防渗 SiC 涂层以及最外面的抗机械损伤热解碳涂层，而冷却剂则用与材料相容性极好的惰性气体氦。这种高温气冷堆的燃料稳定性和温度参数都得到极大的提高，在核电开发上有很好的前景，特别是作为高温热源在冶金、煤及原油的高温裂解等化工过程，洁净能源氢的生产等方面将有广阔的应用前景。德国科技界在这一领域首先获得突破，成功开发出高温气冷实验堆。对此，作为气冷堆鼻祖的英国科学界哀叹：墙内开花墙外香。

因氦是惰性气体，它不与金属、非金属发生化学作用，本无腐蚀问题可言。作为不燃气体的氦在实际工程工艺过程中会有可燃或助燃的杂质渗入。比如 H_2，CO_2，CO，H_2O，N_2，CH_4 等气体杂质的渗入，就会引来一系列的腐蚀问题。氦气制作和运行过程中泄漏引入的杂质主要是水汽和空气。

高温气冷堆最强辐射作用和最高温度区域是堆芯。它主要由含碳材料的燃料元件、石墨慢化剂、石墨反射层、石墨支撑结构、碳砖结构等组成。而较外围的控制棒驱动结构、金属构件和压力容器则处于相对较低的温度，可由高温合金制作。

涂层粒子和球形或棱柱状燃料元件的主要成分是石墨材料。球形燃料元件和棱柱状燃料元件都是由疏松的低密度热解碳、碳化硅和高密度热解碳等涂层包覆二氧化铀核心的涂层粒子弥散分布在石墨基体中构成的。作为燃料基体的石墨由天然石墨、人造石墨和酚醛树脂黏合剂经过混合压制、碳化和高温纯化等工艺制成。由于保证涂层粒子的稳定性需要燃料元件热处理温度不能过高（低于 2 000 ℃），酚醛树脂转化的热解碳石墨化程度比较低，而作为慢化剂的石墨制成结构，包括上、下和侧反射层由严格控制杂质的各相同性石墨制成，其石墨化程度较高（>80%）。

碳和石墨与氦气中的杂质有如下反应：

$$N_2 + 2C \longrightarrow C_2N_2 \qquad (6-5)$$

$$H_2 + 2C \longrightarrow C_2H_2 \tag{6-6}$$

$$1/2\ H_2 + 1/2N_2 + C \longrightarrow HCN \tag{6-7}$$

$$H_2O + C \longrightarrow CO + H_2 \tag{6-8}$$

$$2H_2 + C \longrightarrow CH_4 \tag{6-9}$$

$$O_2 + C \longrightarrow CO_2 \tag{6-10}$$

当高温气冷堆堆芯温度达到1 000～1 500 ℃时生成 HCN 毒物的反应值得重视。从化学反应平衡角度考虑，H_2的存在可缓解水蒸气对石墨的反应，CO 的存在可缓解 CO_2对石墨的氧化作用。

在高温气冷堆堆芯内，石墨温度在500～1 000 ℃之间很容易与 O_2发生反应，因此必须严格控制泄漏进氦中的水汽含量，并应装备氦气净化装置，以去除包括水汽在内的杂质，控制 H_2、CO、CO_2等的含量，防止碳颗粒在回路系统中的沉积。

除 UO_2之外，也可用 PuO_2、UC、PuC 制作燃料芯块。同样包覆涂层还可选用 Al_2O_3等耐火涂层。它们的耐水气、抗氧化性能还有待进一步的研究。

作为堆容器和氦气回路金属结构材料在含杂质氦气中的稳定性各异。镁可耐600 ℃氦气的侵蚀作用，锆合金能耐800 ℃氦气的侵蚀，铁基合金在氦气中上述杂质作用下较为稳定，在高温纯氦气中生成较为稳定的尖晶石型氧化物（Cr_2O_3），在900 ℃不纯的氦气中短时间内表面这种氧化物层就会出现剥落现象。在400 ℃含 3.0×10^{-4}CO 和 H_2时304型不锈钢会出现晶界侵蚀作用，氦气中的 CO_2、CO 会使铁基合金特别是低合金钢渗碳。在510 ℃不纯的氦中 $2.0 \times 10^{13}\ cm^{-2} \cdot s^{-1}$快中子和慢中子辐照下，镍和蒙乃尔400合金的增重比未辐照的样品增重大，这是发生了碳质量迁移的缘故。

与有别于压水堆燃料元件的，特殊的高温涂层粒子燃料元件相关联，其特殊的后处理工艺及其腐蚀与防护问题都有待进一步的开发。

6.3 有机物冷却与慢化核反应堆

6.3.1 有机物冷却与慢化核反应堆简介

大多有机物为碳氢化合物，与中子作用可使其慢化。而且一些碳氢化合物在较宽的温度范围保持液体状态。因此，某些有机物可作为核反应堆的冷却剂和慢化剂。早在1944年美国就着手研究有机物冷却核反应堆方案的可行性。1955年美国设计、建造了有机物慢化核反应堆（OMRE），其后又设计建造了有机物冷却核动力反应堆，并一直运行到1967年。苏联也较早地开展了对有机冷却剂反应堆的研究。一开始作为供热核反应堆设计、建造了一回路由有机物冷却的核反应堆 ACT－1。为了在边远地区及极北地区推广这一能源，用以供热和发电，对 ACT－1 进行了改进。于1963年8月在季米特洛夫格勒市核反应堆研究院建成了热功率为5 MW，电功率为0.75 MW的核电站，1979年改建为三回路供热站，并为该核反应堆研究院供应热水。ACT－1 供热堆工作至1988年，共运行25年。在此基础上，苏联还为多山区域、海滨和矿井设计了 ATY－15－2 核反应堆，该堆为双有机物冷却核反应堆，后因财政等原因下马。1991年 ACT－1 供热堆退役，退役时难点较多，原因之一在于其时这种类型核反应堆的退役法规还未建立。加拿大的 WR-1 试验性有机物冷却核反应堆于 1965 年达到临界,但运行时间不长,即终止其进一步开发的计划。

6.3.2 有机物冷却核反应堆具有的特点

常用的冷却剂有聚苯、联苯和异丙基联苯。

1. 有机物冷却反应堆系非均匀核反应堆,冷却剂常温下虽为固体,但较高温度运行时为液体。燃料组件和控制组件均为固体。

2. 有机物大多含大量的碳、氢元素,它们对中子都具有很强的慢化能力,故这类核反应堆均为热中子反应堆,而非快堆。

3. 这类反应堆有较高的运行温度。有些有机物沸点高,蒸汽压较低,提高了堆的安全性,但也受有机冷却剂温度稳定性和辐照稳定性的限制。因选用的冷却剂常温下为固体,反应堆启动前,冷却剂要预热至一定的温度,使其熔化,方可用泵使其循环。和快堆冷却剂一样,要保证预热时安全释压。当然还必须额外装备辅助的预热用电加热系统。

4. 有机冷却剂诱发放射性能力弱。和水冷却剂相比,有机冷却剂对材料的侵蚀性弱,腐蚀产物的感生放射性也小一些。

5. 系统可靠,多数情况下有机冷却剂可连续使用。

除这类冷却剂常温下为固体,反应堆启动前必须预热的缺点之外,还有以下不足。在运行条件下,核反应堆辐射和较高温度的共同作用,使有机物易发生降解和聚合,可能产生高沸点的化合物,使冷却剂的黏度增加,甚至产生胶状或焦炭状沉淀,沉积于部件、管道表面,恶化了热传导性能,恶化了部件和元件的运行条件,甚至堵塞局部狭小的管道。部分降解产物相对分子质量下降,熔点降低,改变了流体特性,影响热工水力条件的稳定性。而且伴随裂解和聚合还释放出有害的气体,比如氢和甲烷,特别有害的是氢。在高温下,无氧化剂的有机物中,氢很容易同锆、钛、铌和钽等金属反应形成脆性的氢化物,对部件、元件造成很大的损害。有机物中的杂质影响材料的腐蚀性能和生垢特性。空气和水同金属构件反应生成氧化物,杂质氯能促进氧化、生垢,并促进锆合金吸氢。

鉴于以上情况,和压水堆、高温气冷堆相比较,有机冷却剂核反应堆温度参数不是很高,仍要用蒸汽涡轮机进行热电转换,还比水堆复杂化了,多了一个有机物回路系统,因此缺乏市场竞争力。这类反应堆未能投入商业应用,先后退役。

6.3.3 有机冷却剂中材料的腐蚀

碳钢和不锈钢在温度达 400 ℃洁净的上述有机冷却剂中几乎不发生腐蚀。但湿气和氧的存在对钢的腐蚀有促进作用,这时腐蚀产物为 Fe_3O_4 和 Fe_2O_3。在辐射作用下氧和有机物反应形成醛、酮、酚类化合物,促进钢材的腐蚀。在温度大于 350 ℃时氧易和有机物作用生成 CO 和 H_2O。在 MORE 核反应堆堆芯燃料元件表面有碳化铁的颗粒沉积。人们认为燃料元件表面腐蚀颗粒是由氧化铁转换而来的,进而氧化铁和冷却剂作用形成碳化铁,即

$$2Fe_3O_4 + C_xH_y + 6H_2 \longrightarrow 3Fe_2C + 8H_2O + C_{x-3}H_{y-4}$$

另一种假设认为铁的迁移和杂质氯有关。有机氯化物辐照分解生成盐酸,而对钢造成腐蚀,生成氯化亚铁。氯化亚铁水解生成铁的氧化物沉淀和盐酸,又重新开始新的腐蚀循环。在

400 ℃三联苯中氯含量由 2.0×10^{-6}增至 5.0×10^{-4}时,铁的腐蚀速率从 4 mg/(dm^2 · 100 h)增至 85 mg/(dm^2 · 100 h)。反应堆运行条件下钢的长期腐蚀速率约为 5 mg/(dm^2 · 月)。辐照、氢含量和少量水($<2\times10^{-3}$)对钢的腐蚀影响很小。

不锈钢在有机冷却剂中的腐蚀性能和普通铁合金类似,但耐蚀性更强一些。在水含量达 2.0×10^{-3}时不锈钢无腐蚀损伤。不锈钢 450 ℃在三联苯中暴露 24 小时后的质量变化从 3.0×10^{-6} Cl^-时的 1 mg/dm^2变为 $10^{-4}\sim2.0\times10^{-4}$ Cl^-时的 30 mg/dm^2左右。在有氯污染的有机冷却剂中不锈钢比碳钢具有更好的长期耐蚀性。在较低的中子注量照射下也未受到辐照有害作用的影响。

在 300 ℃的氢化三联苯冷却剂中,含氯量达 5.0×10^{-3}时,304 不锈钢管道,特别是在不流动的部位观察到穿晶型应力腐蚀破裂,这可能是氯化亚铁造成的,类似于高温水中氯离子引起的应力腐蚀破裂。

镍基合金和钴基合金在有机冷却剂中比不锈钢更耐蚀,更耐氯离子的腐蚀。有机冷却剂中存在的水、氧、硫及硒等杂质能促进铜基合金的腐蚀。作为慢化剂材料的铍对有机冷却剂中的水不敏感,即使水含量达 2.0×10^{-3}时亦耐蚀。

1. 在有机冷却剂中包壳材料的腐蚀

由于有机冷却剂与材料的相容性较好,铝和铝合金可用作元件包壳材料。但在水含量超过 1% 时,铝和铝合金就会加速腐蚀。在 282 ~ 357 ℃有机冷却剂中 3.0×10^{18} cm^{-2}至 2.8×10^{22} cm^{-2}中子辐照条件下 1100 铝合金有较好的耐蚀性,烧结铝合金比锻造铝合金更耐蚀。比如含 7% ~ 11%(质量)Al_2O_3的铝合金的强度和耐蚀性均比锻造铝合金好,但延展性较低。用清除表面微粒的方法和使用不含铁的高纯铝粉可防止富铁颗粒 Al_3Fe 引起的局部腐蚀。在 400 ~ 450 ℃,含水 0 到千分之一的三联苯中没有引起烧结铝的吸氢。但在含水 5.0×10^{-3}的三联苯中 500 h 后观察到晶间腐蚀深度达 0.3 mm。含氯量达 10^{-4},450 ℃的三联苯中对含 4%(质量)Al_2O_3的烧结铝合金无有害影响。

有机冷却剂中镁合金的稳定性受水含量影响明显。在 400 ℃下含水量小于 10^{-5}时,腐蚀速率为 0.1 mg/(cm^2 · 月),1.5×10^{-4}时则为 12.3 mg/(cm^2 · 月),含水量达 2×10^{-3}情况下 30 天全部溶解。

由于锆合金高温下氢介质中易发生氢化变脆。高温有机冷却剂中存在的水、氯等杂质对锆的稳定性影响较为复杂。在 420 ~ 430 ℃的高温下,水含量低于 5.0×10^{-5}时,锆合金会迅速氢化。只有当有机冷却剂中水含量达到某一额定值(约 5.0×10^{-5})以上时才能防止锆合金氢化的发生。由此,控制有机冷却剂中的水含量在 10^{-4}左右,才能保证不发生锆合金的氢化。在这样的条件下锆合金表面形成具有保护性的 ZrO_2 膜。在混合三联苯 Santowax OM 中,400 ℃下含有 $5.0\times10^{-6}\sim10^{-5}$的氯化物将加速锆合金的氢化速率,是无氯化物时的 100 倍以上。如果温度提高至 480 ℃,氢化速率将进一步增加至 1 000 倍以上。反应堆内强烈的辐照环境也加速锆合金的氢化速率。因此,在有机冷却剂中选用锆合金作燃料元件包壳应特别慎重。

2. 核燃料在有机冷却剂中的腐蚀

铀在低温下会与有机物中的水和氧作用生成 UO_2。在 100 ~ 400 ℃温度范围内,铀和锆合金一样会与有机物的分解产物氢发生反应生成 β − UH_3。在更高的温度下,β − UH_3与有机冷却剂作用,生成 UC,并释放出氢。当温度超过 275 ℃时,铀与有机冷却剂的反应加速。当温度超过 400 ℃时金属铀与有机物反应剧烈而发生腐蚀破碎。含有锆或钼的铀合金在有机冷却剂中耐蚀性比金属铀好得多。

6.4 水溶液核燃料均匀反应堆中的腐蚀

20世纪40年代初美国为研制核武器急切需要生产大量的核燃料钚。在没有大量重水和浓缩铀的情况下,曾有两条技术路线可供选择,但均采用天然铀作核燃料、轻水冷却、石墨慢化型生产堆,重点是建造使用固体铝合金包覆的铀铝合金燃料元件、轻水冷却、石墨慢化的生产堆,对包含由铀-238转换来的钚的乏燃料进行后处理,将钚分离、提纯,很快就生产出足够装备2~3枚核弹的钚。同时也进行水溶液冷却的核燃料均匀反应堆LOPO的设计建造。该堆的优点是大大简化了核燃料元件的制备和乏燃料的后处理,只进行核燃料水溶液的配制和堆运行过程中一定份额的燃料水溶液的提取,进行产品钚的分离与提取。该堆于1944年5月投入运行,进行反应堆的物理与化学特性研究,包括易裂变核素的转换和反应堆系统化学稳定性研究,为提高转换比和生产率,在已具有一定量浓缩铀的情况下,1956—1959年间分别建成了动力堆模式的水溶液均匀反应堆LAPRE-1和LAPRE-2,二者均采用浓缩的铀氧化物和浓硫酸水溶液,由于这种浓硫酸水溶液的侵蚀性极强,只运行了几个小时就因腐蚀问题严重而中断运行。

1949年美国还着手研究了另一种类型的水溶液核燃料均匀反应堆。先建成的HRE-1堆为轻水水溶液核燃料均匀反应堆。在有了较多的重水储备之后,于1957年建成了重水水溶液液体核燃料均匀反应堆HRE-2。1957年底开始运行,1961年底停止运行。HRE-2为热功率5 MW的水溶液核燃料均匀反应堆。这时对硫酸铀酰水溶液的侵蚀性及水溶液辐解产物H与O对材料的危害都有了进一步的了解,采用了中等浓度的硫酸铀酰重水溶液,并控制进出口温度分别为250 ℃和300 ℃,控制压力和流速,堆芯容器材料则采用了新型Zr-2合金,围绕堆芯容器采用了ThO_2在D_2O中的悬浮液作为包覆层增殖区,其耐压容器由包覆不锈钢的碳钢制作。采纳的这一系列新理念使该类型反应堆运行时间大大延长。但仍然存在严重的应力腐蚀、局部的破裂损伤和不溶性腐蚀产物的磨蚀问题。这些问题难以彻底解决,以致最终美国取消了这类反应堆的研究计划。

碳钢和低合金钢在260~300 ℃温度下不耐UO_2SO_4水溶液的腐蚀。缺氧的UO_2SO_4水溶液会加速不锈钢的腐蚀,添加氧可使不锈钢的腐蚀速率降低。影响不锈钢腐蚀的因素还有溶液的温度和流速、UO_2SO_4的浓度、硫酸的浓度和辐照条件。在温度为150 ℃的$UO_2SO_4-H_2SO_4-CuSO_4$水溶液中,不锈钢的腐蚀速率不大。温度升至250~355 ℃时347不锈钢初期腐蚀速率很大,其后很快生成具有保护性的无水$a-Fe_2O_3-Cr_2O_3$膜,这之后(20 000 h)的腐蚀速率只有0.002 5 mm/a。但在高流速下,347不锈钢表面的$a-Fe_2O_3-Cr_2O_3$膜极不稳定,腐蚀变得极为严重。腐蚀变得极为严重时,铀酰水溶液的流速称为临界流速。在稀的UO_2SO_4水溶液温度高于250 ℃时添加硫酸铍可使不锈钢变得稳定。在浓UO_2SO_4水溶液内加入硫酸锂更有效。水溶液中存在氯离子和溶解氧将显著促进347不锈钢的腐蚀破裂,必须将其控制在低的浓度范围内。溴和碘的存在可使347不锈钢发生孔蚀。硫酸镍可溶于硫酸铀酰水溶液内,因此不宜用镍基合金作为容器的结构材料。锆合金耐硫酸铀酰水溶液的腐蚀,但辐照条件下腐蚀速率将加快。钛作为结构材料在堆内使用时稳定性也大大降低。

6.5　熔盐堆中材料的腐蚀

熔盐堆是一种具有很多综合优势的高温液体核燃料均匀反应堆。熔盐堆的固有安全性好,温度参数可达600～700 ℃,热效率高,可作为高温热源进行综合利用。高温熔盐蒸汽压低,堆芯系统可在常压或低压下运行,排除了高温、高压堆芯系统爆破所带来的安全隐患和核安全风险。这类反应堆核燃料在达到一定的燃耗深度后可抽取一定的份额就地进行有害裂变产物和超铀元素的分离,实现闭式核燃料循环,大大降低核扩散的风险。美国、苏联和其他一些发达国家早就开展了这方面的研究,均取得一定进展。我国 20 世纪 60 年代中期也积极开展这一领域的研究。由于高温熔盐对材料的侵蚀性极强,只研制出少量特种高级合金,一定程度上满足了熔盐试验堆短期试验的要求,但无法进行推广。由于熔盐堆前景诱人,不少国家仍进行研究开发,美俄间还有长远的合作研究计划。我国也有这方面的研究计划,前景可期。

熔盐反应堆有热堆和快堆之分。构建熔盐热堆,其液体燃料冷却剂中应含有具有显著慢化能力的、轻的核素,比如由 $LiF - BeF_2 - ThF_4 - UF_4$组成的熔盐。为了提高熔盐热堆中子慢化的效率还要采用带 Inconel 合金作包壳的氧化铍慢化剂。熔盐热堆作为飞机发动机用核反应堆曾于 1954 年做过短期的试验验证,该反应堆的热功率为 2.5 MW。燃料熔液就是包含氟化铀的氟化物溶液。

1957 年美国研究开发功率较大的熔盐动力堆,并于 1969 年建成热功率为 7.3 MW 的熔盐核动力试验装置。熔盐为 $LiF - BeF_2 - ThF_4 - UF_4$,作为热交换器内冷却剂使用的是 $NaBF_4 - NaF$,反应堆入口温度是 566 ℃,出口温度是 704 ℃,热 - 动力转换仍然使用蒸汽涡轮机,蒸汽发生器的过热蒸汽温度可达 538 ℃,熔盐冷却剂回路材料是专门研制的 Hastelloy N 合金。但Hastelloy N 合金在长期运行考验过程中会出现晶间腐蚀问题,而且很难予以克服。为避开使用熔盐所带来的严重腐蚀问题,早期的研究工作者曾考虑将 UO_2 和 PuO_2固体微粒悬浮于钠中以模拟熔盐的方案,但这时燃料会发生自凝聚现象,液态流体很不稳定,该方案无法实现。

熔盐快堆使用包含慢化中子能力弱的较重核素的熔盐,比如,用氯盐代替氟盐。美国洛斯 - 阿拉莫斯实验室为开发熔盐快堆使用 60% NaCl、37% UCl_3和 3% $PuCl_3$。它们的熔点比相应的氟盐高得多,达 577 ℃。专门研制的钛锆钼 TZM 合金似乎是唯一可供选择的回路系统用材。到目前为止,为工业规模开发熔盐快堆,与各类熔盐相容性好的材料问题仍然有待解决。

6.5.1　氟化物熔盐堆中材料的腐蚀

作为氟化物熔盐堆使用的结构材料要求在高温氟盐中的腐蚀速率低。应保证相关设备能经受住数十万小时高温熔盐中运行的考验,以保证反应堆的安全运行。但熔融氟化物和极活泼的金属钠一样可视作一种能去除金属和合金表面氧化膜层的良好熔剂,所以在熔盐中金属和合金表面无法形成牢固的防蚀氧化膜层。而且熔盐中的四氟化铀极不稳定,能与合金中的铬、铁反应,生成三氟化铀和二氟化铬、二氟化铁,使得铬和铁不断熔于熔盐中,结构材料不断遭受腐蚀。特别是铬和氟的亲和力更强,材料中铬的优先溶解、含量下降,强烈恶化材料的性能。熔盐中的杂质 HF 和水分会使合金的腐蚀速度加快。

Hastelloy N 合金(Ni17 - Mo7 - Cr5 - Fe0.5 - Ti - Al)在熔融氟化物盐中耐蚀性良好,被用作 MSRE 熔盐实验堆主要结构材料。在(645 ± 10)℃条件下运行两年(2 万余小时),最大中子积分注量为 $9.4\times10^{20}\ cm^{-2}$。盐类组成为 65% LiF - 29.1$BeF_2$ - 5% ZrF_4 - 0.9% UF_4(摩尔质量比)。这种情况下材料的腐蚀速率为 0.012 5 mm/a。

铁基合金特别是在不纯氟化物(如氟硼酸盐)中会发生严重腐蚀。而钼和钼合金(TZM)(Mo - 0.5Ti - 0.08Zr - 0.03C)在 1 100 ℃的 65% LiF - 20BeF_2 - 11.7% ThF_4 - 0.3% UF_4(摩尔质量比)中,经 1 000 h 试验后,未发现有明显的侵蚀。如合金中无钛和锆,则不耐蚀。

裸露的石墨可经受 700 ℃氟化物熔盐的侵蚀。在 MSRE 堆内运行两年,未发现石墨有明显变质现象。

6.5.2 氯化物熔盐中材料的腐蚀

当熔盐氯化物系统中有空气存在时,某些金属和合金(钛、锆和不锈钢等)的腐蚀加速。铁基合金和镍基合金在氯化物熔盐中的耐蚀性能均不理想。锆、钛、铪、铍、钒在高温下均会被氯化物熔盐迅速腐蚀。

钼在 500 ℃的 NaCL - KCl - $MgCl_2$ 低共熔盐中会发生严重的脆化。而钼和钼合金(TZM)的耐蚀性较为理想。用 Al_2O_3 和 SiO_2 制作的容器可耐 800 ℃ NaCl - KCl(等摩尔比)熔盐的侵蚀,而 ZrO_2、SiC、Y_2O_3 等材料的制品则不耐其侵蚀。

阻碍熔盐堆工业规模开发的前提条件仍然是未能找到在高温熔盐中长期稳定的多样的结构材料。

6.6 核聚变堆用材料的腐蚀

和裂变核动力堆相比,核聚变反应堆真正算得上是洁净能源。聚变堆运行过程中只产生少量的放射性同位素,而且是中短寿命的。而裂变堆的放射性废物量极大,短、中长和超长寿命的放射性同位素都有。这些长寿命同位素的处置极为艰难,可以说后患无穷。虽然为开发聚变堆实现永远解决人类能源的梦想之路仍然漫长,艰难险阻不断,但人们一刻也没有停下求索的脚步。就材料而言,需要解决第一壁材料由高能粒子冲击带来的辐射损伤问题,此外还有高温辐射环境下材料与冷却剂相容性问题。作为冷却剂考虑采用氦、高温、高压水,或熔盐(比如 $NaNO_2$ - $NaNO_3$ - KNO_3)等的较少。人们最感兴趣的是锂,因为锂不仅能起到冷却剂的作用,而且对中子能起到减速(慢化)作用,还能起到中子屏蔽作用,即防止中子泄漏的反射作用。锂的导热性好、密度低,对锂回路泵的唧送很有利。锂在高能中子照射下会发生如下反应:

$$Li + n \longrightarrow T + He$$

产生的氚又可提取出来用作聚变堆的核燃料,起到了增殖作用。

6.6.1　聚变堆第一壁及包层用材料的腐蚀

世界上最著名的核聚变装置称为托克马克装置。第一代托克马克装置的堆芯是由一个密实的环形系统所组成,利用环形线圈和变压器线圈产生的巨大磁场将聚变堆极高温燃料等离子体约束在密实环形系统内,以维持其聚变反应。此反应堆堆芯为一密实的真空室及导热系统,人们习惯称围绕等离子体的装置为第一壁,它起真空室及密实隔离容器的作用。导热系统称为包层或再生区,它紧贴在第一壁的外边,合在一起总称第一壁 - 包层系统,参见图 6 - 2。

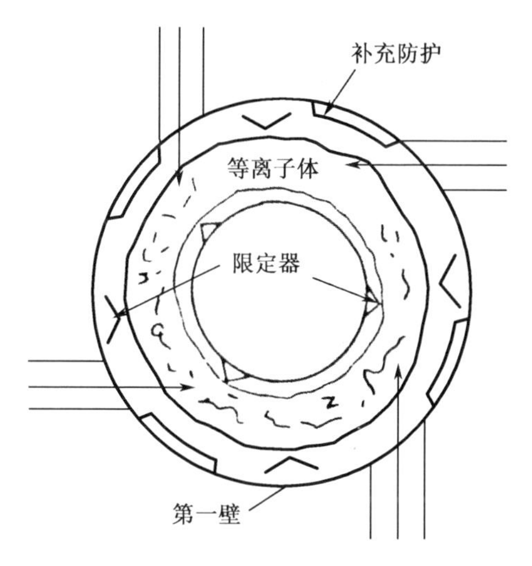

图 6 - 2　热核聚变堆原理图

第一壁材料主要选用 316 型奥氏体不锈钢、9 - 13 铬铁素体不锈钢或钛合金。在这些材料所作真空室的内壁表面还要涂覆一层陶瓷材料,以保护 316 型不锈钢基材,减少高能辐射对其造成的辐照损伤。第一壁连同包层吸收来自等离子体 97% 的能量,14 MeV 的高能中子从等离子体中发出,并透过第一壁进入包层。高能中子减速释热,从而加热液态金属锂,使其温度升高至 600 ~ 700 ℃。同时高能中子可与锂发生核反应,生成核聚变燃料氚(再生核燃料)。对生产聚变堆核燃料氚而言,聚变产生中子(产)和锂中子反应消耗(销)中子之间不平衡,只能利用 65% 的中子,更多的中子要靠反射层铍 Be(n,2n)反应来补充。经加热的锂通过一回路流经热交换器,将热量传递给二回路中的钠或钠钾合金,再经蒸汽发生器产生过热蒸汽推动涡轮机发电。因此核聚变堆中重要的材料研究课题包括第一壁及其防护材料的研究,强辐射条件下高温锂与材料相容性的研究及高温钠、钠钾合金与材料的相容性研究等。第一壁内表面及其防护材料的研究主要针对高能中子对材料的辐射损伤,更多地涉及高能中子辐射下材料离位原子和间隙原子所构成的缺陷,点缺陷序列或点缺陷密集团及高能中子与材料元素反应生成的杂质原子对材料性能造成的损害。下面仅就液态锂等冷却剂中材料的腐蚀作简要说明。

6.6.2 液态金属锂中材料的腐蚀

锂是最轻的金属,其密度为0.534 g/cm^3,为铝的五分之一。锂的化学性质异常活泼,在常温下就易于与氧和氮化合,加热后则可与氢发生反应。锂剧烈地与水反应生成氢氧化锂和氢气。和钠、钾等碱金属一样,锂很容易溶解于酸中。锂在空气中,表面可生成氧化膜,从而减缓氧化。锂的自燃点低,在高于200 ℃的空气中即着火。因此锂的重熔、精炼都必须在惰性气体保护气氛中进行,以防止水汽、空气等杂质的渗入。因锂特别活泼,自燃点低,涉及金属锂材的作业应有可靠的灭火规程和措施。锂着火时只能用氯化锂粉灭火。纯金属钠对奥氏体不锈钢等材料直至500 ~600 ℃很宽的温度范围内都是很温和的介质,只是在钠中含有较多氧、碳、一氧化碳等杂质时才会使钠中钢材的腐蚀加速。而锂比钠更活泼,锂对金属结构材料的侵蚀性严重得多。温度越高,不锈钢等金属与锂的相容性越差。在400 ℃ 以下,钠不与氮发生反应,故可用氮气作300 ℃以下钠工艺系统(比如钠 - 水蒸气发生器维护保养时的环境介质)的保护气氛。氮在钠中的溶解度小,而在锂中的溶解度却很大,当液态锂中含有氮化锂(Li_3N)时将加速钢的腐蚀,用海绵钛、海绵锆做成的加热捕集器(热阱)可有效去除锂中的氮。

锂对合金材料的浸润、溶解能力比钠强。在600 ℃以上温度时,普通钢材在锂中会发生严重的腐蚀,并使钢材中镍、铬和碳等组元选择性优先溶解,发生质量迁移现象,使得材料性能恶化。

对18.5% Cr - 10% Ni(质量)的不锈钢在受到空气污染的锂中将发生 Ni、Cr 选择性析出。在纯净的锂中316 型不锈钢在816 ℃静态腐蚀100 h 后未观察到晶间腐蚀现象,但在含2%的 Li_3N 中,则发生严重的晶间腐蚀,因为合金元素的选择性溶解钢材的强度显著下降。在超过700 ℃的动态金属锂中奥氏体不锈钢会发生质量迁移。但在低于此温度奥氏体不锈钢是铁基合金中最耐锂侵蚀的材料,在反应堆内辐照考验时,在530 ℃锂流速小于1 m/s及累积中子注量不高的条件下,奥氏体不锈钢的腐蚀不明显,而铁素体和低合金钢耐蚀性差。

在较低的温度下,液态金属锂对铜、镍、镍合金及贵金属都有侵蚀作用。金属铍在800 ℃的锂中,锆和钛在1 000 ℃左右的动静态锂中均具有较好的耐腐蚀性能。一些氧化物、碳化物及氮化物,比如铬、钛、锆的氧化物,硅、钛、锆的碳化物等陶瓷材料在锂中是耐蚀的。现有的研究资料表明,满足聚变堆高温、强辐射条件下与锂相容性好的持久稳定的结构材料还没有找到,甚至还没有建立持续较长时间的现实的聚变堆工艺工况环境条件。聚变堆结构材料的研究还得和聚变堆本身的开发同步进行。

参考文献

[1] 陈鹤鸣,马春来,白新德. 核反应堆材料腐蚀及其防护[M]. 北京:原子能出版社,1984.
[2] 许维钧,马春来,沙仁礼. 核工业中的腐蚀与防护[M]. 北京:化学工业出版社 ,1993.
[3] 贝里. 核工程中的腐蚀[M]. 丛一,译. 北京:原子能出版社,1977.
[4] 唐春和. 高温气冷堆燃料元件[M]. 北京:化学工业出版社,2007.
[5] 郝嘉琨. 聚变堆材料[M]. 北京:化学工业出版社,2007.
[6] 沙仁礼. 非金属核工程材料[M]. 北京:原子能出版社,1996.

第7章 核工程中的防蚀技术

7.1 概 述

由于材料具有自发的氧化、腐蚀破坏倾向(金属的氧化、金属的离子化、有机材料的老化等),完全杜绝腐蚀的发生是不可能的。但弄清腐蚀的机理,有针对性地采取一种或几种配套的防蚀措施以减缓和控制腐蚀发展过程,保障系统和设备工艺稳定和安全,延长没有使用期限,杜绝安全事故的发生,又是可以做到的。即从热力学的观点,材料是不稳定的,而从动力学的观点,材料腐蚀是可以减缓的,这正是腐蚀和防护研究的目的。说到底,材料腐蚀研究的宗旨是保障各类生产工艺和人类社会的安全,并尽量减少腐蚀造成的损失。

目前广泛采用的防蚀技术有以下几类:

1. 建立和健全新型材料和设备研制的创新机制和政策。选择和研制新的耐蚀合金,并从热处理工艺和结构设计上加以改善,以进一步提高其耐蚀性。

2. 在不耐蚀构件的表面覆盖一层耐蚀材料,将结构表面和介质隔离开来。耐蚀覆盖层有金属镀层类、金属氧化物防护层类、有机涂层和玻璃纤维增强涂层(玻璃钢)类、可剥性塑料及防蚀油脂类等。

3. 对腐蚀介质进行净化,消除引起腐蚀的有害离子,亦可在介质中有针对性地添加少量特定物质(缓蚀剂和水质稳定剂),使之吸附在结构表面或与表面生成不溶性盐类,以减少构件的腐蚀损伤。

4. 改变与电解质接触的金属的电位,使原不耐蚀构件的电位值降低或升高到另一电位值,使之改变其极性(由阳极变为阴极),或改变其特性(从活化状态转变为钝化状态),参见图7-1。

在选择和优化防蚀技术时,注意两点:一是要从实际出发,有针对性才有效,比如阳极极化法的选用必须是在钝化区;二是必要时可综合使用多种防蚀技术,例如,综合使用电化学保护和有机涂层防护的方法。此外,尚有多种特定条件下的防蚀方法和近代发展起来的新的防蚀技术,它们在降低腐蚀损伤方面正起着越来越重要的作用,如离子注入法、表面合金化(渗金属)等。

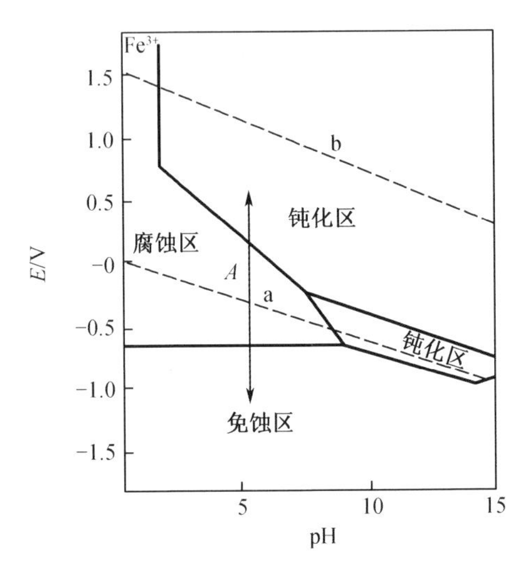

图 7-1　电位 E-pH 图

7.2　耐蚀合金的选择与研制

耐蚀材料的正确选择是设计工作者保证核电工程系统和设备安全运行的重要工作内容。材料选择得当,不仅可以延长设备的使用寿命,还能够大大减少维护和维修的费用和时间,减少工作人员维护和维修时遭受的辐射剂量。此外优秀材料的投入使用往往会成为引入先进工艺,以致成为创新工程的先导。例如,涂层粒子为基的球形或棱柱形核燃料元件的研制成功使得工作温度比二氧化碳冷却气冷堆高 400 ℃以上的高温气冷堆得以实现,除了大大提高热能的热效率外,还为其在冶金、化工工艺、海水淡化、工业规模制氢等领域的应用开辟了广阔的前景。研究核工业中新的化学反应过程以及新的结构材料是开发新型核反应堆、新型工艺和安全技术的重要课题,成功的选择和研制恰当的耐蚀合金是防蚀工作的第一步。

1. 选择和研制耐蚀材料的总的方向和要求

(1)该材料本身应具有高的耐蚀性,或经处理(热处理、表面处理、介质处理)后具有很高的耐蚀性。

(2)应考虑到焊接热影响区、缝隙区、应力区、干湿交替区,以及微振、疲劳、摩擦等不利条件下的抗蚀能力。

(3)所选材料必须同时兼顾机械性能、核性能、焊接性能等方面的要求。因为这些性能,包括调整合金成分、热处理工艺改进后的性能对某些工艺过程是必需的,甚至是决定性的。但它们对材料的腐蚀性能可能有直接影响,只有互相协调才能实现最佳的材料选择。比如,高硅铸铁价格低廉,在大多数酸性介质中都抗蚀,但材质较脆,可在静置、非承压的腐蚀介质设备中使用。

(4)最后还应考虑到该材料应易于生产、价廉和原材料易得等要求。

2. 选材和新材料研制步骤

(1)调查研究。选材前应对所选材料使用条件和外部环境因素作详细了解。对前人所做的相关工作、有关数据作全面的调查。对已有的候选材料的性能进行仔细的收集,并对相关条件下的适用性进行初步分析。

(2)分析比对。分析比较所得材料,初步选择对特定工艺过程较为适用的材料组合,确定适用的程度,确定改进或研制新材料的方向及方案,并进行理论论证。

(3)对初步选定的材料进行改进或试制新的材料,稳定新材料试制工艺,并获得性能稳定的新材料产品。针对工程实际使用条件对新材料进行试验验证研究,其中包括实验室研究和工程应用模拟研究。关注实验室小样品试验结果和工程应用模拟研究的差别,二者不可或缺,以确定新材料的适用性和适用程度。比如,针对 300 号常温实验研究堆堆容器材料,根据国外类似实验研究堆使用工业纯铝堆容器的成功经验,认为工业纯铝合适,附加草酸镀氧化膜工艺可进一步提高耐蚀性,实验室小样品镀膜工艺及其腐蚀试验结果表明耐蚀性能优于工业纯铝样品,以此决定采用这一工艺。工业纯铝堆容器一经焊接制作好,如何镀膜就出现问题:堆容器体积大,要耗费大量化学试剂,并产生大量废水,这样大的容量如何加热镀膜溶液和控制温度参数,等等。花费大量时间和精力解决带外保温层的、防漏的充填块放入堆容器内,以减少镀膜工艺溶液用量和解决加热及温度控制问题。

(4)根据试验验证的结果,进一步改进材料试制工艺,以获取性能更优的新材料。

(5)新材料产品在工程条件下试用。核安全法规要求,核安全系统设备材料的使用都必须是有相应运行经验的或经试验验证的。为了核工程的安全在选择材料的每个阶段都应伴随适当的、有针对性的试验研究工作。这是因为腐蚀速率、腐蚀损伤的影响因素很多,细微条件的改变也许就会导致腐蚀速率的明显变化。例如介质中的氧一定条件下可以起钝化缓蚀作用,条件变化后氧可能成为促进腐蚀的去极化剂,以致改变了腐蚀类型。这就涉及试验容器的密封问题。

3. 核工程中新材料投入使用举例

目标是研制燃料元件包壳和工艺管的铝合金材料。

首先组织文献调研能力较强,包括外语水平较高的专业技术人员进行调研。在室主任李林带领下高效完成调研工作。我国核工业起步阶段缺少生产堆燃料元件包壳和工艺管材料的完整资料。哈尔滨铝合金厂具有生产重水实验堆工业纯铝堆容器材料的经验(CAB－1 铝合金,Fe＜0.2%;Si 0.6%～1.2%)。国外类似工况采用改进型 2S 铝合金作堆容器和燃料元件包壳材料。对于耐磨性要求更高的工艺管材料则选用铝镁硅合金。包壳和工艺管在反应堆工艺过程中的使用参数:水介质温度,125 ℃＜T＜200 ℃;冷却水流速＜10 m/s。

(1)生产试制

按调研结果提出的几种铝合金组分和制造工艺生产几种铝合金的板材和管材。

(2)试验验证

对试制的样品进行机械性能试验、静水和动水腐蚀试验及试验堆内辐照试验。试验结果表明,303－1 铝合金(Fe 0.24%～0.4%;Si 0.16%),和 166 铝合金(Mg 0.7%～1.2%;Si 0.7%～1.2%;Cu 0.3%～0.6%;Fe 0.2%)满足工艺要求。

(3)生产试用

生产厂生产出制造燃料元件包壳的坯料和工艺管管材,制作模拟燃料元件及元件包壳,并进行综合模拟试验。

(4)反应堆内试用

在预定的运行期间元件包壳和工艺管未出现由于腐蚀引发的事故。

在此基础上进一步研制强度较高和耐热性较好的类似于 X8001 铝合金的 305#铝镍铁合金(Ni 1%;Fe 0.5%;Si 0.1% ~0.3%),并用于高通量试验堆。研制的铁硅铝铜钛(Fe 0.7%;Si 0.6%;Mg 1.0%;Cu 0.2%;Ti 0.15%;Zn 0.2%,Cr 0.35%;Mn 0.15%)铝合金(类似于 6061 铝合金)用于制作 CCAR 实验堆的堆容器,从而形成了国产堆用铝合金系列。

国产系列锆合金和堆用不锈钢的研制亦是通过类似的途径。根据环境条件和工艺要求选择材料:氧化性介质应选用易形成良好氧化膜的材料,例如铝、不锈钢和钛;还原性介质中非金属更为优越,对海水介质宜用钛,而不锈钢则不适用。介质相同,浓度不同选材也可能不同,比如,对稀硝酸可用不锈钢容器,对浓硝酸则宜用铝材。

4. 影响因素

(1)温度

对于 70% 的 H_2SO_4 介质,碳钢只能用于 70 ℃以下的场合。在深冷时一般选用铜、铝和不锈钢,而不能用碳钢。铜传热性好,多用作冷却管材,但试验堆堆芯元件包壳和结构材料铝合金对铜及铜离子敏感,应绝对禁止使用。

(2)压力

环境介质压力较大的场合就不能采用强度较小的铝、铸铁、铅等金属材料和非金属材料。

(3)设备类型

泵的结构材料要耐磨、耐冲刷,传热设备要求导热性好,需要经常除垢的设备材料应耐除垢剂的腐蚀,并且结构要简单。易磨损部件的硬度要高,且易于更换。

(4)运用材料特点

高硅铸铁耐蚀性好,又脆又硬,可用于铸造流槽和压力不高的场合,并考虑到铸造成品率稍低,价格相对贵一些。

(5)材料配伍

不锈钢相互紧密接触(铆接、螺纹连接等)会黏结咬死,可采用不锈钢-碳钢连接。

7.3 正确的结构设计

通过正确的结构设计把腐蚀问题消除在设备加工之前是最经济、有效的防蚀方法,相关知识、设计原理、技术经验、设计标准规范等都是优化解决腐蚀问题的源泉和前提。从腐蚀与成本考虑,应采用尽可能简单的结构,并应避免使用易于造成腐蚀损害的结构形式,比如,应尽量避免产生接触电偶、应力集中、缝隙,形成滞留死水区、干湿交替水线区。

7.3.1 避免电偶腐蚀

同一结构中应尽可能采用电极电位相近的金属,即在给定的电解质中金属之间的电极电位之差应小于 50 mV,如电极电位差过大,特别是小阳极、大阴极时最危险。它们之间应用可靠的绝缘垫隔离,参见图 7-2。铝合金管道上焊接铜阀门、轻金属罐槽中以不锈钢或碳钢作支架、铍合金与钢铁材料结合都属于危险配伍形式。微堆水池铝制覆面底部不锈钢支撑结构支点附近就容易发生孔蚀。燃料元件包壳与端塞材料的电极电位应相近。

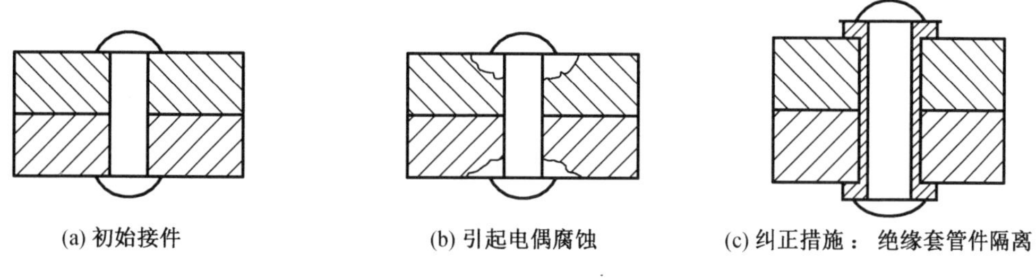

图 7－2　铜(钢)铆钉铆接铝板

有些构件表面局部由腐蚀膜覆盖,可与无膜表面产生电位差,从而产生电偶腐蚀。土壤中的气液管线检修,更换新的管段时,表面必须进行防护处理,否则与旧的管段之间亦可能存在电位差,而发生电偶腐蚀。

接触腐蚀的发生和发展也会因阴、阳极面积比不同、温度不同、电位序不同而有很大的差别,应针对实际工程条件进行模拟试验,采取合适的防护措施。比如,铝和不锈钢接触,常温下会产生孔蚀;温度升高后,铝合金的腐蚀速率则可能降低,因为这时铝会由于极化而进入钝化区。180 ~ 200 ℃的水中铝与不锈钢、碳钢和锆相接触,铝的腐蚀速率会下降。总之,应根据实际条件审视接触腐蚀的危害性,并采取相应的防护措施。

7.3.2　避免应力集中

应力集中会使应力腐蚀敏感材料产生应力腐蚀。应力集中部位的应力接近或超过材料极限强度就可能产生微裂纹,裂纹进一步扩展就会使材料沿应力集中部位断裂。无圆弧过渡的角钢、槽钢和工字钢弯曲部位就是应力集中区。厚板(如栅板、管板)和薄壁管无特殊过渡结构,直接焊接时,厚壁加热、冷却速率慢;薄壁加热、冷却速率快,熔焊区温度不一,内应力大,焊接质量不能保证。厚板焊接部位应做成套管形,使焊接连接处两管的壁厚相近。这样能焊透,冷却后焊接部位残留应力小,参见图 7－3。

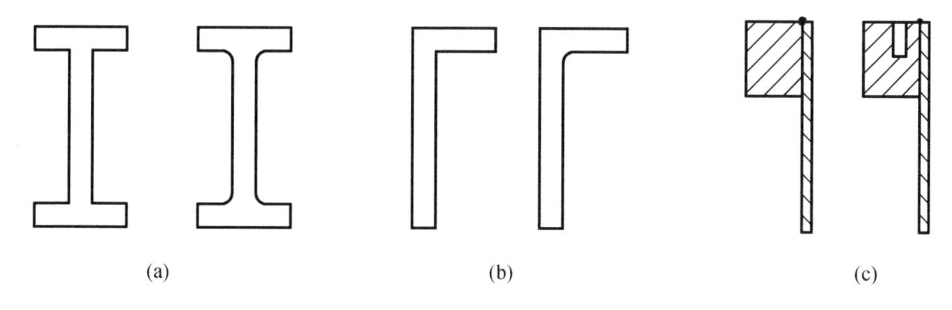

图 7－3　引起应力集中的结构设计及相应的纠正措施

7.3.3　减少出现缝隙的结构

异种金属接触不仅因接触电偶引起腐蚀加速,而且还会产生缝隙腐蚀。同种金属接触产生的缝隙也会发生缝隙腐蚀。铝合金制品缝隙加速腐蚀的原因,其一归结为浓差极化,其二为 pH 变化引起铝合金的加速溶解。缝隙腐蚀往往和接触腐蚀相关联,比如传热管和管板之间的胀管连接,锆合金包壳管和定位格架之间的缝隙引起柳叶状腐蚀等,参见图 7－4。

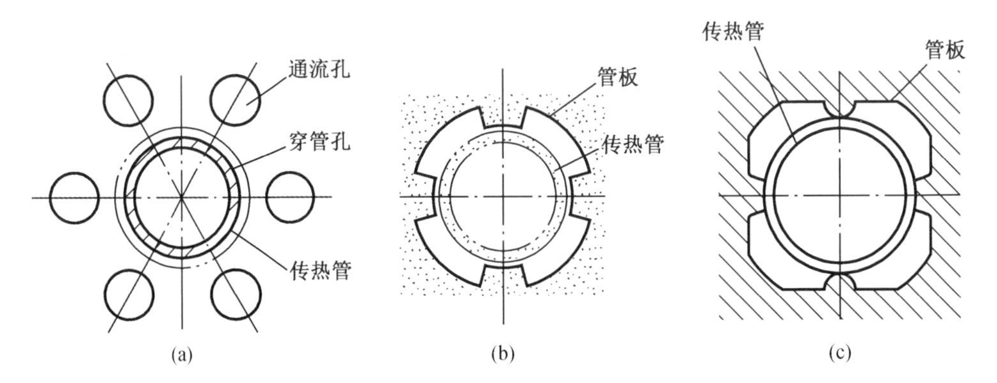

图 7－4　传热管与定位格架间的缝隙腐蚀

早期的核电站蒸汽发生器传热管和管板之间采取的是部分胀管工艺,管与管板间留有间隙,在干湿交替水蒸气的作用下,缝隙内有害离子浓集,加速了缝隙区的腐蚀。加上腐蚀产物堆积,致使管子产生孔蚀和应力腐蚀。为了消除该区缝隙造成的腐蚀,除了改善水质之外,改进胀管工艺效果良好。消除缝隙腐蚀的全胀管工艺实例参见图 7－5。改变传热管与定位格架之间的结构是消除柳叶状缝隙腐蚀的另一个例子。

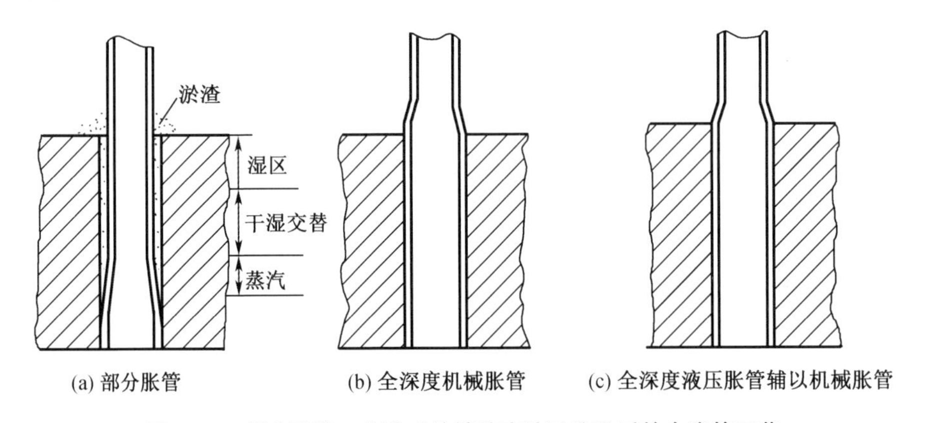

图 7－5　部分胀管工艺造成的缝隙腐蚀及改进后的全胀管工艺

在施工时由于焊接方式不正确亦会造成缝隙腐蚀,参见图 7－6。

7.3.4　避免出现滞留死水区

由于结构设计不当,液流在某些结构区域流速减缓或停滞,使有害离子在该区域浓集,而加速材料腐蚀,最典型的例子是蒸汽发生器传热管二次侧的耗蚀。蒸汽发生器传热管二次侧在磷酸盐法水处理过程中产生淤渣,回路中腐蚀产物增多,加之排污能力差的结构设计使管板间大量堆积沉积物。腐蚀首先是在泥渣沉积层的干湿交替区内发生的。磷酸盐的反复析出和溶解,对奥氏体不锈钢的钝化膜产生破坏。管材中的镍与磷酸盐反应,生成金属磷酸盐,管壁很快减薄。针对这一问题,除了改善水处理工艺外,还应对结构设计加以改进。在管板上方半米处添加一块流量分配板,使管束间横向冲刷力加大,使淤泥流向中心新开设两根排污管的管口部位。

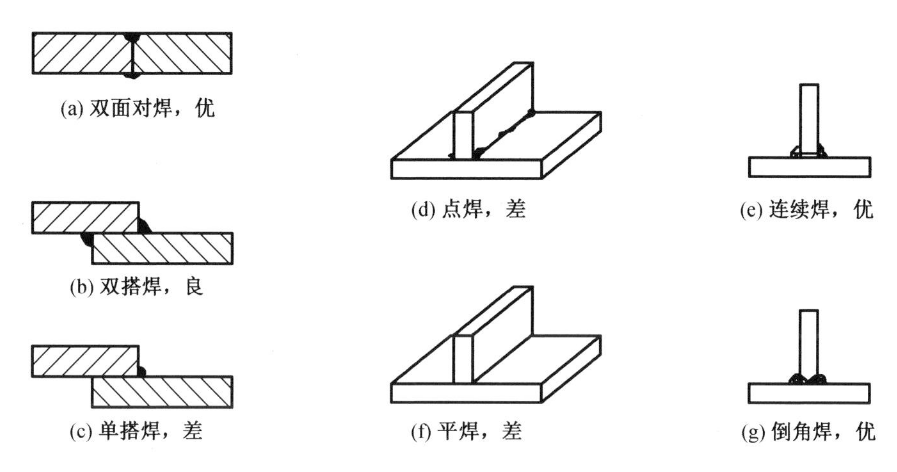

图7－6　几种焊接方式优劣比较

合理的结构设计可大大改善结构材料的腐蚀状况。针对蒸汽发生器的多种腐蚀问题所采取的防腐蚀措施也可以运用于类似设备、管道和附件的设计工作中。比如,中间储罐、配料罐滞留区固渣的沉积可通过改进流道,增加横向冲刷力予以消除,参见图7－7。

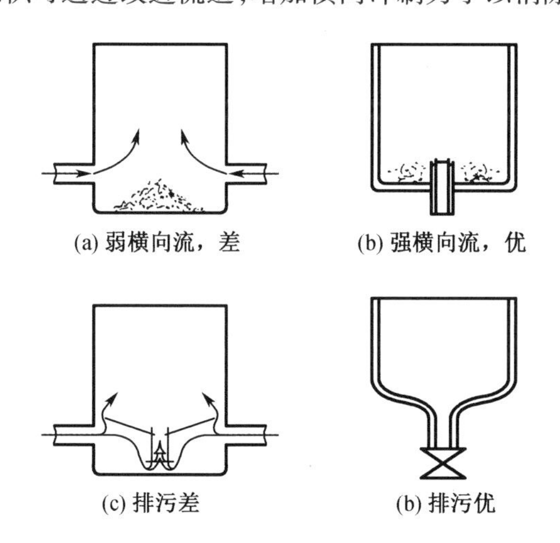

图7－7　几种罐槽底部结构比较

排污口应位于最低处,避免结构部件出现无排污口的凹槽,有凹槽的结构可将凹槽改成向下安放,参见图7－7和图7－8。材料露天储存库地面应有一定坡度,保证雨水的排放,无污水滞留。同样回路系统管道的布置也要有一定坡度,便于废液的排出。储液罐圆锥形底安放排放口较平底上安放为佳,这样更易排净废液。回路系统泵沟排液管位置若不处于最低位置也易积存腐蚀产物,使有害离子浓集。上述管板上部易积存泥渣部位增设的流量分配板及T形排污管示于图7－9。应指出的是,不考虑腐蚀问题,或腐蚀稳定性高的设备有保留积液特殊需求时,则根据工艺要求设置排放口高度,便于液封,又能将沉积物冲走。例如,液封器液层高度、下水管段液封结构、防下水道下游臭气反冲的水封结构、为避开大面积水线部位水线腐蚀的辅助管和排放管布置改进等,参见图7-10。

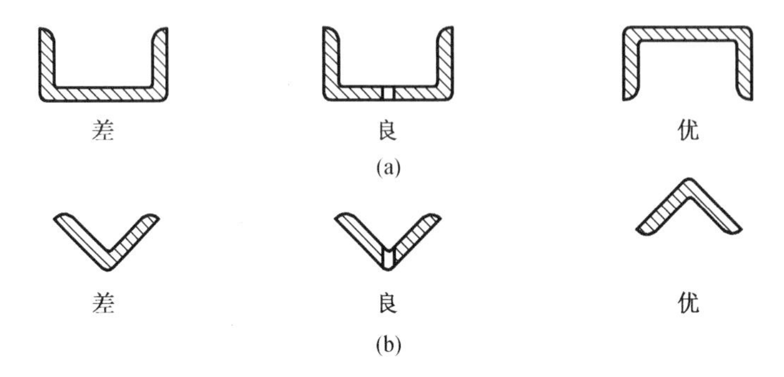

图7-8 罐槽底部支架横向流结构

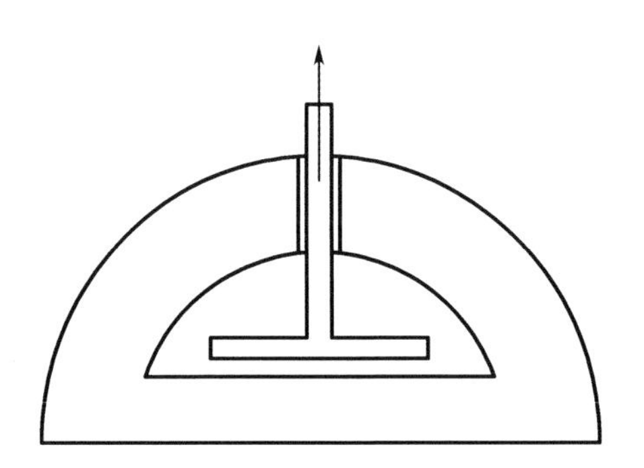

图7-9 流量分配板及T形排污管

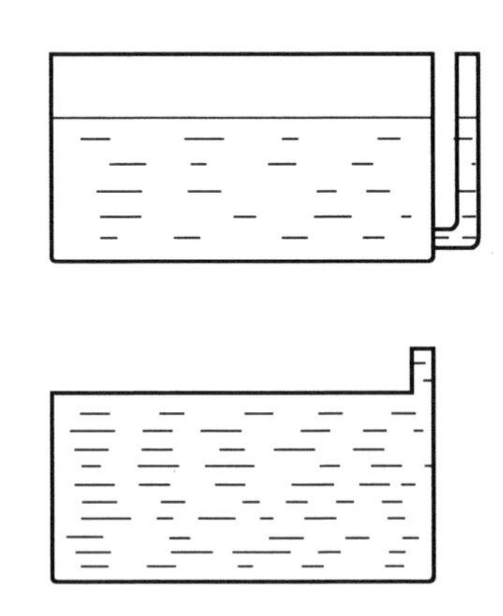

图7-10 改善大面积水线腐蚀的措施

7.4 金属氧化物保护膜

在腐蚀稳定性较差的材料表面涂(镀)覆耐蚀金属或非金属层可达到防蚀的目的。覆盖层有金属涂(镀)层、金属氧化物层和非金属涂层等。

(1)金属涂(镀)层

绝大多数耐蚀金属均可通过电镀、喷涂、热扩散、离子镀、内衬或外包覆耐蚀金属层进行包覆。

(2)金属氧化物层

金属本身经过氧化处理形成各种金属氧化物覆盖层。

(3)非金属涂层

使用各种耐蚀非金属材料,如有机涂层(油漆等)、玻璃钢、塑料、橡胶、石墨、玻璃、陶瓷等,通过专门的涂覆工艺制作耐蚀的覆面和衬里。

本章针对核工业工艺设备常用的铝和钢的表面氧化物保护层加以介绍。要获得具有良好黏结力,并且均匀、致密、耐蚀的氧化物保护层,除了取决于完善的氧化工艺之外,还与氧化处理前金属表面的状态密切相关。氧化前的金属表面必须无油污、无汗迹、无夹杂、无锈迹,只有这样才能获得结合力强的优质氧化物保护层,所以金属氧化之前的预处理极为重要。金属表面预处理分为两步:

(1)除油处理;

(2)除锈及除薄层氧化物处理。

7.4.1 金属表面除油处理

可用化学法、电化学法和超声波法进行金属表面的除油。

1. 化学法除油

化学法除油是将试样与清洗剂接触以达到除油的目的,具体方法包括:浸泡法、擦拭法和喷射法。浸泡法多用于中小型设备、部件金属表面的除油;擦拭法则用于结构简单的大型设备金属表面的除油;加压喷射法适用于大型复杂构件及设备的内部除油清洗。

化学清洗液主要有碱性清洗液、水剂清洗液和有机溶剂清洗剂。

(1)碱性清洗液

碱性清洗液配方参见表7-1。

表7-1 碱性清洗液配方

组分	钢及铸铁/$(g\cdot L^{-1})$		未抛光钢铁、铜及其合金/$(g\cdot L^{-1})$
	大量污物	少量污物	
NaOH	40~50	20~30	20~30
Na_2CO_3	80~100	—	—
Na_3PO_4	—	30~50	25~30
水玻璃($Na_2SiO_3\cdot nH_2O$)	5~15	3~5	3~10

最后依次用热水、冷水冲洗干净。此工艺适用于遭受皂化油污（动、植物油）污染的金属表面，而不适用于凡士林、润滑油、石蜡污染的金属表面。

（2）水剂清洗液

用得最多的水剂清洗液有洗涤灵和洗涤液。

（3）有机溶剂清洗剂

有机溶剂品种繁多，常用的有丙酮、环己酮、甲苯、二甲苯、乙醚、酒精、香蕉水、松节油、汽油、煤油、二氯乙烷、三氯乙烯，等等。要根据污染油类的特性选择合适的有机溶剂。具有某种基团的有机溶剂善于溶解具有同种基团的高分子油脂。比如甲苯善于溶解具有苯环的高分子油脂。煤油和汽油善于溶解具有长链碳氢高分子的油脂和沥青，因为汽油、煤油和沥青本是一家，源自原油。这些有机溶剂中，三氯乙烯溶解油脂的能力较强，常温下溶解油脂的能力是汽油的 4 倍，50 ℃时则为 7 倍。其溶解对象也很广（各种树脂、脂肪油类、沥青、橡胶、硝化纤维等），稳定性好，常温下不易燃烧，无毒（毒性比苯和四氯化碳都低），在 100 ℃以下对许多金属都不发生腐蚀。

2. 电化学法除油

电化学法除油，将油污染的金属部件浸入碱液中，使之成为阴极或阳极，再配以钢板或镀镍板做成的另一电极，通以直流电即可。电化学除油碱液的配方及除油工艺列于表 7－2中。

表 7－2　电化学除油碱液的配方及除油工艺

除油碱液配方及除油工艺		配方 1	配方 2	配方 3
$NaOH/(g \cdot L^{-1})$		10～30	10～20	10～25
$Na_3PO_4/(g \cdot L^{-1})$		50～70	25～50	20～30
$Na_2CO_4/(g \cdot L^{-1})$		30～50	—	25～70
水玻璃/$(g \cdot L^{-1})$		—	3～5	2～30
温度/℃		70～90	70～80	60～80
电流密度/$A \cdot dm^{-2}$		5～10	3～10	3～10
电压/V		8～12	8～12	6～9
时间/min	阴极	酌情	2～3	3～5
	阳极	酌情	1～2	3～5

阴极除油时，通电过程中在阴极表面析出氢气，虽提高了除油效果，但对某些金属易产生氢脆；而在阳极表面析出氧气，虽易生成氧化物，但不存在氢脆问题。在工程上电化学除油时常采用阴阳极交替法，即待除油金属部件作阴极通电 3～5 min，再转换成阳极通电 2 min，从而获得较好的除油效果。电化学除油过程中辅以压缩空气搅拌也能提高除油效率。

3. 超声波法除油

在碱性介质中用超声波发生器除油能获得很好的除油效果，适用于较小设备部件表面的除油。

4. 油污清洗质量评定

(1) 挂水法

在除油清洗后的金属表面上浸沾上或淋上一层蒸馏水膜，如果水膜能均匀、完整地浸润整个表面，则表明除油效果优质。

(2) 硫酸铜法

将除油清洗后的金属表面浸入硫酸铜溶液中 30 s，取出后用蒸馏水冲洗干净，如果观测金属表面镀铜层均匀、完整，则表明除油效果好。此法适合其后的镀铜工艺。

7.4.2　除锈及薄层氧化物的清洗工艺

除锈的方法有化学法、电化学法和机械方法。

1. 化学法除锈

将金属试件在除锈液中浸泡，以达到除锈的目的。常用的钢板、钢丝等的除锈液有盐酸溶液和硫酸溶液。除锈液配方及除锈工艺如下。

(1) 盐酸除锈液

$HCl(\rho=1.19\ g/mL)$	250 L
H_2O	750 L
乌洛托品	5 kg
温度	30 ~ 40 ℃
时间	酌定

(2) 硫酸除锈液

$H_2SO_4(\rho=1.84\ g/mL)$	150 L
H_2O	850 L
乌洛托品	3 ~ 5 kg
温度	68 ~ 80 ℃
时间	25 ~ 40 min

(3) 锆及锆合金除锈液

HNO_3	45%
HF	5%
H_2O	50%

(4) 铝氧化物除锈液

①CrO_3	2%
H_3PO_4	5%
温度	80 ℃
时间	10 min 左右

② HNO_3　　70%
温度　　室温
时间　　2～3 min
(5)铜锈去除
①H_2SO_4　　5%～10%
温度　　18～25 ℃
时间　　2～3 min
②HCl　　15%～20%
温度　　18～25 ℃
时间　　2～3 min

2. 电化学法除锈

将试样浸入电化学除锈液中，通以直流电即可。

(1)阳极浸渍

阳极浸渍是指借氧化物和锈层下面的金属溶解而使氧化物脱落。

(2)阴极浸渍

阴极浸渍是指借阴极氢离子还原为氢气，起机械除锈的作用以及氧化物阴极还原反应所起的机械除锈作用。

3. 机械法除锈

对于锈蚀严重或有较厚氧化物覆盖层的金属部件应用机械法除锈，具体方法有磨光、滚光、喷砂和手工打磨。

(1)磨光法

磨光法是指用铜丝刷或钢丝刷轮、布轮或毡轮涂以各种抛光膏进行打磨。

(2)滚光法

滚光法适用于较小零部件，做法是将它们放入滚筒内，并与研磨料一起滚动研磨。

(3)喷砂法

喷砂法用于大型设备表面除锈。当锈层较厚时，可采用压缩空气通过喷嘴混杂固体颗粒（石英砂、金刚砂等）喷打金属表面，靠冲击力和摩擦达到除锈的目的。

(4)手工除锈

手工除锈是指用扁铲和砂纸进行局部打磨除锈。

7.4.3 浸洗处理

浸洗处理是针对储存或零部件加工工序间表面生成的薄层氧化物所采取的清洗措施，清洗方法参见表7－3。

表7-3 清除薄层腐蚀产物的化学清洗方法

金属材料	清洗液	时间/min	温度/℃	备注
铝及铝合金	70% HNO_3	2~3	室温	随后用水轻轻擦洗
	25% CrO_3 +5% H_3PO_4	10	79~85	用于氧化膜不溶于 HNO_3 时,其后仍需用70% HNO_3 处理
铜和铜合金	15% ~20% HCl	2~3	室温	随后轻轻擦洗
	5% ~10% H_2SO_4	2~3	室温	
铅及铅合金	10% 醋酸	10	沸腾	随后轻轻擦洗,可除 PbO
	5% 醋酸铵	5	60	随后轻轻擦洗,可除 PbO 和 $PbSO_4$
	80 g/L NaOH, 50 g/L 甘露醇, 0.62 g/L 硫酸肼	30 或至清除为止	沸腾	随后轻轻擦洗
铁和钢	20% NaOH, 200 g/L 锌粉	5	沸腾	
	浓 HCl, 50 g/L $SnCl_2$, 20 g/L $SbCl_2$	20 或至清除完	室温	溶液应搅拌
	10% 或 20% HNO_3	20	60	用于不锈钢
	含有 0.15%(体积)有机缓蚀剂的 15%(体积)浓 H_3PO_4	至清除完毕	室温	可除去氧化条件下钢表面形成的氧化皮
镁和镁合金	15% CrO_3, 1% $AgCrO_4$	15	沸腾	
镍和镍合金	15% ~20% HCl	至清除完毕	室温	
	10% H_2SO_4	至清除完毕		
锡和锡合金	15% Na_3PO_4	10	沸腾	随后轻轻擦洗
锌	先用 10% NH_4Cl,后用 5% CrO_3	5	室温	随后轻轻擦洗
	1% $AgNO_3$ 溶液	20 s	沸腾	
	饱和醋酸铵	至清除为止	室温	随后轻轻擦洗
	100 g/L NaCN	15	室温	随后轻轻擦洗

7.4.4 铝合金氧化物保护膜

自然界中有不少金属受空气中氧的作用而自发形成氧化膜。此膜很薄,大多经受不住强腐蚀性介质的侵蚀。为了增强金属的耐蚀性,人们常常利用特定介质对金属表面进行化学处理,使金属表面形成更耐蚀的氧化物层。用于核工业中的大量铝合金构件,如燃料元件包壳、工艺管、反应堆容器、管道、塔阀、仪表盘等,都曾采用这种防蚀方法。铝合金氧化处理方法有化学氧化法、阳极氧化法和高温预生氧化膜法。

1. 化学氧化法

在弱酸、弱碱或沸水中对铝合金表面进行化学处理,从而形成保护膜的过程,称为铝合金的化学氧化处理,所形成的保护膜称为化学膜。在沸水中形成的化学膜很薄,只有 0.1 μm 左右,因而防蚀能力弱。即使延长在沸水中处理的时间,化学膜厚度也不会明显增加,这是因为致密的氧化膜达到一定厚度后就会阻碍基体金属与溶液的接触,使氧化反应停滞。为了使氧化膜进一步增厚,需添加一些弱碱,使氧化膜边溶解、边生长,膜的厚度可增至 0.5 ~4 μm,氧化膜的耐蚀性也有所提高。化学氧化法按化学溶液特性分为碱溶液氧化法、磷酸盐铬酸盐氧化法和铬酸盐氧化法。

(1)碱溶液氧化法

Na_2CO_3(无水)	50 g/L
Na_2CrO_4	15 g/L
NaOH	2.5 g/L
温度	80 ~100 ℃
时间	5 ~8 min

随后进行钝化处理:钝化液 CrO_3 20 g/L,时间为 5 ~15 s,其后清洗干净,50 ℃温度下烘干。

(2)磷酸盐铬酸盐氧化法

H_3PO_4	50 ~60 mL/L
CrO_3	20 ~25 g/L
NH_4HF_2	3 ~3.5 g/L
$(NH_4)_2HPO_4$	2 ~2.5 g/L
H_3BO_4	1 ~1.2 g/L
温度	30 ~36 ℃
时间	3 ~6 min

低于 20 ℃膜薄,防蚀能力差;高于 40 ℃膜疏松,结合力差,易剥落。

成膜后需进行封闭处理,以提高抗蚀能力。封闭处理液为 $K_2Cr_2O_7$,40 ~55 g/L,90 ~98 ℃,pH 6 ~6.8,时间 4 min,或用 H_3PO_4 20 ~30 mL/L,90 ~98 ℃,时间 10 ~15 min。然后清洗干净,70 ℃温度下烘干。

(3)铬酸盐氧化法

CrO_3	3.5 ~4.0 g/L
$Na_2Cr_2O_7$	3.0 ~3.5 g/L
NaF	0.8 g/L

pH　　　　　　1.5
温度　　　　　30 ℃
时间　　　　　3 min

化学氧化法的优点是生产率高、成本低、设备简单、操作方便,可用于对保护膜质量要求不高,所处腐蚀环境不甚苛刻的设备防蚀处理,例如,室内通风柜、管道、仪表柜、仪表刻度盘等。易于更换的容器和零部件亦可采用化学氧化法形成氧化膜。氧化膜作为有机涂层的打底层也很常见。

2. 阳极氧化法

所谓阳极氧化法是指铝和铝合金作为阳极浸入电解液中,通以直流电,其表面形成氧化膜的方法。成膜过程中铝合金作为阳极,其上发生铝的溶解。OH^-离子向阳极迁移,使铝发生氧化(Al_2O_3),并且能在阳极上产生O_2,O_2能穿透膜,进而与氧化膜下面的铝反应生成Al_2O_3,与此同时,电解液不断将Al_2O_3溶解,从而使膜成为疏松、多孔的结构。电子和离子得以在其中流动,因而保证氧化膜能增长到较厚的程度。直至成膜和溶解达到平衡,最后形成了具有垂直于基体表面的六棱柱单元结构的厚而多孔的外层和薄而致密具有阻挡作用的内层。和化学膜相比,阳极氧化膜厚度大得多,可达20 μm,并且氧化膜硬度高,与基体结合力强,经过封闭处理(沸水或重铬酸钾)后,可得到相当好的耐蚀层。

阳极氧化法按电解质可分为硫酸法、铬酸法、草酸法和特种氧化法。

(1)硫酸法阳极氧化工艺

阳极氧化工艺过程如下:

样品→除油→除锈(氧化物)→冷水洗净→硝酸出光(氧化)处理→依次冷水、去离子水洗净→阳极氧化→依次冷水、去离子水洗净→沸水封闭→干燥备用。

阳极氧化工艺参数:

阳极　　　　　样品
阴极　　　　　铅(铝)板
电解液　　　　硫酸185~200 g/L溶液
电流密度　　　1.3 A/dm^2
电解液温度　　(16.1±1) ℃
氧化时间　　　40 min
封闭工艺　　　封闭液为去离子水,温度为100 ℃沸腾,时间40 min

随着电流密度增加,得到的氧化膜较厚,耐蚀性较好。但电流密度过大(>6 A/dm^2)、氧化温度过高(包括电流密度过高引起)、硫酸浓度偏高、氧化时间过长都会加快氧化膜的溶解,不利于形成厚而密实的氧化膜。

(2)草酸法阳极氧化工艺

对于实验堆堆容器、储槽等大型铝合金部件,由于硫酸腐蚀性强、难以精确控制氧化温度、沸水封闭工艺难度大等原因实施困难,这时可用草酸法处理。该法将铝合金部件在除油之后,可用0.5%~3%草酸溶液室温下浸泡24 h以上,即可除去铝合金表面的自然氧化膜和水介质中生成的腐蚀产物,并且对基体铝合金腐蚀甚微,进而阳极氧化时草酸对铝氧化膜溶解度小,氧化膜硬度较高。

草酸法氧化工艺参数:

电解液　　　　　草酸($H_2C_2O_4$)

纯度　　　　　三级
浓度　　　　　0.5% ~3%
氧化直流电压　40 ~65 V
电流密度　　　1 A/dm^2。
电解液温度　　15 ~35 ℃
氧化时间　　　60 min
氧化膜厚度　　20 ~30 μm。
(3)特种瓷质氧化法
电解液　　　　CrO_3 30 ~50 g/L;硼酸 1 ~3 g/L
氧化温度　　　38 ~45 ℃
电流密度　　　0.1 ~0.6 A/dm^2
电压　　　　　40 ~80 V
氧化时间　　　1 ~2 h

瓷质氧化膜为灰色、哑光、不透明,因酷似搪瓷釉而得名,其特点是硬度高、耐磨,绝缘性、耐蚀性较硫酸法阳极氧化膜为佳。

3. 高温预生氧化膜法

高温预生膜处理是将铝及其合金置于高纯水的高压釜中,在稍高于实际工作温度的条件下进行为时 2 ~3 天的处理,这可大大提高很多铝合金的耐蚀性。据报道,除工业纯铝系列 2S 外,不少铝合金(X8001、IFA2、IFA3)的高温预生膜耐蚀性良好。110 天在相近温度水中的腐蚀速率约为 20 μm/a。

阳极氧化膜较厚、硬度高、耐磨、抗孔蚀能力强,可大大提高铝合金在中、低温水中的耐蚀性,故可用于反应堆工艺管和燃料元件包壳的防蚀处理。而高温预生膜的孔隙率小,完整性更优于阳极氧化膜,故工艺管的阳极氧化处理最终改为高温预生膜处理。

7.4.5　钢铁的氧化物保护膜

为了提高钢铁的耐蚀性,人们常用一些化学试剂对钢铁表面进行化学氧化处理,使之生成一层保护膜。由于保护膜呈蓝黑色,并有光泽,所以这种处理工艺称为发蓝处理。生成的氧化膜主要由微小的磁性氧化铁(Fe_3O_4)晶体构成,其厚度通常为 0.6 ~0.8 μm。经特殊处理后膜厚度可达 1.5 μm。

这类保护膜硬度低,抗磨和耐蚀性都较弱,所以它们只能用于钢材干燥空气环境储存时的防蚀。钢铁的氧化处理按所用溶液的不同分为碱性发蓝处理和无碱发蓝处理。

1. 碱性发蓝处理

碱性发蓝处理工艺如下:
碱性处理液　NaOH 650 g/L,氧化剂 $NaNO_3$,$NaNO_2$,其浓度为几 g/L。
处理温度　　沸腾状态(135 ~145) ℃。

适当增加碱液浓度和延长处理时间能增加氧化膜的厚度,主要氧化反应如下:

$$Fe + O + 2NaOH \longrightarrow Na_2FeO_2 + H_2O$$
$$2Fe + 3O + 2NaOH \longrightarrow Na_2Fe_2O_4 + H_2O$$
$$Na_2FeO_2 + Na_2Fe_2O_4 + 2H_2O \longrightarrow Fe_3O_4 + 4NaOH$$

2. 无碱发蓝处理

无碱发蓝处理工艺如下：

$Ca(NO_3)_2$	80～100 g/L
MnO_2	15～20 g/L
H_3PO_4	3～10 g/L
温度	100 ℃
处理时间	30～40 min

由于处理液中有磷酸，生成的氧化膜主要由磷酸钙和氧化铁组成，故抗蚀性和机械性能均较好。

7.4.6　钢铁的磷酸盐处理

将钢铁制件浸入磷酸锰铁溶液中，维持温度96～98 ℃，进行35～50 min 的处理后，表面可生成7～50 μm 厚的磷酸盐膜，呈暗灰色。极细的片状、微孔结晶结构与基体金属结合力强，适宜用作各类油漆的打底层，并具有很高的电绝缘性能，涂绝缘漆后，可耐1 000 V 的电压。磷酸盐的导热性低，可耐600 ℃的高温，在大气和水中有很好的耐蚀性，其抗蚀性比钢铁的发蓝处理要高，但是不耐酸、碱、海水和高温蒸汽的作用。

钢铁磷酸盐处理所用试剂是铁和锰的二氢正磷酸盐，又称马呋盐 $n\mathrm{Fe(H_2PO_4)_2} \cdot \mathrm{mMn(H_2PO_4)_2}$。马呋盐在热水中离解：

$$5Me(H_2PO_4)_2 \longrightarrow 2MeHPO_4 + Me_3(PO_4)_2 + 6H_3PO_4$$

$$3MeHPO_4 \longrightarrow Me_3(PO_4)_2 + H_3PO_4$$

$$3Me(H_2PO_4)_2 \longrightarrow Me_3(PO_4)_2 + 4H_3PO_4$$

放入干净的钢铁零件后，表面沉积耐蚀磷酸盐，并释放出氢气：

$$Fe + 2H_3PO_4 \longrightarrow Fe(HPO_4)_2 + 2H_2$$

$$Fe + Fe(H_2PO_4)_2 \longrightarrow 2FeHPO_4 + H_2$$

$$Fe + 2FeHPO_4 \longrightarrow Fe_3(PO_4)_2 + H_2$$

溶液中随着磷酸浓度的下降，氢离子减少，磷酸氢盐和正磷酸盐浓度不断增加。铁(锰)离子增加，使溶液中处于过饱和状态的磷酸盐沉积于金属表面，成为晶核，被其覆盖的金属表面成为阴极。随后晶体增长，被其覆盖的阴极部分不断增大，未覆盖的金属表面仍在氧化，但面积逐渐缩小，析氢作用减弱，直至完全停止，整个金属表面被磷酸盐所覆盖。

酸度影响成膜条件，pH 偏高金属氧化速率下降，影响膜的增厚及其耐蚀性能，因此要调节和控制溶液的 pH 值。

还有添加硝酸锌的磷酸盐处理液：

$n\mathrm{Fe(H_2PO_4)_2} \cdot m\,\mathrm{Mn(H_2PO_4)_2}$	25～30 g/L
$Zn(NO_3)_2 \cdot 6H_2O$	50～100 g/L
总酸度	50～80 点
游离酸	5～7 点
温度	50～70 ℃
处理时间	10～15 min。

磷酸盐处理后用锭子油105～110 ℃处理5～10 min，以增强其耐蚀性。

以上磷酸盐处理法处理温度较高，时间较长，为了缩短时间、降低处理温度、降低成本，不要求磷酸盐膜本身具有高的耐蚀性，而只是将其用作油漆打底时，可采用加速磷酸盐处理法，具体工艺如下：

H_3PO_4	80 ~ 85 g/L
ZnO	15 ~ 17 g/L
$NaNO_3$	1 ~ 2 g/L
温度	15 ~ 20 ℃
处理时间	15 ~ 20 min

为缩短处理时间常常在此溶液中加入增速剂，如 CuO 0.2 ~ 0.9 g/L 或 CaO 1 ~ 1.5 g/L 等。

7.5 有机涂层

有机涂层是用喷涂、刷涂或浸渍等方法将具有流动性的，包括粉状的有机涂料（俗称油漆）涂敷到器件表面，经过一定时间自行或借助于加热、辐射作用等手段扩展成连续的、牢固附着物件表面，且具有一定硬度的保护膜。这样的有机涂层对物体起到一定的防蚀和装饰作用。

7.5.1 有机涂料（油漆）的组成

早先人们对某些植物油（桐油、豆油、亚麻籽油等）与天然漆液（漆树的分泌物）加以处理制得的油料和漆料，统称油漆。铜铁等金属制件、竹材和木材制品及石材等无机材料制品经涂敷油漆并成膜后，抗蚀能力大大增强。有些油漆保护的器件寿命可达上百年，而且不少油漆涂层具有绚丽的装饰效果，美化了人们的生活，承载着人类物质文明和精神文明传承的使命。油漆保护的对象从普通笔筒、漆器、木桶、水桶、污物桶、脚盆、澡盆、木车具、木桌、木凳、木箱到大型的房（殿）梁、房柱、船舱，甚至棺木的装饰和防腐。目前上述各类制件和现代各类工业、农业、交通运输设备和制件所用的防护涂层已由包含人工合成树脂、稀料、增塑剂、固化剂等组分的有机涂层所代替，故改名为有机涂层，有时也沿用油漆涂层这一名称。

有机涂料由主要成膜物质、次要成膜物质和用以增强防蚀和装饰效果、改善涂敷工艺条件的辅料组成。

1. 主要成膜物质

（1）油料

油料分为干性油和半干性油。

①干性油为漆树分泌液制大漆、桐油、亚麻仁油制油基漆。

②半干性油为葵花籽油和豆油制涂料，干燥时间较长，涂敷后十多天才能干燥。

（2）树脂

树脂分为天然树脂和人造树脂。

①天然树脂有松香和虫胶等。

②人造树脂多种多样，主要是由碳、氢、氧、氮、硅等元素组成的高分子聚合物，比如过

氯乙烯、环氧树脂、酚醛树脂、醇酸树脂、氨基树脂、硝基纤维、有机硅树脂、沥青等。

2. 次要成膜物质

次要成膜物质包括固化剂、作为骨质材料和防锈材料的颜料等。

(1)固化剂

人造树脂除了通过常温或高温处理自行干燥成膜外，有些树脂不能自行结膜干燥，需要利用酸、胺、过氧化物等与人造树脂长链线型高分子间发生搭桥反应，使之成为网状刚性结构，进而使涂层固化，故将它们称作固化剂。将固化剂列为次要成膜物质是相对的。按其所起作用将固化剂列为主要成膜物质也未为不可。

(2)颜料

各色颜料除了用作装饰、增色外，同时起着防锈和提高涂层厚度、硬度、强度的作用。白色颜料有立德粉、钛白粉、硫酸钙、碳酸钙、氧化锌、滑石粉、硫酸钡等；红丹(铅丹)是钢铁表面最好的一种红色防锈颜料，生成的铅酸铁附着力好，对钢铁起钝化作用，防锈效果佳，但毒性较大；改性偏硼酸钡($Ba(BO_2)_2$是一种新型防锈材料，防锈性能与红丹相当，无毒、防霉、防污、防粉化、耐热等多种优良性能；氧化铁红(Fe_2O_3)具有极强的覆盖力，对稀酸和碱稳定，亦能增加强度，降低透水性；锌铬黄($ZnCrO_4$)是铝、镁等轻金属最好的一种防锈材料，也可用于钢铁制件，生成铬酸铁，防锈性能极好；铝粉是悬浮性填料，覆盖力强，能反射紫外光，耐温、抗老化。铝粉、锌粉和锌铬黄能起电化学保护作用。

3. 辅料

为了提高有机涂层的韧性、耐蚀性，为方便、高效实施涂料施工，确保涂层连续、平整，必须在涂料中添加多种辅料，主要有稀释剂、增塑剂、催干剂、防潮剂、触变剂、流平剂，等等。

(1)溶剂

为了使多相的涂料组分能成为均一的、便于涂敷的涂料，必须使用合适的溶剂。即使是静电喷涂粉料也要添加能获得均匀雾状物的气雾剂。涂料中所用的溶剂挥发性较强，溶剂的品种很多，所含基团有苯环、酮类、醇基、长链碳氢基团等。熟知的溶剂有苯、甲苯、二甲苯、丙酮、环己酮、香蕉水、松节油等。松节油是从松树分泌物提炼出来的，余渣为松香。溶剂能使有机涂料中的油类、树脂、增塑剂、固化剂等溶解，获得便于涂敷的涂料，在成膜过程中绝大部分溶剂(参与反应成膜的活性溶剂除外)会挥发掉。

(2)稀释剂

使用稀释剂的直接目的是调节涂料的黏度，而不影响溶剂对成膜物质的溶解。虽然溶剂本身也完全能调节涂料的黏度，但是稀释剂往往更价廉易得。从降低涂料成本考虑，稀释剂也是不可或缺的。

(3)增塑剂

增塑剂又称增韧剂。增塑剂用于提高涂层的弹性、韧性，减少涂层的脆性，有利于增强涂层的附着力，提高涂层抗冲击和机械损伤的能力。邻苯二甲酸二丁酯、磷酸三丁酯、聚酰胺等都是常用的增塑剂。

(4)催干剂

很多涂料在常温下成膜时间较长。非水平面上涂敷的涂料可能会发生不能接受的流挂、不均匀的现象。添加了起催化作用的催干剂(奈酸钴等)能使成膜反应加速，使涂料在涂敷表面(包括垂直面、斜面)很快定形，从而获得平整的涂层表面，也能缩短多层涂料的施工工期。

(5)防潮剂

在较潮湿的环境条件下,涂层吸收环境中的水汽,会影响涂层的耐蚀性能,特别是溶剂挥发是吸热反应,涂层表面温度降低,更使水汽在涂层表层凝结,阻碍溶剂、稀释剂的挥发,影响涂料成膜。添加能吸收水分又不影响涂层质量的防潮剂(水泥等)是必须的。

(6)触变剂

触变剂的作用在于刷涂或喷涂时后续涂料能与之前已涂敷的涂料融合,刷涂、喷涂动作一停,涂层很快扩展平整并定位。为获得平整连续涂层添加触变剂也是快速、高效进行涂料施工所必需的。

(7)流平剂

流平剂主要是降低涂料液的表面张力,使涂料在器件表面快速扩展成平整的涂层。常用的流平剂有各类硅油。

7.5.2 有机涂层的使用环境

以腐蚀防护、标记、装饰功能为目的的有机涂层用途广泛,所处的环境也多种多样。作为设施、设备及结构材料的防蚀涂层所处大气环境有干燥大气、潮湿大气、工业大气、高温大气、海洋大气,并伴有日晒、雨淋、风沙和气压的变化。作为液体反应容器、储槽、储罐、输送管道的防蚀涂层则要直接接触不同温度、压力的水、酸、碱、盐及有机溶液。在辐射作用下涂层会发生直接的辐照损伤或辐射作用下环境变化对涂层造成的损伤、放射性物质对涂层的污染损伤及去污剂多次去污清洗对涂层的损伤。

7.5.3 有机涂层应具备的基本性能

有机防护涂层质量的优劣首先在于它和环境介质相容性的好坏,涂层本身对环境介质的耐蚀能力要好;其次防护涂层作为隔离层要真正起到隔离作用,这就要求涂层应具有优良的致密性,环境介质在防护涂层中的渗透率要低。有机涂层与基体应有相近的膨胀系数,且结合力强。涂层应具有一定的强度、硬度、抗冲击能力和耐磨能力。防护涂层的完整性要好,出现损伤应便于修复。对处于核辐射环境下的防护涂层,则要求辐射稳定性要高。易遭受放射性物质污染的设施,设备防护涂层应易于去污,并且能耐受去污液多次去污造成的侵蚀。也有设施、设备运行前额外涂敷可剥离膜,发生放射性物质污染后,为彻底去污可撕去可剥离膜,这类涂层与基体材料的黏附力要小。为提高涂层的整体性和强度发展了一系列纤维(玻璃纤维、碳纤维、合成纤维等)增强涂层,大大扩展了涂层的应用范围,应用得最多的是玻璃纤维,故这类涂层统称为玻璃纤维增强涂层,俗称玻璃钢。

1. 涂层的耐大气腐蚀性能

在大气环境中受日照、气压和温度变化的影响,风沙雨雪的侵蚀,有机涂层大多发生不同程度的损伤。日照强度大,昼夜温度、气压和湿度变化大,强风沙雨雪,强酸性工业大气,潮湿多变的海洋大气将会使涂层发生更为严重的损伤。涂层损伤轻,有失光、表面稍有变粗或产生微细裂纹的现象(如桥梁表面暴露较长时间后的丙烯酸树脂涂层);有的粉化、龟裂严重,甚至发生剥落(硝基树脂涂层、沥青涂层等)。在较为温和的天然大气环境中醇酸树脂涂层对设备的防护可维持 3～5 年。配有优良底漆的改性醇酸树脂、有机硅树脂涂层可使用十多年。

2. 涂层的耐热性能

涂层的耐热性能不同，品种差别很大，各自都有一定的使用范围，超出范围涂层就会出现软化、粉化、龟裂、分解等现象，因而也就失去对基体材料有效的保护作用。表 7－4 列出某些涂层大致的使用温度上限。

表 7－4　某些涂层大致的使用温度上限

涂层名称	使用温度上限/℃
沥青涂层、环氧沥青、过氯乙烯、调和漆、聚乙烯醇、硝基涂层和丙烯酸树脂	45
环氧树脂、漆酚树脂、酚醛树脂、聚氨酯、改性大漆、不饱和聚酯	70
环氧酚醛、改性漆酚树脂、聚苯硫醚	100
耐高温环氧树脂、氟涂层、环氧改性有机硅	160
醇酸树脂、有机硅涂层	300
改性有机硅树脂	500
特种涂层	700

3. 涂层的耐水性能

常规醇酸树脂、有机硅树脂涂层是粗疏的网状高分子结构，具有很高的热稳定性，对高温大气，甚至水汽含量较高大气中的设备都能起到很好的防护作用。水等环境介质在其中的渗透率高，因而耐水性能差。某些硝基树脂涂层、干性油沥青涂层耐热水性能差。这些涂层在 50～60 ℃的热水中几天、十几天后就出现鼓泡、剥落等现象。使用这类涂层的钢制水箱，因得不到涂层的有效保护，5～8 年后就发生蚀穿泄漏事故。酚醛石墨涂层和环氧酚醛涂层耐热、耐水性能良好，分别经 60 ℃、6 个月和 100 ℃、20 个月考验而无明显损伤。水和水溶液对涂层的侵蚀性要比大气强得多。在相同温度条件下涂层在水中的使用寿命只有在空气中的一半左右。

有机涂层相对环境介质可以看作是半透膜，涂层的耐热水性能通常遵循阿伦尼乌斯（Arrenus）公式，可表示为

$$\lg K = A - B/T$$

式中　K——涂层的使用寿命；

A、B——常数，通常与涂层品种和试验条件有关；

T——使用条件下的绝对温度，K。

涂层使用寿命也可通过试验方法求得，通过高温条件下的使用寿命（加速试验）求得低温使用时的寿命，可知

$$\tan\alpha = (\lg t_1 - \lg t_2)/(T_2 - T_1)$$

式中　$\tan\alpha$——斜率；

T_2、T_1——试验温度；

$\lg t_1$、$\lg t_2$——T_1 和 T_2 试验温度下的涂层损坏，失去防护功能的时间（天）的对数。

这样可以通过较高温度(90 ℃,100 ℃)下的短时间(几十天)的试验结果,推断出低温下(比如,20 ℃)的使用寿命(几年,几十年),参见图7-11。

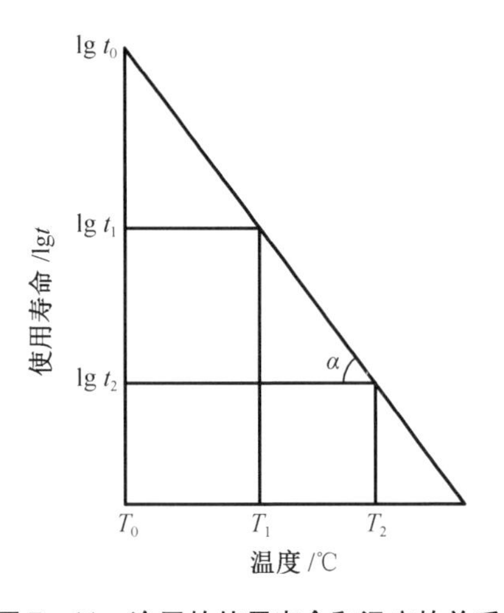

图7-11　涂层的使用寿命和温度的关系

涂层的渗透率性能试验结果表明涂层作为一种半透膜,随着温度的升高介质在涂层中的渗透率增加。腐蚀介质的渗透加速了基体材料的腐蚀,进而使涂层损坏。在单位时间里涂层渗透量的对数和试验水温成基本正比例关系,这一结果和涂层随水温升高使用寿命急剧降低的结论是一致的。在涂层筛选时可快速检测涂层的透湿性能,从而粗略比较和推测涂层的使用寿命,涂层的透湿率与水温度的关系如图7-12所示。

4. 涂层的耐化学性能

很多耐水性能优良的涂层在弱酸、弱碱溶液和中性盐溶液,包括放射性污染液、去污液中均较稳定。比如环氧树脂涂层在弱酸、碱、盐溶液中都非常稳定,能有效地保护各种钢制储罐。表7-5列出了有关树脂的耐化学腐蚀性能。

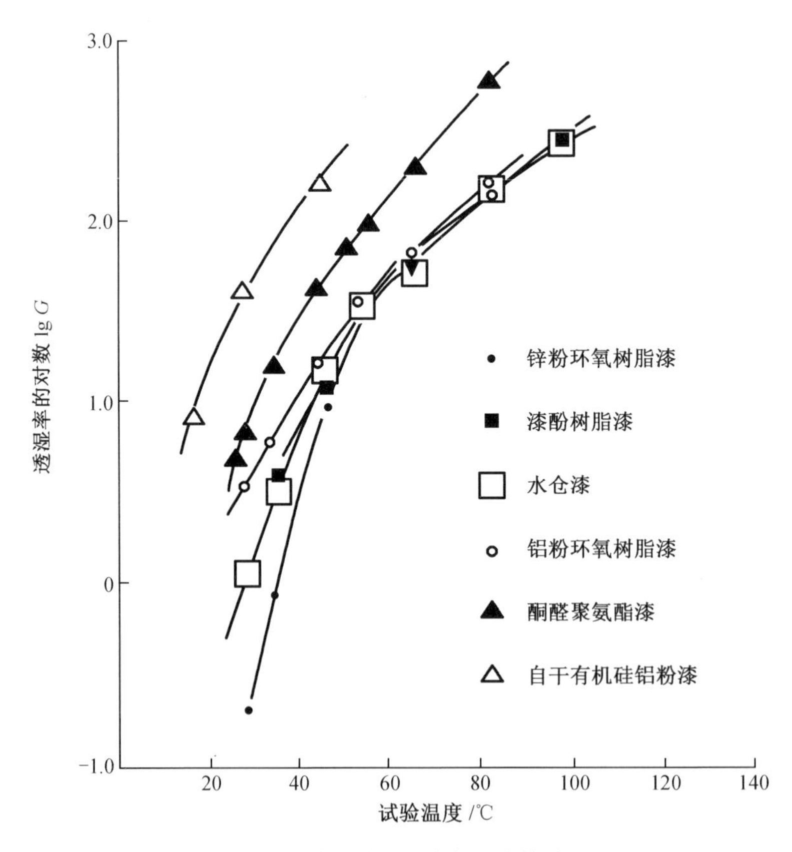

图7-12　涂层的透湿率与温度的关系

表7-5　涂层基料聚合物耐化学腐蚀性能

介质	聚酯树脂		环氧树脂		酚醛树脂		呋喃树脂	
	室温	95 ℃	室温	95 ℃	室温	95 ℃	室温	95 ℃
盐酸30%	优	不耐	优	不良	优	优	良	良
硫酸10%	优	良	优	良	优	优	优	优
硫酸70%	不耐	不耐	不良	不耐	优	优	不良	不耐
硝酸5%	良	不耐	不良	不耐	不良	不耐	不耐	不耐
草酸(饱和)	良	不良	良	不良	优	优	优	优
醋酸10%	优	不良	良	不耐	优	优	优	优
氨水10%	不良	不耐	优	良	不耐	不耐	优	优
KOH 10%	不良	不耐	优	良	不耐	不耐	优	优
NaOH 30%	不耐	不耐	优	不良	不耐	不耐	优	优
无水乙醇	良	不良	优	不良	良	不良	良	不良
甲醛100%	不良	不耐	良	不良	良	不良	良	不良
丙酮100%	不良		优		良		良	
苯100%	不耐	不耐	优	不良	良	不良	优	优

5. 涂层的抗辐照性能

各种有机涂层的抗辐照性能差别很大。表7-6列出了作为涂层基料的某些聚合物的辐照稳定性。氟乙烯树脂涂层通常抗辐照性能差，经受1.0×10^5 Gy辐照即发生显著裂解。而环氧树脂、聚氨酯涂层抗辐照性能优良。经400天、70 ℃、3.0×10^6 Gy或400天、90 ℃、5.0×10^6 Gy γ辐照试验，涂层无明显变化，溶液的透光率亦无明显变化。对于热固性树脂，用不同固化剂对涂层的抗辐照性能有很大影响。对环氧树脂用下列固化剂固化后的涂层，其辐照稳定性依次为三环氧丙基p-苯胺 > 四环氧丙基二酚基二胺 > 环氧酚醛 > 双酚A双环氧丙基醚 > 双环氧丙基苯胺 > 乙二胺。

6. 有机涂层的去污性能

对于易被放射性物质污染的设备，其防护涂层的去污性能优劣特别重要，通常认为孔隙率低、单相不溶胀、掺和水分少、抗去污剂侵蚀能力强的涂层具有较强的去污性能。比如乙烯基涂层能轻易地去除易污染、难去除的钚化合物污染。

早期无专用的耐蚀、易去污的核工程用涂料。常规涂层的去污因子较小。例如，过氯乙烯漆、沥青漆、船壳漆和醇酸漆在3.0×10^8 Bq/L的沾污液中浸16 h后，在25%石油磺酸浸洗60 min去污，去污因子分别为52.7、52.9、51.3和59.2。

新研制的耐蚀涂层的去污能力显著提高。核动力堆燃料混合裂变产物沾污液沾污涂层样品经25%石油磺酸和5% HNO_3的水溶液搅拌浸洗去污10 min，乙烯基涂层、环氧树脂、聚氨酯和有机硅树脂涂层的去污因子分别为332.1、234.6、184.8和172.1。

表 7-6　聚合物的抗辐照性能

聚合物名称	抗辐照最大吸收剂量/MGy	聚合物名称	抗辐照最大吸收剂量/MGy
环氧酚醛	200	聚氨基甲酸酯	10
聚二苯基硅氧烷	50	三聚氰胺甲醛树脂	10
催化型环氧树脂	50	尿素-三聚氰胺树脂	5
聚苯乙烯	50	硝化棉	1
聚乙烯基咔唑	40	醋酸纤维	0.5
沥青	20	聚四氟乙烯	0.1

涂层经反复去污变得粗糙，去污越来越困难，有时要去掉整个涂层才能达到去污效果。为此研制出一系列可剥离涂膜，一旦污染，可涂敷含去污剂或螯合物的可剥离膜，将污染物结合进涂膜中，撕去可剥离膜即可去污。^{22}Na、^{89}Sr、^{55}Fe、^{59}Fe、^{60}Co、^{137}Cs 及 ^{32}P 污染的材料表面用氯乙烯、醋酸乙烯共聚物可剥离膜去污（一次剥离），对不锈钢、玻璃、胶木、琉璃瓦、花岗岩、瓷砖等的去污率达 88% 以上；对粗糙水泥、光滑木材和砖块的去污率较低，分别为 62%、65% 和 40%。

7.5.4　玻璃纤维增强涂层的强度和化学性能

核反应堆电气监测和控制保护系统、热导出系统、加热冷却系统、剂量监测系统等复杂的管路大多贯穿大型屏蔽水箱和储槽，薄弱环节高温水的泄漏会恶化屏蔽水箱介质环境，使水箱防护涂层及基材加速损坏。屏蔽水箱的涂层既要耐蚀，又要有足够的强度，以保持涂层的完整性。玻璃纤维增强涂层应运而生。

由于高分子聚合物侧链的苯环善于将外来强辐射能均摊于苯环六个 CH 基团上，减弱了辐射对高分子链的裂解能力。环氧酚醛树脂具有这样的结构，耐蚀抗辐照。玻璃钢层的抗弯强度综合体现了它的抗拉、抗压、剪切和韧性特性，可表征它保持稳定和完整性的能力。

用玻璃纤维增强耐蚀抗辐照环氧树脂制得的涂层（环氧树脂玻璃钢）在热水（湿砂）条件下高剂量辐照后不但保持了耐蚀性，而且抗弯强度有所增加（参见表 7-7）。E44 是双酚-A 型环氧树脂玻璃钢，其强度和耐蚀性均低于 F44 玻璃钢。此外固化剂的选择对涂层耐蚀性影响很大。三乙醇胺、己二胺、聚酰胺等均远逊于改性间苯二胺，参见图 7-13。

有机涂层、玻璃纤维增强涂层在潮湿条件下施工，由于溶剂和稀释剂挥发时吸收热，涂层表面温度下降而凝结水，阻止其进一步挥发，严重阻碍涂层和玻璃钢的固化。用能参与反应的聚酰胺代替邻苯二甲酸二丁酯，用参与反应的 501 活性稀释剂代替甲苯，为降低涂料黏度只加少量丙酮，并添加能吸水的水泥填料等措施，可大大加快涂层的固化过程，涂层的耐蚀性能也大幅度提高，玻璃钢在常温和 60 ℃水介质中的溶解率显著下降，参见图 7-14 和图 7-15。

表 7－7　水(湿砂)中辐照对改性间苯二胺固化环氧树脂(F44,E44)玻璃钢抗弯强度的影响

材料	介质	(61 ±2) ℃				(85 ±2) ℃		原始抗弯强度/(kg · cm^{-2})
		3.0 × 10^{6} Gy**		5.0 × 10^{6} Gy***		3.0 × 10^{6} Gy		
		抗弯强度/(kg · cm^{-2})	保留值/%	抗弯强度/(kg · cm^{-2})	保留值/%	抗弯强度/(kg · cm^{-2})	保留值/%	
F44－25	自来水	1 043	161	1 337	213	1 198.2	185.5	646
F44－60	自来水	1 240	68.1	1 603	88	1 210	66.5	1 820
E44－25	自来水	987	113	1 353	152	1 075	123.4	871
E44－60	自来水	1 102	63.3	1 250	79	1 017	58.4	1 741
E44－25*	自来水	1 301	88.1					
F44－25	水饱和砂约 56 ℃	1 083	167.6					646
F44－60	水饱和砂约 56 ℃	1 683	92.5					1 820
E44－25	水饱和砂约 56 ℃	1 140	130.9					871
E44－60	水饱和砂约 56 ℃	1 023	58.8					1 741

注：* 固化剂为三乙醇胺；

** 3.0 × 10^{6} Gy 辐照，自来水中为时 72 h，湿砂中为时 167 h；

*** 5.0 × 10^{6} Gy 辐照，自来水中为时 164 h。

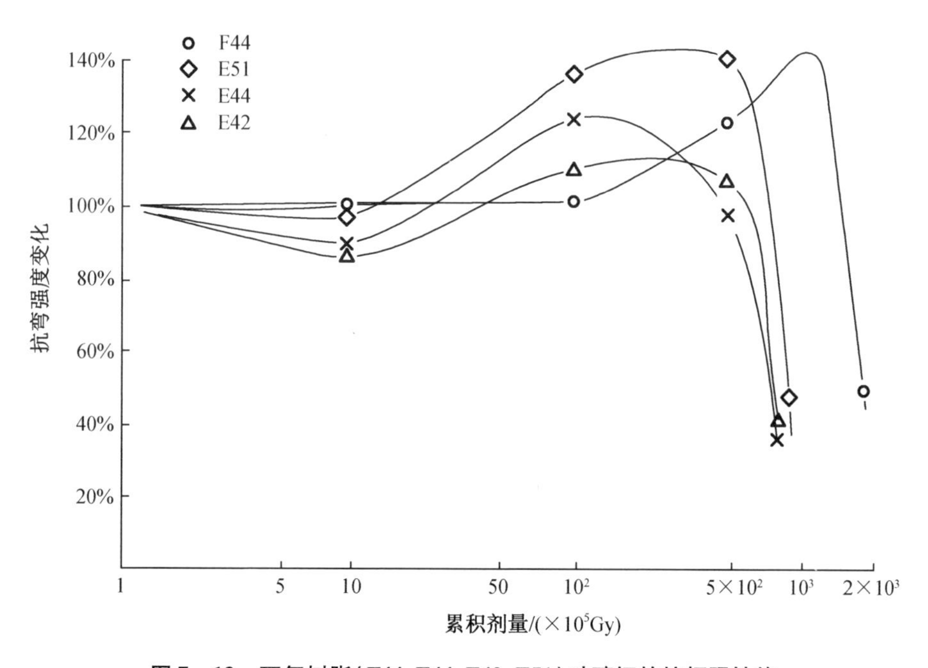

图 7－13　环氧树脂(F44,E44,E42,E51)玻璃钢的抗辐照性能

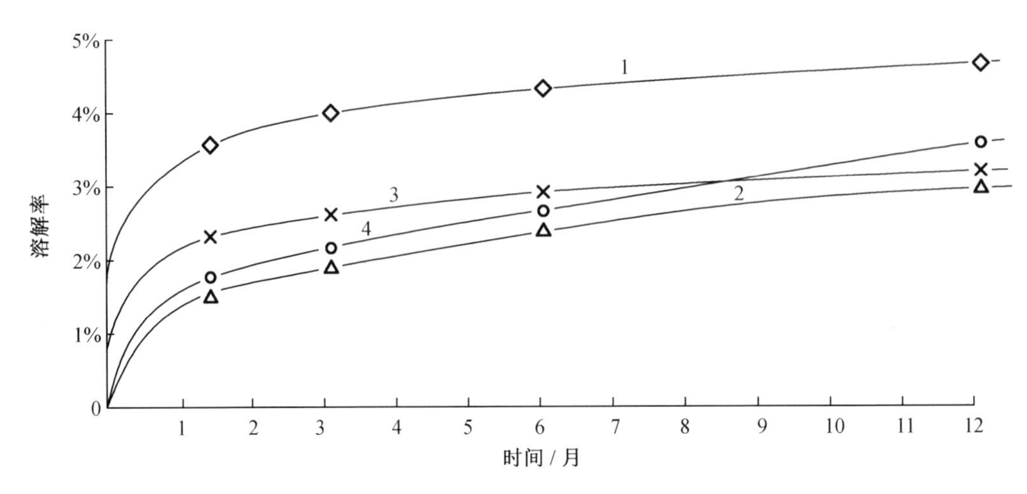

曲线 1—常规配方潮湿条件固化不良玻璃钢；
曲线 2—添加 501 活性稀释剂和氧化铝粉，及少量丙酮的样品；
曲线 3—添加 501 活性稀释剂和水泥，及少量丙酮的样品；
曲线 4—添加 501 活性稀释剂和水泥的样品。

图 7 – 14　几种环氧树脂玻璃钢在 pH = 3 ~ 10 的常温水介质中试验时溶解率的变化

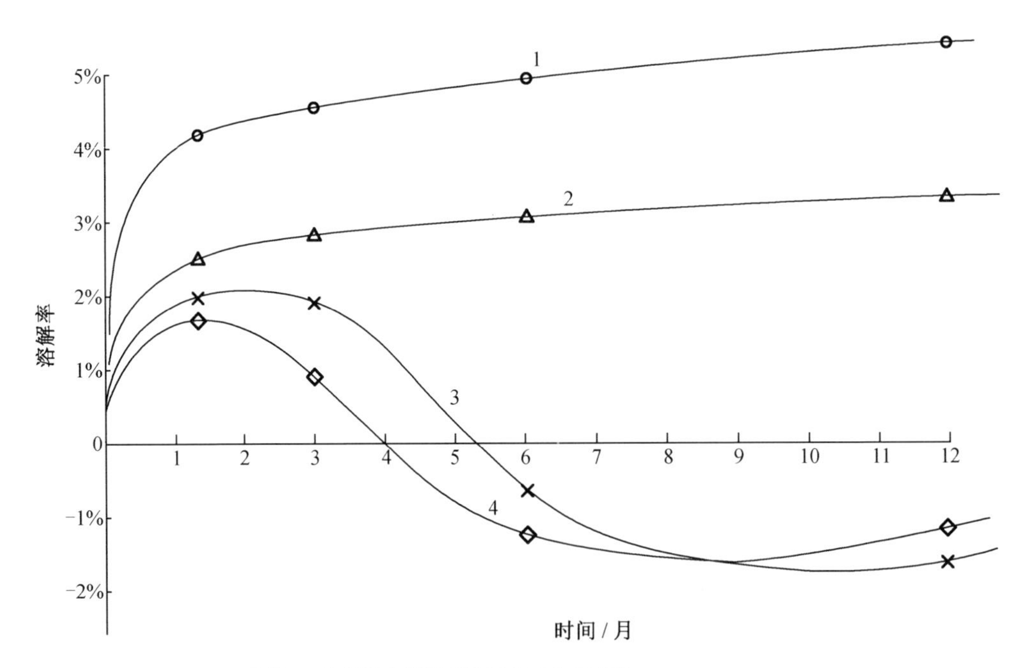

曲线 1—常规配方潮湿条件固化不良玻璃钢；
曲线 2—添加 501 活性稀释剂和氧化铝粉，及少量丙酮的样品；
曲线 3—添加 501 活性稀释剂和水泥，及少量丙酮的样品；
曲线 4—添加 501 活性稀释剂和水泥的样品。

图 7 – 15　几种环氧树脂玻璃钢在 60 ℃水中溶解率的变化

7.5.5　有机涂层和玻璃钢在核工业中的应用

核工业中广泛使用有机涂层和玻璃钢。一个大型核电厂要使用五六十种涂层,以满足多种系统的不同工艺要求,既有类似其他工业部门使用的常规条件防护涂层,也有核工业特殊辐射场合专用涂层。

1. 工业大气、海洋大气环境防护涂层

暴露于工业大气和海洋大气中的设备和管道使用得最广的有醇酸铝粉漆、丙烯酸树脂漆、有机硅铝粉漆、过氯乙烯漆等。视涂层品种、质量和大气环境条件恶劣程度它们的使用寿命为 3 年、5 年、10 年不等,需定期维护和维修。

2. 高温环境防护涂层

作为反应堆屏蔽设备内壁高温氧化防护涂层使用得最多的是喷铝作底的醇酸铝粉涂层或有机硅铝粉涂层,能耐高温的磷化底漆(磷酸铁猛结晶沉积层)亦可。

3. 地下设施、设备和管道用防护涂层

核电站地下管道系统复杂、庞大。地下埋设的管道在潮湿、海水、污水作用下易发生孔蚀等局部腐蚀破坏,涂敷耐蚀涂层极为重要,热流体管道涂层热稳定性要好。用耐热、耐蚀环氧树脂改性的沥青漆,用红丹漆和铁红底漆打底,使用于地下管道的防腐效果良好,最高使用温度可达 130 ℃,条件许可用静电喷涂环氧树脂涂层粉料,再予以加热固化所得涂层耐热耐蚀性更佳。

4. 废液与各类废水储罐、储槽用防护涂层

视废水、废液的温度高低,选用的常温涂层有沥青涂层、环氧沥青漆。温度偏高可选用环氧树脂涂层、呋喃树脂涂层、聚氨酯涂层、改性漆酚树脂漆、环氧酚醛树脂涂层、聚三氟氯乙烯涂层,它们大多有成功的长期使用经验。利用锌粉电化学保护特性的环氧富锌(68% ~ 69%)漆具有优良的耐水、耐热、耐候和强力吸收紫外线的能力,可外用,亦可作其他涂层的底漆。对涂层整体性要求很高的大型水箱、废液储槽则要选用耐蚀玻璃钢。

5. 对于易污染放射性物质的设施、设备,如热室壁面、元件储存水池和放射性物质转运通道以及放射性物质操作室、放化实验室地面和壁面选用的涂层是易于去污,并对去污液稳定的乙烯基涂层(如氯磺化聚乙烯等)、环氧树脂涂层等。而沥青漆、改性沥青漆、硝基漆、调和漆等均不适用。

7.5.6　确保防护涂层质量、延长涂层使用寿命的措施

对强辐射场中的核设备进行涂层处理很难,甚至无法对损坏的涂层进行修复,因此提高涂层的耐蚀性和延长涂层的使用寿命具有特别重要的意义,为此必须做到以下几点:

1. 涂层本身耐腐蚀性能要好。应根据不同环境条件选择合适的涂层系统。底面漆配伍性要好,对基体的腐蚀性小,又能与基体附着牢固。对于运行温度较高,且内置复杂工艺管道的大型水箱、储槽,泄漏现象在所难免,防护涂层要耐蚀,保持完整性的要求也很高,使用玻璃纤维增强涂层为佳。

2. 在恶劣的辐照腐蚀和侵蚀性强的介质中的防护涂层(如金属表面防护涂层),施工时表面应进行喷砂处理。这时基体表面积将增加 300 ~ 400 倍,大大增加基体涂层之间的结合

力，保证了涂层的完整性。有时还预先喷涂铝粉或锌粉，它们与基体和涂层的结合力强，作为牺牲阳极，对基体还能起到电化学保护作用。

3. 涂层必须严格按工艺规程施工，施工不当，即使优质的防护涂层也起不到应有的防护作用。

4. 涂层成膜条件对涂层质量有很大的影响。对绝大多数涂层加热干燥、固化是有利的，可大大加快成膜过程，缩短完全固化的时间，从而提高涂层的强度和耐蚀性。

7.6 缓 蚀 剂

7.6.1 概述

在腐蚀介质中加入少量的有机或无机化学试剂后，能使金属构件材料的腐蚀速率大大降低，这种添加的物质称为缓蚀剂。根据防锈术语的规定，缓蚀剂这一概念可理解为具有抑制金属生锈或腐蚀的有机和无机化学药品的总称。

添加缓蚀剂的防蚀方法所添加的试剂量很少、成本低，并且不需要特殊的设备和处理工艺、操作简便、效果好，因而半个多世纪以来，缓蚀剂的应用极为广泛。可用作缓蚀剂的药品种类近千种，最常用的也有百余种之多。腐蚀性介质中添加缓蚀剂的直接目的是降低设备材料的腐蚀速率，延长系统设备的使用寿命，有时缓蚀剂也用于化工过程的控制，比如在酸洗除垢或清除氧化膜时，要求不伤及金属基体，就必须在酸性清洗液（如盐酸溶液）中添加苯胺与甲醛缩合物型缓蚀剂。酸性液地质钻探采样时，既要能溶解岩石，又不伤及或少伤及高级合金钻头，也必须在酸性液中添加缓蚀剂。

7.6.2 缓蚀剂的分类

1. 按使用介质分类

按使用介质分类，缓蚀剂有酸性溶液缓蚀剂、碱性溶液缓蚀剂和中性溶液缓蚀剂。

（1）酸性溶液缓蚀剂

比如醛、胺、硫脲类缓蚀剂，吡啶、吖啶、喹啉、咪唑啉、乌洛托品、页氮、亚砜、若丁等。

（2）碱性溶液缓蚀剂

比如硅酸盐、铬酸盐、碳酸盐、亚硝酸盐、苯并三唑、肼、环己胺、苯甲酸钠等。

（3）中性溶液缓蚀剂

大多数无机缓蚀剂在中性溶液中最有效。

2. 按缓蚀剂的化学组分分类

按化学组分分类，缓蚀剂可分为有机缓蚀剂和无机缓蚀剂。

3. 按缓蚀的电化学作用分类

按缓蚀的电化学作用分类，缓蚀剂分为阳极型、阴极型和混合型三类。

（1）阳极缓蚀剂

所谓阳极缓蚀剂就是当其加入介质中之后可增加腐蚀过程的阳极极化，因而减少腐蚀的缓蚀剂。

①氧化性物质，如铬酸盐、重铬酸盐、硝酸盐、亚硝酸盐等。它们无须系统中有氧，即可自行使钢铁材料钝化，从而形成阻碍腐蚀的 Fe_2O_3 钝化膜。

②非氧化性物质，如 $NaOH$、Na_2CO_3、Na_2SiO_3、Na_3PO_4、C_6H_5COONa 等。必须在含氧的系统中，这些非氧化性物质才能发挥缓蚀作用。这时它们能与溶解金属的离子结合，形成难溶性产物，并沉淀于阳极区，使阳极区表面面积缩小，阳极区溶解速率减慢，达到缓蚀的效果。

使用阳极缓蚀剂时，如果加入量不足，阳极表面就不能生成完整的钝化膜，反而可使腐蚀加速，特别是使局部腐蚀加速，危害更大。比如在海水介质中，加入的硝酸钠的量很少时，其中的碳钢材料不仅不能缓蚀，反而促进了孔蚀的发生，而且孔蚀深度和失重量都大于无硝酸钠时的情况。

(2)阴极缓蚀剂

阴极缓蚀剂可增加阴极反应阻力，从而减小阴极反应速率。如在酸性介质中添加砷盐或铋盐，它们可在阴极上还原成砷和铋，使阴极上去极化剂氢析出的超电压增加。一些胺类和醛类化合物都属于阴极缓蚀剂。

7.6.3 缓蚀剂保护原理

目前，缓蚀剂缓蚀保护尚无统一的理论，获得相当程度认可的缓蚀作用学说有三个：吸附理论、成膜理论和电化学理论。

1. 吸附理论

吸附理论认为金属表面对缓蚀剂有吸附作用。在金属表面吸附一层薄而连续有隔离作用的吸附保护层，用电子绕射显微镜等近代检测技术证实了这一薄的吸附层的存在。

2. 成膜理论

成膜理论认为缓蚀剂与金属及活性介质离子相互作用形成难溶的盐类，认为铬酸盐能防止铁在水中的腐蚀就是因为金属表面生成难溶的化合物 Cr_2O_3 和 Fe_2O_3。氨基醇可减缓铁的腐蚀是因为铁与氨基醇生成不溶于腐蚀介质的络合物 [$HORNH_3$]{$FeCl_4$} 或 [$HORNH_3$]{$FeCl_3$}。与上述吸附膜相比，这一沉积膜要厚得多，对金属基体能起到有效的保护作用。

3. 电化学理论

电化学理论认为缓蚀剂的加入阻碍了腐蚀的阴极过程或阳极过程，或者既阻碍阳极过程，也阻碍阴极过程，从而减缓了腐蚀，参见图 7-16。

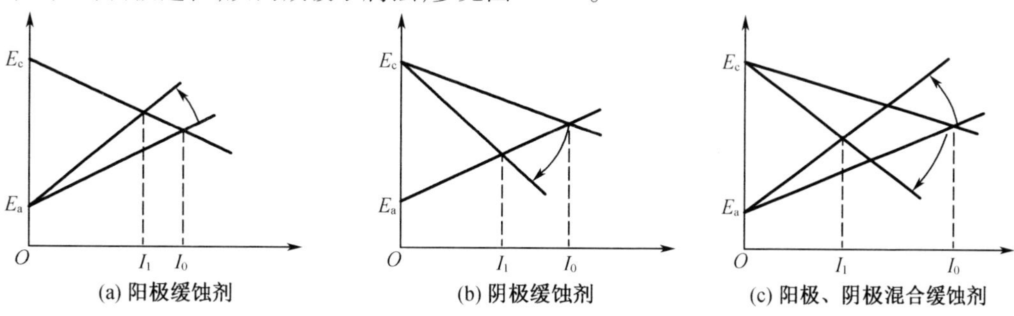

图 7-16 阳极缓蚀剂(K_2CrO_4)、阴极缓蚀剂(砷盐或铋盐)和阳极、阴极混合缓蚀剂

7.6.4 缓蚀剂在金属制件机加工与储存时的应用

核工业中缓蚀剂的应用是在吸收与移植其他工业部门成果的同时研究与发展了适合核工艺系统要求的缓蚀剂系列。非放射性区域和放射性设备维修工艺就沿用了化工冷却系统和机加工系统的缓蚀剂,而在强辐射工艺系统,则研发了抗辐射性能好的缓蚀剂。

1. 机加工工序间滞留时缓蚀剂的应用

和其他工业一样,要保证核设备的高质量必须从设备材料机加工一开始就采取有效的防腐蚀措施。在钢铁制件加工工序间采取防锈措施,包括加工乳化液防蚀和工序交接储存防蚀。

在机加工、装配、喷砂等工序间,根据实际需要制定了亚硝酸钠和碳酸钠清洗钝化工艺。比如金属部件在车床切削加工后浸在含亚硝酸钠(10% ~15%)和无水碳酸钠(0.3% ~0.5%)的缓蚀液中,可保持一个月不发生腐蚀。

2. 金属部件铣切和钻孔加工抗氧化缓蚀剂

为防止部件机加工时的发热氧化应喷洒含缓蚀剂的冷却液。冷却液的成分为亚硝酸钠 0.2% ~0.3%,碳酸钠 0.25% ~0.35%,乳化剂 2% ~3%。

3. 金属制件长时间运输或仓库久存时封装缓蚀剂

金属制件采用 10% ~15% 亚硝酸钠溶液中浸泡过的包装纸包装封存后,在无酸性气氛和保持相对湿度小于 73% 情况下保存一年或更长一些时间都不出现任何腐蚀痕迹。和其他阳极缓蚀剂一样,如果亚硝酸钠添加量不足,钝化膜不完整,反而会加速金属制件局部腐蚀。

7.6.5 缓蚀剂在酸性溶液中的应用

酸洗除锈液常用的有盐酸、硫酸、硝酸、磷酸和氢氟酸等,其中用得最多的是盐酸和硫酸,尤以盐酸除锈效率最高。在相同的条件下,10% 的盐酸溶液的溶解速率是相同浓度硫酸的 10 倍。15% 盐酸溶液的溶解速率是相同浓度硫酸的 27 倍。盐酸中金属渗氢倾向比硫酸中要小,而且盐酸溶液常温即可除锈,成本低,故更受欢迎。常用盐酸除锈液为 10% ~20% 的盐酸,除锈温度一般控制在 20 ~30 ℃。当盐酸浓度超过 25% 时,溶解速率会大大加快。若使用硫酸作除锈液,则用 10% ~25% 浓度的硫酸,温度 95 ℃,为时 1 min。

由于酸液对金属设备有一定的腐蚀作用,同时释放的氢易引起材料氢脆,所以酸洗除锈时必须添加缓蚀剂。酸洗用缓蚀剂有数十种之多,随酸的种类不同可有多种选择,常用的有以下几种。

1. 02 缓蚀剂

02 缓蚀剂由苯胺与甲醛在盐酸催化作用下缩聚而成,在回流冷凝器中 70 ~90 ℃ 加热 20 ~30 min,即可制得本产品。

原料成分的物质的量的配比为苯胺: 甲醛: 盐酸: 水 =1: 1: 1: 70。

2. 沈 1 - D 缓蚀剂

该缓蚀剂为棕黄色半透明液体。在装备有搅拌器的反应器中加入苯胺,维持反应温度为 60 ℃,将用量为苯胺三分之一的甲醛慢慢加入苯胺中,并不断搅拌,反应 30 min 后,降至

40 ℃,静置 1 h,除去清夜即可制得本产品。该缓蚀剂随配随用。

3. ПБ－5 缓蚀剂

该缓蚀剂为棕黄色液体。制备原料配比质量比为苯胺: 乌洛托品: 水: 冰醋酸＝80: 20: 4: 1。在沸腾水浴中回流 45 min 即可制得本产品。

以上缓蚀剂均可用作盐酸除锈液的缓蚀剂,在这些缓蚀酸性除锈液中添加一些砷盐效果更佳,它们的缓蚀效率列于表 7－8 中。

表 7－8　几种缓蚀剂的缓蚀效率

缓蚀剂牌号和用量	10% HCl,20 ℃		10% HCl,30 ℃	
	$K/g\cdot(m^2\cdot h)^{-1}$	效率$(K_0-K_{缓})/K_0$	$K/g\cdot(m^2\cdot h)^{-1}$	效率$(K_0-K_{缓})/K_0$
无	2 1904	0	11.6	0
02(0.8%)	0.1031	95.30%	0.539 8	95.23%
ПБ－5(0.8%)	0.108 8	95.08%	0.446 3	96.05%
沈 1－D(10 g/L)	—	—	0.38(室温)	96.63%
沈 1－D＋As_2O_3(10 g/L)	—	—	0.15	98.63%
若丁(0.8%)	0.112 3	94.91%	1.553 3	86.2%

注:K_0—未加缓蚀剂时的腐蚀速率;

$K_{缓}$—添加缓蚀剂后的腐蚀速率。

7.6.6　清洗除垢用缓蚀剂

清洗除垢可以用人工铲击方法,但费工费时,效率低下,而且还会对设备产生损伤。用酸洗液除垢则方便得多,大大降低除垢的劳动强度。

水垢按成分分类有碳酸盐类、硫酸盐类和混合型盐类三种。其中碳酸盐类和混合型盐类水垢采用酸洗除垢最有效,最常用的是浓度为 5%～20% 的盐酸除垢液,除垢原理如下:

$$2HCl+MeCO_3\longrightarrow CO_2+MeCl_2+H_2O$$

$$2HCl+Me(HCO_3)_2\longrightarrow 2CO_2+MeCl_2+2H_2O$$

同时还有反应

$$2HCl+Me\longrightarrow MeCl_2+H_2$$

发生,因而造成设备材料自身的腐蚀,特别是垢很厚,需要用较浓的酸液时,更易造成基体金属较严重的腐蚀,这时除垢必须添加缓蚀剂。常用的除垢液配方为 HCl 15%～20%,沈 1－D 缓蚀剂盐酸用量为 5%,As_2O_3 0.05%。

对结构复杂设备的除垢,担心除垢后清洗不彻底,发生残留氯离子超标,危害设备材料后续使用时的晶间腐蚀、应力腐蚀稳定性时,可用柠檬酸代替盐酸。还可用高温螯合剂除垢清洗液,比如在缓蚀抑制剂中添加螯合剂乙二胺四乙酸(EDTA),在 150 ℃条件下,有很好的除垢效果。

7.6.7 反应堆中性水介质中缓蚀剂的应用

反应堆冷却水系统、屏蔽水箱水系统大多使用中性水介质，主要结构材料为铝和碳钢。所使用的缓蚀剂除了能显著降低结构材料的腐蚀速率外，还必须是耐辐照的，并且作为冷却介质中的缓蚀剂要有良好的热稳定性。缓蚀效率要高，尽量降低总的添加量，以免净化水系统的离子交换树脂过早失效。

1. 反应堆冷却剂缓蚀剂的应用

萨瓦娜河反应堆为了降低堆本体及燃料元件包壳铝合金的腐蚀速率，采取了重水内添加缓蚀剂的措施。研究人员对铬酸盐、磷酸盐、硅酸盐和碲酸盐的有效缓蚀浓度和产生的感生放射性强度进行了测量，得出如下试验结果(表 7 - 9)。

表 7 - 9 缓蚀剂的有效浓度及感生放射性强度

缓蚀剂	有效浓度，$\times 10^{-6}$	感生放射性	感生放射性强度 $\times 10^{-6}/(Ci \cdot g^{-1})$
CrO_4^{2-}	200	^{51}Cr	12.0
PO_4^{3-}	10	^{32}P	7.5
SrO_3^{2-}	10	^{32}P	5.0
TeO_4^-	5	^{100}Ru	0

经综合考虑，最终选定硅酸盐缓蚀剂，添加量为 5.0×10^{-8} 溶解的聚合态硅盐。结果 1100 牌号铝合金燃料元件包壳腐蚀速率降低 30%，并且重水中加入微量(2.0×10^{-6})的硅酸盐可降低重水的浑浊度及放射性强度，这是因为 Al_2O_3、^{95}Zr、^{95}Nb、^{103}Ru 等凝结的结果。该试验用的试剂为模数为 4($SiO_2/LiO_2 \approx 4$)的 Lithsil - 4，其中聚合态硅酸盐含量为 40%。

核电站柴油机冷却系统、冷冻水冷却系统和供暖系统等闭式循环水由于含有氧和 Cl^- 使碳钢管路腐蚀严重，铬酸盐缓蚀剂毒性大，而用氢氧化钠或磷酸钠调节 pH > 10 的情况下，用少量钼酸钠 60 mg/kg 就能达到满意的缓蚀效果，缓蚀率达 99.58%。闭式循环损耗少，经济适用。

2. 屏蔽水箱用缓蚀剂

堆芯外围的屏蔽水箱主要用于屏蔽中子、γ 等辐射，并起到热屏蔽作用。它们通常用碳钢制作，内部充填去离子水或蒸馏水。为减缓碳钢的腐蚀，确保 40 年以上的使用寿期，除了钢材表面涂敷耐蚀有机涂层外，水中还要添加缓蚀剂。常用的缓蚀剂为 K_2CrO_4，它是一种缓蚀效果很好的阳极缓蚀剂，在水中铬酸钾离解成 CrO_4^{2-}，后者能吸附在钢铁表面，并形成 Cr_2O_3、Fe_2O_3 或其他形式的 Cr - Fe - O 化合物，强化和修补碳钢的表面膜，使其钝化。

铬酸盐产生缓蚀作用的最低浓度称为临界浓度，它与水质有关。比如，在维持相同缓蚀效果的情况下往自来水和地下水中添加的铬酸盐量要大大多于蒸馏水和去离子水中的量，后者只需要 $4.0 \times 10^{-4} \sim 2.2 \times 10^{-3}$，特别是水中含有 Cl^-、SO_4^{2-} 和 NO_3^- 时，会破坏钝化膜。为了弥补其破坏作用需要添加更多的铬酸盐。水温升高一般也会使临界浓度升高。

铬酸盐在 γ 射线照射下会发生分解,即 Cr^{6+} 会被水的辐照分解产物还原成 Cr^{3+},后者以 $Cr(OH)_3$形态沉淀,消耗与降低了铬酸盐的有效浓度,必须定期补充铬酸盐。当 γ 辐射的吸收剂量为 4.0×10^4 Gy 时,K_2CrO_4的分解率为 2.7%,当吸收剂量为 2.4×10^5 Gy 时,K_2CrO_4 的分解率则为 4.0%。在酸性介质中,铬酸钾的辐照分解率高于碱性溶液中的分解率,所以水质应保持相对高一些的 pH 值。总之,应根据实际的水质条件、辐射场强度等因素确定缓蚀剂的最佳投放量。

3.101 反应堆屏蔽层回路缓蚀剂

101 反应堆屏蔽层回路由碳钢与 LT－21 铝合金管组成,充以 60 ℃的去离子水,缓蚀剂为铬酸钾。

(1)试验结果表明铬酸钾缓蚀效果良好。铬酸钾浓度大于 5.0×10^{-5}时碳钢的缓蚀率为 98.5%。铬酸钾浓度大于 10^{-4}时,碳钢的缓蚀率达 99.8%。水箱上的焊缝不影响铬酸钾对碳钢的缓蚀效果。

(2)添加 2.5×10^{-5}铬酸钾时,LT－21 铝合金的缓蚀率达 95%。在确定铬酸钾添加量时应考虑合金表面吸附损失、杂质存在引起的损失和辐照分解损失等。添加量可高于必要缓蚀效果所需缓蚀剂量的数十倍,一般不低于 10^{-3},特别是初装量还可更高一些。

4.缓蚀剂在去污过程中的应用

缓蚀剂在反应堆系统中应用的一个重要方面,就是在去污液中添加缓蚀剂,以减少去污过程中材料的腐蚀。核反应堆是严重的污染源,为了保证核反应堆的安全运行,降低放射性物质的辐射水平,减少对维护、维修人员的辐射伤害,降低放射性废物处理量以及事故处理都离不开放射性物质的去污处理。既有在役去污、定期降低本底的去污,也有退役设备去污和事故去污。

由于腐蚀产物成分的复杂性及高温下腐蚀膜的牢固性,去污液应有较强的浸蚀溶解能力,这就对基体金属构成了威胁,而核心的、精密的部件更不允许发生明显的腐蚀。为此,在去污液中必须添加缓蚀剂,而且缓蚀剂添加量必须小、效率高、无毒、漂洗容易、废水量小。在堆用去污液中,酸性溶液居多,所用的缓蚀剂多为有机类,如二甲基硫脲、吖啶、吡啶、噻唑、苯胺甲醛、乌洛托品等。

HAPO(汉福特核产品厂)多年来曾对堆用去污剂及其缓蚀剂进行了系统研究,发现往去污液中添加不同的缓蚀剂,效果有很大的差别,添加的 30 种有机物,包括尿素系列、胺系列及甲醛系列等。60 ℃试验的结果表明,其中最有效的有两种物质,即苯基硫脲及吖啶,前者添加量为 1 g/L 时的腐蚀速率保持 0.015 μm/h,而后者添加量为 1 g/L 时腐蚀速率仅为 0.01 μm/h。而往 AP－ACE 去污液中每升加 5 g $NaNO_3$时,碳钢腐蚀速率为 1.74 μm/h。当温度升至 80 ℃时,所试验的 19 种有机物中,使碳钢的腐蚀速率低于0.05 μm/h 的有 5 种:1－苯基 2－硫脲、吖啶、2－2 苯基对称二苯硫脲、1－1 二苯基二硫脲、1－5 二苯基－1,3 正硫对称二氨基脲。60 ℃的 Bisulf 去污液中添加 0.25 g/L 的重铬酸钠,对碳钢未产生缓蚀作用,添加量进一步增加反而加速碳钢的腐蚀。

7.7 电化学保护

电化学保护是利用外部电流使金属电位降低或升高,从而避免或减缓其腐蚀的一种方法。换言之,采用改变金属的电极电位来保护金属的方法称为电化学保护方法。

电化学保护可以是使金属电位负移,而免遭腐蚀的阴极(极化)保护,也可以是使金属电位正移,进入钝化状态,而免遭腐蚀的阳极(极化)保护。阴极保护按极化方法又可分为外加电流式和牺牲阳极式两种。

以上现象可通过 $Fe-H_2O$ 体系的电位-pH 图得以了解,参见图 7-1。当铁的电位处于 *A* 点时,即处于腐蚀区,铁不断发生溶解。将铁的电位向负值移动则进入稳定区而得到保护,称之为阴极保护。而将铁的电位向正电位方向移动,使之进入钝化区,金属表面形成保护膜,失去活性,腐蚀速率大为降低而得到保护,即为阳极保护。应当指出,阳极保护只能用于易钝化金属,而且阳极极化要适度,否则会进入过钝化区,再遭腐蚀。而且某些有害离子(如 Cl^- 等)的浓度足以破坏保护膜时,阳极保护法也不适用。

如何使金属的电位负移,这要靠通入足够的阴极电流来实现,用电位较负的阳极金属的溶解来提供保护所需的电流。在保护过程中,这种电位较负的金属逐渐溶解牺牲掉,故这种保护称为牺牲阳极保护或者称为牺牲阳极式阴极保护。如果靠外部电源经辅助阳极(如废铁)提供保护所需电流时,则称为外加电流式阴极保护。

阴极保护和阳极保护各有其特点和适用范围,表 7-10 对这两种保护方法的优点和局限性进行了比较。

表 7-10 阴极保护和阳极保护的优点和局限性比较

项目	阴极保护	阳极保护
适用于保护的金属	阴极保护电流不过大的一切金属	易钝化的金属
介质腐蚀性	弱到中等	弱到强
相对成本		
安装费	低至中等	高
操作费	中等至高	低
电流分散性	低	高
外加电流含义	只是抑制腐蚀,不代表腐蚀速率	代表被保护金属的腐蚀速率
操作条件	试验加计算确定	由电化学测试确定

7.7.1 电化学保护技术的发展

1824 年和 1856 年先后在英国和德国成功研究实现用铁和锌保护海水中的木质船的铜包皮和用锌螺钉固定到钢制海船上保护钢。1928 年以后美国等国家先后实现地下管道,特别是输油管道的阴极保护。由于阴极保护技术的现实可行和有效,加之电源和阳极材料逐渐完善,阴极保护技术得到迅速发展。1965 年以前我国船舶阴极保护用的牺牲阳极是纯锌,这之后改用三元锌和铝合金,20 世纪 60 年代初开始研究外加电流阴极保护技术,并用于克拉玛依油田到独山子输油管线的电化学保护。

阳极保护技术较阴极保护要晚得多。1954 年 Edeleanu 提出了阳极保护,并用恒电位仪予以控制。1958 年加拿大首次在纸浆蒸煮锅上实现阳极保护。我国自 20 世纪 60 年代开始阳极保护研究,1967 年开始进行碳化氢铵制备碳化塔阳极保护研究,保护效果良好。

阴极保护工艺简便、有效,主要用于海水、碱及盐类溶液、土壤等环境设备、管道的保护,还可防止某些金属和合金的局部腐蚀。

阳极保护主要用于硫酸、磷酸及有机酸、氨水和铵盐介质、纸浆蒸煮锅等氧化性较强的介质中。阳极保护成本较高,但氧化性很强的设备本身成本高,阳极保护拉高成本份额很小,总体来讲,阳极保护是有效的。

7.7.2　阴极保护原理

广为认可的阴极保护原理是必须将电位降到所保护金属阳极点的开路电位,才能达到完全的阴极保护。

设无阴极保护的金属表面阳极和阴极的开路电位分别为 E_a 和 E_{corr},金属发生腐蚀时,由于极化作用,阳极和阴极的电位都接近于交点 S 所对应的电位 E_{corr},与此对应的腐蚀电流为 I_{corr}。当借助于比被保护金属电极电位更负的牺牲阳极或经辅助阳极连接外加电源的负极,并且提供比 E_{corr} 更负的极化电位 E_1,对应的极化电流为 I_1,后者由金属腐蚀电流和外加电源或牺牲阳极提供的电流组成,表明金属还未停止腐蚀。

如果使金属阴极极化到金属最活泼的阳极点的开路电位,金属的腐蚀电流为零,金属得到完全保护。为金属得到完全保护牺牲阳极或外部电源经辅助阳极所必须提供的最小电流密度称为最小保护电流密度,对应的电位称为最大保护电位。

1. 保护电位

保护电位是指阴极保护时使金属停止腐蚀所需的电位值,即使金属极化到表面上最活泼的阳极点的开路电位。对于钢结构来讲,这一电位就是铁在给定电解质溶液中的平衡电位。利用参比电极和高阻电位计(电位差计)直接测量被保护结构各部位的电位,并与相应材料在给定电解质中的平衡电位比较,就可了解被保护的情况。所以保护电位这个参数是监控阴极保护是否充分的一个重要指标。表 7-11 列出一些金属的保护电位。

表 7-11　一些金属的保护电位

金属或合金	参比电极			
	铜/硫酸铜	银/氯化银/海水	银/氯化银/饱和 KCl	锌/(洁净)海水
铁及钢				
通气环境	-0.85	-0.8	-0.75	+0.25
不通气环境	-0.95	-0.9	-0.85	+0.15
铅	-0.6	-0.55	-0.5	+0.5
铜基合金	-0.65 ~ -0.5	-0.6 ~ -0.45	-0.55 ~ -0.4	+0.45 ~ +0.6
铝*				
上限	-0.95	-0.9	-0.85	+0.15
下限	-1.2	-1.15	-1.1	-0.1

注:* 电位太低时,铝易遭受腐蚀。电位如能保持在上限和下限之间,铝的腐蚀就可以防止。

2. 保护电流密度

阴极保护使金属腐蚀速率降低到最低程度所需的电流密度称为最小保护电流密度，这是阴极保护的重要参数之一。如所用电流密度远大于该值，不但浪费电能，而且保护作用反而下降，发生所谓的“过保护”现象。

最小保护电流密度的大小主要与被保护金属的种类、腐蚀介质性能，包括有无涂层及其覆盖质量相关的保护电路总电阻等因素有关，大致在几 mA/m^2 到几百 mA/m^2 范围内波动。表 7－12 列出了钢铁在不同腐蚀环境中所需要的最小保护电流密度。

表 7－12　钢铁的保护电流密度

环境	条件	最小保护电流密度/($mA \cdot m^{-2}$)	环境	条件	最小保护电流密度/($mA \cdot m^{-2}$)
稀硫酸*	室温	1 200	中性土壤	细菌繁殖	400
海水	流动	150	中性土壤	通气	40
淡水	流动	60	中性土壤	不通气	4
高温淡水	氧饱和	180	混凝土	含氯化物	5
高温淡水	脱气	40	混凝土	无氯化物	1

注：稀硫酸系强腐蚀性介质，所需保护电流密度过大，不宜使用阴极保护。

3. 阴极极化用阳极

保护电流可由外部电源或配置的牺牲阳极提供。顾名思义外加电流阴极保护电流的导入依靠外部电源，这就需要有与被保护构件配对的导电电极——辅助阳极。比如为保护土壤或海水中的大构件，早期采用的是废钢铁，后来采用硅铁，后者体积小、消耗低。20 世纪 50 年代以后开始用铅银之类的材料。现在不少场合采用镀铂的钛，特别是用于精细设备的保护，例如热交换器等设备。对辅助阳极总的要求是良好的导电性、腐蚀轻度、强度好、易加工、价格适中。表 7－13 列出阴极保护用辅助阳极材料的特性。

表 7－13　阴极保护用辅助阳极材料的特性

阳极材料	成分	工作电流密度/($A \cdot m^{-2}$)	材料消耗率/kg/($A \cdot a$)		备注
			海水中	土壤中	
钢	低碳钢	10	10	9～10	废钢铁即可
磁性氧化铁	Fe_3O_4	40		0.02～0.15	
石墨	C	30～100 5～20	0.4～0.8	 0.04～0.16	性脆、强度低
高硅铸铁	14.5%～17% Si 0.3%～0.8% Mn 0.5%～0.8% C	55～100 5～80	0.45～1.1	 0.1～0.5	坚硬、性脆、加工困难

表7-13(续)

阳极材料	成分	工作电流密度/($A \cdot m^{-2}$)	材料消耗率/kg/(A·a)		备注
			海水中	土壤中	
铅银合金	97%~98% Pb,2%~3% Ag 98% Pb,1% Ag,1% Sb 92% Pb,8% Sb	100~150			性能良好
铅银嵌铂	铅银合金加铂丝	500~1 000			性能良好 Pt: Pb=1:100
镀铂钛	镀铂厚度2~8 μm	300~1 000			性能良好,使用电压<12 V
铂钯合金	10%~20% Pd	1 800			性能良好

导入阴极保护电流的牺牲阳极由电极电位很低的电负性金属或合金做成,即电负性金属与被保护的金属构件连接,使二者在电解质中构成原电池,靠电负性金属的不断溶解提供阴极保护电流,故称牺牲阳极保护法。

选择牺牲阳极的原则如下:

(1)该阳极电负性强,具有足够的保护作用。

(2)使用中不可消耗过快,以免更换过于频繁。

(3)腐蚀产物要少,并且不会使设备结构材料加速腐蚀。高纯水系统设备不宜用牺牲阳极保护,以免恶化水质。如果腐蚀溶解下来的离子能起到缓蚀作用,那将是一举两得的好事。

(4)材料易得,供应充分。

表7-14列出一些牺牲阳极的成分与工作参数。

表7-14 一些牺牲阳极的成分与工作参数

合金	成分 %	效率	工作电压 $Cu/CuSO_4$	消耗量/(A·a)
Mg	Al 5.3/6.1,Mn 0.15,Si 0.3,Zn 2.5~3.5 Ni 0.003,Cu 0.05,Fe 0.003	50	1.55	17
Galvomag	高纯Mg-Mn合金 Al 0.1~0.3,Cu 0.005	40	1.75	20
Zn	Fe 0.0014,Pb 0.005,Cd 0.03/0.07, Sn 0.05/0.2	90	1.1	26
Al-Zn	Zn 5/6,Cu 0.02,Si 0.1,Fe 0.17	50	1.1	6.5~13
Al-Sn	Sn 0.2	33.5	1.4	13

阴极保护原理并不复杂，但在电位控制不准确的情况下会严重影响效果。比如，实现牺牲阳极均匀溶解，稳定供电极为重要，这和合理配置牺牲阳极密切相关。牺牲阳极本身要做成填料包的方式。其目的一是减小电流的电阻；二是防止牺牲阳极表面钝化，增加电阻；三是使阳极本身腐蚀均匀，使保护电流均匀分布。表 7－15 列出几种阳极填料包的组成，其中硫酸盐、食盐用于使阳极腐蚀均匀、降低电阻率，黏土和膨润土等用于保持水分。配好的填充料可直接填在土坑中，包围在阳极周围，或者将填充料放在渗透性材料制成的袋中，并包围住阳极，然后安放在土坑中，之后用细土填没、灌水，最后用土填平。牺牲阳极周围填充料的厚度约为 400 mm，上面土层厚度约为 1.2 m。

表 7－15　几种阳极填料包的组成

阳极类型	质量/kg/个	填料	配方			备注
			Ⅰ	Ⅱ	Ⅲ	
镁合金 Φ110×600 mm	10.5	硫酸镁 硫酸钙 硫酸钠 黏土	35 15 50	20 15 15 50	25 25 50	适用于土壤
铝合金 Φ85×500 mm	8.3	粗食盐 生石灰 黏土	60 30 20	50 30 20		
锌合金		硫酸钙 黏土 硫酸钠	20 80 	25 50 25		

4. 地下管网的阴极保护

埋于地下的管道会发生全面腐蚀或局部腐蚀，有时还很严重。复杂的土壤环境，要求不一的温度、压力条件，长寿期安全运行要求等都给地下管道的防腐工作带来很大的困难。阴极保护技术经多年的研究开发已趋于完善，可解决地下管道防蚀难题，与涂敷有机涂层相结合防蚀效果更佳。

美国从 20 世纪 30 年代开始对包括国防工业在内的许多企业的地下管道采用阴极保护技术，至 70 年代 64 万千米的管道使用了这一技术。我国从 20 世纪 60 年代初开始对地下原油管道采用阴极保护技术，并逐渐扩展到其他工业企业。为了使地下密布的管网、设备和构件得到有效的阴极保护，而又不相互干扰，发展了区域性阴极保护技术，即将本区域内所有的金属构件当作一个阴极实体，在适当的地点埋设辅助阳极，向辅助阳极及作为阴极的金属构件和管道提供外加保护电流，以达到保护的目的。

位于洛杉矶附近的汉廷顿火电站采用了区域性阴极保护，有效地防止了地下管道及设备的腐蚀，特别是铜缆对不锈钢管的电偶腐蚀。使用的外电源是整流器，石墨作阳极，沿管线设立电位测点，用 $Cu/CuSO_4$ 参比电极定期监测电位变化。

我国秦山核电厂为了保护地下管网和设备，设计制订了区域性阴极保护方案，保护对象包括海水输送管、厂区淡水管、放射性污水排放管、电气接地网裸钢、电缆管等，并对土质条件，如电导率、含水量、可溶性盐类，Cl^-、SO_4^{2-}含量作了全面调查，并对各种埋件在该区域的电极电位、不同区的电位梯度、地下杂散电流等都做了实测与分析。为使不同材质、不同环境的构件得到有效的保护电位（$-0.85 \sim 1.2$ V（$Cu/CuSO_4$）），合理布置整流器及阳极，考虑配备均压线，增加汇流点及绝缘法兰等问题都需要解决。该系统与核电站同步投入运行，地下管网和设备得到有效保护。

7.7.3　阳极保护

阳极保护是使金属处于稳定的钝性状态的一种防腐方法，因而金属是否具有易钝化的性能是能否采用阳极保护方法的前提。阴极保护靠牺牲阳极和外部电源提供保护所需的电流，适用于防止土壤、海水、淡水等介质中金属设备的腐蚀。只要使钢铁等金属的电位变到-0.85 V（$Cu/CuSO_4$）以下就达到保护的目的。但在腐蚀性很强的酸性溶液中，金属的阴极保护需要非常大的电流密度，耗能很大，工艺上难以实现。如用牺牲阳极保护，牺牲阳极溶解消耗也特别快。例如锌在硫酸溶液中作牺牲阳极时，将很快溶解腐蚀掉，牺牲很大，但对钢制容器起不到持久的保护作用。除此之外，金属结构材料在高温液态金属中的腐蚀受其浸润溶解作用、渗透扩散作用及杂质的氧化作用控制，难以用阴极保护法所覆盖。对于有机冷却剂中的设备，包括有机废液储罐，因介质是非电解质，阴极保护法也难有作为。

对于强腐蚀性的酸和盐类介质，结构材料如系易钝化，并产生有效保护膜的金属，则采用阳极保护法。如有足够量的能破坏保护膜的离子（Cl^-）存在，阳极保护法也失效。

阳极保护主要应用领域如下：

（1）硫酸、磷酸及一些有机酸中，SO_3发生器中防止储槽、加热器等设备的腐蚀。

（2）氨水及铵盐溶液中防止储槽、碳化塔等设备的腐蚀。

（3）纸浆生产中防止蒸煮锅的腐蚀。

阳极保护效率高，运行操作费用低。虽然安装费等一次性投资比较高，但舍弃此法，采用更耐蚀的超级合金或贵金属做容器，其投资花费则远超阳极保护的费用。因此上述场合使用阳极保护法仍具有满意的经济－技术指标。

1. 易钝化金属的活化－钝化性能及其影响因素

虽然条件适宜时，差不多所有的金属都可以从活态转变成钝性状态，但为阳极保护法关注和现实可行的是那些易于钝化的、最为特殊的金属：Fe、Cr、Ni、Mo、Al、Ti、Ta、Nb。阳极保护是使易钝化金属处于稳定的钝性状态的一种防腐方法。因此，金属稳定钝态条件的建立和维持是阳极保护法实施的前提。

先贤早在二百多年前就发现了在一定条件下一些金属向有违热力学活性反应趋向的钝性状态转变。比如，铁进入硝酸中，随硝酸浓度的升高，腐蚀加剧，但达到某一临界浓度时，腐蚀速率突然大幅降低。即使其后恢复到较低的浓度，铁仍能在较长的时间内维持钝态。

多年研究认为，钝性是由阳极过程优先阻滞所引起的金属和合金的耐腐蚀状态。按易于钝化的金属排序，铬优于镍、镍优于铁。铁能在硝酸和硝酸盐溶液中钝化，也能在浓度足

够高的较强氧化剂 $HClO_3$、$KClO_3$、HIO_3、H_3AsO_4、$K_2Cr_2O_7$、$KMnO_4$中钝化。镍亦能在使铁钝化的溶液中钝化，而且还能在醋酸、硼酸、磷酸、柠檬酸等较弱的酸中及有空气存在的许多中性溶液中钝化。铬最容易钝化，只要有较弱的氧化剂和较低的氧化剂浓度，铬就能转变成钝性状态。非常稀的硝酸和许多中性溶液都能使铬钝化，即使含有能破坏保护膜的氯离子，但只要有空气就能克服氯离子的有害影响。氯水和溴水都能使铬钝化。

温度对钝化条件有显著影响。温度升高应视为活化因素，温度愈高，达到钝态时所需氧化剂的浓度也愈高。铁在 $K_2Cr_2O_7$ 或 HNO_3 中钝化时随温度升高，铁达到钝态所需 $K_2Cr_2O_7$或 HNO_3的浓度也愈大。阳极钝化时，温度升高将使活态转入钝态的临界电流密度升高。

金属的钝性与其成分、结构及表面状态有关。如果杂质造成金属表面材质的不均匀性，这将增加活性向钝性转变的难度，表面状态粗糙比精加工的表面更难钝化。另一方面，如果杂质能起阴极作用或阴极活性金属（铁中 Fe_3C、石墨、Pd）使铁表面的阳极电流密度增加，使钝化更容易，增加易钝化金属（铬等）也使钝化变得容易。

氧化剂的强弱有时成为金属能否钝化的决定条件，而且氧化剂的浓度对钝化速率也有很大影响，通常氧化剂的浓度愈大，钝化时间就愈短。

和氧化剂的作用相反，还原剂、还原过程、某些善于破坏保护膜的离子以及钝性表面的机械损伤都是活化因素，阻碍钝化过程。卤素离子、氢离子是强还原剂，弱还原剂有 SO_4^{2-}、SCN^-、ClO_4^- 和 CH_3COO^-等。

金属由活态转入钝态大都同时发生电位升高现象，比如，铁从活态转入钝态时，它的电位从 $-0.5 \sim -0.2$ V 转移到 $+0.5 \sim +1.0$ V。

2. 金属的钝化理论

金属钝化机理复杂。不同金属、不同钝化条件的钝性状态特性各异，不是某个单一的钝化机理全能予以解释的。广为认可的有薄膜理论、吸附理论、吸附薄膜理论。

①薄膜理论。该理论认为金属的钝性是由于金属表层与介质反应生成了保护膜，后者阻止腐蚀介质继续穿透，使腐蚀速率减慢，甚至停止。用现代微观分析技术已证明铁的钝态表面上有厚4 nm的薄膜。当保护膜完整时，或膜的孔缺陷不多，形成保护膜的因素（如氧化剂的浓度）和破坏保护膜的因素（如 H^+）达到动力学平衡时，金属处于钝态。如果氧化剂浓度不足，则由于氧化物在阴极上还原，孔缺陷附近的膜很快破坏。

②吸附理论。氧在金属表面的吸附，不论是吸附在活性中心，使铁的自由键饱和，降低其活性，还是吸附的氧被金属的电子离子化，构成正端朝向金属电偶极、减少金属的离子化倾向，阳极溶解速率可降低到原来的十分之一。

③吸附薄膜理论。这是将薄膜理论和吸附理论结合在一起的理论。这种理论认为，在某些条件下金属表面薄的吸附层使阳极溶解优先阻滞，在多数情况下则形成较厚的化学吸附层，铬、铁、不锈钢上的吸附层厚度为 $1 \sim 5$ nm。在铝、钛等金属阳极氧化时生成更厚（$5 \sim 10$ nm）的屏障层，它是吸附层与成相层之间的过渡层。进一步增厚时，屏障层的连续性受到破坏，变得多孔，厚度可达 $100 \sim 200$ μm。起阻滞作用的主要是吸附层和屏障层，而不是外面较厚的多孔层。

3. 阳极保护主要参数

(1)用外电源进行阳极极化时,将被保护金属作阳极。当电流密度达到致钝电流密度时,金属发生钝化,电位变正到稳定的钝化区。之后用较小的电流(维钝电流)使金属的电位维持在一定范围内。

(2)溶液中添加氧化剂,例如三价铁盐、硝酸盐、铬酸盐、重铬酸盐等有钝化作用的添加剂会使氧化 - 还原电位升高,导致金属钝化。但是,若氧化剂浓度不足,反而会加速腐蚀。

(3)合金的阳极改性,合金中添加少量起强阴极作用的贵金属(钯、铂、钌等)或在溶液中添加某些能在金属表面上沉积,并起强阴极作用的金属离子(Pt^{4+}、Pd^{2+}、Ag^{+}、Cu^{2+}等),加速阴极反应,使电极电位移到钝化区内。

应用得最多的是外加电源阳极保护,使用该法最为关心的是致钝电流密度、维钝电流密度和稳定钝化区的电位范围。

①致钝电流密度。致钝电流密度是在给定的介质中使金属发生钝化所需的最小电流密度,致钝电流密度的大小表征金属在给定介质中钝化的难易程度。较小的致钝电流密度体系的金属较易于钝化。金属材料本身、介质条件及钝化时间都对致钝电流密度有影响。金属中添加易钝化元素,介质中添加强氧化剂及降低温度等都能使致钝电流密度减小。

氧化膜的形成需要一定电量,因此电流大小决定钝化时间的长短,但电流减小电流效率下降,这是因为消耗于金属电解腐蚀的电流份额变大,甚至电流小到一定量值时金属钝化不了,参见表 7 - 16 所示碳钢致钝电流密度与建立钝化所需时间的关系。

表 7 - 16　碳钢致钝电流密度与建立钝化所需时间的关系

致钝电流密度/($mA \cdot cm^{-2}$)	建立钝化所需时间/s
2 000	2
500	15
400	60
200	不能钝化

选择致钝电流密度时既要减小电源设备的容量,又要有适当的电流效率,杜绝大的电解腐蚀。为降低致钝电流密度,可采用分段钝化法,即先在金属罐底部装载少量腐蚀介质,接上电源时,所需致钝电流密度不大,再慢慢将腐蚀介质注入罐中,使浸没的地方依次建立钝化。这比全罐介质整体钝化所需的致钝电流密度小得多。

②维钝电流密度。维钝电流密度是使金属在给定的介质中维持钝态所需的电流密度。维钝电流密度的大小表示阳极保护正常运行时消耗电流的多少,也表征被保护金属的腐蚀速率。如果腐蚀速率过大(>1 mm/a),阳极保护就失去意义。

影响维钝电流密度的因素有金属材料本身、介质浓度和温度以及维钝时间。维钝过程中,维钝电流密度随时间延长逐渐减小,最终趋于稳定。

③稳定钝化区的电位范围。顾名思义,稳定钝化区电位稳定,超出范围的钝化过渡区

和过钝化区的金属会快速溶解。为了便于控制,稳定钝化区的电位应有尽量宽(>50 mV)的波动范围。

金属材料本身和介质条件是稳定钝化区电位范围的主要影响因素,通常要对需进行阳极保护的工艺系统进行实验室模拟。阳极保护参数实验室模拟装置由恒电位仪、三电极电解池、电流和电位测量仪器组成,参见图7-17所示恒电位法测量阳极极化曲线的装置。

恒电位仪是能将试样的电极电位恒定在给定值上的直流电源。因此,可以按测定和绘制极化曲线的要求改变电位,并记录下相应的电流值。恒电位法测定极化曲线有两种方式:动电位法和逐点测量法。动电位法是连续改变电位,依靠自动记录仪把电位和所对应的电流连续地绘制在记录纸上。逐点测量法是逐点改变电位(例如50 mV、100 mV),然后在该电位值下停留一定时间(1 min、3 min、5 min),得到对应的稳定电流值。连接各点成极化曲线。

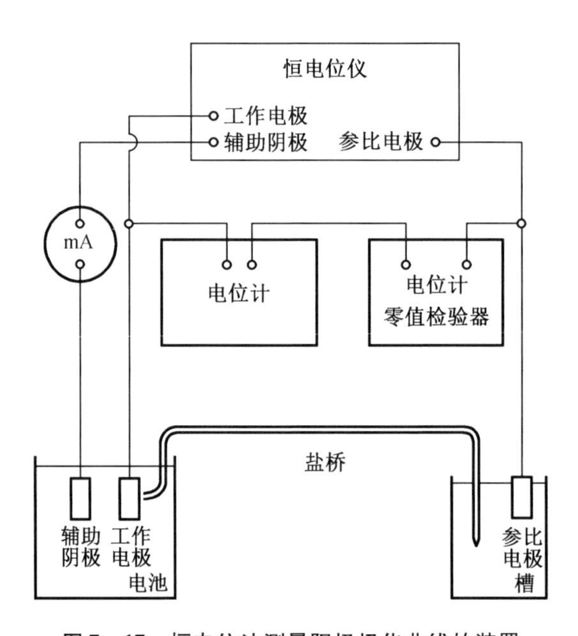

图7-17　恒电位法测量阳极极化曲线的装置

金属试样一般厚1 mm左右,面积5 cm^2左右,磨光、除油清洗,并镶嵌在塑料中。阳极保护参数测定步骤如下:

(1)先测定金属在给定介质中的腐蚀电位。

(2)用动电位法测绘金属的阳极极化曲线,扫描速度1 V/h,确定稳定钝化区的电位范围。

(3)逐渐改变电位,并在每一给定电位下保持一定时间,以记录对应的稳定电流值。由此曲线确定致钝电流密度和维钝电流密度。

阳极极化曲线的特征与金属的组成、腐蚀性介质类型和性质有关。由所得极化曲线可反过来研究这些因素对阳极保护参数的影响。比如,Cr17不锈钢在0.5 mol/L H_2SO_4中的阳极极化曲线具有较宽的钝化电位范围(-0.2~+0.82 V),而存在0.5 mol/L的Cl^-,致钝电流密度和维钝电流密度都大大增加，而且钝化电位范围很窄（图7－18）。

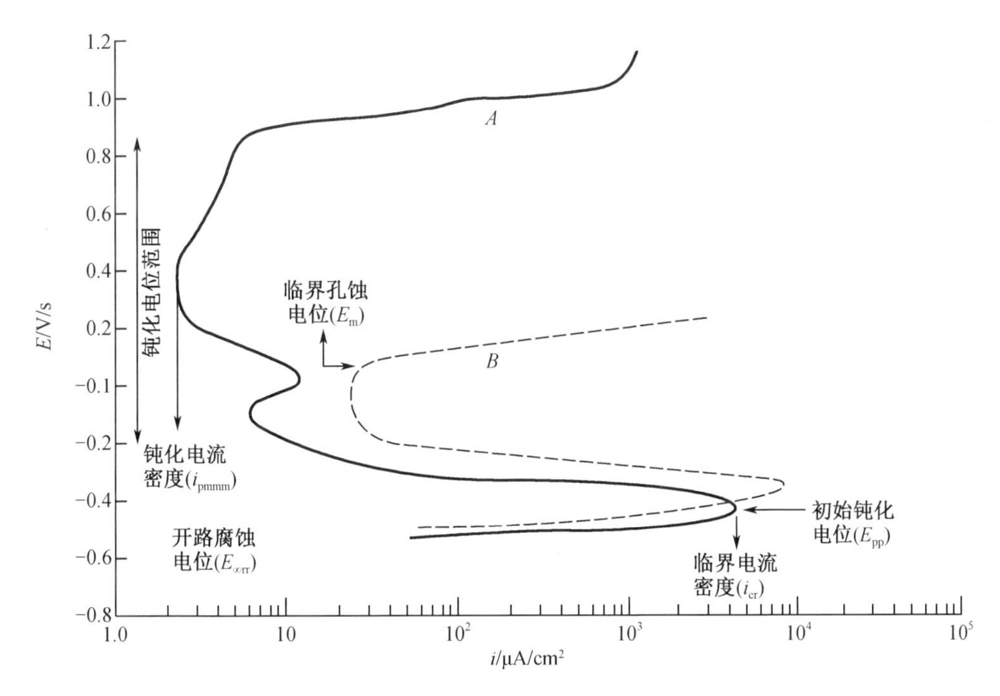

曲线 A—0.5 mol/L H_2SO_4；曲线 B—0.5 mol/L H_2SO_4 +0.5mol/L NaCl。

图7－18　430不锈钢在0.5 mol/L H_2SO_4中阳极极化曲线

4. 阳极保护系统

图7－19为硫酸储槽的阳极保护系统。该系统包括阳极——硫酸钢储槽、辅助阴极——铂（镀铂）、参比电极——铂电极或甘汞电极、恒电位仪和导线等。储槽接正极，辅助阴极和参比电极接负极。

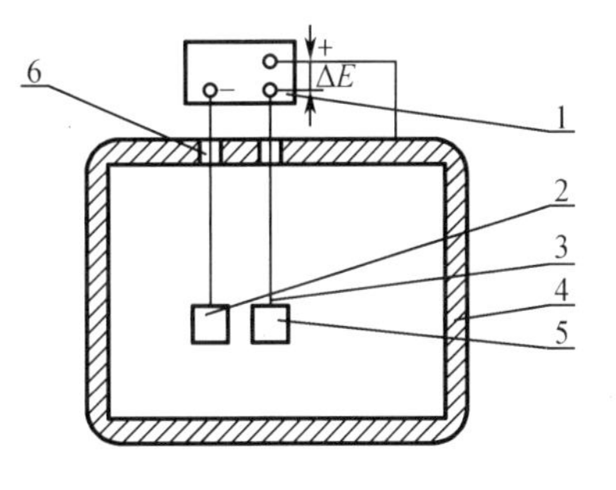

1—恒电位仪；2—辅助阴极；3—绝缘导线；4—钢槽；5—参比电极；6—绝缘塞。

图7－19　硫酸储槽的阳极保护系统

（1）辅助阴极

通常用铂、不锈钢和碳钢作辅助阴极，它们作为腐蚀介质中的阴极较为稳定。在偏酸性介质中进行 $2H^+ + 2e^- \longrightarrow H_2$ 反应；在偏碱性介质中进行 $O_2 + H_2O + 4e^- \longrightarrow 4OH^-$ 反应。进行这些反应时阴极电位向负的方向移动，阴极反应过电位大，阴极电位负移的值也大。不锈钢电位负移到一定的值时，可能从钝态转变到活态而发生腐蚀。对于碳钢，电位负移到一定的值时，可能得到阴极保护，从而使腐蚀减弱。

和阳极相比阴极面积小得多，为降低阴极的电阻和能耗，在可接受的资金投入条件下，应尽量增大阴极的面积。表7－17列出各种环境中所用阴极材料。

表 7-17 各种环境中所用阴极材料

阴极材料	环境	阴极材料	环境
包铂黄铜	各种浓度的硫酸	哈氏合金 C	硫酸、化肥溶液
铬镍钢	硫酸	“空气电极”	硫酸
硅铁	硫酸	钼	—
钢管	纸浆液	铜	—
钢缆	纸浆液	不锈钢 304	硫酸
1Cr18Ni10Ti	氮肥溶液*、氢氧化铵	镀镍电极	不用电的镀镍槽

一般情况下,阴极反应仅为氢的还原,阴极还是较为稳定的。

(2)参比电极

参比电极用作测量被保护设备的电位,并作为电位控制仪的输入参数。电极表面的反应应是可逆、难于极化的,工作和储存中均稳定,结构材料亦要稳定。应根据介质条件选用合适的参比电极。表 7-18 列出各个阳极保护系统所用参比电极。

表 7-18 各个阳极保护系统所用参比电极*

参比电极	系统及电解液	参比电极	系统及电解液
甘汞电极	各种浓度的硫酸 纸浆蒸煮釜	Mo/MoO_3	纸浆蒸煮釜 绿液或黑液
Ag/AgCl	新鲜硫酸或废硫酸 尿素-硝酸铵 磺化车间	铂电极 铋电极 316 不锈钢电极	硫酸 氨溶液 氮肥溶液
$Hg/HgSO_4$	硫酸 羟胺硫酸盐	镍电极	氮肥溶液 镀镍溶液
Pt/PtO	硫酸	硅电极	氮肥溶液
Au/AuO	酒精溶液		

注 * 所得电位值应注明所用参比电极,以便于比较。

结构设计上,辅助阴极及参比电极应从被保护储槽上部开孔引入,这样便于密封与绝缘。如从侧面或底部引入,容易出现泄漏等问题。

参 考 文 献

[1] 陈鹤鸣,马春来,白新德. 核反应堆材料腐蚀及其防护[M]. 北京:原子能出版社,1984.
[2] 许维钧,马春来,沙仁礼. 核工业中的腐蚀与防护[M]. 北京:化学工业出版社,1993.
[3] 火时中. 电化学保护[M]. 北京:化学工业出版社,1988.

[4] 沙仁礼. 非金属核工程材料[M]. 北京:原子能出版社,1996.
[5] 曾兆民. 气相缓蚀剂[M]. 北京:国防工业出版社,1965.
[6] 张绮霞. 压水反应堆的化学化工问题[M]. 北京:原子能出版社,1984.
[7] 白新德. 核材料化学[M]. 北京:化学工业出版社 ,2007.
[8] 许维钧,白新德. 核电材料老化与延寿[M]. 北京:化学工业出版社,2015.
[9] 吴纯素. 化学转化膜[M]. 北京:化学工业出版社 ,1988.
[10] 李国莱. 合成树脂及玻璃钢[M]. 北京:化学工业出版社 ,1989.
[11] 宋诗哲. 腐蚀电化学研究方法[M]. 北京:化学工业出版社 ,1988.
[12] 杨文治,黄魁元,王清,等. 缓蚀剂[M]. 北京:化学工业出版社 ,1989.
[13] A. Я. 德林别尔格. 成膜物质工艺学. 上[M]. 沈阳油漆厂,等译. 北京:中国工业出版社,1965.
[14] 周静好. 防锈技术[M]. 北京:化学工业出版社 ,1988.
[15]《核技术》编辑委员会. 全国辐射研究与辐射工艺学会第一次学术报告会论文选编[M]. 上海:上海科学技术出版社,1983.
[16] 沙仁礼,朱宝珍,刘景芳,等. LT－21 铝合金堆内挂片腐蚀研究[J]. 中国核科技报告,1998(S6):78－79.

第8章　核工程材料腐蚀试验方法

为了研究材料在各种环境作用下的腐蚀行为，通常将试验材料样品在尽量模拟实际使用环境条件下暴露不同的时间周期，检测和分析腐蚀结果，进而对相应设备材料性能变化的趋势、稳定性和安全性进行论证。

8.1　材料的辐照腐蚀试验

8.1.1　日照及大气腐蚀试验

日晒雨淋的大气环境通常加速材料的腐蚀和老化。不同的环境条件（干燥大气、潮湿大气、工业大气、海洋大气等）和日照量对材料的腐蚀行为影响很大，并且腐蚀机理各异。金属材料在很潮湿的大气中，表面产生水膜，其腐蚀属于电化学腐蚀，而在干燥大气中则为化学氧化。高温热辐射、红外光、可见光、紫外光是天然的辐射源。软、中等和硬紫外线（能量分别为2～4 eV，6～12 eV和10～120 eV）能对某些材料产生一定程度的辐照损伤。模拟上述各类环境和日照的材料大气腐蚀试验结果是各类大气环境中使用材料稳定性和安全性评价不可或缺的依据。大气腐蚀试验架有固定式的，也有电机驱动、随日光旋转的大气暴晒架。为防止接触腐蚀等因素对试验结果的影响，应将样品用瓷圈等绝缘材料隔离的紧固件予以固定。定期对腐蚀试样进行检测、分析，以评定腐蚀的程度和趋势。日光中紫外线辐射波长最短、能谱最硬、对材料的损伤更大。模拟海洋大气的加速腐蚀试验箱所使用的盐雾喷淋频率更高，紫外线强度也比日光中紫外线强度高数倍。将长期大气暴晒试验结果和加速腐蚀试验结果进行对比，可求出它们之间的相关性，进而实现用较短时间得出加速腐蚀试验结果以论证材料的稳定性和耐久性。

8.1.2　高温热辐射及等离子体场辐射

航天器模拟体透过大气层时的灼烧试验是在配置10 000个石英灯的加热箱中进行的，总功率13 000 kW，加热温度可达1 500 ℃，空气等离子作用、热真空和声负荷等则用模型飞行器作发射模拟飞行综合考验获取。

8.1.3　X射线和X射线仪

阳极热发射的电子在高电场作用下加速，并冲击阴极（铝、镁），激发出的内层电子复位时放出的能量较高的（1 280 eV、1 480 eV）光线，称作X射线。由于它的能量较高，对材料的穿透性较强，特别是对有机物，包括人体组织会造成很大的损伤。自然环境中高能宇宙射线经大气层慢化，仍有极少部分具有类似的能量，但不足以构成强辐射源。X射线源主要用于有机体受照损伤及机理研究，医学上用于X射线透视、照相及病理诊断和研究，X衍射仪则用于物质结构研究。

8.1.4 核辐射及各种核辐射装置

作为矿物地下储存丰度很低的天然放射性同位素^{236}U、^{235}U、^{232}Th及其衰变子元素、孙元素，它们衰变链释放出的α、β、γ射线能谱较低。对于外照射而言，在薄壁手套箱中就能对这类物质进行处理，无须厚重的物理屏蔽，无法将其用作研究材料辐照损伤的辐射源。核装置中材料的辐照腐蚀性能研究还是要在核装置辐射源上进行。

1. 核反应堆辐射源及堆中材料辐照后检验

发生链式裂变的核反应堆和链式聚变的聚变堆本身会产生多种能量的荷电粒子和中性的γ、中子辐射。裂变产物几乎全是放射性物质，放射性强度高，它们衰变时放出多种能谱的核辐射。在核反应堆环境中试验研究核燃料和结构材料的辐照腐蚀性能是最恰当不过的了，但是实施起来困难极大。首先，核反应堆功率密度大，堆本体辐射强度大，设备布置极为复杂、紧凑，安装附加的材料辐照腐蚀试验参数（温度、压力、介质流量及成分分析等）检测系统及其仪表并获取稳定、可靠的试验参数极为困难。其次，由于堆照后材料产生强辐射感生放射性物质，材料各种性能的检测都必须在由足够物理屏蔽的热室中用机械手操作进行，只能获取很有限的、较为粗略的性能数据，对材料性能进行全面、仔细的检测分析是不可能的。只能在核反应堆中作燃料和材料组合件综合考验，其后在热室中作辐照后检验。用热室配置的专用设备和仪器检测、分析材料为数不多的主要性能，例如，外观、尺寸变化、探伤、腐蚀产物取样分析及少量的材料破坏性检测（材料强度、成分、气体释放等）。核反应堆是强中子源，专门研究材料中子损伤的试验，总是伴随强感生放射性物质产生，因此只能在核反应堆中反应，在热室中作辐照后检验。

核反应堆周围应用材料的辐照稳定性试验，无须冷却剂冷却的可在实验堆空气介质辐照孔道内进行，比如，反应堆屏蔽水箱内侧防护涂层的辐照稳定性试验。屏蔽水箱内壁防护涂层直接浸泡在水中，所使用的缓蚀剂亦是很稀的水溶液。这些含水的辐照试验盒辐照时产生大量的热，辐照时必须进行冷却。为方便起见，它们可直接置于堆内冷却剂内，借助于冷却剂冷却。为模拟堆容器内壁的辐照腐蚀行为，以堆容器相同工艺制作的堆内挂片试验样品也直接浸泡在冷却剂中，它们所处环境和堆容器相同，所得试验结果可作为堆容器稳定性、安全性论证的主要依据之一。

能源需求结构变化催生核能的发展。随着核能事业的迅速发展，获取和改进燃料组件制造和运行工艺大量统计学信息对提高核电厂的经济性和安全性是必须的。而建造完整的燃料组件和材料辐照后检验热室工程系统经济－技术投资极大，每个核电站都建造一套热室设施和装备是不可行的，燃料组件保存水池检测、维修和重构台架的设计和建造应运而生。

这是一种在燃料组件运行地点对其进行检查的方法。它利用核电厂现场装卸料及转运系统、辐射监测防护系统、燃料保存水池净化和屏蔽系统，并配套可移动的、便于安装于储存水池之上的燃料组件检测系统。它可以对9～10个核电站的燃料组件进行巡检，完成如下检测任务：

（1）目视检测等完整性显示，燃料元件密封性检测；

（2）正规燃料或试验燃料组件形状变化，燃料元件异常伸长、弯曲等；

（3）发生组件损伤的科学研究、机理研究，带可抽出燃料元件的检查，并可转运至研究堆辐照后检验中心，进行详细的破坏性检查，其中包括燃料气体释放、精确燃耗测定、燃料及包壳金相及电镜分析，以完善燃料元件和组件的结构和制造工艺。

2. 乏燃料组件及裂变产物辐射源

如上所说，裂变产物几乎全是放射性物质，而且大多辐射强度大。对其进行后处理前先要在堆内及保存水池中冷却100～180天，短寿命、特高强度放射性同位素均已衰变掉，而且总体放射性强度显著下降之后再进行。这表明乏燃料组件本身就是强辐射源，主要辐射β、γ和α射线，可利用热室或保存水池作辐照室对堆内结构材料性能进行辐照考验。因无中子辐射，材料辐照后无感生放射性，性能检测可在常规实验室中进行。但因乏燃料中同位素多种多样，辐射能谱各异，不能分辨特定能谱射线对材料的损伤作用。而且随着衰变辐射强度变化增大，乏燃料组件往往用作已知辐射效应物质辐照处理的辐射源，而且较易实现对辐射环境条件（温度、压力、介质流量等）的控制。

核燃料后处理分离出来的单一的同位素有些具有满意的（较长）半衰期，辐射强度较大，能谱（β、γ）较为单一，可作为β、γ辐射对材料辐照损伤机理研究的辐射源，比如，^{137}Cs源（$T_{1/2}=33$ a，$E=0.52$ MeV），其缺点是后处理工艺复杂、价格贵。铯活性大，不稳定，且辐射能谱偏低，比堆照钴（^{59}Co）生产的钴（^{60}Co）源的射线能谱（$E=1.25$ MeV）低。

3. 反应堆辐照生产的放射源（^{60}Co等）及辐照装置

用反应堆强中子场生产强的感生放射性源的方法已有多年的历史。当今每年生产的放射性源已达几十GCi。钴（^{60}Co）辐射源就是其中之一。

自然界中钴为单一同位素元素^{59}Co。^{59}Co在反应堆中吸收热中子，生成两种放射性同核异性体^{60}Co，其中少部分为很快（$T_{1/2}=10$ min）衰变掉的亚稳核，而大部分较稳定，从生成^{60}Co源到作为辐射源应用往往需要较长时间，故可视其为单一稳定的辐射源。^{60}Co衰变为性能稳定的同位素^{60}Ni（$^{60}Co \longrightarrow {}^{60}Ni+\beta+\gamma$），半衰期为5.27 a。释放出的β射线能谱较低（$E=0.3$ MeV），穿透力不强。而产生的两种γ射线能谱均较强，分别为1.17和1.33 MeV，平均为1.25 MeV，故可视为单一能谱的γ辐射。

因薄的钴片在反应堆中特定功率照射时，本身屏蔽效应小，最为有效，生成^{60}Co的活化速率与其衰变为^{60}Ni的衰变速率相平衡时，^{60}Co的放射性强度达到最大值，则可出堆。按^{60}Co块放射性强度要求，在热室中将放射性钴（^{60}Co）片组合，用双层不锈钢壳封装，以保证^{60}Co源在使用过程中的密封性。

按照^{60}Co源辐照装置的用途及被辐照物品的规格、数量及对辐射源强度的要求，设计合适的辐照台架，配置相应数量的^{60}Co源块。考虑到^{60}Co源的衰变，要定期更换或添加新的^{60}Co源块。经钴（^{60}Co）源辐照的物品不产生感生放射性物质，较易实现辐照过程环境条件的观测、监督和控制，辐照后样品可在常规实验室对其性能进行检测、分析。平时钴（^{60}Co）源储存于铅罐中或水下，工作人员可方便地进入辐照室取、放样品。辐照时则借助于传输装置将^{60}Co源提升至工作位置。^{60}Co源辐照装置一开始主要用来研究各种材料在γ辐射作用下的行为和稳定性，以便选择和研制合适的堆用材料，包括改善辐照条件，研制开发出了一系列新型抗辐照、耐腐蚀的金属，塑料、橡胶、涂料、玻璃、陶瓷、石墨等非金属材料和缓蚀剂等。它们的应用大大地延长了相关设备的使用寿命,提高了相关系统的安全性。

可利用^{60}Co源γ辐射能谱硬、穿透力强的特点研制大型集装箱安全检查设备。γ辐射作用材料行为研究大大扩展了钴(^{60}Co)源的应用范围。通过辐射氧化和吸收可去除焚烧炉排放的SO_2、N_x等有害气体,可对人体和环境产生危害的污泥、污水及被污染的物品(毛纺厂所用羊毛等)进行灭菌消毒,目前已广泛用于高分子材料的辐照聚合、辐照裂解、辐照接枝和辐照改性。玻璃、水晶、珍珠等饰品亦可进行辐照着色。^{60}Co源辐照装置还用于辐射育种,为进行辐射作用下材料行为的研究必须明确辐射源强度、射线照射量、材料辐射吸收剂量,剂量当量和物质的辐射损伤量等物理参数的含义与量值。

辐射对人体的健康造成损害,通常认为受照达5 Sv即为致死剂量。人体各个组织的辐射效应的危险度有很大差别,受照时危险度大的器官更要保证可靠的屏蔽防护。对工作人员和居民,对不同年龄和性别的允许吸收剂量也不同。比如对辐照工作人员,全身受到均匀照射时,年有效剂量当量应不大于50 mSv,而对于居民则为5 mSv。

钴辐照装置是核设施,它的选址、设计、建造、安装和运行必须符合核安全相关规程。小型钴源用铅罐储存时,可直接在反应堆储存水池中装卸钴源块,再转运至辐照装置现场,用吊车从源室顶部预留孔调入辐照室,就位后再将预留孔的屏蔽层复位。大型钴源辐照装置用水池作储存池,可将钴源运输铅罐运至现场水池,直接将钴源块倒到辐照架上。

钴源辐照室为迷宫式建筑,防护墙具有足够的屏蔽厚度,钴源辐射要经3次以上反射才能到达迷宫入口,使得入口以外和设施周围的辐射剂量在允许值以下。设施前和钴源辐照室入口均有显著的辐射危险标志。人员入口有可靠的开关连锁装置,即钴源处于工作位置时杜绝人员的进入,人员未撤离,入口未封闭,钴源架不能提升,并配有可靠的辐射监测和报警系统。工作人员要佩戴个人剂量计。有必要进行物品连续辐照加工时,可另设辐照物品传输通道,并应有相应的开关连锁装置和安全监测和报警系统。

因空气在辐照过程中会产生臭氧等有害物质,钴源辐照设施除了要配备水、暖、电气系统外,还要有可靠的通风系统。为了观测辐照过程须设置辐射防护观察窗或工业电视。

从事钴源辐照工作有较大的危险性,发生事故时,危险更大,从事相关工作必须按安全操作规程进行。装置设施、设备、仪器和仪表必须符合核安全要求,保证质量。在装载钴源之前,按质按量通过冷调试和认证。按照核安全部门审批的钴源辐照装置安装、调试和运行大纲完成项目的实施和验收。从事辐照工作的人员必须是经专门培训,并通过考核的专业技术人员,而且还要对他们进行定期的考核,对他们从事钴源辐照工作资格进行认证。

8.1.5　荷电粒子辐射源和辐照装置

荷电粒子辐射源多种多样。除了上述荷电粒子核辐射(α、β、γ等)之外,电子、质子、粒子的倍压加速器、直线加速器、回旋加速器及对撞机等各类加速器都是荷电粒子辐射源装置。它们专门用于核物理研究及材料辐照损伤研究。电子显微镜也是一种电子加速器,也可用于材料电子辐射损伤研究。各类加速器都有自身的理论基础和专门的研究领域,系统复杂,这里不再赘述。

8.2 材料液态介质中的腐蚀试验

8.2.1 材料在天然液体介质中的腐蚀试验

可直接将材料置于天然水体（河水、湖水、海水等）中检测其稳定性。水中氧、氯和硫酸根等有害杂质对金属材料的腐蚀有较大影响，特别是海水含氯量高，海水中不锈钢等金属材料的晶间腐蚀和应力腐蚀最为敏感。我国冶金系统科研部门20世纪五六十年代先后在舟山群岛和海南岛建有专门的材料海水腐蚀试验站。

8.2.2 材料在密闭模拟液体介质中的试验

在室温或稍高于室温，且介质蒸汽压不高的情况下可直接在密闭的耐蚀容器（玻璃瓶等）或设施设备模拟体的液态介质中进行材料腐蚀试验。由电热和温控系统保持试验介质的温度。

活性液态介质中材料的腐蚀试验则要在惰性气体覆盖的密闭系统中进行。比如，材料在静态钠试验釜中的研究。

8.2.3 材料在常压隔离条件下的试验

在介质蒸汽压较高或沸腾的条件下可用带冷却回流瓶的隔离系统进行材料的腐蚀试验。最典型的是核燃料后处理核燃料溶解槽材料的耐蚀试验。核燃料溶解要在沸腾的浓硝酸中进行，沸腾蒸发的硝酸通过冷凝回流，可保持硝酸溶液成分不变。材料在沸腾状态下饱和 $MgCl_2$溶液中的恒载荷应力腐蚀敏感性试验、涂层材料或塑料在沸水中的耐蚀试验均可用液体加热回流冷却的方法进行。

8.2.4 承压系统中材料的腐蚀试验

在介质温度及蒸汽压较高，比如核电站高温、高压水中材料的腐蚀试验必须在承压容器中进行。用于静态腐蚀试验的有高压釜。模拟核反应堆冷却剂组成、温度、压力和流速等工况条件的试验则要建造专门的动水腐蚀试验回路。和高压釜相比其结构组成、设备构筑和各类参数检测和控制系统很复杂，建造费用高，运行起来也困难得多。高压釜和动水腐蚀试验回路这类承压容器的通用要求，包括选材、设计制造、检验和验收应符合相应的国家标准:《压力容器》（GB 150.1 ~4—2011）。

1. 高压釜试验装置和试验方法

高压釜不论其结构是法兰式还是旋盖式都是基于球（盖）锥（釜体）面密封原理，其结构参见图8－1和图8－2。盖和釜体装配时应由销柱定位，紧固时应按相对应面螺栓先后次序均衡、逐步旋进，以保持盖和釜体对应基面平行。釜体结构用耐蚀合金制作，螺纹连接件应选用合适的异种金属,比如用 Cr17Ni2 铁素体钢和奥氏体不锈钢相配,以免出现螺纹咬死现象。

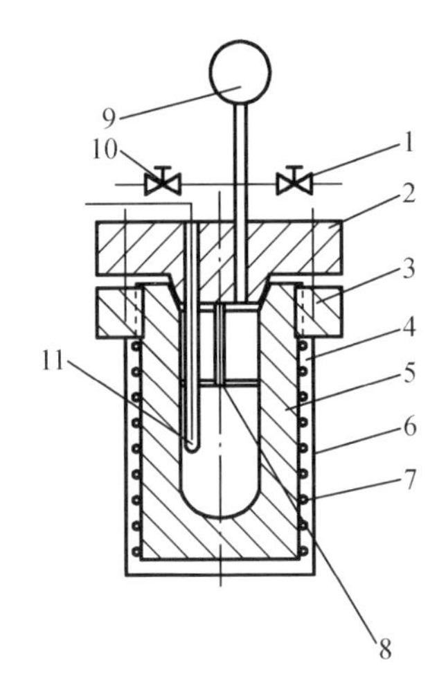

1—安全阀;2—釜盖;3—下法兰;4—绝缘材料;
5—釜体;6—外壳;7—电阻丝;8—样品架;
9—压力表;10—放气阀;11—热电偶管。

图 8－1　法兰式密封高压釜

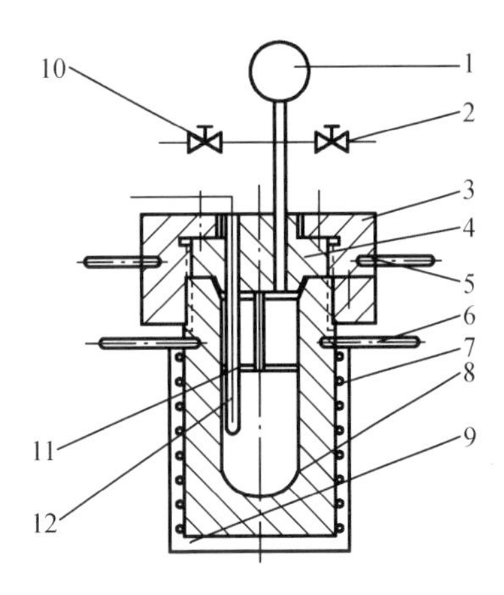

1—压力表;2—安全阀;3—旋盖;4—釜盖;5—把手;
6—把手;7—电阻丝;8—釜体;9—外壳;10—放气阀;
11—试样架;12—热电偶管。

图 8－2　旋盖式密封高压釜

必要时,高压釜可配备含补给水系统和净化系统的简易动水回路,或配接到现有的动水回路上实现换水。高压釜内侧和试验样品在试验前必须仔细清洗,通过漂洗水的电导率和 pH 检测,并符合核反应堆主回路相应的水质要求。水中气体含量为与大气接触蒸馏水或去离子水中溶解气体的含量。如有必要,利用高温下气体溶解度下降的特点,可在升温后放气除氧。试验介质温度波动应控制在 ±2 ℃以内,温升速率为 50 ~ 60 ℃/h。试验持续时间、试验后样品脱膜方法均按规定的试验大纲进行。

2. 高温、高压动水腐蚀试验回路

高温、高压动水腐蚀试验回路包含电加热高、低温试验段,冷却器,省热器,主泵,稳压器,给水和水质净化系统及配套的温度、压力、流量及功率监测、控制系统。包括进水系统和回路水净化系统在内的高温、高压动水腐蚀回路工艺系统示于图 8－3。回路系统设备和管道由耐蚀奥氏体不锈钢或其他耐蚀合金制作,用焊接或高温、高压密封连接件连接,并具有热应力补偿结构。

(1)主循环泵

为实现水在密闭回路中运行推荐使用带有旁路的屏蔽泵。

(2)稳压器

稳压器能承受、补偿并调节回路运行参数变化引起的介质体积和压力的波动。用压控式加热内插电热元件以保持回路内的压力恒定。稳压器还配有给水泵、液位计以及安全阀或爆破卸压装置。

(3)加热器

加热器能在设定的最大流量下将水加热到给定的试验温度。加热方式可用插入式电热元件、电阻丝加热或低电压大电流管道电阻加热,功率密度设计满足水 50 ℃/h 的升温速率。用 PID 控制原理使得愈接近给定的加热温度,加热功率愈低,以保证试验段入口水温度波动在 ±2.5 ℃以内。

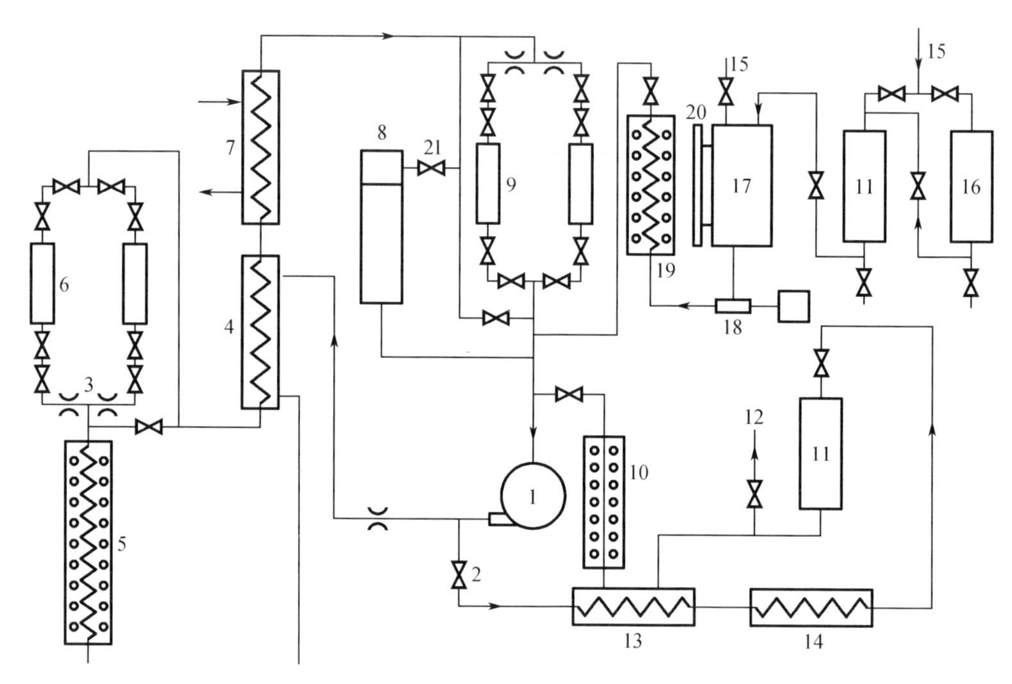

1—主泵;2—阀门;3—流量计;4—再生热交换器;5—加热器;6—高温试验段;7—冷却器;8—稳压器;9—低温试验段;10—预加热器;11—混合床离子交换柱;12—取样管;13—再生热交换器;14—冷却器;15—补水管;16—除氧柱;17—储水箱;18—正排计量泵;19—预加热器;20—液位计;21—安全阀。

图8-3　高温、高压动水腐蚀回路工艺系统

(4)省热器

省热器的配置是利用需冷却净化水流的热量加热净化系统出口水,达到省热的目的。

(5)冷却器

冷却器用于使水降到低温试验段入口温度水平或用于主泵运转时,防止机械能转变为热能引起的温升。

(6)高、低温试验段

试验段为多根带有流量计的内置样品及定位格架的平行管道。上封头的设计应方便试样及定位格架的装卸。

(7)净化系统

净化系统使用混合床离子交换树脂柱使水质达到试验所要求的标准。净化系统对室温水的净化最为有效、稳定。为离子交换树脂柱净化工艺的稳定,防止树脂受热变质,需净化的水必须先经省热器和冷却器冷却至 50 ℃以下方可导入净化系统。净化后的水流通过省热器和预加热器返回主回路。利用主泵出、入口的压差以克服净化系统的阻力。净化水流量份额控制在1%左右,可根据主回路水质情况予以调整。

(8)给水系统

给水系统用于向试验回路充填试验介质和补充回路系统运行中介质的泄漏损耗。给水通常由高压计量泵实施,注水速率一般为 5 L/min 左右。给水系统包括两套离子交换树脂柱、净化水储存罐,后者带有添加剂进料管、取样管、液位计、压力表和安全阀以及覆盖气体净化接管等。

新回路各个组合件、部件、将和试验介质直接接触的表面安装前都必须按其材质进行相应的除油和除锈处理。回路安装后进一步进行除油处理，然后用80～90 ℃软水漂洗，至出水中钠离子浓度低于1.0×10^{-8}为止，进一步在室温下作水压试验，加压达1.5倍工作压力，维持1小时，保持密封性不变。进而用去离子水在350 ℃温度下运行100小时，以使与水相接触的回路内表面生成耐蚀的预生膜。试验介质通常使用去离子水。试验介质的组成、酸碱度、电导率、氯离子浓度、溶解氧浓度、二氧化硅及相关添加剂浓度应由在线仪表或取样分析予以确定，并符合相关核设施冷却剂规范要求。监测和取样点应包括试验段进、出口和给水系统、净化系统的入口。回路停用期间，回路内应充氮气（N_2）予以保护。

8.3　高温、高压水介质材料电化学测量

金属材料在作为电解质的水中腐蚀属于电化学腐蚀。测定金属在水中电极电位变化对研究材料在水中的腐蚀机理和防蚀技术极为重要。核反应堆冷却剂属纯净水，阻抗大，在常温下通过盐桥和试验介质相连的标准氢电极与介质中试验材料电极分别连接到恒电位仪的正极和负极，可直接读出材料实时电极电位。高温、高压水中的相关测量则要解决高温稳定的参比电极，高温、高压下电极的密封与绝缘问题。

8.3.1　电化学测量高压釜

电化学测量用高压釜和普通的高压釜没有原则性差别。它的通用要求、相关的选材、设计、制造、产品的检验和验收应符合相应的国家标准：《压力容器》（GB 150.1～4—2011）。所选用的电极密封和绝缘材料是聚四氟乙烯，它在小于275 ℃温度条件下稳定。当在更高温度，比如350 ℃上下使用时，则要在密封处配备冷却水套。

8.3.2　高温参比电极

在试验介质中作为参比电极的基本要求是要在平衡电极电位附近具有可逆性。高温水介质材料电极电位测量用参比电极性能要求亦然，并与试验介质相容性好，满足电位测量稳定和重现性好的要求。参比电极设置于高温、高压釜内的称作内参比电极，设置在高压釜外的称作外参比电极，参见图8－4。金属－金属氧化物电极（Hg/HgO，Ag/AgO），金属－金属硫酸盐电极（Ag/Ag_2SO_4，Hg/Hg_2SO_4），以及金属－金属卤化物电极（Ag/AgCl）适用水溶液的温度分别为150 ℃、250 ℃、300 ℃。使用外参比电极测量材料电极电位的水介质温度还可稍高一些。

Ag/AgCl电极在高温水介质中的稳定性、重现性较其他参比电极为优，表8－1示出Ag/AgCl标准电极电位与温度的关系。

表8－1　Ag/AgCl标准电极电位与温度的关系

温度/℃	25	50	60	90	125	150	175	200
电位/V	0.222 4	0.204 7	0.196 5	0.169 7	0.133 0	0.103 3	0.070 6	0.034 5

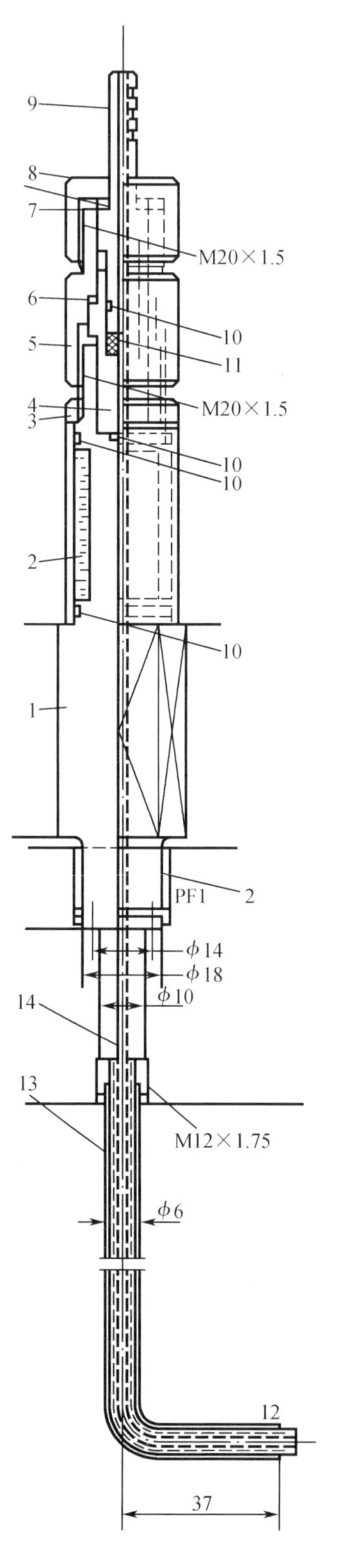

1—电极套;2—冷却水套;3—冷却水套截止螺母;4—填料盒;5—导向塞;6—套环;7—密封螺帽;8—套环;9—塞子;10—O 形环;11—填料;12—毛细管;13—毛细管导管;14—聚四氟乙烯滤纸。

图 8-4　高温、高压水介质电化学测量外参比电极(单位:mm)

由于内参比电极直接置于高压釜内，有与试验电极同温同压、内阻抗较小、引入的干扰因素少、可直接换算成标准氢电极电位等优点，但随着腐蚀时间的延长，试验溶液组成发生变化，电极电位测量结果和参比电极本身使用寿命将受到影响。此外，结构和安装工艺复杂、价格昂贵也影响内参比电极推广与使用。

外参比电极置于高压釜的外部，其电极接触的溶液是经冷却水套冷却，并经压紧厚聚四氟乙烯滤布渗漏的水介质，参比电极实际处于接近室温的条件下，因此很容易实现试验材料电极电位测量的稳定。参比电极接触的试验溶液受污染少，适于长期使用。外参比电极结构较为简单，安装及测量操作方便。但是，由于外参比电极与试验材料之间温差和压差大，所处的溶液组成也有较大差别，由此产生扩散电位和移动电位，所示材料电极电位测量值不能直接换算为标准氢电极值。而且由于盐桥长、内阻抗高、溶液组成变化大，测量结果重现性差。

8.4　核工程材料应力腐蚀破裂试验

各类不锈钢材料由于其高的强度、热稳定性及优良的耐水性能在工业领域获得广泛的应用。核反应堆工程亦不例外，除核材料外，堆压力容器、堆内结构部件、主冷却剂管道、蒸汽发生器和热交换器传热管几乎全是由各类不锈钢及高级合金制成。只是热堆中的燃料元件包壳由中子吸收截面更小的铝合金和锆合金所取代。而合金材料与单一金属材料相比应力腐蚀倾向大得多。上述合金结构材料和部件应力腐蚀破坏现象时有发生，有些直接危害核安全。因此，核工程中结构材料的应力腐蚀问题更为突出。应力腐蚀现象与事故分析及相关模拟试验、机理研究表明，影响材料应力腐蚀的因素复杂，涉及材料组成、制造和加工工艺相关的应力腐蚀敏感性、介质因素以及受力条件等。

由于各类核工程材料选材及制造工艺的差异，介质状况及应力因素不一，要对相关设备材料进行应力腐蚀破裂倾向评价必须针对具体的材料、介质及应力条件进行模拟试验验证，必要时还要进行综合考验，比如模拟实体结构制造，加工样品的准备。水中的卤化物、硫化物、铅和汞等重金属化合物，溶解氧含量以及 pH 值等对核反应堆结构材料的应力腐蚀破裂都有重要的影响。应根据核工程运行工况确定试验介质条件，选择水介质的 pH 值、电导率以及必要的添加剂。

8.4.1　材料应力腐蚀试验介质选择

1. 高温水的“氯脆”应力腐蚀试验

卤化物含量高的海水和海洋大气诱发不锈钢结构材料应力腐蚀破裂是最早发现的材料应力腐蚀破裂现象之一，被称之为“氯脆”。在确定试验介质时，不仅要考虑正常运行条件下水中卤化物的浓度范围，还要考虑有无热流、水流波动及结构几何阻滞引起的沉积物和杂质的浓集因素。这些因素可使局部包括卤化物在内的杂质含量比常规的小于 1.0×10^{-7} 升高到千分之几甚至十分之几。核电站冷却剂氯离子含量超标，核舰艇蒸汽发生器传热管二次侧受海水污染时就会发生这样的情况。在饱和沸腾 $MgCl_2$ 水溶液中应力状态下合金材料的腐蚀试验结果是早就确定的评定材料氯离子引起的应力腐蚀敏感性的依据之一。蒸汽发生器传热管 U 形、C 形或多点弯曲试样在含不同浓度氯离子和酸碱度的高温、高压釜中的应力腐蚀试验结果是评价蒸汽发生器安全性的重要依据之一。水中 1.0×10^{-7} 以上的氧含量是引发氯离子应力腐蚀破裂的必要条件。试验时为了模拟含氧量较高的冷却剂条件,可定期(<200 h)更换试验水介质,以弥补水中氧因材料腐蚀引起的消耗,或者直接向高压釜注氧气,以保持一定的氧分压。

2. 高温水的"碱脆"应力腐蚀试验

试验研究表明,奥氏体不锈钢对碱性溶液应力腐蚀敏感。含碱量 1 ~400 g/L 的高温、高压水会使奥氏体不锈钢传热管发生应力腐蚀破裂,抗"氯脆"应力腐蚀性能优异的 Inconel -600 合金对"碱脆"应力腐蚀也非常敏感。为此,曾一度被推崇为优秀传热管材料的 Inconel -600 合金不得不让位于抗"氯脆"和"碱脆"较佳,经改进的 Inconel -690 合金和 Incolloy -800 合金。磷酸盐软化水处理工艺去除钙镁的同时,显著增加水质的碱性,局部浓集的碱含量使合金材料发生"碱脆"应力腐蚀破裂。核燃料组件运行周期后期由于冷却剂中补偿组件初期过剩反应性的硼酸浓度极大减小,冷却剂的碱性显著增加。快堆钠-水型蒸汽发生器高压水向高温钠中的泄漏引起的钠-水反应产生严重的高温碱对传热管材料的侵蚀,高浓度的碱也会发生不锈钢材料的"碱脆"应力腐蚀破裂。应针对具体的核工程设备的水介质工况,并考虑碱液可能的浓集情况选择数种碱浓度进行材料的应力腐蚀试验。为加速试验进程通常采用碱浓度较高的(10% ~50%)水溶液进行应力腐蚀试验。试验容器应使用耐碱的纯镍或高镍合金制作的高压釜或高压釜内衬,保持试验期间碱溶液浓度稳定。

8.4.2 动电位再活化法(EPR)晶间腐蚀,晶间型应力腐蚀敏感性检测

动电位再活化法(EPR)晶间腐蚀,晶间型应力腐蚀敏感性检测系试样在强氧化剂中自腐蚀电位开始向正电位方向扫描,通过活化峰而进入钝化区后向负电位方向扫描,超过再活化峰,获得 $E-I$ 扫描曲线。利用反向扫描时得到的再活化峰电流密度 i_r 与正向扫描得到的活化峰电流密度 i_a 之比 $Ra = i_r/i_a \times 100\%$ 值的正负来判别晶间腐蚀及晶间型应力腐蚀破裂敏感性的有无,正值越高,敏感性越强。

8.4.3 材料应力腐蚀试样受力状况选择

应力腐蚀试验样品的受力有恒变形、恒载荷和恒应变速率三种方式。受力方式影响应力腐蚀破裂的过程和行为,应根据设备材料实际工况下的动、静载荷和变形情况,比较加载方式,择优选择应力腐蚀试样受力方式。比如蒸汽发生器内数列 U 形传热管弯曲曲率半径小、变形度大,试样可选取恒变形方式。如果超高温、高压工况工作,工作载荷大且恒定,可选取恒载荷受力方式。如果上述两种加载下应力腐蚀破裂进程较慢,所得试样结果难以对应力腐蚀破裂敏感程度做出准确判断,且既有动、静载荷,又有较大变形时,则可在实验室模拟核反应堆水化学工况下,使用恒应变速率加载方式,这能很快地得到较明确的应力腐蚀敏感性结论。该方法灵敏,重现性好,还可配备高温、高压内、外参比电极,同时进行高温电化学测量和电位控制。

1. 恒变形应力腐蚀破裂试验

顾名思义,恒变形是将试样弯曲成 U 形、C 形、多点弯曲的样品,还有做成无焰或带石

墨纤维垫(缝隙)的双层 U 形试样。试验设备相对简单、操作方便。试验时保持介质、温度、覆盖气体环境的稳定,高温、高压水介质中的试验则在高压釜中进行。

2. 恒载荷应力腐蚀破裂试验

恒载荷应力腐蚀破裂试验时对试样施加恒定的单轴拉伸应力,高温、高压水介质中的试验要在配备专门的波纹管结构的装置中进行,既能密封,又能利用其内、外压差对连接的试样产生一定的拉伸载荷。在解决带冷却水套的高温、高压动密封的情况下,可直接用砝码或高级材料试验机伺服驱动加载。

3. 恒应变速率应力腐蚀破裂试验

恒应变速率应力腐蚀破裂试验是在高温、高压水介质中对试样施加能引起足够低而恒定应变速率(10^{-8} s ~ 10^{-4} s)的拉应力,直至试样断裂。依据与惰性介质比对的应力 - 应变曲线、破断最大应力、延伸率、断面收缩率、断裂吸收能和断裂延续时间等数据归一化处理结果,可得能用以比较的应力腐蚀破裂敏感指数。还可对断裂试样进行断口分析,确定断裂特征(脆性或韧性、沿晶或穿晶等)。对断裂试样标距上的二次应力腐蚀破裂进行观察也能得到应力腐蚀破裂敏感程度的信息。恒应变速率应力腐蚀破裂试验机(参见图 8 - 5)结构和包括应力、应变腐蚀机构模型及处理程序在内的系统较为复杂,试验装置较为昂贵。相关研究只宜在一些重要的材料试验研究机构中进行。

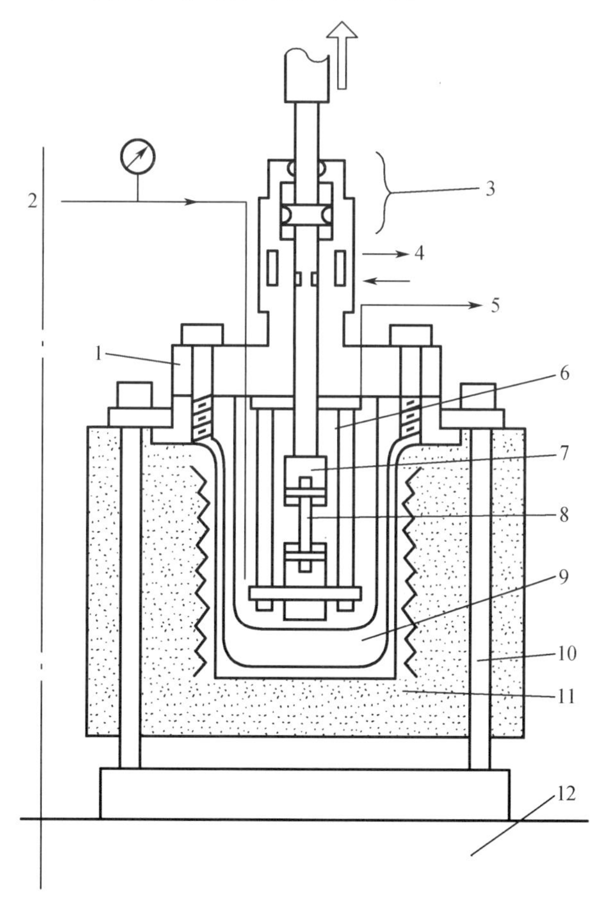

1—高温、高压装置;2—试验介质入口;3—压力平衡机构;4—冷却水;5—试验介质出口;6—釜内载荷支持架;7 试样夹具;8—试验样品;9—高压釜体;10—釜外载荷支持架;11—加热电阻丝;12—基座。

图 8 - 5　恒应变速率应力腐蚀破裂试验机

8.5 核工程材料腐蚀疲劳试验

腐蚀疲劳裂纹扩展试验可采用三角波载荷控制,加载频率(高周和低周)可根据试验需要调整。试验采用由 ASTM – 647 规定的紧凑拉伸试样(CT 试样)。裂纹尖端小范围屈服时,应力强度因子(K)通过塑性修正 ASTM – 467 规定的 CT 试样 K 计算方法获得。试验进程如下:

(1)预制裂纹(深度约 0.2 mm);

(2)空气中裂纹扩展试验,其中 K_a 为 $0.9K_w$(K_w为模拟水介质的应力强度因子);

(3)模拟水介质中的裂纹扩展试验,裂纹扩展过程中必须对载荷进行调整,以保证同等载荷条件下裂纹尖端 K 保持不变,用激光显微镜观察精磨、抛光、电解侵蚀之试样裂纹扩展路径。

裂纹扩展速率为

$$R_{CG} = \Delta a / \Delta N$$

式中 Δa——裂纹长度;

ΔN——对应的加载周期。

环境影响因子为

$$F_{EN} = R_{CGa} / R_{CGO}$$

式中 R_{CGa}——模拟介质中裂纹扩展速率;

R_{CGO}——空气中裂纹扩展速率。

8.6 液态金属中材料腐蚀试验

由于金属钠具有优良的耐热、耐辐照、导热率高、对中子的慢化能力弱、熔点低、液态温度范围宽(熔点 97.8 ℃、沸点 883 ℃)、蒸汽压低、对快中子有可接受的吸收截面,且感生放射性^{24}Na 的半衰期短(14.8 h)、原料易得等诸多优点,它成为令人满意的快堆液态金属冷却剂。但是钠中氧、碳以及铁、钙、氯等杂质会使钠中结构材料腐蚀加剧。钠的强还原性易破坏材料的钝化膜,强的渗透性增加结构材料元素选择性地溶解和迁移,从而影响结构部件安全性和寿命。鉴于辐射对钠介质中材料的腐蚀无显著影响,除了对核燃料元件和组件做必要的堆内综合辐照考验外,钠中材料腐蚀试验研究大多在堆外实验室中进行。除了本章 8.2.2 节中提到的活性液态介质(如钠)压力釜中静态腐蚀试验外,利用钠密度随温度上升而减小的特性,分别设置加热和冷却区段作成钠自然循环腐蚀回路。模拟快堆钠回路温度、流量、压力等工艺条件的材料腐蚀试验必须使用电磁泵驱动的强迫循环的液态钠等温回路或不等温回路,参见图 8 – 6。此外,还有针对特殊的课题开展的腐蚀试验,比如,高温钠中压接部件界面合金元素扩散和熔接试验,燃料 – 元件包壳相互作用模拟试验等。

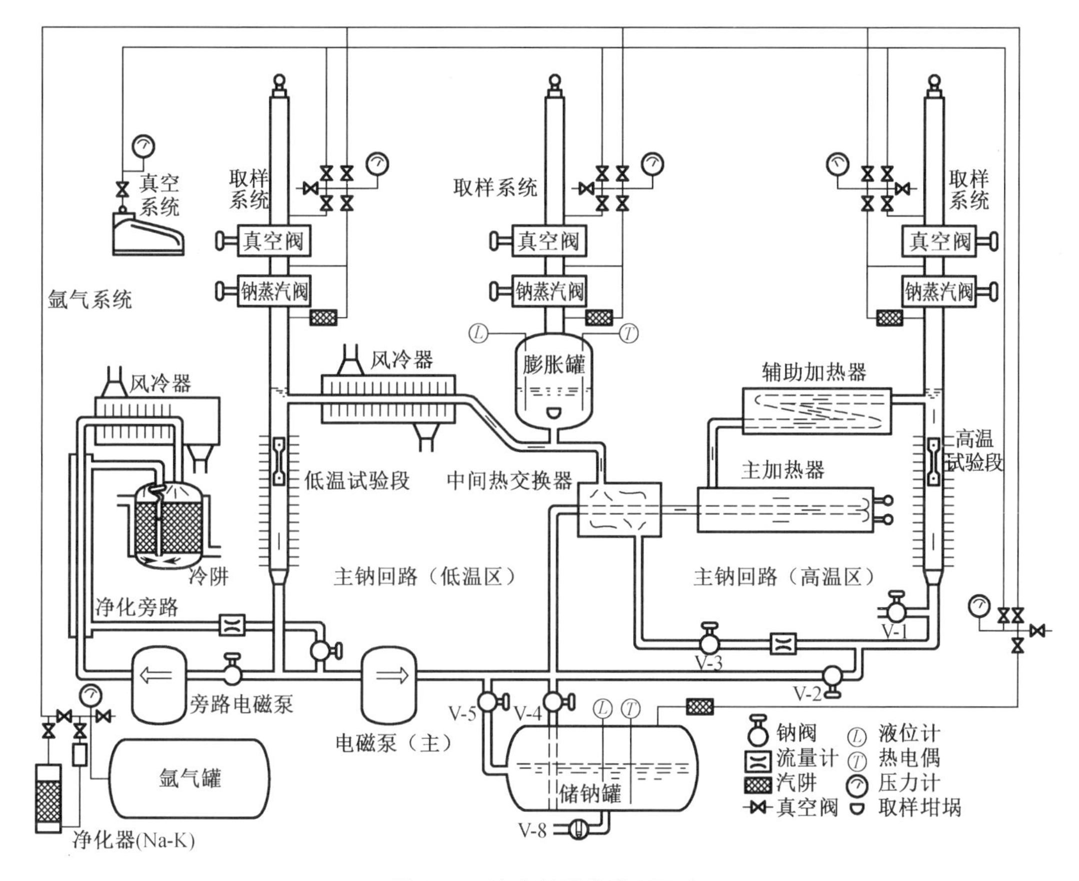

图 8 - 6　液态钠强迫循环回路

8.6.1　液态钠强迫循环回路组成

液态钠强迫循环回路由主泵、加热器、省热器、膨胀罐、高温和低温试验段、储钠罐、热阱和冷阱、取样器等组合件和部件组成，回路流程图示于图 8 - 6。

钠试验回路通常采用导电钠流与驱动用电磁场系统完全分隔的电磁泵，避免了使用密封件带来的泄漏难题。主加热器可采用外部加热丝、内插加热元件加热。取样器用作对钠介质取样，对其中的氧、碳、氢、钙、铁、氯和一些重金属杂质进行分析。钠回路系统一般配备在线的氧计、氢计和碳计。至少应配备与钠中杂质（氧、氢和碳等）溶解度相关的阻塞计，调节阻塞孔的大小可设定钠中杂质的限值。

冷阱和热阱依据阻塞计杂质超限信号启动运行。利用钠介质降温、杂质溶解度下降并沉积于不锈钢丝网上的原理以使杂质含量降低的冷阱系统或高温下锆、钛对上述杂质亲和力强的特点，吸收杂质的热阱系统对钠进行净化。冷阱净化效率高，可单独使用。热阱效率低，但必要时可使钠中杂质浓度下降到更低的水平（$10^{-6} \sim 5.0 \times 10^{-6}$），但必须和冷阱系统连用，且安置于冷阱之后，否则热阱很快失效。

试验段设置恒定的温度和流量或分别设置高温和低温试验段。膨胀罐对回路中由于热效应、钠取样排放等引起容积变化起补偿作用、其气相部分充惰性气体（氩），并配备温度计、液位计、压力表和爆破卸压装置。钠流量采用与钠流管道隔离的电磁流量计测量。钠流量由带波纹管密封的钠阀调节。

钠液位计可以是利用钠的导电性能将钠液面与不同标高导电触点的通、断指示液位，也可作成感应式液位计。

8.6.2 涉钠操作技术及钠强迫循环回路设计、安装和运行要求

1. 涉钠操作技术

钠在常温下为固态，活性极强，为此钠的储存、转移、分装、加热、净化等一切涉钠操作都要在密闭系统、能净化的惰性介质中进行。

核级钠的转移通常将由惰性气覆盖的储钠罐加热，用压力差将钠充进温度高于钠熔点之上（比如 >150 ℃）净化的且由惰气覆盖的钠回路系统。

鉴于固体钠遇热膨胀，凡是储钠容器和管道都必须有钠自由膨胀的空间，否则会使容器和管道破裂。对长期停止运行，钠已固化的回路系统，需重新启动时必须从有自由膨胀空间的膨胀罐上部按保证有加热膨胀自由空间确定的顺序对回路系统依次加热，而且严格控制温升速率（ <50 ℃/h）。

高温钠回路泄漏出的钠遇空气发生燃烧，雾状钠流还会发生爆炸。高温钠系统、钠设备和管道设施中都必须配备干砂、干储氯化钠、膨胀石墨等灭钠火器材，防止钠灼烧人体和钠氧化物侵蚀呼吸道，禁止使用碳氢类、二氧化碳泡沫或碳酸型灭火剂。

钠遇水会发生剧烈的放热反应，高温钠遇水反应更剧烈，发生热爆炸，次生产物氢与空气混合易爆。高温钠回路系统设施内不得有常规的上下水。高温钠还会夺取混凝土中的结晶水而发生剧烈的钠 - 水反应。因此，相关设施混凝土地面以上一定高度的壁面应覆盖钢板，其容积需足以容纳该设施内钠全部漏出之量，并且混凝土地面之上先敷以隔热层，再制作能漏进钠流，又有覆盖钠面的钢制覆层地板。

高温钠回路操作人员应配备阻燃的特制工作服、防护鞋、有机玻璃面罩、石棉手套，防护眼镜和防毒面具等用品。应配备 3% 的醋酸清洗液，用以冲洗钠及钠氧化物灼烧的皮肤，减轻其侵蚀伤害程度，并配备 3% 的硼酸水溶液，用作洗眼液。

含残钠设备和管道应用含氮水雾、乙醇溶液依次清洗，确证无钠残留后再用水清洗。

2. 钠强迫循环回路设计、安装和运行要求

应当根据钠的特性设计、建造和运行高温钠回路。

（1）钠回路的组合件和部件在安装之前都必须经净化干燥并单独封装保存。

（2）由于钠存在由固态转为液态的升温膨胀，回路中任何部位的钠只有在具备自由膨胀空间的情况下才可逐步加热。

（3）钠回路系统高温运行，相对室温温差大，必须有耐高温矿物棉等保温层，与钠相容性好的奥氏体不锈钢管道系统本身应有热应力补偿结构布置。

（4）高温液态钠蒸汽压低，高温钠回路属低压系统。由于材料受高温热应力作用和高温长期运行中的蠕变，应对相关设备和管系进行热力学计算和安全分析。

（5）为防止钠与氧化性物质接触，回路系统的密封性要好，设备和管道尽量采用焊接连接，使钠的泄漏率降至最低。回路系统应由含净化系统的惰性气体覆盖。应利用钠导电性能在回路系统设置钠泄漏触点报警系统，并设置烟雾报警系统。

(6)钠回路系统设备与管道设计应满足液态钠流能完全排空的要求。管线排放应有大于5%的倾斜度,回路最低点布置直径与主回路相同的排钠管,以便于钠系统的净化和避免钠设备管道维护和维修时发生火灾和爆炸的危险。

(7)回路系统的阀门布置应遵从可及性原则,调控操作方便、安全。

(8)钠回路设备和管道系统与检测控制系统之间应有实体隔离,设置防爆和防火隔离门,安装足够容量的送、排风的通风系统。

(9)电气仪表及检测控制电线、电缆管线不得安置在钠设备和钠管道之下。

8.7　钠 - 水型蒸汽发生器传热管小泄漏管材腐蚀试验

钠 - 水型蒸汽发生器传热管泄漏腐蚀试验是钠 - 水反应高温钠和碱液对管材腐蚀的危险性很高的试验,它直接和高温钠 - 水爆炸反应相关。试验装置本身是高温钠腐蚀回路,只是将钠高温腐蚀试验段改为钠 - 水反应器,参见图 8 - 7。除了要遵守 8.6 节规定的涉钠操作技术和高温钠强迫循环回路设计、建造和运行要求外,还规定以下一些特殊的要求:

(1)为实现定量、安全和稳定的注水,必须配置可移动、可调节的高压计量泵及注水系统。

(2)钠 - 水反应器必须按模拟漏孔要求安置不同直径漏孔的注水阀门,漏孔直径为 0.13 mm、0.17 mm、0.19 mm、0.3 mm、0.5 mm、1 mm、1.5 mm 不等。

(3)应配备带加速度计的钠 - 水反应诊断装置或钠 - 水反应检漏氢计。

(4)膨胀箱应配置气体取样及氢含量气相色谱分析装置。

(5)应配置带爆破片的安全爆破卸压装置。

(6)应设置钠阀门远距离操作传动装置。

(7)钠 - 水反应设备管道系统设施厂房应设置含防护门的安全撤离通道。设施厂房屋顶应为轻质结构,以减少发生爆炸时对周围环境的伤害。

(8)钠电磁泵为油冷。油冷却出、入口管道穿过实体防护屏蔽至水冷热交换器实现油的冷却。

(9)发生钠泄漏着火、爆破时,应能切断注水系统、钠回路加热系统及泵的电源。

(10)试验结束后,降低钠回路的温度至 150 ℃,在惰性气体可折叠筒罩下,抽出试验样品架,更换上盲板封头。其后按带有钠残留的设备清洗方案对样品架进行清洗,并对漏孔形貌进行检测和分析。回路冷却至室温时,打开钠 - 水反应器上的注水阀门检测和分析注水孔的形貌。

(11)进行钠 - 水型蒸汽发生器传热管泄漏腐蚀试验研究和运行单位必须编制好试验大纲和详尽的试验规程和程序,制定相应的安全规程,经上级主管部门和安全部门批准后实施。

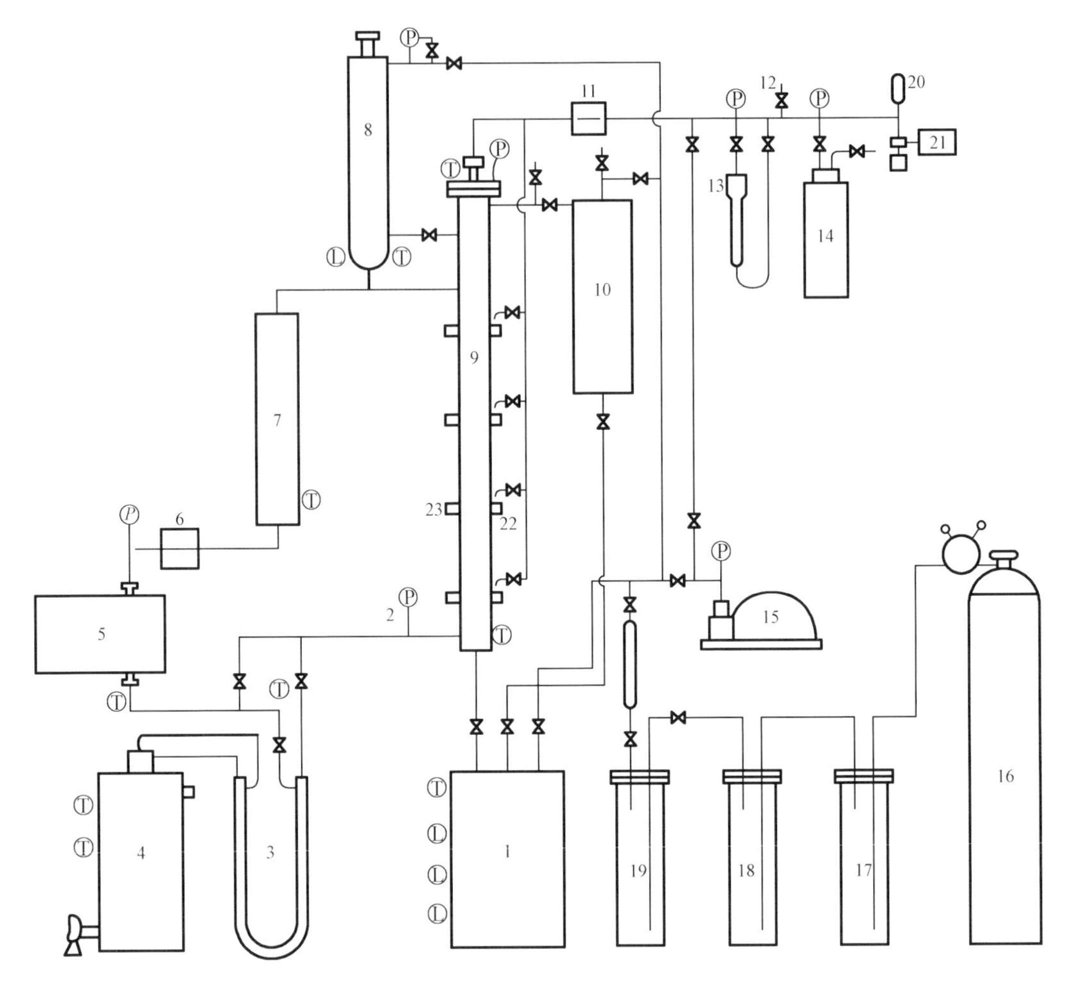

1—储罐;2—钠阀;3—省热器;4—冷阱;5—电磁泵;6—流量计;7—加热器;8—缓冲罐;9—反应器;10—卸压罐;11—流量计;12—高压管排放阀;13—高压釜;14—高压釜;15—真空泵;16—氩气瓶;17—储气瓶;18—干燥器;19—净化器;20—安全阀;21—计量泵;22—注水器;23—波导杆。

图 8-7　蒸汽发生器传热管小泄漏钠-水反应试验装置

参 考 文 献

[1] 陈鹤鸣,马春来,白新德. 核反应堆材料腐蚀及其防护[M]. 北京:原子能出版社,1984.

[2] 许维钧,马春来,沙仁礼. 核工业中的腐蚀与防护[M]. 北京:化学工业出版社,1993.

[3] 白新德. 核材料化学[M]. 北京:化学工业出版社,2007.

[4] 沙仁礼,朱宝珍,刘景芳,等. LT-21 铝合金堆内挂片腐蚀研究[J]. 中国核科技报告,1998(S6):78-79.

[5] 肖军,陈璐瑶,付正鸿,等. Inconel 690(TT)合金在压水堆二回路水环境下的腐蚀疲劳裂纹扩展行为研究[J]. 核动力工程,2015,36(4):83-85.

[6] 孟凡江,刘晓强,徐雪莲. Buffing 工艺对 690 合金传热管腐蚀性能的影响研究[J]. 核电

工程与技术,2015,28(1):17 -23.
[7] 沙仁礼.钠水反应试验研究概况及进展[J].原子能科学技术,1990,24(3):76 -86.
[8] 沙仁礼,谢惠祐,成文华.钠水反应实验研究[J].原子能科学技术,1991,25(5):44 -50.
[9] 沙仁礼.钠水反应实验研究(总结报告)[J].核科学与工程,1993,13:4.